高等院校软件专业方向 系列教材

ISBN：978-7-121-12513-3
定价：49.00元

ISBN：978-7-121-11274-4
定价：46.00元

ISBN：978-7-121-11268-3
定价：46.00元

ISBN：978-7-121-20909-3
定价：69.00元

ISBN：978-7-121-12518-8
定价：49.00元

ISBN：978-7-121-13554-5
定价：59.00元

ISBN：978-7-121-13545-3
定价：39.00元

ISBN：978-7-121-13470-8
定价：69.00元

ISBN：978-7-121-12501-0
定价：43.00元

ISBN：978-7-121-15570-3
定价：69.00元

ISBN：978-7-121-15582-6
定价：39.00元

ISBN：978-7-121-15496-6
定价：49.00元

编 委 会

主　编： 韩敬海

副主编： 吴明君

特约策划人： 吕　蕾

编　委： 崔文善　王成端　薛庆文

孔繁之　高仲合　陈龙猛

黄先珍　李树金　吴海峰

李　丽　张　磊　张　伟

吴自库　任宪东　倪建成

高等院校软件专业方向 系列教材

Oracle应用开发

青岛东合信息技术有限公司 编著

電子工業出版社
Publishing House of Electronics Industry
北京•BEIJING

内 容 简 介

本书从数据库的基本概念出发，以 Oracle 11g 数据库为背景详细地介绍了数据库的原理和数据库系统的开发技术。理论篇共分为 11 章，分别介绍了关系型数据库的概念和理论、Oracle 数据库体系结构、SQL Developer 工具的使用、SQL 语句、函数、表、数据维护、视图、PL/SQL 语法、游标、函数异常、序列、触发器、数据恢复、并发控制以及数据库安全等内容。书中通过 SQL Developer 和 SQL *Plus 工具实现对 Oracle 的数据查询，并详细介绍如何通过 SQL 语句实现表格、索引、约束、视图、存储过程、函数、触发器、序列以及 PL/SQL 的编写。

本书重点突出、偏重应用，结合理论篇的实例和实践篇对贯穿案例的讲解、剖析及实现，使读者能迅速理解并掌握知识，全面提高动手能力。

本书适应面广，可作为本科计算机科学与技术、软件外包专业、高职高专计算机软件、计算机网络、计算机信息管理、电子商务和经济管理等专业的程序设计课程的教材。

未经许可，不得以任何方式复制或抄袭本书之部分或全部内容。
版权所有，侵权必究。

图书在版编目（CIP）数据

Oracle 应用开发 / 青岛东合信息技术有限公司编著. —北京：电子工业出版社，2013.7
高等院校软件专业方向系列教材
ISBN 978-7-121-20909-3

Ⅰ. ①O… Ⅱ. ①青… Ⅲ. ①关系数据库系统－高等学校－教材 Ⅳ. ①TP311.138

中国版本图书馆 CIP 数据核字（2013）第 146176 号

策划编辑：张月萍
责任编辑：付　睿
印　　刷：北京天宇星印刷厂
装　　订：三河市鹏成印业有限公司
出版发行：电子工业出版社
　　　　　北京市海淀区万寿路 173 信箱　　邮编：100036
开　　本：787×1092　1/16　　印张：32.75　　字数：786 千字
版　　次：2013 年 7 月第 1 版
印　　次：2014 年 8 月第 2 次印刷
印　　数：3501~6500 册　　定价：69.00 元

凡所购买电子工业出版社图书有缺损问题，请向购买书店调换。若书店售缺，请与本社发行部联系，联系及邮购电话：（010）88254888。

质量投诉请发邮件至 zlts@phei.com.cn，盗版侵权举报请发邮件到 dbqq@phei.com.cn。

服务热线：（010）88258888。

前　言

随着 IT 产业的迅猛发展，企业对应用型人才的需求越来越大。“全面贴近企业需求，无缝打造专业实用人才”是目前高校计算机专业教育的革新方向。

该系列教材是面向高等院校软件专业方向的标准化教材。教材研发充分结合软件企业的用人需求，经过充分的调研和论证，并参照多所高校一线专家的意见，具有系统性、实用性等特点。旨在使读者在系统掌握软件开发知识的同时，着重培养其综合应用能力和解决问题的能力。

该系列教材具有如下几个特色。

1. 以培养应用型人才为目标

本系列教材以应用型软件及外包人才为培养目标，在原有体制教育的基础上对课程进行深层次改革，强化“应用型”技术动手能力。使读者在经过系统、完整的学习后能够达到如下要求。

- 掌握软件开发所需的理论和技术体系以及软件开发过程规范体系；
- 能够熟练地进行设计和编码工作，并具备良好的自学能力；
- 具备一定的项目经验，包括代码的调试、文档编写、软件测试等内容；
- 达到软件企业的用人标准，实现学校学习与企业的无缝对接。

2. 以新颖的教材架构来引导学习

本系列教材在内容设置上借鉴了软件开发中“低耦合高内聚”的设计理念，组织架构上遵循软件开发中的 MVC 理念，即在保证最小教学集的前提下可根据自身的实际情况对整个课程体系进行横向或纵向裁剪。教材的主要组成部分如下所示。

- **理论篇**：最小学习集。学习内容的选取遵循“二八原则”，即重点内容由企业中常用的 20%的技术组成，以“任务驱动”的方式引导知识点的学习，以章节为单位进行组织，章节的结构如下。
  - ✓ 本章目标：明确本章的学习重点和难点；
  - ✓ 学习导航：以流程图的形式指明本章在整本教材中的位置和学习顺序；
  - ✓ 任务描述：“案例教学”，驱动本章教学的任务，所选任务典型、实用；
  - ✓ 章节内容：通过小节迭代组成本章的学习内容，以任务描述贯穿始终。

■ **实践篇**：多点于一线，任务驱动，以完整的具体案例贯穿始终，力求使学生在动手实践的过程中，加深课程内容的理解，培养学生独立分析和解决问题的能力，并配备相关知识的拓展讲解和拓展练习，拓宽学生的知识面。

3. 以完备的教辅体系和教学服务来保证教学

为充分体现“实境耦合”的教学模式，方便教学实施，保障教学质量和学习效果，另外还开发了可配套使用的项目实训教材和全套教辅产品，可供各院校选购：

■ **项目篇**：多线于一面，项目篇是理论篇和实践篇在项目开发上的应用，以辅助教材的形式提供适应当前课程（及先行课程）的综合项目，遵循软件开发过程，注重工作过程的系统性，培养学生分析解决实际问题的能力，是实施“实境”教学的关键环节。

■ **立体配套**：为适应教学模式和教学方法的改革，本系列教材提供完备的教辅产品，主要包括教学指导、实验指导、电子课件、习题集、题库资源、项目案例等内容，并配以相应的网络教学资源。

■ **教学服务**：教学实施方面，提供全方位的解决方案（在线课堂解决方案、专业建设解决方案、实训体系解决方案、教师培训解决方案和就业指导解决方案等），以适应软件开发教学过程的特殊性，为教学工作的顺利开展和教学成果的转化保驾护航。

本系列教材、教辅、网络资源及相关教学服务的推出对于高校计算机相关专业的建设具有重要的推动作用，加快了建立新课程教材体系、考试评价制度、培养学生创新能力和实践能力的培养模式的步伐。另外，该课程的设置以学生就业为导向，实现了专业设置和社会需求的互动，从而实现了高校教育和企业用人需求之间的联通，对于促进高校课程改革和扩大高校毕业生就业具有重要的意义。

本系列教材由青岛东合信息技术有限公司编著，参与本书编写工作的还有：韩敬海、丁春强、吴明君、赵克玲、高峰、张幼鹏、张玉星、张旭平等。参与本书编写工作的还有：青岛农业大学、潍坊学院、曲阜师范大学、济宁学院、济宁医学院等高校，期间得到了各合作院校专家及一线教师的大力支持和协作。在此技术丛书出版之际要特别感谢给予我们开发团队大力支持和帮助的领导及同事，感谢合作院校的师生给予我们的支持和鼓励，更要感谢开发团队每一位成员所付出的艰辛劳动。如有意见或建议，可访问公司网站（http://www.dong-he.cn）或发邮件至 dh_iTeacher@126.com。

高校软件外包专业 项目组

2013 年 5 月

目　　录

理论篇

第 1 章　关系型数据库

本章目标

- 掌握数据、数据库、数据库管理系统、数据库系统以及关系型数据库的概念。
- 了解数据库的特征和发展的各个阶段。
- 了解数据模型的概念、分类以及关系模型的 3 个组成部分。
- 了解域、笛卡儿积、关系的定义。
- 了解关系的实质以及关系模式的定义。
- 了解关系模型中完整性的 3 个分类及其定义规则。
- 了解关系代数中用到的运算符、传统的集合运算规则以及关系运算规则。
- 理解函数依赖的含义，规范化的基本思想，并掌握各范式的概念及其之间的关系。
- 掌握数据库设计的基本步骤。
- 掌握生成 E-R 图的方法以及将 E-R 图向关系模型转换的方式。

学习导航

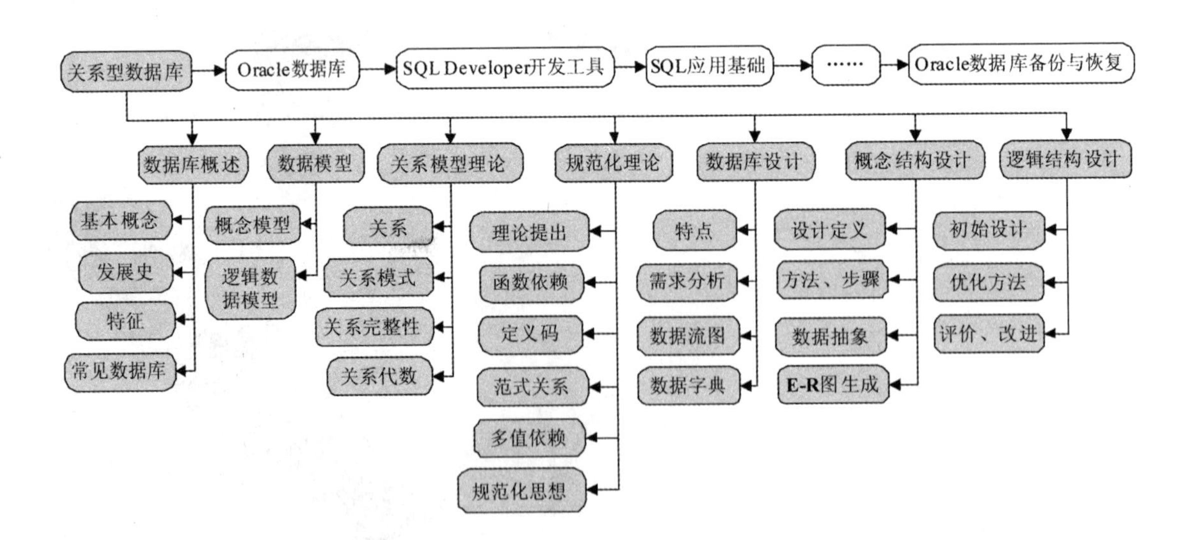

任务描述

介绍关系型数据库。

1.1 数据库概述

今天是一个信息化的时代，各行各业，都有海量的数据需要存储或处理，如搜索引擎、电子地图、大中型企业的生产数据等。如何更加安全地存储数据，更加快速地检索和处理数据，都是数据库技术需要研究的问题。在系统地介绍数据库技术之前，首先介绍一些数据库的常用术语和基本概念。

1.1.1 数据库基本概念

在数据库技术中，数据、数据库、数据库管理系统和数据库系统是密切相关的 4 个基本概念。此外，在本节中将简要介绍关系型数据及关系型数据库管理系统的基本概念。

1. 数据（Data）

数据是数据库中存储的基本对象。这里所指的数据是一个广义的概念，对于数据，传统的理解仅限于数字，但是数据库中数据的概念并不只是数字。数据库中数据的概念和种类很多，如文字、图形、图像、声音、视频、部门员工信息、企业生产数据，甚至内存中的一个对象等，这些都是数据。

因此，可以给数据库中的数据下一个广义的定义。

定义 描述事物的符号记录称为数据。这个符号的内容形式包括上文中提到的各种信息类型。数据虽然有许多种表现形式，但都需要经过数字化后存入计算机。

数据的形式本身并不能完全表达其内容，需要经过语义解释，因此数据与其语义是不可分的。

在日常生活中，人们直接使用语言（如英语、汉语）进行信息交流。在计算机中，为了存储和处理现实世界中的这些抽象的信息，就要从这些事物中抽取出重要且有用的信息来组成一个记录描述给计算机。例如，在某特定环境中，对于雇员有用的信息是雇员编号、姓名、工作、部门负责人、薪资、部门，那么可以描述如下：

```
(7369,SMITH,CLERK,7902,17-12月-80,800,20)
```

上面的雇员信息就是数据。对于上面的雇员记录，通过了解其语义，可以得知：该雇员叫“SMITH”，雇员编号“7369”，从事的工作“CLERK”，受雇时间“17-12 月-80”，所属部门的部门编号为“20”，部门负责人的编号为“7902”。而不了解数据语义，则很难理解其含义，可见数据和语义是不可分的。数据的解释是指对数据含义的说明，数据的含义称为数据的语义。

2. 数据库（DataBase，DB）

数据库的概念从不同的角度来描述就有不同的定义。例如，称数据库是一个“记录保存系统”（该定义强调了数据库是若干记录的集合）。又如称数据库是“人们为解决特定的任务，以一定的组织方式存储在一起的相关的数据的集合”（该定义侧重于数据的组织）。更有甚者称数据库是“一个数据仓库”。当然，这种说法虽然形象，但并不严谨。

严格地定义数据库，如下所示。

定义　数据库是“按照数据结构来组织、存储和管理数据的仓库”。在经济管理的日常工作中，常常需要把某些相关的数据放进这样的“仓库”，并根据管理的需要进行相应的处理。例如，企业或事业单位的人事部门常常要把本单位雇员的基本情况（职工号、姓名、年龄、性别、籍贯、工资、简历等）存放在表中，这张表就可以看成是一个数据库。有了这个“数据仓库”就可以根据需要随时查询某职工的基本情况，也可以查询工资在某个范围内的职工人数等。这些工作如果都能在计算机上自动进行，那企业的人事管理就可以达到极高的水平。此外，在财务管理、仓库管理、生产管理中也需要建立众多的这种“数据库”，使其可以利用计算机实现财务、仓库、生产的自动化管理。

詹姆斯.马丁（J.Martin）给数据库下了一个比较完整的定义。

定义　数据库是存储在一起的相关数据的集合，这些数据是结构化的、无有害的或不必要的冗余，并为多种应用服务；数据的存储独立于使用它的程序；对数据库插入新数据，修改和检索原有数据均能按一种公用的和可控制的方式进行。当某个系统中存在结构上完全分开的若干个数据库时，则该系统包含一个“数据库集合”。

3.　数据库管理系统（DataBase Management System，DBMS）

了解数据和数据库的概念之后，亟待解决的问题是如何科学地组织和存储数据以及如何高效地检索和维护数据。解决这些问题的是一个系统软件，即数据库管理系统。

数据库管理系统是一个通用的管理数据库的软件系统，是由一组计算机程序构成的。数据库管理系统负责数据库的定义、建立、操纵、管理和维护，能够对数据库进行有效的管理，包括存储管理、安全性管理、完整性管理等。数据库管理系统提供了一个软件环境，使用户能方便快速地建立、维护、检索、存取和处理数据库中的信息。

数据库管理系统实现数据库系统的各项功能。应用程序必须通过 DBMS 访问数据库。DBMS 可以看成是操作系统的一个特殊用户，它向操作系统申请所需的软硬件资源，并接受操作系统的控制和调度。操作系统则是 DBMS 与硬件之间的接口，是 DBMS 的基础。

4.　数据库系统（DataBase System，DBS）

数据库系统是指在计算机系统中引入数据库后的系统，其严格定义如下。

定义 数据库系统是由数据库及其管理软件组成的系统。它是为适应数据处理的需要而发展起来的一种较为理想的数据处理的核心机构。它是一个实际可运行的，并且能够存储、维护和为应用系统提供数据的软件系统，是存储介质、处理对象和管理系统的集合体。

数据库系统一般由数据库、数据库管理系统、数据库管理员（DBA）及用户和应用程序 4 个部分组成。其核心是数据库管理系统。

5.　关系型数据库管理系统（Relational DataBase Management System，RDBMS）

RDBMS 指的是关系型数据库管理系统，它是通过数据、关系和对数据的约束三者组成的数据模型来存放和管理数据的，其中，关系型数据库是建立关系模型基础之上的数据库，借助于集合代数等数学概念和方法来处理数据库中的数据。

此外，RDBMS 是 SQL 的基础，同样也是所有现代数据库系统的基础，如 MS SQL Server、IBM DB2、Oracle、MySQL 等。

RDBMS 中的数据存储在被称为“表（Table）”的数据库对象中，其中，表是相关的数据项的集合，它由列和行组成。

RDBMS 的特点如下。

- 数据以表格的形式出现；
- 每行为各种记录名称；
- 每列为记录名称所对应的数据域；
- 许多的行和列组成一张表；
- 若干个表组成 DataBase。

数据、数据库、数据库管理系统、数据库系统以及关系型数据库，5 个基本概念的相互关系如下。

- 数据是数据库存储的基本对象，描述事物的符号；
- 数据库是依照某种数据模型组织起来并存放二级存储器中的数据集合；
- 数据库由数据库管理系统统一管理，数据的插入、修改和检索均要通过数据库管理系统进行；
- 数据库系统是指在计算机系统中引入数据库后的操作系统；
- 关系型数据库是建立关系模型基础之上的数据库。

注意 关于关系模型的概念参见 1.3 节。

1.1.2 数据库发展史

数据库的历史可以追溯到 20 世纪 50 年代，那时的数据管理非常简单。通过大量的分类、比较和表格绘制的机器运行数百万穿孔卡片来进行数据的处理，其运行结果可以在纸上打印出来或者制成新的穿孔卡片。而数据管理就是对所有这些穿孔卡片进行物理的储存和处理。然而，1951 年雷明顿兰德公司（Remington Rand Inc.）的一种叫作 Univac I 的计算机推出了一种一秒钟可以输入数百条记录的磁带驱动器，从而引发了数据管理的革命。

研制计算机的初衷是利用它执行科学计算。随着计算机技术的发展，其应用远远超出了这个范围。在应用需求的推动下，在计算机硬件、软件发展的基础上，数据库管理技术经历了人工管理、文件系统、数据库系统、高级数据库系统 4 个阶段，下面分别来讲解这 4 个阶段。

1. 人工管理阶段

20 世纪 50 年代中期之前，计算机的软硬件均不完善。硬件存储设备只有磁带、卡片和纸带，软件方面还没有操作系统，当时的计算机主要用于科学计算。这个阶段由于还没有软件系统对数据进行管理，程序员在程序中不仅要规定数据的逻辑结构，还要设计其物理结构，包括存储结构、存取方法、输入/输出方式等。当数据的物理组织或存储设备改变时，用户程序就必须重新编制。由于数据的组织面向应用，不同的计算程序之间不能共享数据，使得不同的应用之间存在大量的重复数据，很难维护应用程序之间数据的一致性。

这一阶段的主要特征可归纳为如下几点。

- 计算机中没有支持数据管理的软件；
- 数据组织面向应用，数据不能共享，数据重复；
- 在程序中要规定数据的逻辑结构和物理结构，数据与程序不独立；
- 数据处理方式——批处理。

2. 文件系统阶段

20 世纪 50 年代中期到 60 年代中期，由于计算机大容量存储设备（如硬盘）的出现，推动了软件技术的发展，而操作系统的出现标志着数据管理步入一个新的阶段——文件系统阶段。在这个阶段数据以文件为单位存储在外存储器且由操作系统统一管理。操作系统为用户使用文件提供了友好界面，并且文件的逻辑结构与物理结构脱离、程序和数据分离，从而使数据与程序有了一定的独立性。用户的程序与数据可分别存放在外存储器上，各个应用程序可以共享一组数据，实现了以文件为单位的数据共享。

但由于数据的组织仍然是面向程序的，所以存在大量的数据冗余。而且数据的逻辑结构不能方便地修改和扩充，数据逻辑结构的每一点微小改变都会影响到应用程序。由于文件之间互相独立，因而它们不能反映现实世界中事物之间的联系，操作系统不负责维护文件之间的联系信息，如果文件之间有内容上的联系，那也只能由应用程序去处理。

3. 数据库系统阶段

20 世纪 60 年代后，随着计算机在数据管理领域的普遍应用，人们对数据管理技术提出了更高的要求：希望面向企业或部门；以数据为中心组织数据，减少数据的冗余；提供更高的数据共享能力；同时要求程序和数据具有较高的独立性，当数据的逻辑结构改变时，不涉及数据的物理结构，也不影响应用程序，以降低应用程序研制与维护的费用。数据库技术正是在这样一个应用需求的基础上发展起来的。数据库技术具有如下特点。

- 面向企业或部门，以数据为中心组织数据，形成综合性的数据库，为各应用共享；
- 采用一定的数据模型，数据模型不仅要描述数据本身的特点，而且要描述数据之间的联系；
- 数据冗余小，易修改、易扩充。不同的应用程序根据处理要求，从数据库中获取需要的数据，这样就减少了数据的重复存储，也便于增加新的数据结构，便于维护数据的一致性；
- 程序和数据有较高的独立性；
- 具有良好的用户接口，用户可方便地开发和使用数据库；
- 对数据进行统一管理和控制，提供了数据的安全性、完整性以及并发控制。

从文件系统发展到数据库系统，这在信息领域中具有里程碑的意义。在文件系统阶段，人们在信息处理中关注的中心问题是系统功能的设计，因此程序设计占主导地位；而在数据库方式下，数据开始占据了中心位置，数据的结构设计成为信息系统首先关心的问题，而应用程序则以既定的数据结构为基础进行设计。

4. 高级数据库系统阶段

高级数据库系统阶段的主要标志是分布式数据库系统和面向对象数据库系统的出现。第3阶段数据库系统是一种集中式的数据系统。集中式系统的缺点是随着数据量的增加，系统相当庞大、操作复杂、开销大，而且因为数据集中存储，所以大量的通信都要通过主机完成，这样易造成拥挤。分布式数据库系统的主要特点是数据在物理上分散存储，在逻辑上是统一的。分布式数据库系统的多数处理就地完成，各地的计算机由数据通信网络相联系。

面向对象数据库系统是面向对象的程序设计技术与数据库技术相结合的产物。面向对象数据库系统的主要特点是具有面向对象技术的封装性和继承性，提高了软件的可重用性。

分布式数据库系统是数据库技术和计算机网络技术相结合的产物，在20世纪80年代中期已有商品化产品问世。分布式数据库是一个逻辑上统一、地域上分散的数据集合，是计算机网络环境中各个节点局部数据库逻辑集合，同时受分布式数据库管理系统的控制和管理。其主要特点是：

■ **局部自主**

网络上每个节点的数据库系统都具有独立处理本地事物的能力，而且各局部节点之间也能够相互访问、有效地配合处理更复杂的事物。因此，分布式数据库系统特别适合各个部门地理位置分散的组织机构。例如，银行业务、飞机订票、企业管理等。

■ **可靠性和可用性**

分布式系统比集中式系统有更高的可靠性，在个别节点或个别通信链路发生故障的情况下可以继续工作。一个局部系统发生故障不至于导致整个系统停顿或破坏，只要有一个节点上的数据备份是可用的，系统就可以继续工作。可见，支持一定程度的数据冗余是为充分发挥分布式数据库系统优点的先决条件之一。

■ **效率和灵活性**

分布式系统分散了工作负荷，缓解了单机容量的压力，分布式数据库系统能够在对现有系统影响最小的情况下实现扩充。因此，扩大系统规模比集中式系统更加方便、经济、灵活。

分布式数据库系统示意图如图1-1所示。

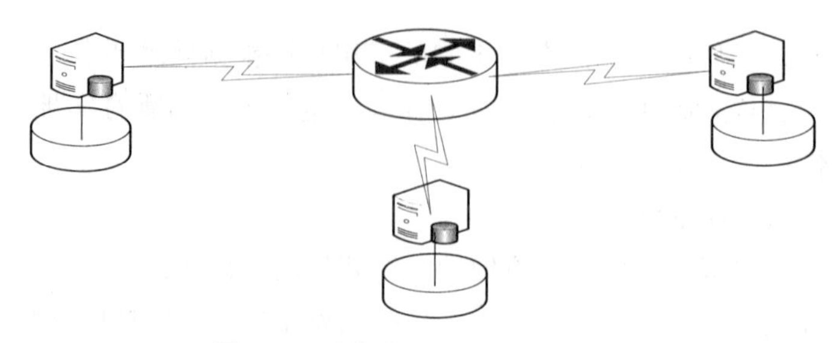

图1-1　分布式数据库系统示意图

1.1.3　数据库特征

与人工管理阶段和文件系统阶段相比，数据库系统的特点主要有以下几个方面。

- **数据结构化：** 数据结构化是数据库与文件系统的根本区别。在描述数据时不仅要描述数据本身，还要描述数据之间的联系。
- **数据的共享性：** 数据库系统从整体角度看待和描述数据，数据不再面向某个应用而是面向整个系统，因此数据可以被多个用户共享和应用。
- **数据冗余度低：** 数据冗余度是指同一数据重复存储时的重复程度。因为数据库系统的共享性降低了数据的冗余度。
- **数据的一致性：** 数据的一致性是指同一数据不同副本的值一样，而在采用人工管理或文件系统管理时，由于数据被重复存储，当不同的应用使用和修改不同的副本时就易造成数据的不一致。
- **物理独立性：** 当数据的存储结构（或物理结构）改变时，通过对映像的相应改变可以保持数据的逻辑结构不变，从而应用程序也不必改变。
- **逻辑独立性：** 当数据的总体逻辑结构改变时，通过对映像的相应改变可以保持数据的局部逻辑结构不变，应用程序是依据数据的局部逻辑结构编写的，所以应用程序不必修改。
- **数据的安全性（Security）：** 数据的安全性是指保护数据，防止不合法使用数据造成数据的泄密和破坏，使每个用户只能按规定对某些数据以某些方式进行访问和处理。
- **数据的完整性（Integrity）：** 数据的完整性指数据的正确性、有效性和相容性。即将数据控制在有效的范围内，或要求数据之间满足一定的关系。
- **并发（Concurrency）控制：** 当多个用户的并发进程同时存取、修改数据库时，可能会发生相互干扰而得到错误的结果并使得数据库的完整性遭到破坏，因此必须对多用户的并发操作加以控制和协调。
- **数据库恢复（Recovery）：** 计算机系统的硬件故障、软件故障、操作员的失误以及人为的破坏也会影响数据库中数据的正确性，甚至造成数据库部分或全部数据的丢失。DBMS 必须具有将数据库从错误状态恢复到某一已知的正确状态（也称为“完整状态”或“一致状态”）的功能。

1.1.4　常见数据库

数据库技术经过几代的发展，现在已经非常成熟。当前阶段在市场占主要市场份额的数据库如表 1-1 所示。

表 1–1 常见数据库

数据库	公司	描述
Oracle	Oracle 公司	业界目前比较成功的关系型数据库管理系统，数据库软件领域第一大厂商，运行稳定、功能齐全、性能超群
DB2	IBM 公司	是一个多媒体、Web 关系型数据库，其功能足以满足大中公司的需要，并可灵活地服务于中小型电子商务解决方案
SQL Server	微软公司	界面友好、易学易用的特点，与其他大型数据库产品相比，在操作性和交互性方面独树一帜
MySQL	瑞典 MySQL AB 公司（被 Oracle 收购）	体积小、速度快、开放源码，许多中小型网站为了降低网站总体拥有成本而选择了 MySQL 作为网站数据库

1. Oracle

Oracle 数据库在价格定位上更着重于大型的企业数据库领域。对于数据量大、事务处理繁忙、安全性要求高的企业，Oracle 无疑是比较理想的选择。随着 Internet 的普及，带动了网络经济的发展，Oracle 适时地将自己的产品紧密地和网络计算结合起来，成为在 Internet 应用领域数据库厂商的佼佼者。

2. DB2

DB2 系统在企业级的应用中十分广泛，目前全球 DB2 系统用户超过 6000 万，分布于约 40 万家公司。

3. SQL Server

SQL Server 可以与 Windows 操作系统紧密集成，这种安排使 SQL Server 能充分利用操作系统所提供的特性，不论是应用程序开发速度还是系统事务处理运行速度，都能得到较大的提升。另外，SQL Server 可以借助浏览器实现数据库查询功能，并支持内容丰富的扩展标记语言（XML），提供了全面支持 Web 功能的数据库解决方案。对于在 Windows 平台上开发的各种企业级信息管理系统来说，不论是 C/S（客户机/服务器）架构还是 B/S（浏览器/服务器）架构，SQL Server 都是一个很好的选择。SQL Server 的缺点是只能在 Windows 系统下运行。

4. MySQL 系列

MySQL 是一个小型关系型数据库管理系统，与其他的大型数据库，例如 Oracle、DB2、SQL Server 等相比，MySQL 有它的不足之处，如规模小、功能有限（MySQL Cluster 的功能和效率都相对比较差）等，但是这丝毫没有减少它受欢迎的程度。对于一般的个人使用者和中小型企业来说，MySQL 提供的功能已经绰绰有余，而且由于 MySQL 是开放源码软件，因此可以大大降低总体拥有成本。目前 Internet 上流行的网站构架方式是 LAMP（Linux+Apache+MySQL+PHP），即使用 Linux 作为操作系统，Apache 作为 Web 服务器，MySQL 作为数据库，PHP 作为服务器端脚本解释器。这 4 个软件都是自由或开放源码软件，因此使用这种方式不用花一分钱就可以建立起一个稳定、免费的网站系统。

1.2 数据模型

数据（Data）是描述事物的符号记录；模型（Model）是现实世界的抽象；数据模型（Data Model）是数据特征的抽象，是数据库管理的数学形式框架。

数据模型由以下 3 个要素组成。

- **数据结构：** 数据结构主要描述数据的类型、内容、性质以及数据间的联系等。数据结构是数据模型的基础，数据操作和约束都建立在数据结构上。不同的数据结构具有不同的操作和约束。
- **数据操作：** 数据操作主要描述在相应的数据结构上的操作类型和操作方式。
- **数据约束：** 数据约束主要描述数据结构内数据间的语法、词义联系，它们之间的制约和依存关系，以及数据动态变化的规则，以保证数据的正确、有效和相容。

数据模型按不同的应用层次分成以下 3 种类型。

- **概念数据模型**（Conceptual Data Model）：简称概念模型，即用简单、清晰、用户易于理解的概念来描述现实世界中具体事物及事物之间的关系，它是现实世界到信息世界的抽象，是数据库设计人员进行数据库设计的工具，与具体的数据库管理系统无关。此外，它使数据库的设计人员在设计的初始阶段，摆脱计算机系统及 DBMS 的具体技术问题，集中精力分析数据以及数据之间的联系等，与具体的数据管理系统无关。概念数据模型必须换成逻辑数据模型，才能在 DBMS 中实现。
- **逻辑数据模型**（Logical Data Model）：简称逻辑模型，这是用户从数据库所看到的模型，是具体的 DBMS 所支持的数据模型，如网状数据模型（Network Data Model）、层次数据模型（Hierarchical Data Model）等。此模型既要面向用户，又要面向系统，主要用于数据库管理系统的实现。
- **物理数据模型**（Physical Data Model）：简称物理模型，是面向计算机物理表示的模型，描述了数据在储存介质上的组织结构，它不但与具体的 DBMS 有关，而且还与操作系统和硬件有关。每一种逻辑数据模型在实现时都有其对应的物理数据模型。DBMS 为了保证其独立性与可移植性，大部分物理数据模型的实现工作由系统自动完成，而设计者只设计索引、聚集等特殊结构。

在概念数据模型中最常用的是 E-R 模型、扩充的 E-R 模型、面向对象模型及谓词模型。在逻辑数据类型中最常用的是层次模型、网状模型、关系模型。数据库领域采用的数据模型有层次模型、网状模型和关系模型，其中应用最广泛的是关系模型。

1.2.1 概念模型

概念模型用于信息世界的建模。概念模型不依赖于某一个 DBMS 支持的数据模型。概念模型可以转换为计算机上某一 DBMS 支持的特定数据模型。

概念模型具有如下特点。

- 具有较强的语义表达能力，能够方便、直接地表达应用中的各种语义知识；
- 应用简单、清晰、易于用户理解，是用户与数据库设计人员之间进行交流的语言。

为了用信息来描述现实世界，需要了解一些信息世界中的基本概念，如下。

- **实体（Entity）**：客观存在并可相互区别的事物称为“实体”。实体可以是具体的人、事、物，也可以是抽象的概念或联系。例如，一个雇员、一个学生、学生的一次选课、老师与系的工作关系等都是实体。
- **属性（Attribute）**：实体所具有的某一特性称为“属性”。一个实体可以由若干个属性来刻画。例如，雇员实体可以由雇员编号、姓名、工作、部门负责人、薪资、部门等属性组成。(7369,SMITH,CLERK,7902,17-12 月-80,800,20)这些属性组合起来表示了一个雇员。
- **码（Key）**：唯一标识实体的属性或属性的集合称为“码”。
- **域（Domain）**：属性的取值范围称为该属性的“域”。例如，雇员编号的域为 4 位整数，姓名的域为字符串集合，性别的域为(男，女)。
- **实体型（Entity Type）**：用实体名及其属性集合来抽象和刻画同类实体，称为“实体型”。例如，雇员(编号、姓名、工作、部门负责人、薪资、部门)就是一个实体类型。
- **实体集（Entity Set）**：同型实体的集合称为“实体集”。
- **联系（Relationship）**：现实世界中事物内部以及事物之间的联系在信息世界中反映为实体内部的联系和实体之间的联系。

常见的两个实体之间的关系分为“一对一”、“一对多”和“多对多”，具体介绍如下。

- **一对一关联（1:1）**

如果对于实体集 A 中的每一个实体，实体集 B 中至多有一个实体与之关联，反之亦然，则称实体集 A 与实体集 B 具有一对一关联，记为 1:1。例如，假设一个部门只有一个部门经理，且一个部门经理只能任职于一个部门，则部门与部门经理之间只有一对一关联。

- **一对多关联（1:n）**

如果对于实体集 A 中的每一个实体，实体集 B 中有 n 个实体（$n \geq 0$）与之关联，反之，对于实体集 B 中的每一个实体，实体集 A 中至多只有一个实体与之关联，则称实体集 A 与实体 B 有一对多关联，记为 1:n。例如，一个部门中有若干雇员，且一个雇员只能就职于一个部门，则部门与雇员之间具有一对多关联。

- **多对多关联（m:n）**

如果对于实体集 A 中的每一个实体，实体集 B 中有 n 个实体（$n \geq 0$）与之关联，反之，对于实体集 B 中的每一个实体，实体集 A 中也有 m 个实体（$m \geq 0$）与之关联，则称实体集 A 与实体 B 具有多对多关联，记为 m:n。例如，一门课程同时有若干个学生选修，而一个学生可以同时选修多门课程，则课程与学生之间具有多对多关联。

实体之间关系如图 1-2 所示。

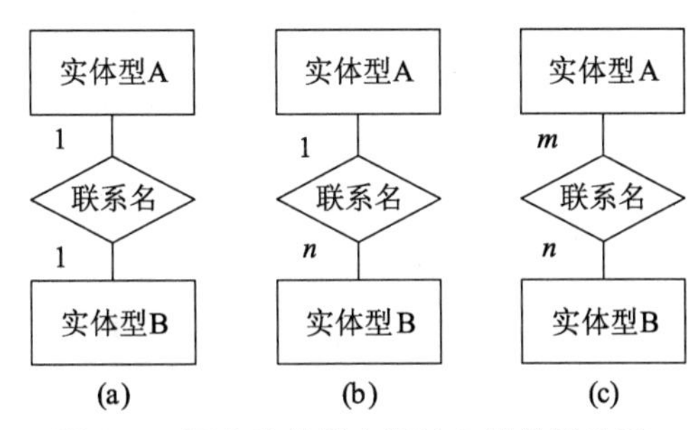

图 1–2　两个实体型之间的 3 种关联关系

实体型之间的一对一、一对多、多对多联系不仅存在于两个实体型之间，也存在于两个以上的实体型之间。同一个实体集内的各实体之间也可以存在一对一、一对多、多对多的联系。

概念模型是对信息世界建模，所以概念模型应该能够方便、准确地表示出上述信息世界中的常用概念。概念模型的表示方法很多，其中最为著名、最为常用的是 P.P.S.Chen 于 1976 年提出的实体—联系方法（Entity-Relationship Approach）。该方法用 E-R 图来描述现实世界的概念模型，E-R 方法也称为“E-R 模型”。

E-R 图提供了表示实体、属性和联系的方法，如图 1-3 所示。

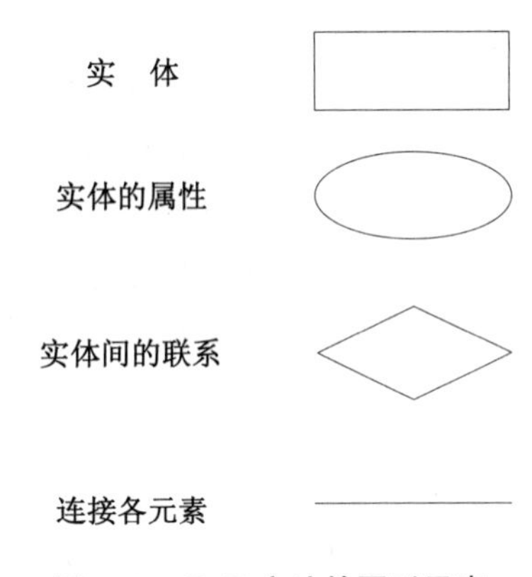

图 1–3　E–R 方法的图形元素

在图 1-3 中，各个图形元素所表示的含义是：

- **实体**：用矩形表示，矩形框内写明实体名；
- **属性**：用椭圆形表示，并用无向边将其与相应的实体连接起来；
- **联系**：用菱形表示，菱形框内写明联系名，并用无向边分别与有关实体连接起来，同时在无向边旁标上联系的类型（1:1、1:n、m:n）。

以班级、课程与学生为例，E-R 图如图 1-4 所示。

由矩形、椭圆形、菱形以及按一定要求相互连接无向线构成了一个完整的 E-R 图。用 E-R 图表示的概念模型独立于具体的 DBMS 所支持的数据模型，它是各种数据模型的共同基础，因而比数据模型更一般、更抽象、更接近现实世界。

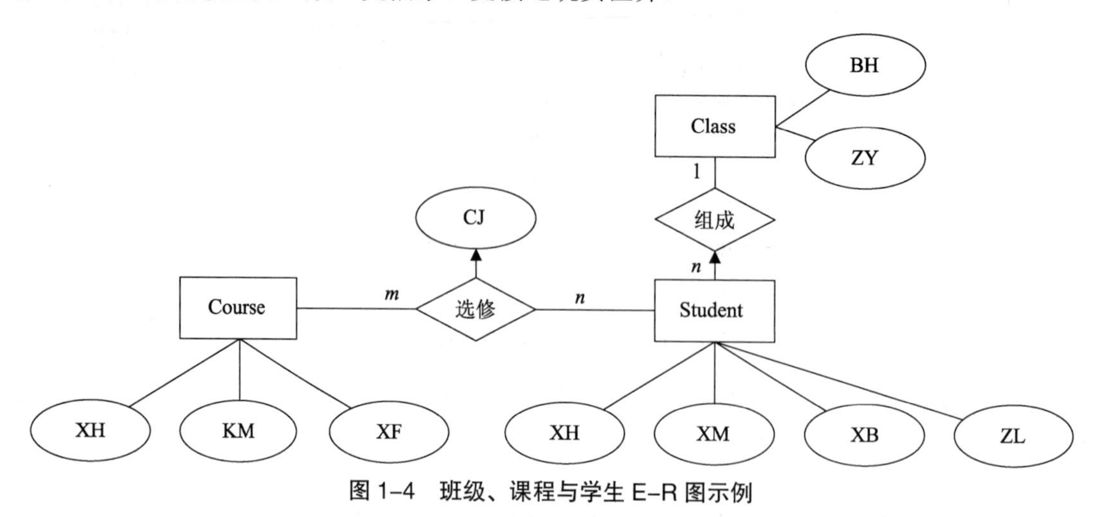

图 1-4　班级、课程与学生 E-R 图示例

在概念上，概念模型中的实体、属性与联系是 3 个有明显区别的不同概念。但是在分析客观世界的具体事物时，对某个具体数据对象，究竟它是实体还是属性或联系，则是相对的，所做的分析设计与实际应用的背景以及设计人员的理解有关。这是工程实践中构造 E-R 图的难点之一。

1.2.2　逻辑数据模型

当前流行的逻辑数据模型有 4 种，即层次模型（Hierarchical Model）、网状模型（Network Model）、关系模型（Relational Model）和面向对象模型（Object Oriented Model）。它们的区别在于记录之间联系的表示方式不同。其中，关系模型是目前应用最为广泛的数据模型，目前绝大多数数据库管理系统的数据模型都是关系模型。

1. 层次模型

层次模型是数据库系统中最早使用的模型，它的数据结构类似一棵倒置的树，每个节点表示一个记录类型，记录之间的联系是一对多的联系，基本特征是：

- 一定有且只有一个位于树根的节点，称为根节点；
- 一个节点下面可以没有节点，即向下没有分支，那么该节点称为“叶节点”；
- 一个节点可以有一个或多个节点，前者称为“父节点”，后者称为“子节点”；
- 同一父节点的子节点称为“兄弟节点”；
- 除根节点外，其他任何节点有且只有一个父节点。

层次模型示例如图 1-5 所示。

层次模型中，每个记录类型可以包含多个字段，不同记录类型之间、同一记录类型的不同字段之间不能同名，如果要存取某一类型的记录，就要从根节点开始，按照树的层次逐层向下查找，查找路径就是存取路径，如图 1-6 所示。

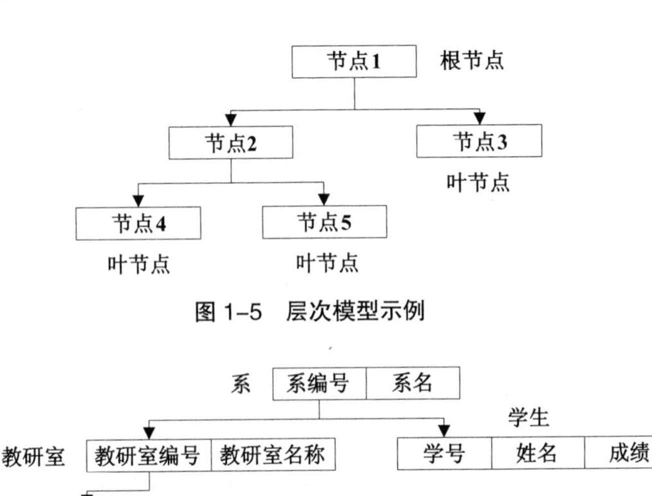

图 1–5　层次模型示例

图 1–6　层次模型

层次模型结构简单，容易实现，对于某些特定的应用系统效率很高，但如果需要动态访问数据（如增加或修改记录类型），效率并不高。另外，对于一些非层次性结构（如多对多联系），层次模型表达起来比较烦琐而且不直观。

2. 网状模型

网状模型可以看作是层次模型的一种扩展。它采用网状结构表示实体及其之间的联系。网状结构的每一个节点代表一个记录类型，记录类型可包含若干字段，联系用链接指针表示，去掉了层次模型的限制。网状模型的特征是：

- 允许一个以上的节点没有父节点；
- 一个节点可以有多于一个的父节点。

例如，图 1-7(a)和图 1-7(b)都是网状模型的例子。图 1-7(a)中节点 3 有两个父节点，即节点 1 和节点 2；图 1-7(b)中节点 4 有两个父节点，即节点 1 和节点 2。

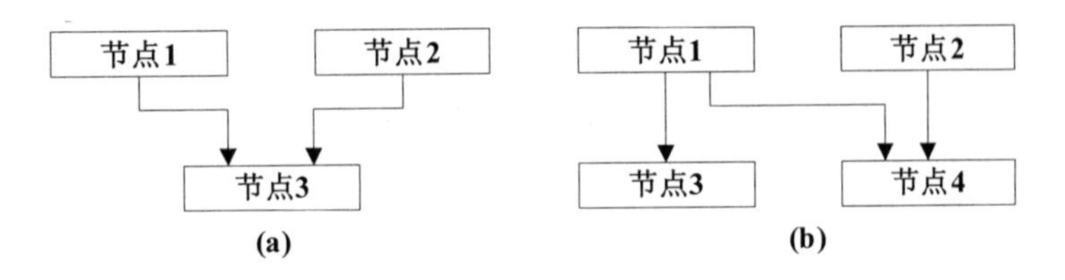

图 1–7　网状模型的几个例子

由于网状模型比较复杂，一般实际的网状数据库管理系统对网状都有一些具体的限制。在使用网状数据库时有时候需要一些转换。例如如图 1-8 所示的网状模型。

网状模型与层次模型相比，提供了更大的灵活性，能更直接地描述现实世界，性能和效率也比较好。网状模型的缺点是结构复杂，用户不易掌握，记录类型联系变动后涉及链接指针的调整，扩充和维护都比较复杂。

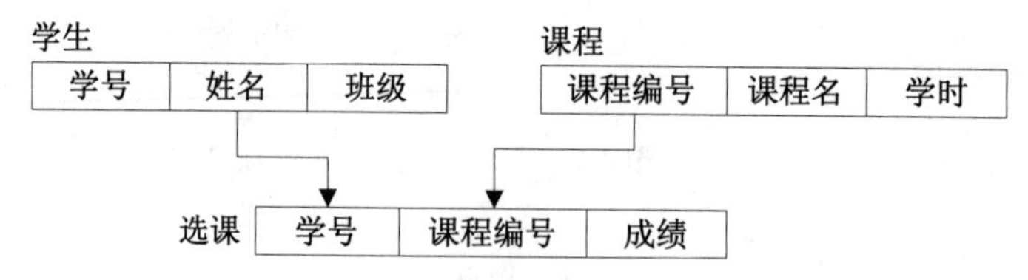

图 1-8 转换后的学生、课程和选课的网状模型

3. 关系模型

关系模型是目前应用最多、也最为重要的一种数据模型。关系模型建立在严格的数学概念基础上，采用二维表格结构来表示实体和实体之间的联系，二维表由行和列组成。下面以教师信息表和课程表为例，说明关系模型中的一些常用术语，如表 1-2 和表 1-3 所示。

表 1-2 教师信息表（表名为：tea_info）

TNO（教师编号）	NAME（姓名）	GENDER（性别）	TITLE（职称）	DEPT（系别）
805	李奇	女	讲师	基础部
856	薛智永	男	教授	信息学院

表 1-3 课程表（表名为：cur_info）

CNO（课程编号）	DESCP（课程名称）	PERIOD（学时）	TNO（主讲老师编号）
005067	微机基础	40	805
005132	数据结构	64	856

- 关系（或表）：一个关系就是一个表，如上面的教师信息表和课程表；
- 元组：表中的一行为一个元组（不包括表头）；
- 属性：表中的一列为一个属性；
- 主码（或关键字）：可以唯一确定一个元组和其他元组不同的属性组；
- 域：属性的取值范围；
- 分量：元组中的一个属性值；
- 关系模式：对关系的描述，一般表示为：关系名(属性 1，属性 2，……，属性 n)；

关系模型的基本特征是：

- 建立在关系数据理论之上，有可靠的数据基础；
- 可以描述一对一、一对多和多对多的联系；
- 表示的一致性，实体本身和实体间联系都使用关系描述；
- 关系的每个分量的不可分性，也就是不允许表中表。

关系模型概念清晰、结构简单，实体、实体联系和查询结果都采用关系表示，用户比较容易理解。另外，关系模型的存取路径对用户是透明的，程序员不用关心具体的存取过程，减轻了程序员的工作负担，具有较好的数据独立性和安全保密性。

关系模型也有一些缺点，在某些实际应用中，关系模型的查询效率有时不如层次和网状模型。为了提高查询的效率，有时需要对查询进行一些特别的优化。

4. 面向对象模型

面向对象模型是采用面向对象的观点来描述现实世界中实体及其联系的模型，现实世界中的实体都被抽象为对象，同类对象的共同属性和方法被抽象为类。面向对象模型有如下的常用术语。

■ **对象**

对象是现实世界中某个实体的模型化。每个对象都有一个唯一标识符，称为“对象标识”（Object Identity）。图 1-9 中，学生对象的对象标识为学号“120021”。对象还包括属性集合（描述对象的状态、组成和特征）、方法集合（描述对象的行为特征和实现）和消息集合（对象操作请求的传递）。

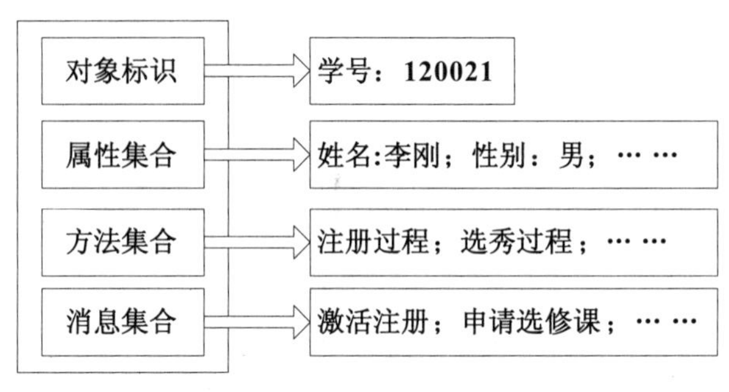

图 1–9　一个学生对象

■ **类**

类是具有相同结构对象的集合。类是一个抽象的概念，对象是类的实例，如图 1-10 所示，李勇和小梅是学生类的具体实例。

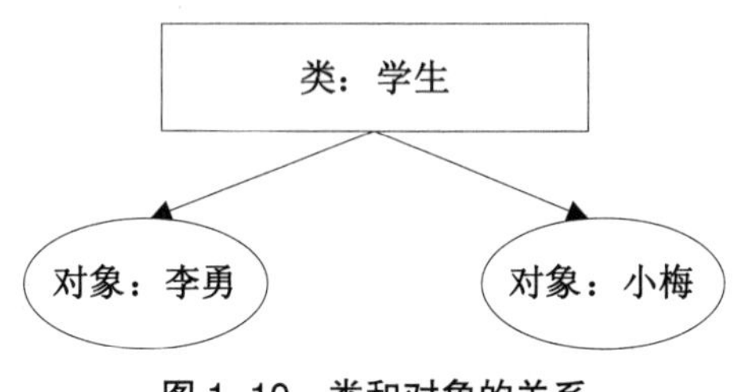

图 1–10　类和对象的关系

■ **封装**

封装是一种面向对象的技术，通过封装可以把对象的某些实现与外界隔离，这样一方面可以使外部的应用简化，不用关心具体的实现；另一方面提高数据的独立性，内部的修改不会影响到外部的应用，提高了数据的独立性，如图 1-11 所示。

■ **继承**

面向对象模型的一个特色是可以实现继承。在现实世界中，有许多事物具有密切相关的层次关系。面向对象模型提供了建立类结构层次的功能，可以定义一个类的子类，形成树形结构，如图 1-12 所示。

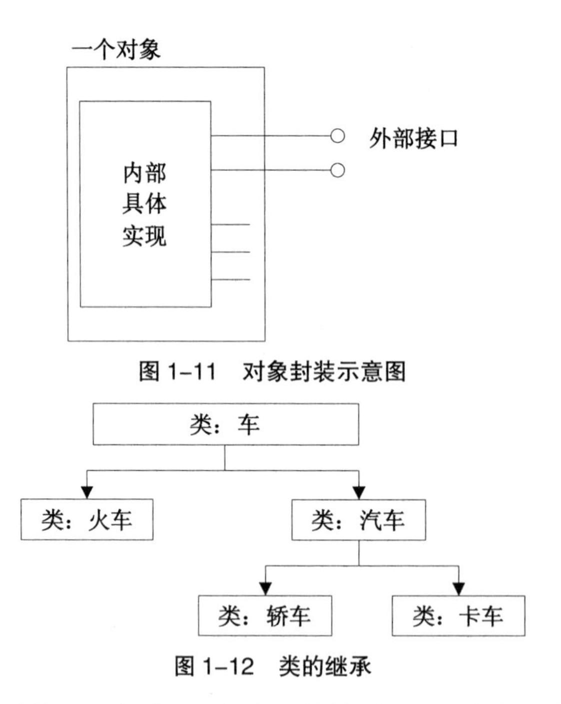

图 1-11　对象封装示意图

图 1-12　类的继承

面向对象模型是一种接近现实世界、很自然的模型，可以定义复杂数据关系。由于具有继承特性，面向对象模型提供了快速创建各种变种记录类型的能力。面向对象模型的缺点是查询功能相对比较弱。

1.3　关系模型理论

网状数据库和层次数据库已经很好地解决了数据的集中和共享问题，但是在数据独立性和抽象级别上仍有很大欠缺。用户在对这两种数据库进行存取时，仍然需要明确数据的存储结构，指出存取路径。而后来出现的关系数据库较好地解决了这些问题。关系数据库理论出现于 60 年代末到 70 年代初。1970 年，IBM 的研究员埃德加·考特（Edgar Frank Codd）博士的著名论文《大型共享数据库数据的关系模型》（*A Relational Model of Data for Large Shared Data Banks*）一文提出了关系模型的概念。后来考特又陆续发表多篇文章，奠定了关系数据库的基础。关系模型有严格的数学基础，抽象级别比较高，而且简单清晰，便于理解和使用。但是当时也有人认为关系模型是理想化的数据模型，用来实现 DBMS 是不现实的，尤其担心关系数据库的性能难以接受，更有人视其为当时正在进行中的网状数据库规范化工作的严重威胁。为了促进对问题的理解，1974 年 ACM 牵头组织了一次研讨会，会上开展了一场分别以考特和 Bachman 为首的支持和反对关系数据库两派之间的辩论。这次著名的辩论推动了关系数据库的发展，使其最终成为现代数据库产品的主流。

关系数据库系统是支持关系模型的数据库系统。关系数据库系统与非关系数据库系统的区别是：关系数据库系统只有“表”这一种结构，而非关系数据库系统还有其他数据结构。

关系模型由关系数据结构、关系操作集合和关系完整性约束 3 部分组成。

1. 单一的数据结构——关系

关系模型的数据结构是单一的。

在现实世界中各事物与事物之间的各种联系均可使用关系来表示，也就是说，关系不仅表示数据的存储，其中也包含着数据之间的联系。

从用户角度来看，关系模型中数据的逻辑结构是一张二维表。

2. 关系操作集合

关系操作采用集合操作方式，即操作的对象和结果都是集合。这种操作方式也称为“一次一集合”的方式。关系模型中常用的关系操作包括如下两类。

- 查询操作，包括选择（select）、投影（projection）、连接（join）、除（divide）、并（union）、交（intersection）、差（difference）等。
- 增（insert）、删（delete）、改（update）操作。

表达（或描述）关系操作的关系数据语言可以分为 3 类，如表 1-4 所示。

表 1–4 关系操作的关系数据语言分类表

关系数据语言	关系代数语言			例如 ISBL
	关系演算语言	1）	元组关系演算语言	例如 APLHA、QUEL
		2）	域关系演算语言	例如 QBE
	具有关系代数和关系演算双重特点的语言			例如 SQL

- **关系代数**

关系代数是用关系的运算来表达查询要求的方式。

- **关系演算**

关系演算是用谓词来表达查询要求的方式。关系演算又可按谓词变元的基本对象是元组变量还是域变量分为元组关系演算和域关系演算。关系代数、元组关系演算和域关系演算 3 种语言在表达能力上是完全等价的。

关系代数、元组关系演算和域关系演算均是抽象的查询语言，这些抽象的语言与具体的 DBMS 中实现的实际语言并不完全一样，但它们能用作评估实际系统中查询语言能力的标准或基础。

- **介于关系代数和关系演算之间的语言 SQL（Structured Query Language）**

SQL 不仅具有丰富的查询功能，而且具有数据定义和数据控制功能，是集查询、DDL、DML 和 DCL 于一体的关系数据语言。它充分体现了关系数据语言的特点和优点，是关系数据库的标准语言。

3. 关系的 3 类完整性约束

关系模型允许定义 3 类完整性约束：实体完整性、参照完整性和用户定义的完整性约束。其中实体完整性约束和参照完整性约束是关系模型必须满足的完整性约束条件，应该由关系系统自动支持。用户定义的完整性是应用领域需要遵循的约束条件，体现了具体领域中的语义约束。

1.3.1 关系

1. 域（Domain）

域是一组具有相同数据类型的值的集合。

例如，自然数、整数、介于 0～100 之间的整数，甚至长度在 1～10 之间的字符串等，都可以看作是域。

2. 笛卡儿积（Cartesian Product）

给定一组域 $D_1,D_2,\cdots,D_n$，这些域中可以有相同的。$D_1,D_2,\cdots,D_n$ 的笛卡儿积为：

$$D_1\times D_2\times\cdots\times D_n=\{(d_1,d_2,\cdots,d_n)\mid d_i\in D_i,i=1,2,\cdots,n\}$$

其中，每一个元素$(d_1,d_2,\cdots d_n)$叫作一个 n 元组（N-Tuple）或简称元组（Tuple）；元素中的每一个值 d_i 叫作一个分量（Component）。

若 $D_i(i=1,2,\cdots,n)$为有限集，其基数（Cardinal Number）为 $m_i(i=1,2,\cdots,n)$，则 $D_1\times D_2\times\cdots\times D_n$ 的基数 M 为：

$$M=\prod_{i=1}^{n}m_i\text{。}$$

笛卡儿积可表示为一个二维表。表中的每行对应一个元组，表中的每列对应一个域。例如给出 3 个域：

```
D1=导师集合 SUPERVISOR=刘金涛,邓玉平
D2=专业集合 SPECIALITY=应用物理专业,机械工程专业
D3=研究生集合 POSTGRADUATE=费菲,张云龙,杨葛青
```

则 D_1、D_2、D_3 的笛卡儿积为：

```
D1×D2×D3={(刘金涛,应用物理专业,费菲),(刘金涛,应用物理专业,张云龙),(刘金涛,应用物理专业,杨葛青),(刘金涛,机械工程专业,费菲),(刘金涛,机械工程专业,张云龙),(刘金涛,机械工程专业,杨葛青),(邓玉平,应用物理专业,费菲),(邓玉平,应用物理专业,张云龙),(邓玉平,应用物理专业,杨葛青),(邓玉平,机械工程专业,费菲),(邓玉平,机械工程专业,张云龙),(邓玉平,机械工程专业,杨葛青)}
```

其中(刘金涛,应用物理专业,费菲)等都是元组，刘金涛、应用物理专业、费菲等都是分量。

该笛卡儿积的基数为 2×2×3＝12，也就是说，$D_1\times D_2\times D_3$ 一共有 2×2×3＝12 个元组，这 12 个元组可列成一张二维表，如表 1-5 所示。

3. 关系（Relation）

$D_1\times D_2\times\cdots\times D_n$ 的子集叫作在域 $D_1,D_2,\cdots,D_n$ 上的关系，表示为 $R(D_1,D_2,\cdots,D_n)$。

其中：

- R 表示关系的名字；
- n 是关系的目或度（Degree），当 n=1 时，称该关系为一元关系（Unary Relation），当 n=2 时，称该关系为二元关系（Binary Relation）；

■ 关系中的每个元素是关系中的元组，通常用 t 表示。

表 1-5　D_1，D_2，D_3的笛卡儿积

TEACHER	MAJOR	MASTER
刘金涛	应用物理专业	费菲
刘金涛	应用物理专业	张云龙
刘金涛	应用物理专业	杨葛青
刘金涛	机械工程专业	费菲
刘金涛	机械工程专业	张云龙
刘金涛	机械工程专业	杨葛青
邓玉平	应用物理专业	费菲
邓玉平	应用物理专业	张云龙
邓玉平	应用物理专业	杨葛青
邓玉平	机械工程专业	费菲
邓玉平	机械工程专业	张云龙
邓玉平	机械工程专业	杨葛青

关系是笛卡儿积的有限子集，所以关系也是一个二维表，表的每行对应一个元组，表的每列对应一个域。由于域可以相同，为了加以区分，必须为每列起一个名字，称为“属性”（Attribute）。n 目关系必有 n 个属性。

若关系中的某一属性组的值能唯一地标识一个元组，则称该属性组为候选码（Candidate Key）。

若一个关系有多个候选码，则选定其中一个为主码（Primary Key）。主码的诸属性称为“主属性”（Prime Attribute）。不包含在任何候选码中的属性称为“非码属性”（Non-key Attribute）。在最简单的情况下，候选码只包含一个属性。在最极端的情况下，关系模式的所有属性组是这个关系模式的候选码，称为“全码”（All-key）。

例如，可以在表 1-5 的笛卡儿积中取出一个子集来构造一个关系。由于一名硕士研究生只师从于一位导师，学习某一个专业，所以笛卡儿积中的许多元组是无实际意义的，从中取出有实际意义的元组来构造关系。该关系的名字为 SAP，属性名就取域名，即 TEACHER，MAJOR 和 MASTER。则这个关系可以表示为：

```
SAP ( TEACHER,MAJOR,MASTER )
```

假设导师与专业是一对一的，即一位导师只有一个专业；导师与硕士研究生是一对多的，即一位导师可以带多名硕士研究生，而一名硕士研究生只有一位导师。这样 SAP 关系可以包含 3 个元组，如表 1-6 所示。

表 1-6　SAP 关系

TEACHER	MAJOR	MASTER
刘金涛	机械工程专业	费菲

续表

TEACHER	MAJOR	MASTER
刘金涛	机械工程专业	张云龙
邓玉平	机械工程专业	杨葛青

假设研究生不会重名，则 MASTER 属性的每一个值都唯一地标识了一个元组，因此可以作为 SAP 关系的主码。

关系可以有 3 种类型：基本关系（通常又称为“基本表或基表”）、查询表和视图表。基本表是实际存在的表，它是实际存储数据的逻辑表示。查询表是查询结果对应的表。视图表是由基本表或其他视图表导出的表，不对应实际存储的数据。

关系可以是一个无限集合。由于笛卡儿积不满足交换律，所以按照数学定义 $(d1,d2,\cdots,dn)\neq(d2,d1,\cdots,dn)$。当关系作为关系数据模型的数据结构时，需要给予如下的限定和扩充。

- 无限关系在数据库系统中是无意义的。因此，限定关系数据模型中的关系必须是有限集合。
- 通过为关系的每列附加一个属性名的方法取消关系元组的有序性，即 $(d_1,d_2,\cdots,d_i,d_j,\cdots,d_n)=(d_1,d_2,\cdots,d_j,d_i,\cdots,d_n)(i,j=1,2,\cdots,n)$。

因此，基本关系具有以下 6 条性质。

- 列是同质的，即每一列中的分量是同一类型的数据，来自同一个域；
- 不同的列可出自同一个域，称其中的每一列为一个属性，不同的属性要给予不同的属性名。

例如，在上面的例子中，也可以只给出两个域，如下所示。

```
人(PERSON)=刘金涛,邓玉平,费菲,张云龙,杨葛青
专业(MAJOR)=应用物理专业,机械工程专业
```

SAP 关系的导师属性和研究生属性都从 PERSON 域中取值。为了避免混淆，必须给这两个属性取不同的属性名，而不能直接使用域名。例如定义导师属性名为 TEACHER-PERSON（或 TEACHER），硕士研究生属性名为 MASTER-PERSON（或 MASTER）。

- 列的顺序无所谓，即列的次序可以任意交换。
  由于列顺序是无关紧要的，因此在许多实际关系数据库产品中（如 Oracle）增加新属性时，永远是插至最后一列。
- 任意两个元组不能完全相同。
- 行的顺序无所谓，即行的次序可以任意交换。
- 分量必须取原子值，即每一个分量都必须是不可分的数据项。

关系模型要求关系必须是规范化的，即要求关系模式必须满足一定的规范条件。这些规范条件中最基本的一条就是关系的每一个分量必须是一个不可分的数据项。规范化的关系简

称为“范式”（Normal Form）。例如，表 1-7 虽然很好地表达了导师与硕士研究生之间的一对多关系，但由于 MASTER 分量取了两个值，不符合规范化的要求，因此这样的关系在数据库中是不允许的。

表 1–7　非规范化关系

TEACHER	MAJOR	MASTER	
		PM1	PM2
刘金涛	机械工程专业	费菲	张云龙
邓玉平	机械工程专业	杨葛青	

1.3.2　关系模式

在数据库中要区分型和值。关系数据库中，关系模式是型，关系是值。关系模型是 1970 年由 E.F.Codd 提出的。与层次、网状模型相比，它有以下特点。

- 数据结构简单——二维表格；
- 扎实的理论基础（关系运算理论、关系模式设计理论）。

关系模式是对关系的描述，那么如何对一个关系进行描述呢？

首先，应该知道，关系实质上是一张二维表，表的每一行为一个元组，每一列为一个属性。一个元组就是该关系所涉及的属性集的笛卡儿积的一个元素。关系是元组的集合，因此关系模式必须指出这个元组集合的结构，即它由哪些属性构成，这些属性来自哪些域，以及属性与域之间的映像关系。

其次，一个关系通常是由赋予它的元组语义来确定的。元组语义实质上是一个 n 目谓词（n 是属性集中属性的个数）。凡使该 n 目谓词为真的笛卡儿积中的元素的全体就构成了该关系模式的关系。

现实中的事物都是随着时间在不断变化的，因此在不同的时刻，关系模式的关系也会有所变化。但是，现实中的许多已有事实限定了关系模式所有可能的关系必须满足一定的完整性约束条件。这些约束或者通过对属性取值范围的限定，例如，职工年龄小于 60 岁（60 岁以后必须退休），或者通过属性值间的相互关联反映出来。关系模式应当描绘出这些完整性约束条件。因此一个关系模式应当是一个 5 元组。

关系的描述称为“关系模式”（Relation Schema）。它可以形式化地表示为：

$$R(U,D,\mathrm{dom},F)$$

其中 R 为关系名，U 为组成该关系的属性名集合，D 为属性组 U 中属性所来自的域，dom 为属性向域的映像集合，F 为属性间数据的依赖关系集合。

本章中关系模式仅涉及关系名、各属性名、域名、属性向域的映像等 4 部分。

例如，在上面的例子中，由于导师和研究生皆出自“人”这同一个域，所以要取不同的属性名，并在模式中定义属性向域的映像，即说明它们分别出自哪个域，如：

```
dom(TEACHER-PERSON)=dom(MASTER-PERSON)=PERSON
```

关系模式通常可以简记为：

$R(U)$或 $R(A_1,A_2,\ldots,A_n)$

其中 R 为关系名，$A_1, A_2,\cdots, A_n$ 为属性名。而域名及属性向域的映像常常直接说明为属性的类型、长度。

关系是关系模式在某一时刻的状态或内容。关系模式是静态的、稳定的，而关系是动态的、随时间不断变化的，因为关系操作在不断地更新着数据库中的数据。但在实际中，人们常常把关系模式和关系都称为“关系”，这不难从上下文中加以区别。

1.3.3 关系的完整性

关系模型的完整性规则是对关系的某种约束条件。关系模型中可以有 3 类完整性约束：实体完整性、参照完整性和用户定义的完整性。

1. 实体完整性（Entity Integrity）

实体完整性规则 若属性 A 是基本关系 R 的主属性，则属性 A 不能取空值。

例如，在关系“SAP(MANAGER,DEPARTMENT,EMPLOYEENAME)”中，雇员姓名“EMPLOYEENAME”属性为主码（假设雇员不会重名），那么雇员姓名不能取空值。

实体完整性规则规定基本关系的所有主属性都不能取空值，而不仅是主码整体不能取空值。例如网上商店中的订单关系“订单(订单号,用户号,折扣率)”中，“订单号、用户号”为主码，则“订单号”和“用户号”两个属性都不能取空值。

对于实体完整性规则具体说明如下。

- 现实世界中的实体是可区分的，即它们具有某种唯一性标识。
- 相应地，关系模型中以主码作为唯一性标识。
- 实体完整性规则是针对基本关系而言的。一个基本表通常对应现实世界的一个实体集。例如订单关系对应于订单的集合。
- 主码中的属性即主属性，不能取空值。所谓空值就是“不知道”或“无意义”的值，如果主属性取空值，就意味着存在某个不可标识的实体，即存在不可区分的实体，这与第二点相矛盾，因此这个规则称为“实体完整性”。

2. 参照完整性（Referential Integrity）

现实世界中的实体之间往往存在某种联系，在关系模型中实体及实体间的联系都是用关系来描述的，因此就存在着关系与关系间的引用。先来看 3 个例子。

例 1 图书实体和类别实体可以用下面的关系表示，其中主码用下画线标识。

```
图书(书号,书名,作者,类别号,出版时间)
```

类别(类别号,类别名)

这两个关系之间存在着属性的引用，即图书关系引用了类别关系的主码“类别号”。显然，图书关系中的“类别号”值必须是确实存在的类别的类别号，即类别关系中有该类别的记录。这也就是说，图书关系中的某个属性的取值需要参照类别关系的属性取值。

例 2 用户、商品、用户与商品之间的多对多联系可以用如下 3 个关系表示。

用户(用户号,姓名,性别,联系方式,送货地址)
商品(商品号,商品名,商品类别)
订购(用户号,商品号,折扣率)

这 3 个关系之间也存在着属性的引用，即订购关系引用了用户关系的主码“用户号”和商品关系的主码“商品号”。同样，订购关系中的“用户号”值必须是确实存在的用户的用户号，即用户关系中有该用户的记录；订购关系中的“商品号”值也必须是确实存在的商品的商品号，即商品关系中有该商品的记录。换句话说，订购关系中某些属性的取值需要参照其他关系的属性取值。不仅两个或两个以上的关系间可以存在引用关系，同一关系内部属性间也可以存在引用关系。

例 3 在关系“雇员(雇员号,姓名,性别,部门号,年龄,部门经理)”中，“雇员号”属性是主码，“部门经理”属性表示该雇员所在部门的部门经理的雇员号，它引用了本关系“雇员号”属性，即“部门经理”必须是确实存在的雇员的雇员号。

这里，设 F 是基本关系 R 的一个或一组属性，但不是关系 R 的码，那么如果 F 与基本关系 S 的主码 Ks 相对应，则称 F 是基本关系 R 的外码（Foreign Key），并称基本关系 R 为参照关系（Referencing Relation），基本关系 S 为被参照关系（Referenced Relation）或目标关系（Target Relation）。关系 R 和 S 不一定是不同的关系。

显然，目标关系 S 的主码 Ks 和参照关系的外码 F 必须定义在同一个（或一组）域上。

在例 1 中，图书关系的“类别号”属性与类别关系的主码“类别号”相对应，因此“类别号”属性是图书关系的外码。这里类别关系是被参照关系，图书关系为参照关系，如图 1-13(a)所示。

在例 2 中，订购关系的“用户号”属性与用户关系的主码“用户号”相对应，“商品号”属性与商品关系的主码“商品号”相对应，因此“用户号”和“商品号”属性是订购关系的外码。这里用户关系和商品关系均为被参照关系，订购关系为参照关系，如图 1-13(b)所示。

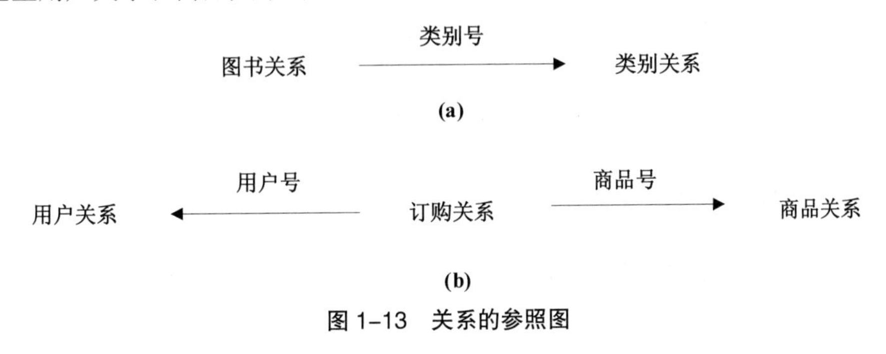

图 1-13　关系的参照图

在例 3 中，“部门经理”属性与本身的主码“雇员号”属性相对应，因此“部门经理”是外码。这里雇员关系既是参照关系也是被参照关系。

需要特别说明的是，外码并不一定要与相应的主码同名（如例 3）。不过，在实际应用中，为了便于识别，当外码与相应的主码属于不同关系时，通常给它们取相同的名字。

参照完整性规则就是定义外码与主码之间的引用规则，如下所述。

参照完整性规则 若属性（或属性组）*F* 是基本关系 *R* 的外码，它与基本关系 *S* 的主码 Ks 相对应（基本关系 *R* 和 *S* 不一定是不同的关系），则对于 *R* 中每个元组在 *F* 上的值必须为：

- 或者取空值（*F* 的每个属性值均为空值）；
- 或者等于 *S* 中某个元组的主码值。

例如，对于例 1，图书关系中每个元组的“类别号”属性只能取下面两类值。

- 空值，表示尚未给该图书分配类别；
- 非空值，这时该值必须是类别关系中某个元组的“类别号”值，表示该图书不可能分配到一个不存在的类别中。即被参照关系“类别”中一定存在一个元组，它的主码值等于该参照关系“图书”中的外码值。

对于例 2，按照参照完整性规则，“用户号”和“商品号”属性也可以取两类值：空值或目标关系中已经存在的值。但由于“用户号”和“商品号”是订购关系中的主属性，按照实体完整性规则，它们均不能取空值。所以订购关系中的“用户号”和“商品号”属性实际上只能取相应被参照关系中已经存在的主码值。

参照完整性规则中，*R* 与 *S* 可以是同一个关系。例如对于例 3，按照参照完整性规则，“部门经理”属性值可以取两类值。

- 空值，表示该雇员所在部门尚未任命部门经理；
- 非空值，这时该值必须是本关系中某个元组的雇员号值。

3. 用户定义的完整性（User-defined Integrity）

任何关系数据库系统都应该支持实体完整性和参照完整性。除此之外，不同的关系数据库系统根据其应用环境的不同，往往还需要一些特殊的约束条件，用户定义的完整性就是针对某一具体关系数据库的约束条件。它反映某一具体应用所涉及的数据必须满足的语义要求。例如某个属性必须取唯一值、某些属性值之间应满足一定的函数关系、某个属性的取值范围在 0～100 之间等。关系模型应提供定义和检验这类完整性的机制，以便用统一的系统的方法处理它们，而不要由应用程序承担这一功能。

1.3.4 关系代数

关系代数是一种抽象的查询语言，用关系的运算来表达查询，是研究关系数据语言的数学工具。

1. 关系代数中的运算符

关系代数的运算对象是关系，运算结果也是关系。关系代数用到的运算符包括 4 类：集合运算符、专门的关系运算符、算术比较符和逻辑运算符，如表 1-8 所示。

表 1-8　关系代数运算符

运算符		含义
集合运算符	∪	并
	−	差
	∩	交
专门的关系运算符	×	广义笛卡儿积
	σ	选择
	Π	投影
	⋈	连接
	÷	除
比较运算符	>	大于
	≥	大于等于
	<	小于
	≤	小于等于
	=	等于
	≠	不等于
逻辑运算符	¬	非
	∧	与
	∨	或

比较运算符和逻辑运算符是用来辅助专门的关系运算符进行操作的，所以关系代数的运算按运算符的不同主要分为传统的集合运算和专门的关系运算两类。

其中传统的集合运算将关系看成元组的集合，其运算是从关系的“水平”方向即行的角度来进行的。而专门的关系运算不仅涉及行而且涉及列。比较运算符和逻辑运算符是用来辅助专门的关系运算符进行操作的。

2. 传统的集合运算

传统的集合运算是二目运算，包括并、差、交、广义笛卡儿积 4 种运算。

为了介绍集合运算，假设关系 R 和关系 S 具有相同的目 n（即两个关系都有 n 个属性），且相应的属性取自同一个域，则可以定义并、差、交运算如下。

1）并（Union）

关系 R 与关系 S 的并记作：

$$R \bigcup S = \{t \mid t \in R \vee t \in S\}$$

其结果仍为 n 目关系，由属于 R 或属于 S 的元组组成。

2）差（Difference）

关系 R 与关系 S 的差记作：

$$R-S=\{t \mid t\in R \wedge t\notin S\}$$

其结果关系仍为 n 目关系，由属于 R 而不属于 S 的所有元组组成。

3）交（Intersection）

关系 R 与关系 S 的交记作：

$$R\bigcap S=\{t \mid t\in R \wedge t\in S\}$$

其结果关系仍为 n 目关系，由既属于 R 又属于 S 的元组组成。关系的交可以用差来表示，即：

$$R\bigcap S=R-(R-S)$$

4）广义笛卡儿积（Extended Cartesian Product）

设两个关系 R 和 S 的属性列数分别是 r 目和 s 目，R 和 S 的广义笛卡儿积是一个$(r+s)$个属性列的元组的集合，每一个元组的前 r 个分量来自 R 的一个元组，后 s 个分量来自 S 的一个元组。笛卡儿积记为 $R\times S$。形式定义为：

$$R\times S=\{t|t=<t_r,t_s>\wedge t_r\in R\wedge t_s\in S\}$$，t 是元组变量

表 1-9、表 1-10 分别为具有 3 个属性列的关系 R、S。表 1-11 为关系 R 与 S 的并。表 1-12 为关系 R 与 S 的交。表 1-13 为关系 R 和 S 的差。表 1-14 为关系 R 和 S 的广义笛卡儿积。

表 1-9　R

A	B	C
a_1	b_1	c_1
a_1	b_2	c_2
a_2	b_2	c_1

表 1-10　S

A	B	C
a_1	b_2	c_2
a_1	b_3	c_2
a_2	b_2	c_1

表 1-11　$R\bigcup S$

A	B	C
a_1	b_1	c_1
a_1	b_2	c_2
a_1	b_3	c_2
a_2	b_2	c_1

表 1-12　$R\bigcap S$

A	B	C
a_1	b_2	c_2
a_2	b_2	c_1

表 1-13　$R-S$

A	B	C
a_1	b_1	c_1

表 1-14　$R\times S$

A	B	C	A	B	C
a_1	b_2	c_1	a_1	b_2	c_2
a_1	b_2	c_1	a_1	b_3	c_1
a_1	b_2	c_1	a_2	b_2	c_1
a_1	b_2	c_2	a_1	b_2	c_2
a_1	b_2	c_2	a_1	b_3	c_1
a_1	b_2	c_2	a_2	b_2	c_1
a_2	b_2	c_1	a_1	b_2	c_2
a_2	b_2	c_1	a_1	b_3	c_1
a_2	b_2	c_1	a_2	b_2	c_1

3. 专门的关系运算

专门的关系运算包括选择、投影、连接、除等。为了叙述上的方便，先引入如下几个记号。

- 设关系模式为 $R(A_1,A_2,\cdots,A_n)$。它的一个关系设为 R。$t \in R$ 表示 t 是 R 的一个元组。$t[A_i]$则表示元组 t 中相应于属性 A_i 的一个分量。
- 若 $A=\{A_{i1},A_{i2},\cdots,A_{ik}\}$，其中 $A_{i1},A_{i2},\cdots,A_{ik}$ 是 $A_1,A_2,\cdots,A_n$ 中的一部分，则 A 称为“属性列”或“域列”。$\overline{A}$ 表示 $\{A_1,A_2,\cdots,A_n\}$ 中去掉 $\{A_{i1},A_{i2},\cdots,A_{ik}\}$ 后剩余的属性组。$t[A]=(t[A_{i1}],t[A_{i2}],\cdots,t[A_{ik}])$则表示元组 t 在属性列 A 上诸分量的集合。
- R 为 n 目关系，S 为 m 目关系。$t_r \in R, t_s \in S, t_r t_s$ 称为“元组的连接”（Concatenation）。它是一个$(n+m)$列的元组，前 n 个分量为 R 中的一个 n 元组，后 m 个分量为 S 中的一个 m 元组。
- 给定一个关系 $R(X,Z)$，X 和 Z 为属性组。定义，当 $t[X]=x$ 时，x 在 R 中的像集（Images Set）为：$Z_x = \{t[Z] \mid t \in R, t[x] = x\}$

  它表示 R 中属性组 X 上值为 x 的诸元组在 Z 上分量的集合。

下面给出这些关系运算的定义。

1）选择（Selection）

选择又称为“限制”（Restriction）。它是在关系 R 中选择满足给定条件的诸元组，记作：$\sigma_F(R) = \{t \mid t \in R \wedge F(t) = '真'\}$。

其中 F 表示选择条件，它是一个逻辑表达式，取逻辑值“真”或“假”。

F 的基本形式为：

$$[\neg(]X_1\theta Y_1[)][\varphi[\neg(]X_2\theta Y_2[)]]\ldots$$

- 其中 θ 表示比较运算符，它可以是>、≥、<、≤、＝或<>。
- X_1、Y_1 等是属性名，或为常量，或为简单函数；属性名也可以用它的序号来代替；
- φ：逻辑运算符，可以是 $\wedge$ 或 $\vee$；
- []：表示任意选项；
- …：表示上述格式可以重复下去。

设有一个用户—商品数据库，包括用户关系 User、商品关系 Product 和订购关系 UP，如表 1-15、表 1-16、表 1-17 所示的用户—商品数据库示例。下面许多例子将对这 3 个关系进行运算。

表 1-15 User

用户号（Uno）	姓名（Uname）	性别（Usex）	联系方式（Utel）	送货地址（Uaddr）
95001	薛宝龙	男	13864229985	青岛大学
95002	阿诗艳	女	13305365871	青岛大学
95003	王梦梦	女	18905326587	青岛大学
95004	马奇	男	13906481932	中国海洋大学

表 1-16　Product

商品号（Pno）	商品名（Pname）	商品类别（Psort）	价格（Pprice）
1	手机	5	400
2	MP3	5	200
3	电脑	5	4000
4	衬衣	3	30
5	裤子	3	40
6	皮鞋		20
7	小说	2	4

表 1-17　UP

用户号（Uno）	商品号（Pno）	折扣率（Discount）
95001	1	7.5
95001	2	8.5
95001	3	8.8
95002	2	9.0
95002	3	8.0

例 1 查询性别为男性的全体用户。

$$\sigma_{\text{Usex} = \text{'男'}}(\text{User})$$

或

$$\sigma_{3 = \text{'男'}}(\text{User})$$

其中下角标“3”为 Usex 的属性序号。结果如表 1-18 所示。

表 1-18　查询性别为男性的全体用户

Uno	Uname	Usex	Utel	Uaddr
95001	薛宝龙	男	13864229985	青岛大学
95004	马奇	男	13906481932	中国海洋大学

例 2 查询价格小于 40 元的商品。

$$\sigma_{\text{Pprice} < 40}(\text{Product})$$

或

$$\sigma_{4 < 40}(\text{Product})$$

结果如表 1-19 所示。

表 1-19　查询价格小于 40 元的商品

Pno	Pname	Psort	Pprice
4	衬衣	3	30
6	皮鞋		20
7	小说	2	4

2）投影（Projection）

关系 R 上的投影是从 R 中选择出若干属性列组成新的关系，记作：

$$\prod_A(R) = \{t[A] \mid t \in R\}$$

其中 A 为 R 中的属性列。

投影操作是从列的角度进行的运算。

例 3 查询用户的姓名和联系方式，即求 User 关系在用户姓名和联系方式两个属性上的投影。

$$\Pi_{\text{Uname,Utel}}(\text{User}) \text{ 或 } \Pi_{2,4}(\text{User})$$

结果如表 1-20 所示。

投影之后不仅取消了原关系中的某些列，而且还可能取消某些元组，因为取消了某些属性列后，就可能出现重复行，应取消这些完全相同的行。

例 4 查询用户关系 User 中都有哪些送货地址，即查询关系 User 在所在送货地址属性上的投影 $\Pi_{\text{Uaddr}}(\text{User})$。

结果如表 1-21 所示。User 关系原来有 4 个元组，而投影结果取消了重复的送货地址元组，因此只有两个元组。

表 1–20　Uname 和 Utel 投影查询结果

Uname	Utel
薛宝龙	13864229985
阿诗艳	13305365871
王梦梦	18905326587
马奇	13906481932

表 1–21　Uaddr 投影查询

Uaddr
青岛大学
中国海洋大学

3）连接（Join）

连接也称为“θ 连接”。它是从两个关系的笛卡儿积中选取属性间满足一定条件的元组，记作：

$$R \underset{A\theta B}{\bowtie} S = \{t_r t_s \mid t_r \in R \wedge t_s \in S \wedge t_r[A]\theta t_s[B]\}$$

其中：

- A 和 B 分别为 R 和 S 上度数相等且可比的属性组；
- θ 是比较运算符。

连接运算从 R 和 S 的广义笛卡儿积 $R \times S$ 中选取（R 关系）在 A 属性组上的值与（S 关系）在 B 属性组上的值满足比较关系 θ 的元组。

连接运算中有两种最为重要也最为常用的连接，一种是等值连接（Equi join），另一种是自然连接（Natural join）。

θ 为“=”的连接运算称为“等值连接”。它是从关系 R 与 S 的广义笛卡儿积中选取 A，B 属性值相等的那些元组，即等值连接为：

$$R \underset{A\theta B}{\bowtie} S = \{t_r t_s \mid t_r \in R \wedge t_s \in S \wedge t_r[A] = t_s[B]\}$$

自然连接是一种特殊的等值连接，它要求两个关系中进行比较的分量必须是相同的属性组，并且在结果中把重复的属性列去掉。即若 R 和 S 具有相同的属性组 B，则自然连接可记作：

$$R \bowtie S = \{t_r t_s \mid t_r \in R \wedge t_s \in S \wedge t_r[B] = t_s[B]\}$$

一般的连接操作是从行的角度进行运算。但自然连接还需要取消重复列，所以是同时从行和列的角度进行运算。

例 5 设表 1-22 和表 1-23 分别为关系 R 和关系 S，表 1-24 为 $R \underset{C<E}{\bowtie} S$ 的结果，表 1-25 为等值连接 $R \underset{R.B=S.B}{\bowtie} S$ 的结果，表 1-26 为自然连接 $R \bowtie S$ 的结果。

表 1-22 *R*

B	*E*
b_1	3
b_2	7
b_3	10
b_3	2
b_5	2

表 1-23 *S*

A	*B*	*C*
a_1	b_1	5
a_1	b_2	6
a_2	b_3	8
a_2	b_4	12

表 1-24 $R \underset{C=E}{\bowtie} S$

A	*R.B*	*C*	*S.B*	*E*
a_1	b_1	5	b_2	7
a_1	b_1	5	b_3	10
a_1	b_2	6	b_2	7
a_1	b_2	6	b_3	10
a_2	b_3	8	b_3	10

表 1-25 $R \bowtie S$

A	*R.B*	*C*	*S.B*	*E*
a_1	b_1	5	b_1	3
a_1	b_2	6	b_2	7
a_2	b_3	8	b_3	10
a_2	b_3	8	b_3	2

表 1-26 $R \bowtie S$

A	*B*	*C*	*E*
a_1	b_1	5	3
a_1	b_2	6	7
a_2	b_3	8	10
a_2	b_3	8	2

4）除（Division）

给定关系 $R(X,Y)$ 和 $S(Y,Z)$，其中 X、Y、Z 为属性组。R 中的 Y 与 S 中的 Y 可以有不同的属性名，但必须出自相同的域集。R 与 S 的除运算得到一个新的关系 $P(X)$，P 是 R 中满足下列条件的元组在 X 属性列上的投影：元组在 X 上分量值 x 的像集 Y_x 包含 S 在 Y 上投影的集合。记作：

$$R \div S = \{t_r[X] \mid t_r \in R \wedge \prod\nolimits_r(S) \subseteq Y_x\}$$

其中 Y_x 为 x 在 R 中的像集，$x=t_r[X]$。

除操作是同时从行和列角度进行运算的。

例 6 设关系 R、S 分别如表 1-27 和表 1-28 所示，$R \div S$ 的结果如表 1-29 所示。

在关系 R 中，A 可以取 3 个值｛a_1,a_2,a_3｝。其中：

- a_1 的像集为 $\{(b_1,c_2),(b_2,c_3),(b_2,c_1)\}$
- a_2 的像集为 $\{(b_3,c_7),(b_2,c_3),(b_6,c_6)\}$
- a_3 的像集为 $\{(b_4,c_6)\}$

S 在(B,C)上的投影为 $\{(b_3,c_7),(b_2,c_3),(b_6,c_6)\}$

显然只有 a_2 的像集(B,C)包含了 S 在(B,C)属性组上的投影，所以 $R \div S = \{a_2\}$

表 1-27　*R*

A	B	C
a_1	b_1	c_2
a_2	b_3	c_7
a_3	b_4	c_6
a_1	b_2	c_3
a_2	b_6	c_6
a_2	b_2	c_3
a_1	b_2	c_1

表 1-28　*S*

B	C	D
b_6	c_6	d_1
b_3	c_7	d_1
b_2	c_3	d_2

表 1-29　$R \div S$

A
a_2

下面再以用户—商品数据库为例，给出几个综合应用多种关系代数运算进行查询的例子。

例 7　查询至少订购商品号为 1 和 3 的用户号码。

首先建立一个临时关系 K：

Pno
1
3

然后求：$\prod_{\text{Uno,Pno}}(\text{UP}) \div K$

结果为：{95001}

求解过程与例 6 类似，先对 SC 关系在 Uno 和 Pno 属性上投影，然后对其中每个元组逐一求出每一用户的像集，并依次检查这些像集是否包含 K。

例 8　查询订购了 2 号商品的用户的用户号。

$$\prod_{\text{Uno}}(\sigma_{\text{Pno='2'}}(\text{UP})) = \{95001，95002\}$$

例 9　查询至少订购了一件商品且其商品价格大于 300 的用户姓名。

$$\prod_{\text{Uname}}(\sigma_{\text{Pprice>300}}(\text{Product}) \bowtie \text{UP} \bowtie \prod_{\text{Uno,Uname}}(\text{User}))$$

或 $\prod_{\text{Uname}}(\prod_{\text{Uno}}(\sigma_{\text{Pprice>300}}(\text{Product}) \bowtie \text{UP}) \bowtie \prod_{\text{Uno,Uname}}(\text{User}))$

例 10 查询订购了全部商品的用户号码和姓名。

$$\prod_{Uno,Pno}(UP) \div \prod_{Pno}(Product) \bowtie \prod_{Uno,Uname}(User)$$

本节介绍了 8 种关系代数运算，其中并、差、笛卡儿积、投影和选择 5 种运算为基本的运算。其他 3 种运算，即交、连接和除，均可以用这 5 种基本运算来表达。引用它们并不增加语言的能力，但可以简化表达。

关系代数中，这些运算经有限次复合后形成的式子称为“关系代数表达式”。

关系代数语言中比较典型的例子是查询语言 ISBL（Information System Base Language）。ISBL 语言由 IBM United Kingdom 研究中心研制，用于 PRTV（Peterlee Relational Test Vehicle）实验系统。

1.4 规范化理论

关系数据库的规范化理论最早是由关系数据库的创始人 E.F.Codd 提出的，后经许多专家学者对关系数据库理论做了深入的研究和发展，形成了一整套有关关系数据库设计的理论。

在该理论出现以前，层次和网状数据库的设计只是遵循其模型本身固有的原则，而无具体的理论依据可言，因而带有盲目性，会在以后的运行和使用中发生许多预想不到的问题。

在关系数据库系统中，关系模型包括一组关系模式，各个关系不是完全孤立的，数据库的设计相对于层次和网状模型而言更为重要。

如何设计一个适合的关系数据库系统，关键是关系数据库模式的设计，一个好的关系数据库模式应该包括多少关系模式，而每一个关系模式又应该包括哪些属性，又如何将这些相互关联的关系模式组建一个适合的关系模型，这些工作决定了整个系统运行的效率，也是系统成败的关键所在，所以必须在关系数据库的规范化理论的指导下逐步完成。

关系数据库的规范化理论主要包括：函数依赖、范式（Normal Form）和模式设计 3 个方面的内容。其中，函数依赖起着核心作用，是模式分解和模式设计的基础，范式是模式分解的标准。

1.4.1 规范化理论的提出

数据库的逻辑设计为什么要遵循一定的规范化理论？什么是好的关系模式？某些不好的关系模式可能导致哪些问题？

根据上述问题，下面通过例子进行分析，发现其中的缺点。

例如，要求设计教学管理数据库，其关系模式 SCD 如下。

```
SCD(SNO,SN,AGE,DEPT,MN,CNO,SCORE)
```

其中：

- SNO：表示学生学号；

- SN：表示学生姓名；
- AGE：表示学生年龄；
- DEPT：表示学生所在的系别；
- MN：表示系主任姓名；
- CNO：表示课程号；
- SCORE：表示成绩。

根据实际情况，这些数据有如下语义规定。

- 一个系有若干个学生，但一个学生只属于一个系；
- 一个系只有一名系主任，但一名系主任可以同时兼几个系的系主任；
- 一个学生可以选修多门功课，每门课程可有若干学生选修；
- 每个学生学习课程有一个成绩。

在此关系模式中填入一部分具体的数据，则可得到 SCD 关系模式的实例，即一个教学管理数据库，如表 1-30 所示。

表 1–30 教学数据

SNO	SN	AGE	DEPT	MN	CNO	SCORE
S1	赵一	17	计算机	刘伟	C1	90
S1	赵一	17	计算机	刘伟	C2	85
S2	钱二	18	信息	王平	C5	57
S2	钱二	18	信息	王平	C6	80
S2	钱二	18	信息	王平	C7	70
S2	钱二	18	信息	王平	C3	70
S3	孙三	20	信息	王平	C1	0
S3	孙三	20	信息	王平	C2	70
S3	孙三	20	信息	王平	C4	85
S4	李四	19	自动化	刘伟	C1	93

根据上述语义的规定，并分析以上关系中的数据，我们可以看出：(SNO,CNO)属性的组合能唯一标识一个元组，所以(SNO,CNO)是该关系模式的主关系键。但在进行数据库的操作时，会出现以下几方面的问题。

- **数据冗余**

每个系名和系主任的名字存储的次数等于该系的学生人数乘以每个学生选修的课程门数，同时学生的姓名、年龄也都要重复存储多次，数据的冗余度很大，浪费了存储空间。

- **插入异常**

如果某个新系没有招生，尚无学生时，则系名和系主任的信息无法插入到数据库中。但是在这个关系模式中，(SNO,CNO)是主关系键。根据关系的实体完整性约束，主关系键的值不能为空，而这时没有学生，SNO 和 CNO 均无值，因此不能进行插入操作。另外，当某个学生尚未选课，即 CNO 未知，实体完整性约束还规定，主关系键的值不能部分为空，同样不能进行插入操作。

■ **删除异常**

某系学生全部毕业而没有招生时，删除全部学生的记录则系名、系主任也随之删除，而这个系依然存在，在数据库中却无法找到该系的信息。另外，如果某个学生不再选修 C1 课程，本应该只删去 C1，但 C1 是主关系键的一部分，为保证实体完整性，必须将整个元组一起删掉，这样，有关该学生的其他信息也随之丢失。

■ **更新异常**

如果学生改名，则该学生的所有记录都要逐一修改 SN 数据，又如某系更换系主任，则属于该系的学生记录都要修改 MN 的内容，稍有不慎，就有可能漏改某些记录，这会造成数据的不一致性，破坏了数据的完整性。

因为存在上述问题，因此 SCD 是一个不好的关系模式。产生上述问题的原因，是因为关系中“包罗万象”，内容太复杂。那么，怎样才能得到一个好的关系模式呢？

将关系模式 SCD 分解为下面 3 个结构简单的关系模式。

■ 学生关系：S(SNO,SN,AGE,DEPT)；

■ 选课关系：SC(SNO,CNO,SCORE)；

■ 系关系：D(DEPT,MN)。

其中学生关系中包含了学号（SNO）、姓名（SN）、年龄（AGE）和所在院系（DEPT），用于存储学生的基本信息，与所选课程和教授无关。其表结构如表 1-31 所示。

表 1–31　学生信息表

SNO	SN	AGE	DEPT
S1	赵一	17	计算机
S2	钱二	18	信息
S3	孙三	20	信息
S4	李四	21	自动化

选课关系包含了学号（SNO）、课程编号（CNO）和分数（SCORE），用于存储学生选课的信息，而与学生及系的有关信息无关。其表结构如表 1-32 所示。

表 1–32　选课关系

SNO	CNO	SCORE
S1	C1	90
S1	C2	85
S2	C5	57
S2	C6	80
S2	C7	76
S2	C3	70
S3	C1	0
S3	C2	70

续表

SNO	CNO	SCORE
S3	C4	85
S4	C1	93

系关系包含了系名称（DEPT）和讲师名（MN），用于存储系的信息，与学生无关。具体表结构如表 1-33 所示。

表 1–33　系关系

DEPT	MN
计算机	刘伟
信息	王平
自动化	刘伟

与 SCD 相比，分解为 3 个关系模式后，数据的冗余度明显降低。

当新插入一个系时，只需在关系 *D* 中添加一条记录；当某个学生尚未选课，只需在关系 *S* 中添加一条学生记录，而与选课关系无关，这就避免了插入异常；当一个系的学生全部毕业时，只需在 *S* 中删除该系的全部学生记录，而关系 *D* 中有关该系的信息仍然保留，从而不会引起删除异常。同时，由于数据冗余度的降低，数据没有重复存储，也不会引起更新异常。

因此分解后的关系模式是一个好的关系数据库模式。从而得出结论，一个好的关系模式应该具备以下 4 个条件。

- 尽可能少的数据冗余；
- 没有插入异常；
- 没有删除异常；
- 没有更新异常。

但是，一个好的关系模式并不是在任何情况下都是最优的。比如，查询某个学生选修课程名及所在系的系主任时，要通过连接，而连接所需要的系统开销非常大，因此要以实际设计的目标出发进行设计。

按照一定的规范设计关系模式，将结构复杂的关系分解成结构简单的关系，从而把不好的关系数据库模式转变为好的关系数据库模式，这就是关系的规范化。

规范化又可以根据不同的要求而分成若干级别。我们要设计的关系模式中的各属性是相互依赖、相互制约的，这样才构成了一个结构严谨的整体。因此在设计关系模式时，必须从语义上分析这些依赖关系。

数据库模式的好坏和关系中各属性间的依赖关系有关，因此，我们先讨论属性间的依赖关系，然后再讨论关系规范化理论。

1.4.2　函数依赖

关系模式中的各属性之间相互依赖、相互制约的联系称为“数据依赖”。数据依赖一般分为函数依赖、多值依赖和连接依赖。其中，函数依赖是最重要的数据依赖。

函数依赖（Functional Dependency）是关系模式中属性之间的一种逻辑依赖关系。

例如在上一节介绍的关系模式 SCD 中，SNO 与 SN、AGE、DEPT 之间都有一种依赖关系。由于一个 SNO 只对应一个学生，而一个学生只能属于一个系，所以当 SNO 的值确定之后，SN、AGE、DEPT 的值也随之被唯一地确定了。这类似于变量之间的单值函数关系。设单值函数 Y=F(X)，自变量 X 的值可以决定一个唯一的函数值 Y。在这里，我们说 SNO 决定函数(SN,AGE,DEPT)，或者说(SN,AGE,DEPT)函数依赖于 SNO。

下面给函数依赖的形式化定义。

定义 设关系模式 $R(U,F)$，U 是属性全集，F 是 U 上的函数依赖集，X 和 Y 是 U 的子集，如果对于 $R(U)$的任意一个可能的关系 r，对于 X 的每一个具体值，Y 都有唯一的具体值与之对应，则称 X 决定函数 Y，或 Y 函数依赖于 X，记作 $X \rightarrow Y$。我们称 X 为决定因素，Y 为依赖因素。当 Y 不函数依赖于 X 时，记作：$X \not\rightarrow Y$。当 $X \rightarrow Y$ 且 $Y \rightarrow X$ 时，则记作：$X \leftrightarrow Y$。

对于关系模式 SCD：

```
U={SNO,SN,AGE,DEPT,MN,CNO,SCORE}
F={SNO→SN,SNO→AGE,SNO→DEPT}
```

一个 SNO 有多个 SCORE 的值与其对应，因此 SCORE 不能唯一地确定，即 SCORE 不能函数依赖于 SNO，所以有：SNO $\not\rightarrow$ SCORE。但是 SCORE 可以被(SNO,CNO)唯一地确定，所以可表示为：(SNO,CNO)→SCORE。

1. 有关函数依赖的几点说明

■ **平凡的函数依赖与非平凡的函数依赖**

当属性集 Y 是属性集 X 的子集时，则必然存在着函数依赖 $X \rightarrow Y$，这种类型的函数依赖称为“平凡的函数依赖”；如果 Y 不是 X 的子集，则称 $X \rightarrow Y$ 为非平凡的函数依赖。若不特别声明，我们讨论的都是非平凡的函数依赖。

■ **函数依赖是语义范畴的概念**

只能根据语义来确定一个函数依赖，而不能按照其形式化定义来证明一个函数依赖是否成立。例如，对于关系模式 S，在学生不存在重名的情况下，可以得到：

```
SN→AGE        SN→DEPT
```

这种函数依赖关系，必须是在没有重名的学生条件下才成立的，否则就不存在函数依赖了。所以函数依赖反映了一种语义完整性约束。

■ **函数依赖与属性之间的联系类型有关**

在一个关系模式中，如果属性 X 与 Y 有 1:1 联系时，则存在函数依赖 $X \rightarrow Y$、$Y \rightarrow X$，即 $X \leftrightarrow Y$。例如，当学生无重名时，SNO $\leftrightarrow$ SN。

如果属性 X 与 Y 有 1:m 的联系时，则只存在函数依赖 $X \rightarrow Y$。例如，SNO 与 AGE、DEPT 之间均为 1:m 联系，所以有 SNO→AGE、SNO→DEPT。

如果属性 X 与 Y 有 $m:n$ 的联系时，则 X 与 Y 之间不存在任何函数依赖关系。例如，一个学生可以选修多门课程，一门课程又可以由多个学生选修，所以 SNO 与 CNO 之间不存在函数依赖关系。

由于函数依赖与属性之间的联系类型有关，所以在确定属性间的函数依赖关系时，可以从分析属性间的联系类型入手，便可确定属性间的函数依赖。

■ **函数依赖关系的存在与时间无关**

因为函数依赖是指关系中的所有元组应该满足的约束条件，而不是指关系中某个或某些元组所满足的约束条件。关系中的元组增加、删除或更新后都不能破坏这种函数依赖。因此，必须根据语义来确定属性之间的函数依赖，而不能单凭某一时刻关系中的实际数据值来判断。

例如，对于关系模式 SCD，有 SNO→(SN,AGE,DEPT,MN)，SCD（SNO,SN,AGE,DEPT,MN,CNO,SCORE）=SCD[SNO,SN,AGE,DEPT,MN]*SCD[SNO,CNO,SCORE]，也就是说，用其投影在 SNO 上的自然连接可复原关系模式 SCD。

所以函数依赖关系的存在与时间无关，而只与数据之间的语义规定有关。

■ **函数依赖可以保证关系分解的无损连接性**

设 $R(X,Y,Z)$，X、Y、Z 为不相交的属性集合，如果 $X \to Y$ 或 $X \to Z$，则有 $R(X,Y,Z)=R[X,Y]*R[X,Z]$，其中，$R[X,Y]$表示关系 R 在属性(X,Y)上的投影，即 R 等于其投影在 X 上的自然连接，这样便保证了关系 R 分解后不会丢失原有的信息，称作关系分解的无损连接性。这一性质非常重要，在后一节的关系规范化中要用到。

2. 函数依赖的基本性质

■ **投影性**

根据平凡的函数依赖的定义可知，一组属性函数决定它的所有子集。例如，在关系 SCD 中，(SNO,CNO)→SNO 和(SNO,CNO)→CNO。

■ **扩张性**

若 $X \to Y$ 且 $W \to Z$，则$(X,W) \to (Y,Z)$。例如，SNO→(SN,AGE)，DEPT→MN，则有

(SNO,DEPT)→(SN,AGE,MN)。

■ **合并性**

若 $X \to Y$ 且 $X \to Z$，则必有 $X \to (Y,Z)$。例如，在关系 SCD 中，SNO→(SN,AGE)、SNO→(DEPT,MN)，则有 SNO→(SN,AGE,DEPT,MN)。

■ **分解性**

若 $X \to$（Y,Z），则 $X \to Y$ 且 $X \to Z$。很显然，分解性为合并性的逆过程。由合并性和分解性，很容易得到以下事实。

$X \to A_1,A_2,\cdots,A_n$ 成立的充分必要条件是 $X \to A_i(i=1,2,\cdots,n)$成立。

3. 函数依赖的相关概念

定义 设关系模式 $R(U)$，U 是属性全集，X 和 Y 是 U 的子集。如果 $X \to Y$，并且对于 X

的任何一个真子集 X'，都有 $X' \nrightarrow Y$，则称 Y 对 X 完全函数依赖（Full Functional Dependency），记作 $X \xrightarrow{F} Y$。

如果 $X \rightarrow Y$，但 Y 不完全函数依赖于 X，则称 Y 对 X 部分函数依赖（Partial Functional Dependency），记作 $X \xrightarrow{P} Y$。例如，在关系模式 SCD 中，因为 SNO $\nrightarrow$ SCORE，且 CNO $\nrightarrow$ SCORE，所以有 (SNO,CNO) $\xrightarrow{F}$ XSCORE。而 SNO→AGE，所以 (SNO,CNO) $\xrightarrow{P}$ AGE。

由定义可知：只有当决定因素是组合属性时，讨论部分函数依赖才有意义，当决定因素是单属性时，只能是完全函数依赖。

例如，在关系模式 *S*(SNO,SN,AGE,DEPT)，决定因素为单属性 SNO，有 SNO→(SN,AGE, DEPT)，不存在部分函数依赖。

定义 设有关系模式 $R(U)$，U 是属性全集，X、Y、Z 是 U 的子集。若 $X \rightarrow Y$，（$Y \subsetneq X$）但 $Y \nrightarrow X$，而 $Y \rightarrow Z$，则称 Z 对 X 传递函数依赖（Transitive Functional Dependency）。

如果 $Y \rightarrow X$，则 $X \leftrightarrow Y$，这时称 Z 对 X 直接函数依赖，而不是传递函数依赖。

例如，在关系模式 SCD 中，SNO→DEPTN，但 DEPTN↔SNO，而 DEPTN→MN，则有 SNO $\nrightarrow$ MN。当学生不存在重名的情况下，有 SNO→SN，SN→SNO，SNO $\xrightarrow{F}$ SN，SN→DEPTN，这时 DEPTN 对 SNO 是直接函数依赖的，而不是传递函数依赖的。

综上所述，函数依赖分为完全函数依赖、部分函数依赖和传递函数依赖 3 类，它们是规范化理论的依据和规范化程度的准则，下面我们将以介绍的这些概念为基础，进行数据库的规范设计。

1.4.3 函数依赖定义的码

在前面内容中已经给出了有关码的若干定义，这里用函数依赖的概念来定义码。

定义 设 K 为 $R(U,F)$中的属性或属性组合，若 $K \xrightarrow{F} U$ 则 K 为 R 的候选码。若候选码多于一个，则选定其中的一个为主码。

包含在任何一个候选码中的属性，叫作“主属性”。不包含任何码中的属性称为“非主属性”或“非码属性”。最简单的情况，单个属性是码。最极端的情况，整个属性组是码，称为“全码”，如在关系 *S*(SNO,SDEPT,SAGE)中 SNO 是码，而在关系模式 SC(SNO,CNO,*G*)中属性组合(SNO,CON)是码。下面举一个全码的例子。

关系模式 $R(P,W,A)$，属性 P 表示演奏者，W 表示作品，A 表示听众。假设一个演奏者可以演奏多个作品，某一作品可被多个演奏者演奏。听众也可以欣赏不同演奏者的不同作品，这个关系模式的码为(P,W,A)，即全码。

定义 关系模式 R 中属性或属性组 X 并非 R 的码，但 X 是另一个关系模式的码，则称 X 是 R 的外部码，也称“外码”。

主码与外部码提供了一个表示关系间联系的手段，如关系模式 S 与 SC 的联系就是通过 SNO 来体现的。

1.4.4　范式及各范式的关系

规范化的基本思想是消除关系模式中的数据冗余，消除数据依赖中的不合适的部分，解决数据插入、删除时发生的异常现象。这就要求关系数据库设计出来的关系模式要满足一定的条件。我们把关系数据库的规范化过程中为不同程度的规范化要求设立的不同标准称为“范式”（Normal Form）。由于规范化的程度不同，就产生了不同的范式。

满足最基本规范化要求的关系模式叫第一范式，在第一范式中进一步满足一些要求为第二范式，以此类推就产生了第三范式等概念。每种范式都规定了一些限制约束条件。范式的概念最早由 E.F.Codd 提出。

从 1971 年起，Codd 相继提出了关系的三级规范化形式，即第一范式（1NF）、第二范式（2NF）、第三范式（3NF）。

1974 年，Codd 和 Boyce 共同提出了一个新的范式的概念，即 Boyce-Codd 范式，简称 BC 范式（BCNF）。

1976 年 Fagin 提出了第四范式，后来又有人定义了第五范式。

至此在关系数据库规范中建立了一个范式系列：1NF、2NF、3NF、BCNF、4NF、5NF，一级比一级有更严格的要求。

各个范式之间的联系可以表示为：5NF⊂4NF⊂BCNF⊂3NF⊂2NF⊂1NF，如图 1-14 所示。

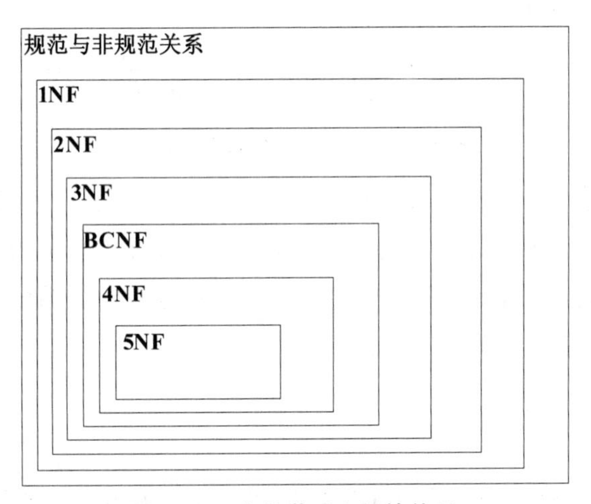

图 1–14　各级范式之间的关系

下面逐一介绍各级范式及其规范化。

1. 第一范式

第一范式（First Normal Form）是最基本的规范形式，即关系中每个属性都是不可再分的简单项。

定义　如果关系模式 R，其所有的属性均为简单属性，即每个属性都称是不可再分的，则称 R 属于第一范式，简称 1NF，记作 $R\in$1NF。

在 1.3 小节中讨论关系的性质时，我们把满足这个条件的关系称为“规范化关系”。

在关系数据库系统中只讨论规范化的关系，凡是非规范化的关系模式必须化成规范化的关系。

在非规范化的关系中去掉组合项就能化成规范化的关系，每个规范化的关系都属于 1NF，这也是它之所以称为“第一”的原因，然而，一个关系模式仅仅属于第一范式是不适用的。

在后面内容中给出的关系模式 SCD 属于第一范式，但其具有大量的数据冗余，具有插入异常、删除异常、更新异常等弊端。

为什么会存在这种问题呢？让我们分析一下 SCD 中的函数依赖关系，它的关系键是(SNO,CNO)的属性组合，所以有：

```
(SNO,CNO) —\→ SCORE
SNO→SN,(SNO,CNO) —P→ SN
SNO→AGE,(SNO,CNO) —P→ AGE
SNO→DEPT,(SNO,CNO) —P→ DEPT
SNO —F→ MN,(SNO,CNO) —P→ MN
```

我们可以用函数信赖图表示以上函数依赖关系，如图 1-15 所示。

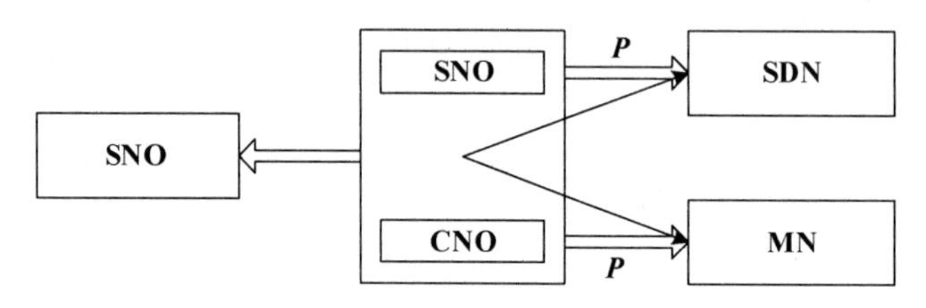

图 1-15 SCD 中函数的依赖关系

由此可见，在 SCD 中，既存在完全函数依赖，又存在部分函数依赖和传递函数依赖。这种情况往往在数据库中是不允许的，也正是由于关系中存在着复杂的函数依赖，才导致数据操作中出现了这些弊端。克服这些弊端的方法是用投影运算将关系分解，去掉过于复杂的函数依赖关系，向更高一级的范式进行转换。

2. 第二范式

■ 定义

如果关系模式 $R \in 1NF$，且每个非主属性都完全函数依赖于 R 的每个关系键，则称 R 属于第二范式（Second Normal Form），简称 2NF，记作 $R \in 2NF$。

在关系模式 SCD 中，SNO、CNO 为主属性，AGE、DEPT、SN、MN、SCORE 均为非主属性，经上述分析，存在非主属性对关系键的部分函数依赖，所以 SCD $\notin$ 2NF。

而如表 1-31、表 1-32 和表 1-33 所示的由 SCD 分解的 3 个关系模式 S、D、SC，其中 S 的关系键为 SNO，D 的关系键为 DEPT，都是单属性，不可能存在部分函数依赖。

而对于 SC，(SNO,CNO) $\xrightarrow{F}$ SCORE。所以 SCD 分解后，消除了非主属性对关系键的部分函数依赖，S、D、SC 均属于 2NF。

讲述全码的概念时给出的关系模式 TCS(*T*,*C*,*S*)，一名教师可以讲授多门课程，一门课程可以由多名教师讲授，同样一个学生可以选修多门课程，一门课程可以由多个学生选修，(*T*,*C*,*S*)3 个属性的组合是关系键，*T*、*C*、*S* 都是主属性，而无非主属性，所以也就不可能存在非主属性对关系键的部分函数依赖，TCS$\in$2NF。

经以上分析，可以得到两个结论。

- 从 1NF 关系中消除非主属性对关系键的部分函数依赖，则可得到 2NF 关系。
- 如果 *R* 的关系键为单属性，或 *R* 的全体属性均为主属性，则 *R*$\in$2NF。

■ 2NF 规范化

2NF 规范化是指把 1NF 关系模式通过投影分解转换成 2NF 关系模式的集合。分解时遵循的基本原则就是"一事一地"，让一个关系只描述一个实体或者实体间的联系，如果多于一个实体或联系，则进行投影分解。

下面以关系模式 SCD 为例，来说明 2NF 规范化的过程

例 将 SCD(SNO,SN,AGE,DEPT,MN,CNO,SCORE)规范到 2NF。

由 SNO→SN、SNO→AGE、SNO→DEPT、(SNO,CNO)$\xrightarrow{F}$SCORE 可以判断，关系 SCD 至少描述了两个实体，一个为学生实体，属性有 SNO、SN、AGE、DEPT、MN；另一个是学生与课程的联系（选课），属性有 SNO、CNO 和 SCORE。

根据分解的原则，我们可以将 SCD 分解成如下两个关系，如表 1-34 和表 1-35 所示。其中 SD(SNO,SN,AGE,DEPT,MN)，描述学生实体；SC(SNO,CNO,SCORE)，描述学生与课程的联系。

表 1-34　SD

SNO	SN	AGE	DEPT	MN
S1	赵一	17	计算机	刘伟
S2	钱二	18	信息	王平
S3	孙三	20	信息	王平
S4	李四	21	自动化	刘伟

表 1-35　SC

SNO	CNO	SCORE
S1	C1	90
S1	C2	85
S2	C5	57
S2	C6	80
S2	C7	76
S2	C5	70
S3	C1	0
S3	C2	70
S3	C4	85
S4	C1	93

对于分解后的两个关系 SD 和 SC，主键分别为 SNO 和(SNO,CNO)，非主属性对主键完全函数依赖。因此，SD$\in$2NF、SC$\in$2NF，而且前面已经讨论，SCD 的这种分解没有丢失任何信息，具有无损连接性。

分解后，SD 和 SC 的函数依赖分别如图 1-16 和图 1-17 所示。

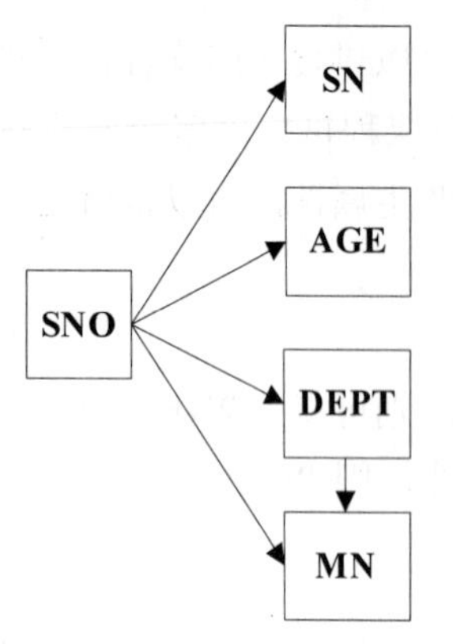

图 1-16　SD 中的函数依赖关系

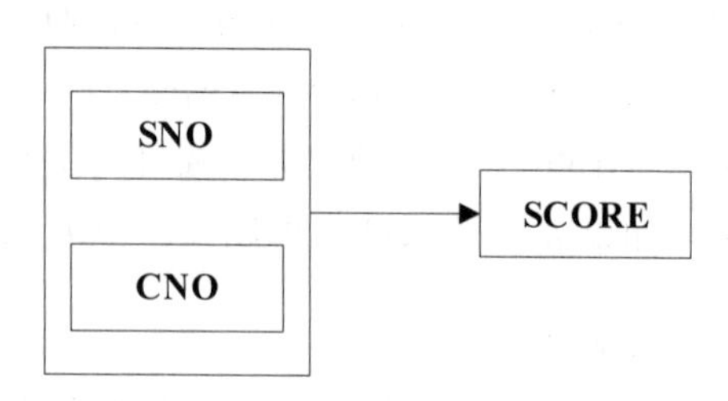

图 1-17　SC 中的函数依赖关系

1NF 的关系模式经过投影分解转换成 2NF 后，消除了一些数据冗余。

分析表 1-34，表 1-35 中 SD 和 SC 中的数据，可以看出，它们存储的冗余度比关系模式 SCD 有了较大幅度的降低，如学生的姓名、年龄不需要重复存储多次，这样便可在一定程度上避免因数据更新所造成的数据不一致性的问题；由于把学生的基本信息与选课信息分开存储，则学生基本信息因没选课而不能插入的问题得到了解决，插入异常现象得到了部分改善；如果某个学生不再选修 C1 课程，只在选课关系 SC 中删去该学生选修 C1 课程的记录即可，而 SD 中有关该学生的其他信息不会受到任何影响，也解决了部分删除异常问题。

因此可以说关系模式 SD 和 SC 在性能上比 SCD 有了显著提高。

■　**2NF 规范化的形式化描述**

设关系模式 $R(X,Y,Z)$，$R\in$ 1NF，其中，X 是键属性，Y、Z 是非键属性，且存在部分函数依赖，$X\xrightarrow{P}Y$。设 X 可表示为 X_1、X_2，其中 $X_1\xrightarrow{F}Y$，则 $R(X,Y,Z)$可以分解为 $R[X_1,Y]$ 和 $R[X,Z]$。

因为 $X_1\rightarrow Y$，所以 $R(X,Y,Z)=R[X_1,Y]\times R[X_1,X_2,Z]=R[X_1,Y]\times R[X,Z]$，即 R 等于其投影 $R[X_1,Y]$ 和$[X,Z]$在 X_1 上的自然连接，R 的分解具有无损连接性。

由于 $X_1\xrightarrow{F}Y$，因此 $R[X_1,Y]\in$ 2NF。若 $R[X,Z]\notin$ 2NF，可以按照上述方法继续进行投影分解，直到将 $R[X,Z]$分解为属于 2NF 关系的集合，且这种分解必定是有限的。

2NF 的缺点如下。

2NF 的关系模式解决了 1NF 中存在的一些问题，2NF 规范化的程度比 1NF 前进了一步，但 2NF 的关系模式在进行数据操作时，仍然存在着一些问题，如下所示。

- 数据冗余：每个系名和系主任的名字存储的次数等于该系的学生人数。
- 插入异常：当一个新系没有招生时，有关该系的信息无法插入。
- 删除异常：某系学生全部毕业而没有招生时，删除全部学生的记录也随之删除了该系的有关信息。
- 更新异常：更换系主任时，仍需改动较多的学生记录。

之所以存在这些问题，是由于在 SCD 中存在着非主属性对主键的传递依赖。

分析 SCD 中的函数依赖关系，SNO→SN、SNO→AGE、SNO→DEPT、DEPT→MN、SNO $\overset{t}{\rightarrow}$ MN，非主属性 MN 对主键 SNO 传递依赖。

为此，对关系模式 SCD 还需进一步简化，消除这种传递依赖，得到 3NF。

3. 第三范式

定义

如果关系模式 $R \in$ 2NF，且每个非主属性都不传递依赖于 R 的每个关系键，则称 R 属于第三范式（Third Normal Form），简称 3NF，记作 $R \in$ 3NF。

第三范式具有如下性质。

- 若 $R \in$ 3NF，则 R 也是 2NF

  证明 3NF 的另一种等价描述是：对于关系模式 R，不存在如下条件的函数依赖 $X \rightarrow Y$（$Y \not\rightarrow X$）、$Y \rightarrow Z$，其中 X 是键属性，Y 是任意属性组，Z 是非主属性，$Z \notin Y$。在此定义下，令 $Y \subset X$，Y 是 X 的真子集，则以上条件 $X \rightarrow Y$、$Y \rightarrow Z$ 就变成了非主属性对键 X 的部分函数依赖 $X \xrightarrow{P} Z$。但由于 3NF 中不存在这样的函数依赖，所以 R 中不可能存在非主属性对键 X 的部分函数依赖，R 必定是 2NF。

- 若 $R \in$ 2NF，则 R 不一定是 3NF

  例如，我们前面由关系模式 SCD 分解而得到的 SD 和 SC 都为 2NF，其中 SC $\in$ 3NF，但在 SD 中存在着非主属性 MN 对主键 SNO 传递依赖，所以 SD $\notin$ 3NF。对于 SD，应该进一步进行分解，使其转换成 3NF。

- 3NF 规范化

  3NF 规范化是指把 2NF 关系模式通过投影分解转换成 3NF 关系模式的集合。与 2NF 的规范化时遵循的原则相同，即“一事一地”，让一个关系只描述一个实体或者实体间的联系。

下面以 2NF 关系模式 SD 为例，来说明 3NF 规范化的过程。

例 将 SD(SNO,SN,AGE,DEPT,MN)规范到 3NF。

分析 SD 的属性组成，可以判断，关系 SD 实际上描述了两个实体：一个为学生实体，属性有 SNO、SN、AGE、DEPT；另一个是系的实体，其属性有 DEPT 和 MN。

根据分解的原则，我们可以将 SD 分解成如下两个关系，如表 1-36 和表 1-37 所示。其中 *S*(SNO,SN,AGE,DEPT)，描述学生实体；*D*(DEPT,MN)，描述系的实体。

表 1-36 *S*

SNO	SN	AGE	DEPT
S1	赵一	17	计算机
S2	钱二	18	信息
S3	孙三	20	信息
S4	李四	21	自动化

表 1-37 *D*

DEPT	MN
计算机	刘伟
信息	王平
自动化	刘伟

对于分解后的两个关系 *S* 和 *D*，主键分别为 SNO 和 DEPT，不存在非主属性对主键的传

递函数依赖。因此，$S\in$3NF、$D\in$3NF。分解后，S 和 D 的函数依赖分别如图 1-18 和图 1-19 所示。

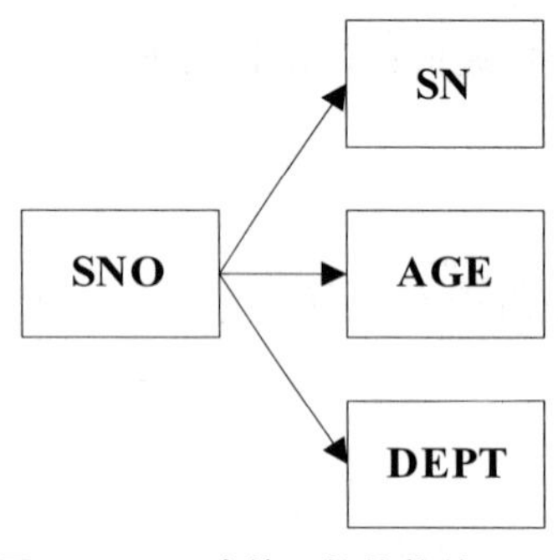

图 1–18　S 中的函数依赖关系图

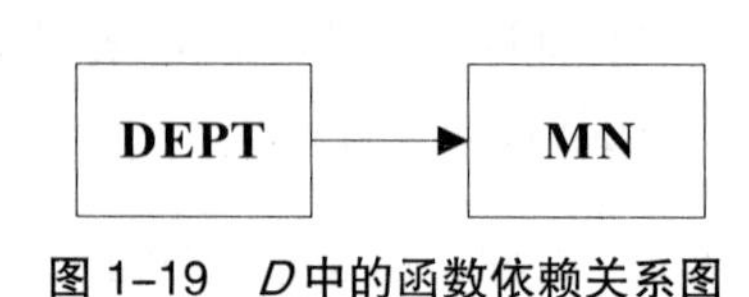

图 1–19　D 中的函数依赖关系图

由以上两图可以看出，关系模式 SD 由 2NF 分解为 3NF 后，函数依赖关系变得更加简单，既没有非主属性对键的部分依赖，也没有非主属性对键的传递依赖，改善或解决了 2NF 中存在的 4 个问题，如下所示。

- **数据冗余降低**

  系主任的名字存储的次数与该系的学生人数无关，只在关系 D 中存储一次。
- **不存在插入异常**

  当一个新系没有学生时，该系的信息可以直接插入到关系 D 中，而与学生关系 S 无关。
- **不存在删除异常**

  要删除某系的全部学生而仍然保留该系的有关信息时，可以只删除学生关系 S 中的相关学生记录，而不影响系关系 D 中的数据。
- **不存在更新异常**

  更换系主任时，只需修改关系 D 中一个相应元组的 MN 属性值，从而不会出现数据的不一致现象。

SCD 规范到 3NF 后，所存在的异常现象已经全部消失。但是，3NF 只限制了非主属性对键的依赖关系，而没有限制主属性对键的依赖关系，如果发生了这种依赖，仍有可能存在数据冗余、插入异常、删除异常和修改异常。

为了避免这些问题则需对 3NF 进一步规范化，消除主属性对键的依赖关系，为了解决这种问题，Boyce 与 Codd 共同提出了一个新范式的定义，这就是 Boyce-Codd 范式，通常简称 BCNF 或 BC 范式，它弥补了 3NF 的不足。

4. BCNF 范式

定义

如果关系模式 $R\in$1NF，且所有的函数依赖 $X\rightarrow Y$（$Y\notin X$），决定因素 X 都包含了 R 的一个候选键，则称 R 属于 BC 范式（Boyce-Codd Normal Form），记作 $R\in$BCNF。BCNF 具有如下性质。

- 满足 BCNF 的关系将消除任何属性（主属性或非主属性）对键的部分函数依赖和传递函数依赖。也就是说，如果 $R \in$ BCNF，则 R 也是 3NF。

  证明 采用反证法。设 R 不是 3NF，则必然存在如下条件的函数依赖，$X \rightarrow Y(Y \not\rightarrow X)$、$Y \rightarrow Z$，其中 X 是键属性，Y 是任意属性组，Z 是非主属性，$Z \notin Y$，这样 $Y \rightarrow Z$ 函数依赖的决定因素 Y 不包含候选键，这与 BCNF 范式的定义相矛盾，所以如果 $R \in$ BCNF，则 R 也是 3NF。

- 如果 $R \in$ 3NF，则 R 不一定是 BCNF。

  例如，设关系模式 SNC(SNO,SN,CNO,SCORE)，其中 SNO 代表学号，SN 代表学生姓名并假设没有重名，CNO 代表课程号，SCORE 代表成绩。可以判定，SNC 有两个候选键(SNO,CNO)和(SN,CNO)，其函数依赖如下。

```
SNO ↔ SN
(SNO,CNO) → SCORE
(SN,CNO) → SCORE
```

唯一的非主属性 SCORE 对键不存在部分函数依赖，也不存在传递函数依赖，所以 SNC $\in$ 3NF。

但是，因为 SNO $\leftrightarrow$ SN，即决定因素 SNO 或 SN 不包含候选键，从另一个角度说，存在着主属性对键的部分函数依赖：(SNO,CNO) $\xrightarrow{P}$ SN、(SN,CNO) $\xrightarrow{P}$ SNO，所以 SNC 不是 BCNF。

正是存在着这种主属性对键的部分函数依赖关系，造成了关系 SNC 中存在着较大的数据冗余，学生姓名的存储次数等于该生所选的课程数，从而会引起修改异常。比如，当要更改某个学生的姓名时，则必须搜索出现该姓名的每个学生记录，并对其姓名逐一修改，这样容易造成数据的不一致问题。解决这一问题的办法仍然是通过投影分解进一步提高 SNC 的范式等级，将 SNC 规范到 BCNF。

- **BCNF 规范化**

BCNF 规范化是指把 3NF 关系模式通过投影分解转换成 BCNF 关系模式的集合。下面以 3NF 关系模式 SNC 为例，来说明 BCNF 规范化的过程。

例 将 SNC(SNO,SN,CNO,SCORE)规范到 BCNF。

分析 SNC 数据冗余的原因，是因为在这一个关系中存在两个实体，一个为学生实体，属性有 SNO、SN；另一个是选课实体，属性有 SNO、CNO 和 SCORE。

根据分解的原则，我们可以将 SNC 分解成如下两个关系：S1(SNO,SN)，描述学生实体；S2(SNO,CNO,SCORE)，描述学生与课程的联系。其中对于 S1，有两个候选键 SNO 和 SN，对于 S2，主键为(SNO,CNO)。

在这两个关系中，无论主属性还是非主属性都不存在对键的部分依赖和传递依赖，S1 $\in$ BCNF、S2 $\in$ BCNF。分解后，S1 和 S2 的函数依赖分别如图 1-20 和图 1-21 所示。

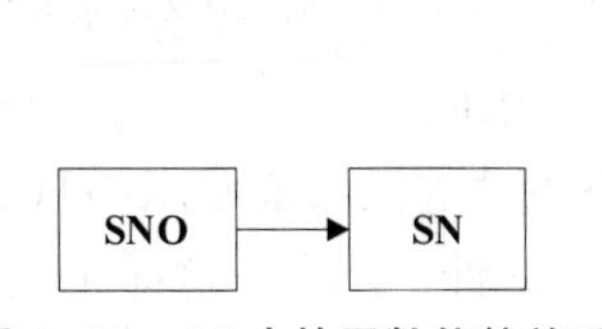

图 1–20 S1 中的函数依赖关系

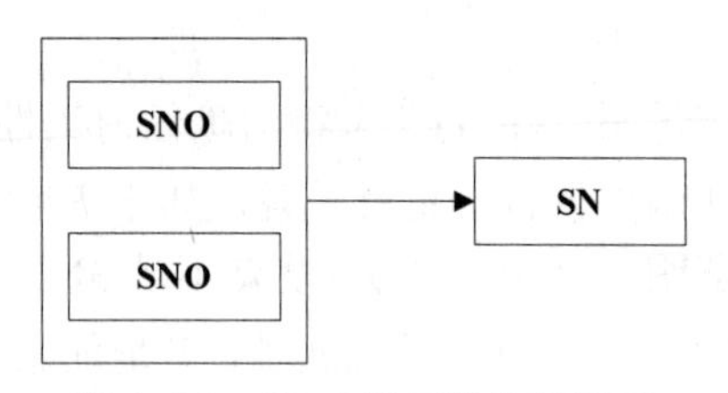

图 1–21 S2 中的函数依赖关系

关系 SNC 转换成 BCNF 后，数据冗余度明显降低。学生的姓名只在关系 S1 中存储一次，学生要改名时，只需改动一条学生记录中的相应的 SN 值，从而不会发生修改异常。

例 设关系模式 TCS(*T*,*C*,*S*)，*T* 表示教师，*C* 表示课程，*S* 表示学生。语义假设是，每一个教师只讲授一门课程；每门课程由多个教师讲授；某一学生选定某门课程，就对应于一个确定的教师。

根据语义假设，TCS 的函数依赖是：

$(S,C)\rightarrow T,(S,T)\rightarrow C,T\rightarrow C$

函数依赖图如图 1-22 所示。

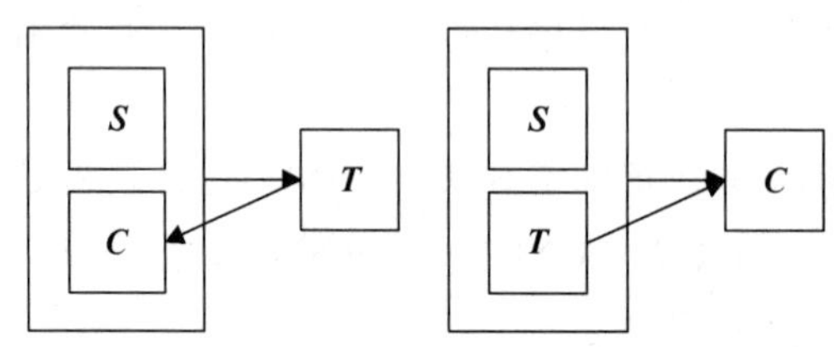

图 1–22 TCS 中的函数依赖关系

对于 TCS，(*S*,*C*)和(*S*,*T*)都是候选键，两个候选键相交，有公共的属性 *S*。TCS 中不存在非主属性，也就不可能存在非主属性对键的部分依赖或传递依赖，所以 TCS∈3NF。

但从 TCS 的一个关系实例（见表 1-38）分析，仍存在一些问题。

表 1–38 关系 TCS

T	*C*	*S*
T1	C1	S1
T1	C1	S2
T2	C1	S3
T2	C1	S4
T3	C2	S2
T4	C2	S2
T4	C3	S2

- 数据冗余

  虽然每个教师只开一门课程，但每个选修该教师该门课程的学生元组都要记录这一信息。

- 插入异常

当某门课程本学期不开，自然就没有学生选修。没有学生选修，因为主属性不能为空，教师上该门课程的信息就无法插入。同样原因，学生刚入校，尚未选课，有关信息也不能输入。

- 删除异常

  如果选修某门课程的学生全部毕业，删除学生记录的同时，随之也删除了教师开设该门课程的信息。

- 更新异常

  当某个教师开设的某门课程改名后，所有选修该教师该门课程的学生元组都要进行修改，如果漏改某个数据，则破坏了数据的完整性。分析出现上述问题的原因在于主属性部分依赖于键，$(S,T) \to C$，因此关系模式还继续分解，转换成更高一级的范式 BCNF，以消除数据库操作中的异常现象。

将 TCS 分解为两个关系模式 ST(S,T)和 $TC(T,C)$，消除函数依赖$(S,T) \to C$。其中 ST 的键为 S，TC 的键为 T。ST∈BCNF、TC∈BCNF。这两个关系模式的函数依赖关系分别如图 1-23 和图 1-24 所示。

图 1-23　ST 中的函数依赖关系图　　图 1-24　TC 中的函数依赖关系

关系模式 TCS 规范到 BCNF 后，使原来存在的 4 个异常问题得到改善或解决，如下所示。

- 数据冗余降低

  每个教师开设课程的信息只在 TC 关系中存储一次。

- 不存在插入异常

  对于所开课程尚未有学生选修的教师信息可以直接存储在关系 TC 中，而对于尚未选修课程的学生可以存储在关系 ST 中。

- 不存在删除异常

  如果选修某门课程的学生全部毕业，可以只删除关系 ST 中的相关学生记录，而不影响关系 TC 中相应教师开设该门课程的信息。

- 不存在更新异常

  当某个教师开设的某门课程改名后，只需修改关系 TC 中的一个相应元组即可，不会破坏数据的完整性。

如果一个关系数据库中所有关系模式都属于 3NF，则已在很大程度上消除了插入异常和删除异常，但由于可能存在主属性对候选键的部分依赖和传递依赖，因此关系模式的分离仍不够彻底。

如果一个关系数据库中所有关系模式都属于 BCNF，那么在函数依赖的范畴内，已经实现了模式的彻底分解，消除了产生插入异常和删除异常的根源，而且数据冗余也减少到极小程度。

1.4.5 多值依赖

以上完全是在函数依赖的范畴内讨论问题。属于 BCNF 的关系模式是否就很完美呢？下面来看一个例子。

例 软件公司中某一个项目由多名员工组成，这些员工都掌握相同的开发语言。每名员工可以参与多个项目组，每种开发语言可以供多个项目开发时使用。可以用一个非规范化的关系来表示员工 E，项目组 G 和开发语言 L 之间的关系（如表 1-39 所示）。

把表 1-39 变成一张规范化的二维表，如表 1-40 所示。

表 1–39 非规范化的项目信息表

项目组 G	员工 E	开发语言 L
Web 网站开发	李勇	C#
	王军	Java
		HTML
WinForm 应用	李勇	C#
	张平	Java
		VB.NET
嵌入式系统	张平	Java
	周峰	C++
…	…	…

表 1–40 规范化的项目信息表

项目组 G	员工 E	开发语言 L
Web 网站开发	李勇	C#
Web 网站开发	李勇	Java
Web 网站开发	李勇	HTML
Web 网站开发	王军	C#
Web 网站开发	王军	Java
Web 网站开发	王军	HTML
WinForm 应用	李勇	C#
WinForm 应用	李勇	Java
WinForm 应用	李勇	VB.NET
WinForm 应用	张平	C#
WinForm 应用	张平	Java
WinForm 应用	张平	VB.NET
…	…	…

关系模型 DEVELOPING(G,E,L)的码是(G,E,L)，即 ALL-Key。因而 DEVELOPING∈BCNF。但是当某一项目组（如 Web 网站开发）增加一名员工（如杨乐）时，必须插入多个（这里是 3 个）元组：(Web 网站开发,杨乐,C#)；(Web 网站开发,杨乐,Java)；(Web 网站开发,杨乐,HTML)。

同样，某一个项目（如 WinForm 应用）要去掉一门开发语言（如 VB.NET），则必须删除多个（这里是两个）元组：(WinForm 应用,李勇, VB.NET)；(WinForm 应用,张平,VB.NET)。

对数据的增删改很不方便，数据的冗余也十分明显。仔细考察这类关系模式，发现它有一种称之为多值依赖（MVD）的数据依赖。

定义 $R(U)$是属性集 U 上的一个关系模式。X、Y、Z 是 U 的子集，并且 $Z=U-X-Y$。关系模式 $R(U)$中多值依赖 $X\rightarrow\rightarrow Y$ 成立，当且仅当对 $R(U)$的任意关系 r，给定的一对(x,z)值，有一组 Y 的值，这组值仅仅决定于 x 值而与 z 值无关。

例如，在关系模式 DEVELOPING 中，对于一个(Web 网站开发,Java)有一组 T 值{李勇,王军}，这组值仅仅决定项目组 G 上的值(Java)。也就是说对于另一个(Web 网站开发,C#)对应的一组 T 值是{李勇,王军}，尽管这时参考书的值已经变了。因此 T 多值依赖于 C，即 $C\rightarrow\rightarrow T$。

对于多值依赖的另一个等价的形式化定义是：

在 $R(U)$的任意关系 r 中，如果存在元组 t、s 使得 $t[X]=s[X]$，那么就必然存在元组 $w,v\in r$,（w,v 可以与 s,t 相同），使得 $w[X]=v[X]=t[X]$，而 $w[Y]=t[Y]$、$w[Z]=s[Z]$、$v[Y]=s[Y]$、$v[Z]=t[Z]$（即交换 s、t 元组的 Y 值所得的两个新元组必在 r 中），则 Y 多值依赖于 X，记为 $X\rightarrow\rightarrow Y$。这里，$X$、$Y$ 是 U 的子集，$Z=U-X-Y$。

若 $X\rightarrow\rightarrow Y$，而 $Z=\phi$ 即 Z 为空，则称 $X\rightarrow\rightarrow Y$ 为平凡的多值依赖。

1.4.6　规范化思想

到目前为止，规范化理论已经提出了 6 类范式（有关 4NF 和 5NF 的内容不再详细介绍）。各范式级别是在分析函数依赖条件下对关系模式分离程度的一种测度，范式级别可以逐级升高。

一个低一级范式的关系模式，通过模式分解转化为若干个高一级范式的关系模式的集合，这种分解过程叫作关系模式的规范化（Normalization）。关系模式规范化的目的和原则如下所述。

一个关系只要其分量都是不可分的数据项，就可称作规范化的关系，但这只是最基本的规范化。这样的关系模式虽然是合法的，但是有些关系模式可能存在插入、删除、修改异常、数据冗余等弊病。

规范化的目的就是使结构合理，消除存储异常，使数据冗余尽量小，便于插入、删除和更新。

规范化的基本原则就是遵从概念单一化“一事一地”的原则，即一个关系只描述一个实体或者实体间的联系。若多于一个实体，就把它“分离”出来。

因此，所谓规范化，实质上是概念的单一化，即一个关系表示一个实体。规范化就是对原关系进行投影，消除决定属性不是候选键的任何函数依赖。具体可以分为以下几步：

1）对 1NF 关系进行投影，消除原关系中非主属性对键的部分函数依赖，将 1NF 关系转换成若干个 2NF 关系；
2）对 2NF 关系进行投影，消除原关系中非主属性对键的传递函数依赖，将 2NF 关系转换成若干个 3NF 关系；
3）对 3NF 关系进行投影，消除原关系中主属性对键的部分函数依赖和传递函数依赖，也就是说使决定因素都包含一个候选键，得到一组 BCNF 关系。

关系规范化的基本步骤如图 1-25 所示。

一般情况下，没有异常弊病的数据库设计是好的数据库设计，一个不好的关系模式也总是可以通过分解转换成好的关系模式的集合。但是在分解时要全面衡量，综合考虑，视实际情况而定。

对于那些只要求查询而不要求插入、删除等操作的系统，几种异常现象的存在并不影响数据库的操作。这时便不宜过度分解，否则当要对整体查询时，需要更多的多表连接操作，这有可能得不偿失。

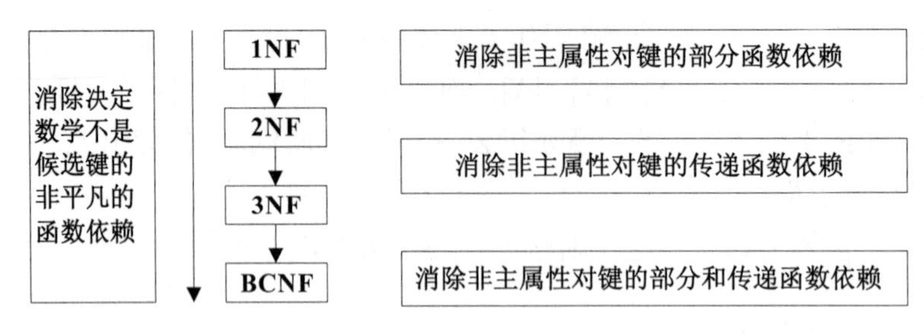

图 1-25　规范化过程

在实际应用中，最有价值的是 3NF 和 BCNF，在进行关系模式的设计时，通常分解到 3NF 就足够了。

1.5　数据库设计

人们在总结信息资源开发、管理和服务的各种手段时，认为最有效的是数据库技术。数据库的应用已经越来越广泛。从小型的单项事务处理系统到大型复杂的信息系统大都用先进的数据库技术来保持系统数据的整体性、完整性和共享性。

数据库设计是建立数据库及其应用系统的技术，是信息系统开发和建设中的核心技术，具体说，数据库设计是指对于一个给定的应用环境，构造最优的数据库模式，建立数据库及其应用系统，使之能够有效存储数据，满足各种用户的应用需求（信息要求和处理要求）。

在数据库领域内，常常把使用数据库的各类系统称为“数据库应用系统”。

从使用者角度看，信息系统是提供信息、辅助人们对环境进行控制和进行决策的系统。数据库是信息系统的核心和基础。它把信息系统中大量的数据按一定的模型组织起来，提供存储、维护、检索数据的功能，使信息系统可以方便、及时、准确地从数据库中获得所需的信息。一个信息系统的各个部分能否紧密地结合在一起以及如何结合，关键在于数据库。因此只有对数据库进行合理的逻辑设计和有效的物理设计才能开发出完善而高效的信息系统。数据库设计是信息系统开发和建设的重要组成部分。

大型数据库的设计和开发是项庞大的工程，是涉及多学科的综合性技术。其开发周期长、耗资多、失败风险也大。因此必须结合软件工程的原理和方法。对于从事数据库设计的人员来讲，应该具备多方面的技术和知识。主要有：

- 数据库的基本知识和数据库设计技术；
- 计算机科学的基础知识和程序设计的方法和技巧；
- 软件工程的原理和方法；
- 应用领域的知识。

其中应用领域的知识随着应用系统所属的领域不同而不同。数据库设计人员必须深入实际与用户密切结合，对应用环境、专业业务有具体深入的了解才能设计出符合具体领域要求的数据库应用系统。

数据库设计包括数据库的结构设计和数据库的行为设计两方面的内容，如下所述：

- 数据库的结构设计

  数据库的结构设计指根据给定的应用环境，进行数据库的模式或子模式的设计。它包括数据库的概念设计、逻辑设计和物理设计。

  数据库模式是各应用程序共享的结构，是静态的、稳定的，一经形成后通常情况下是不容易改变的，所以结构设计又称为“静态模型设计”。

- 数据库的行为设计

  数据库的行为设计是指确定数据库用户的行为和动作。而在数据库系统中，用户的行为和动作指用户对数据库的操作，这些要通过应用程序来实现，所以数据库的行为设计就是应用程序的设计。

用户的行为总是使数据库的内容发生变化，所以行为设计是动态的，行为设计又称为“动态模型设计”。

1.5.1 数据库设计特点

在 20 世纪 70 年代末 80 年代初，人们为了研究数据库设计方法学的便利，曾主张将结构设计和行为设计两者分离，随着数据库设计方法学的成熟和结构化分析、设计方法的普遍使用，人们主张将两者做一体化的考虑，这样可以缩短数据库的设计周期，提高数据库的设计效率。

现代数据库设计的特点是强调结构设计与行为设计相结合，是一种“反复探寻，逐步求精”的过程。首先从数据模型开始设计，以数据模型为核心进行展开，数据库设计和应用系统设计相结合，建立一个完整、独立、共享、冗余小、安全有效的数据库系统。

图 1-26 给出了数据库设计的全过程。

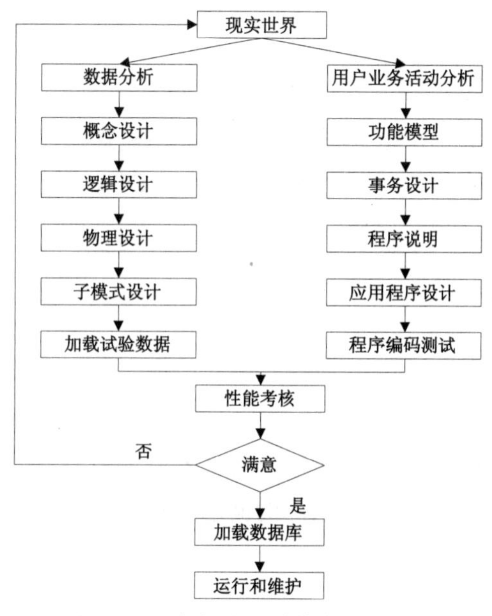

图 1–26 数据库设计的全过程

数据库设计方法目前可分为 4 类：直观设计法、规范设计法、计算机辅助设计法和自动化设计法。

直观设计法也叫手工试凑法，它是最早使用的数据库设计方法。这种方法依赖于设计者的经验和技巧，缺乏科学理论和工程原则的支持，设计的质量很难保证，常常是数据库运行一段时间后又发现各种问题，这样再重新进行修改，增加了系统维护的代价。因此这种方法越来越不适应信息管理发展的需要。

为了改变这种情况，1978 年 10 月，来自 30 多个国家的数据库专家在美国新奥尔良（New Orleans）市专门讨论了数据库设计问题，他们运用软件工程的思想和方法，提出了数据库设计的规范，这就是著名的新奥尔良法，它是目前公认的比较完整和权威的规范设计法。新奥尔良法将数据库设计分成需求分析（分析用户需求）、概念设计（信息分析和定义）、逻辑设计（设计实现）和物理设计（物理数据库设计）。目前，常用的规范设计方法大多数起源于新奥尔良法，并在设计的每一阶段采用一些辅助方法来具体实现。

下面简单介绍几种常用的规范设计方法。

1. 基于 E-R 模型的数据库设计方法

基于 E-R 模型的数据库设计方法是由 P.P.S.chen 于 1976 年提出的数据库设计方法，其基本思想是在需求分析的基础上，用 E-R（实体—联系）图构造一个反映现实世界实体之间联系的企业模式，然后再将此企业模式转换成基于某一特定的 DBMS 的概念模式。

2. 基于 3NF 的数据库设计方法

基于 3NF 的数据库设计方法是由 S.Atre 提出的结构化设计方法，其基本思想是在需求分析的基础上，确定数据库模式中的全部属性和属性间的依赖关系，将它们组织在一个单一的关系模式中，然后再分析模式中不符合 3NF 的约束条件，将其进行投影分解，规范成若干个 3NF 关系模式的集合。

其具体设计步骤分为 5 个阶段。

1） 设计企业模式，利用规范化得到的 3NF 关系模式画出企业模式；
2） 设计数据库的概念模式，把企业模式转换成 DBMS 所能接受的概念模式，并根据概念模式导出各个应用的外模式；
3） 设计数据库的物理模式（存储模式）；
4） 对物理模式进行评价；
5） 实现数据库。

3. 基于视图的数据库设计方法

此方法先从分析各个应用的数据着手，其基本思想是为每个应用建立自己的视图，然后再把这些视图汇总起来合并成整个数据库的概念模式。合并过程中要解决以下问题。

- 消除命名冲突；
- 消除冗余的实体和联系；

■ 进行模式重构，在消除了命名冲突和冗余后，需要对整个汇总模式进行调整，使其满足全部完整性约束条件。

除了以上 3 种方法外，规范化设计方法还有实体分析法、属性分析法和基于抽象语义的设计方法等，这里不再详细介绍。

规范设计法从本质上来说仍然是手工设计方法，其基本思想是“过程迭代和逐步求精”。

计算机辅助设计法是指在数据库设计的某些过程中模拟某一规范化设计的方法，并以人的知识或经验为主导，通过人机交互方式实现设计中的某些部分。

目前许多计算机辅助软件工程（Computer Aided Software Engineering，CASE）工具可以自动或辅助设计人员完成数据库设计过程中的很多任务，如 Visio、Rational Rose 等。

1.5.2　需求分析

从数据库设计的角度来看，需求分析的任务是：对现实世界要处理的对象（组织、部门、企业）等进行详细的调查，通过对原系统的了解，收集支持新系统的基础数据并对其进行处理，在此基础上确定新系统的功能。

具体地说，需求分析阶段的任务包括包括如下内容。

1. 调查分析用户的活动

这个过程通过对新系统运行目标的研究、对现行系统所存在的主要问题的分析以及制约因素的分析，明确用户总的需求目标，确定这个目标的功能域和数据域。具体做法是：

■ 调查组织机构情况，包括该组织的部门组成情况，各部门的职责和任务等；
■ 调查各部门的业务活动情况，包括各部门输入和输出的数据与格式、所需的表格与卡片、加工处理这些数据的步骤、输入/输出的部门等。

2. 收集和分析需求数据，确定系统边界

在熟悉业务活动的基础上，协助用户明确对新系统的各种需求，包括用户的信息需求、处理需求、安全性和完整性的需求等。

■ 信息需求指目标范围内涉及的所有实体、实体的属性以及实体间的联系等数据对象，也就是用户需要从数据库中获得信息的内容与性质。由信息要求可以导出数据要求，即在数据库中需要存储哪些数据。
■ 处理需求指用户为了得到需求的信息而对数据进行加工处理的要求，包括对某种处理功能的响应时间，处理的方式（批处理或联机处理）等。
■ 安全性和完整性的需求。在定义信息需求和处理需求的同时必须相应确定安全性和完整性约束。

在收集各种需求数据后，对前面调查的结果进行初步分析，确定新系统的边界，确定哪些功能由计算机完成或将来准备让计算机完成，哪些活动由人工完成。由计算机完成的功能

就是新系统应该实现的功能。

3. 编写需求规范说明书

系统分析阶段的最后是编写系统分析报告，通常称为“需求规范说明书”。需求规范说明书是对需求分析阶段的一个总结。编写系统分析报告是一个不断反复、逐步深入和逐步完善的过程，系统分析报告应包括如下内容。

- 系统概况，系统的目标、范围、背景、历史和现状；
- 系统的原理和技术，对原系统的改善；
- 系统总体结构与子系统结构说明；
- 系统功能说明；
- 数据处理概要、工程体制和设计阶段划分；
- 系统方案及技术、经济、功能和操作上的可行性。

完成系统的分析报告后，在项目单位的领导下要组织有关技术专家评审系统分析报告，这是对需求分析结构的再审查。审查通过后由项目方和开发方领导签字认可。

随系统分析报告提供下列附件。

- 系统的硬件、软件支持环境的选择及规格要求（所选择的数据库管理系统、操作系统、汉字平台、计算机型号及其网络环境等）；
- 组织机构图、组织之间联系图及各机构功能业务一览图；
- 数据流程图、功能模块图和数据字典等图表。

如果用户同意系统分析报告和方案设计，在与用户进行详尽商讨的基础上，最后签订技术协议书。

系统分析报告是设计者和用户一致确认的权威性文献，是今后各阶段设计和工作的依据。

4. 需求分析的访求

用户参加数据库设计是数据应用系统设计的特点，是数据库设计理论不可分割的一部分。

在数据需求分析阶段，任何调查研究没有用户的积极参加是寸步难行的，设计人员应和用户取得共同的语言，帮助不熟悉计算机的用户建立数据库环境下的共同概念，所以这个过程中不同背景的人员之间互相了解与沟通是至关重要的，同时方法也很重要。

用于需求分析的方法有多种，主要方法有自顶向下和自底向上两种，如图 1-27 所示。

其中自顶向下的分析方法（Structured Analysis，简称 SA 方法）是最简单实用的方法。SA 方法从最上层的系统组织机构入手，采用逐层分解的方式分析系统，用数据流图（Data Flow Diagram，DFD）和数据字典（Data Dictionary，DD）描述系统。

下面对数据流图和数据字典做些简单的介绍。

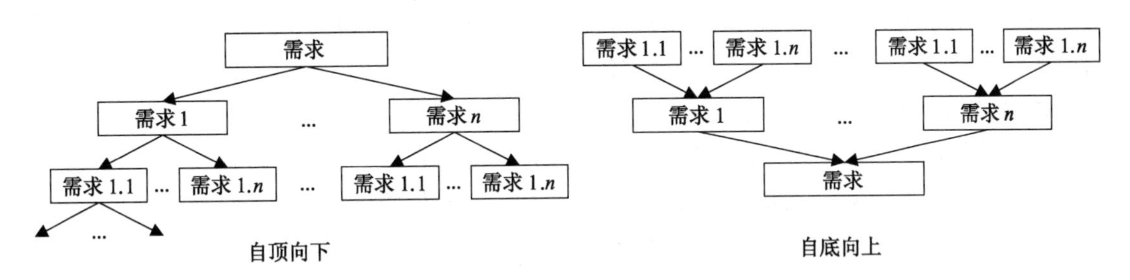

图 1-27　需求分析的方法

1.5.3　数据流图和数据字典

1. 数据流图

使用 SA 方法，任何一个系统都可抽象为如图 1-28 所示的数据流图。

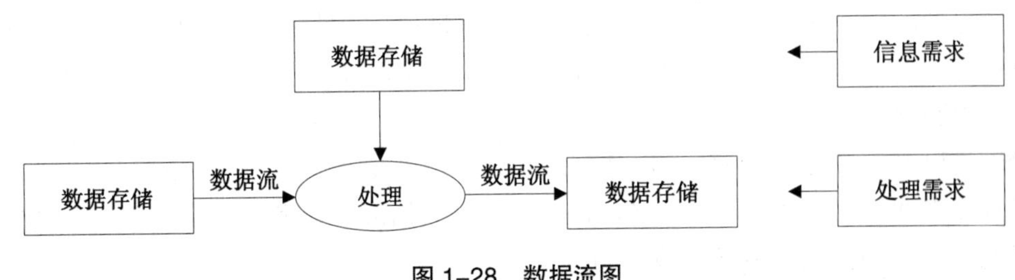

图 1-28　数据流图

在数据流图中，用命名的箭头表示数据流，用椭圆表示处理，用矩形或其他形状表示存储。

图 1-28 是一个简单的数据流图。一个简单的系统可用一张数据流图来表示。当系统比较复杂时，为了便于理解，控制其复杂性，可以采用分层描述的方法。一般用第一层描述系统的全貌，第二层分别描述各子系统的结构，如果系统结构还比较复杂，那么可以继续细化，直到表达清楚为止。在处理功能逐步分解的同时，它们所用的数据也逐级分解，形成若干层次的数据流图。如图 1-29 所示的数据流图表达了数据和处理过程的关系。

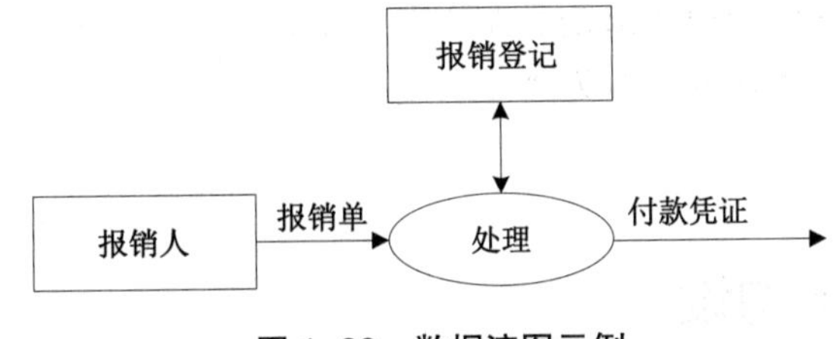

图 1-29　数据流图示例

在 SA 方法中，处理过程的处理逻辑常常借助判定表或判定树来描述，而系统中的数据则借助数据字典来描述。

2. 数据字典

数据字典是对系统中数据的详细描述，是各类数据结构和属性的清单。它与数据流图互为注释。数据字典贯穿于数据库需求分析直到数据库运行的全过程，在不同的阶段其内容和用途各有区别。在需求分析阶段，它通常包含以下 5 部分内容。

■ **数据项**

数据项是数据的最小单位，其具体内容包括：数据项名、含义说明、别名、类型、长度、取值范围、与其他数据项的关系。其中，取值范围、与其他数据项的关系这两项内容定义了完整性约束条件，是设计数据检验功能的依据。

■ **数据结构**

数据结构是数据项有意义的集合，内容包括：数据结构名、含义说明，这些内容组成数据项名。

■ **数据流**

数据流可以是数据项，也可以是数据结构，它表示某一处理过程中数据在系统内传输的路径。

内容包括：数据流名、说明、流出过程、流入过程，这些内容组成数据项或数据结构。

其中，流出过程说明该数据流由什么过程而来，流入过程说明该数据流到什么过程。

■ **数据存储**

处理过程中数据的存放场所，也是数据流的来源和去向之一。可以是手工凭证，手工文档或计算机文件。包括｛数据存储名，说明，输入数据流，输出数据流，组成：｛数据项或数据结构｝，数据量，存取频度，存取方式｝。

其中，存取频度是指每天（或每小时，或每周）存取几次，每次存取多少数据等信息。存取方法指的是批处理还是联机处理，是检索还是更新，是顺序检索还是随机检索等。

■ **处理过程**

处理过程的处理逻辑通常用判定表或判定树来描述，数据字典只用来描述处理过程的说明性信息。处理过程包括｛处理过程名，说明，输入：｛数据流｝，输出：｛数据流｝，处理，｛简要说明｝｝。

其中，简要说明主要用于说明处理过程的功能及处理要求：功能是指该处理过程用来做什么（不是怎么做），处理要求指该处理频度要求，如单位时间内处理多少事务、多少数据量、响应时间要求等，这些处理要求是后面物理设计的输入及性能评价的标准。

最终形成的数据流图和数据字典为“需求规范说明书”的主要内容，这是下一步进行概念设计的基础。

1.6 概念结构设计

在需求分析阶段，设计人员充分调查并描述了用户的需求，但这些需求只是现实世界的具体要求，应把这些需求抽象为信息世界的结构，才能更好地实现用户的需求。

1.6.1　概念结构设计定义

概念设计就是将需求分析得到的用户需求抽象为信息结构，即概念模型。

在早期的数据库设计中，概念设计并不是一个独立的设计阶段。当时的设计方式是在需求分析之后，接着就进行逻辑设计。这样设计人员在进行逻辑设计时，考虑的因素太多，既要考虑用户的信息，又要考虑具体 DBMS 的限制，使得设计过程复杂化，难以控制。为了改善这种状况，P.P.S.chen 设计了基于 E-R 模型的数据库设计方法，即在需求分析和逻辑设计之间增加一个概念设计阶段。在这个阶段，设计人员仅从用户角度看待数据及处理要求和约束，产生一个反映用户观点的概念模型，然后再把概念模型转换成逻辑模型。这样做有如下 3 个好处。

1）从逻辑设计中分离出概念设计以后，各阶段的任务相对单一化，设计复杂程度大大降低，便于组织管理。

2）概念模型不受特定的 DBMS 的限制，也独立于存储安排和效率方面的考虑，因而比逻辑模型更为稳定。

3）概念模型不含具体的 DBMS 所附加的技术细节，更容易为用户所理解，因而更有可能准确反映用户的信息需求。

设计概念模型的过程称为"概念设计"。概念模型在数据库的各级模型中的地位如图 1-30 所示。

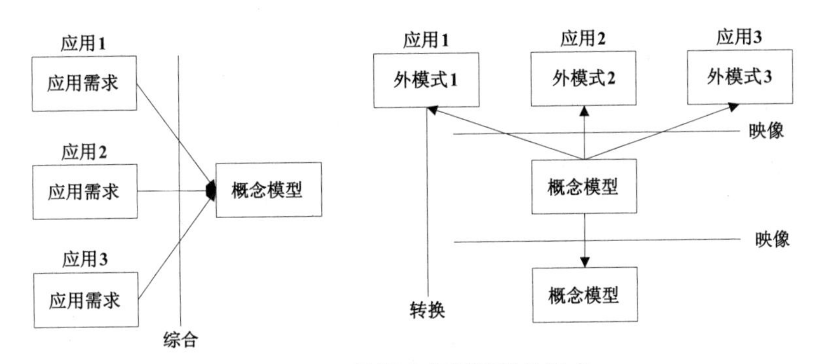

图 1-30　数据库各级模型的形成

概念模型作为概念设计的表达工具，为数据库提供一个说明性结构，是设计数据库逻辑结构即逻辑模型的基础。因此，概念模型必须具备以下特点。

■ 语义表达能力丰富

概念模型能表达用户的各种需求，充分反映现实世界，包括事物和事物之间的联系、用户对数据的处理要求，它是现实世界的一个真实模型。

■ 易于交流和理解

概念模型是 DBA、应用开发人员和用户之间的主要界面，因此，概念模型要表达自然、直观和容易理解，以便和不熟悉计算机的用户交换意见，用户的积极参与是保证数据库设计和成功的关键。

■ 易于修改和扩充

概念模型要能灵活地加以改变，以反映用户需求和现实环境的变化。

■ 易于向各种数据模型转换

概念模型独立于特定的 DBMS，因而更加稳定，能方便地向关系模型、网状模型或层次模型等各种数据模型转换。

人们提出了许多概念模型，其中最著名、最实用的一种是 E-R 模型，它将现实世界的信息结构统一用属性、实体以及它们之间的联系来描述。

1.6.2 概念结构设计的方法和步骤

1. 概念结构设计的方法

设计概念结构的 E-R 模型可采用 4 种方法。

1） 自顶向下。先定义全局概念结构 E-R 模型的框架，再逐步细化，如图 1-31（a）所示。

2） 自底向上。先定义各局部应用的概念结构 E-R 模型，然后将它们集成，得到全局概念结构 E-R 模型，如图 1-31（b）所示。

3） 逐步扩张。先定义最重要的核心概念 E-R 模型，然后向外扩充，以滚雪球的方式逐步生成其他概念结构 E-R 模型，如图 1-31（c）所示。

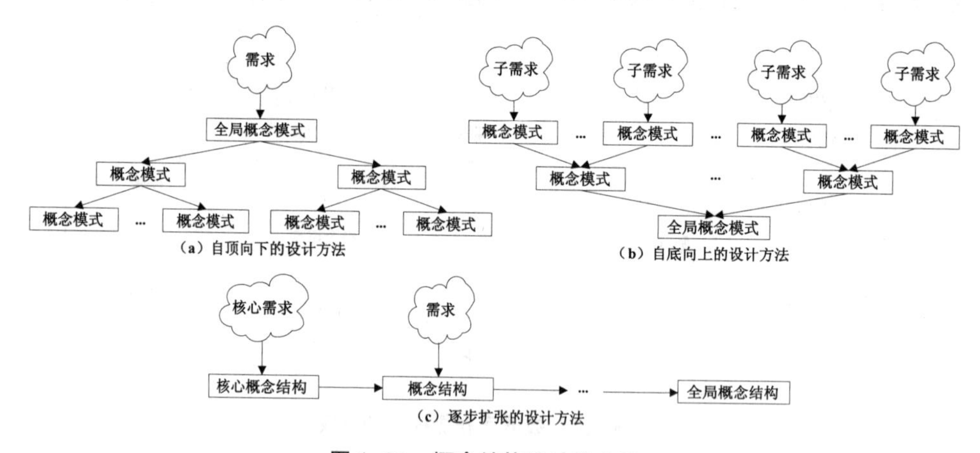

图 1-31 概念结构设计的方法

4） 混合策略。该方法采用自顶向下和自底向上相结合的方法，先自顶向下定义全局框架，再以它为骨架集成自底向上方法中设计的各个局部概念结构。

其中最常用的方法是自底向上。即自顶向下地进行需求分析，再自底向上地设计概念结构。

2. 概念结构设计的步骤

自底向上的设计方法可分为两步，如图 1-32 所示。

1） 进行数据抽象，设计局部 E-R 模型，即设计用户视图。

2）集成各局部 E-R 模型，形成全局 E-R 模型，即视图的集成。

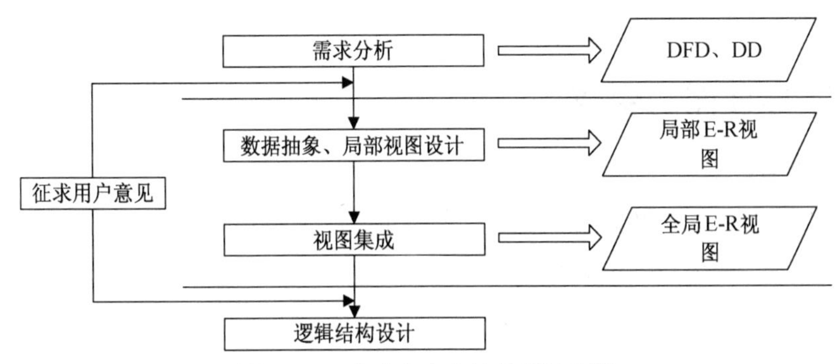

图 1–32　自底向上方法的设计步骤

概念结构是对现实世界的一种抽象。所谓抽象是对实际的人、物、事和概念进行人为处理，它抽取人们关心的共同特性，忽略非本质的细节，并把这些特性用各种概念精确地加以描述，这些概念组成了某种模型。

概念结构设计首先要根据需求分析得到的结果（数据流图、数据字典等）对现实世界进行抽象，设计各个局部 E-R 模型。

1.6.3　数据抽象

设计局部 E-R 模型的关键就是正确划分实体和属性。实体和属性之间在形式上并无可以明显区分的界限，通常是按照现实世界中事物的自然划分来定义实体和属性，将现实世界中的事物进行数据抽象，得到实体和属性。

在系统需求分析阶段，最后得到了多层数据流图、数据字典和系统分析报告。建立局部 E-R 模型，就是根据系统的具体情况，在多层的数据流图中选择一个适当层次的数据流图，作为设计局部 E-R 图的出发点，让这组图中的每一部分对应一个局部应用。在前面选好的某一层次的数据流图中，每个局部应用都对应了一组数据流图，局部应用所涉及的数据存储在数据字典中。现在就是要将这些数据从数据字典中抽取出来，参照数据流图，确定每个局部应用包含哪些实体，这些实体又包含哪些属性，以及实体之间的联系及其类型。

一般有如下两种数据抽象。

1. 分类（Classification）

分类定义某一类概念作为现实世界中一组对象的类型，将一组具有某些共同特性和行为的对象抽象为一个实体。对象和实体之间是“is member of”的关系。

例如，在教学管理中，“赵亦”是一名学生，表示“赵亦”是学生中的一员，她具有学生们共同的特性和行为。

2. 聚集（Aggregation）

聚集定义某一类型的组成成分，将对象类型的组成成分抽象为实体的属性。组成成分与对象类型之间是“is part of”的关系。

例如，学号、姓名、性别、年龄、系别等可以抽象为学生实体的属性，其中学号是标识学生实体的主键。

1.6.4 E-R 图的生成

1. 局部 E-R 模型设计

数据抽象后得到了实体和属性，实际上实体和属性是相对而言的，往往要根据实际情况进行必要的调整。在调整中要遵循两条原则。

- 实体具有描述信息，而属性没有。即属性必须是不可分的数据项，不能再由另一些属性组成。
- 属性不能与其他实体具有联系，联系只能发生在实体之间。

此外，我们可能会遇到这样的情况，同一数据项，可能由于环境和要求的不同，有时作为属性，有时则作为实体，此时必须根据实际情况而定。一般情况下，凡能作为属性对待的，应尽量作为属性，以简化 E-R 图的处理。

2. 全局 E-R 模型设计

局部 E-R 模型设计完成之后，下一步就是集成各局部 E-R 模型形成全局 E-R 模型，即视图的集成。视图集成的方法有如下两种。

- 多元集成法：一次性将多个局部 E-R 图合并为一个全局 E-R 图，如图 1-33（a）所示。
- 二元集成法：首先集成两个重要的局部视图，以后用累加的方法逐步将一个新的视图集成进来，如图 1-33（b）所示。在实际应用中，可以根据系统复杂性选择这两种方案。一般采用逐步集成的方法，如果局部视图比较简单，可以采用多元集成法。一般情况下，采用二元集成法，即每次只综合两个视图，这样可降低难度，如图 1-34 所示。

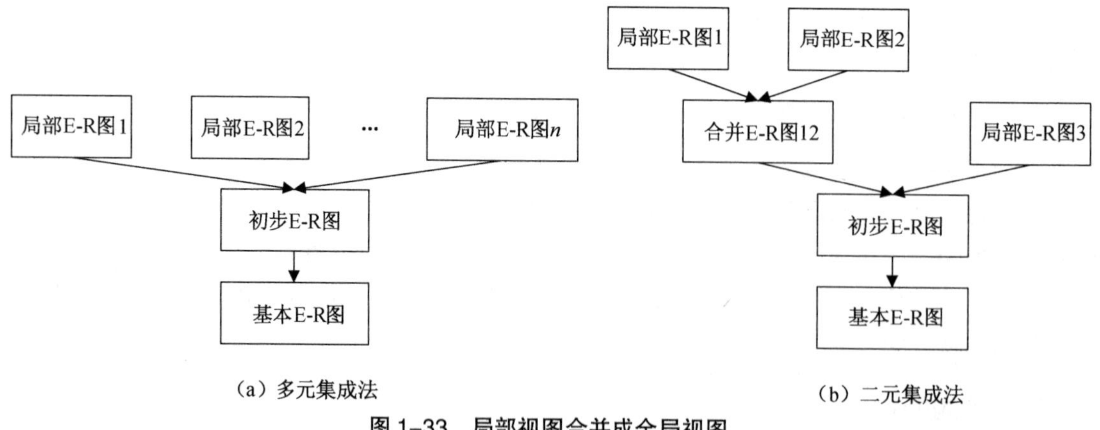

图 1-33 局部视图合并成全局视图

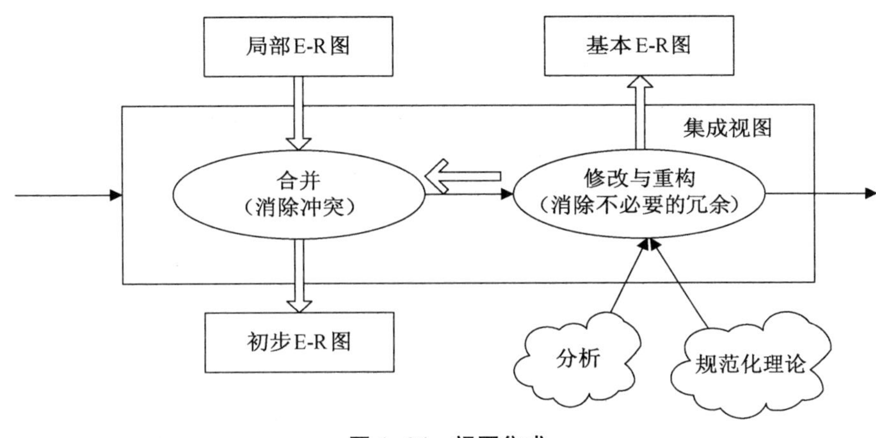

图 1–34　视图集成

无论使用上述的哪一种方法，视图集成均分成如下两个步骤。

1）合并，消除各局部 E-R 图之间的冲突，生成初步 E-R 图；

2）优化，消除不必要的冗余，生成基本 E-R 图。

3. 合并局部 E-R 图，生成初步 E-R 图

这个步骤将所有的局部 E-R 图综合成全局概念结构。全局概念结构它不仅支持所有的局部 E-R 模型，而且必须合理地表示一个完整、一致的数据库概念结构。

由于各个局部应用不同，通常由不同的设计人员进行局部 E-R 图设计，因此，各局部 E-R 图不可避免地会有许多不一致的地方，称为“冲突”。

合并局部 E-R 图时并不是简单地将各个 E-R 图画到一起，而必须要消除各个局部 E-R 图中的不一致，使合并后的全局概念结构不仅支持所有的局部 E-R 模型，而且必须是一个能被全系统中所有用户共同理解和接受的完整的概念模型。因此合并局部 E-R 图的关键就是合理消除各局部 E-R 图中的冲突。

E-R 图中的冲突有如下 3 种。

■ **属性冲突**

属性冲突又分为属性值域冲突和属性的取值单位冲突。

- 属性值域冲突，即属性值的类型、取值范围或取值集合不同。如学号，有些部门将其定义为数值型，而有些部门将其定义为字符型。又如年龄，有的可能用出生年月表示，有的则用整数表示。
- 属性的取值单位冲突，如零件的重量，有的以公斤为单位，有的以斤为单位，有的则以克为单位。

属性冲突属于用户业务上的约定，必须与用户协商后解决。

■ **命名冲突**

命名不一致可能发生在实体名、属性名或联系名之间，其中属性的命名冲突更为常见，一般表现为如下两种情况。

- 同名异义，即同一名字的对象在不同的部门中具有不同的意义。例如，“单位”在某些部门表示为人员所在的部门，而在某些部门可能表示物品的重量、长度等属性。
- 异名同义，即同一意义的对象在不同的部门中具有不同的名称。例如，对于“房间”这个名称，在教务管理部门中对应为教室，而在后勤管理部门对应为学生宿舍。

命名冲突的解决方法同属性冲突，需要与各部门协商、讨论后加以解决。

■ **结构冲突**

结构冲突主要体现为如下 3 种情况。

- 同一对象在不同应用中有不同的抽象，可能为实体，也可能为属性。例如，教师的职称在某一局部应用中被当作实体，而在另一局部应用中被当作属性。这类冲突在解决时，就是使同一对象在不同应用中具有相同的抽象，或把实体转换为属性，或把属性转换为实体。
- 同一实体在不同应用中属性组成不同，可能是属性个数或属性次序不同，解决办法是，合并后实体的属性组成为各局部 E-R 图中的同名实体属性的并集，然后再适当调整属性的次序。
- 同一联系在不同应用中呈现不同的类型。例如，E1 与 E2 在某一应用中可能是一对一联系，而在另一应用中可能是一对多或多对多联系，也可能是在 E1、E2、E3 三者之间有联系。这种情况应该根据应用的语义对实体联系的类型进行综合或调整。

下面以教务管理系统中的两个局部 E-R 图为例，来说明如何消除各局部 E-R 图之间的冲突，进行局部 E-R 模型的合并，从而生成初步 E-R 图。

首先，这两个局部 E-R 图中存在着命名冲突，学生选课局部 E-R 图中的实体“系”与教师任课局部 E-R 图中的实体“单位”，都是指“系”，即所谓的异名同义，合并后统一改为“系”，这样属性“名称”和“单位”即可统一为“系名”。

其次，还存在着结构冲突，实体“系”和实体“课程”在两个不同应用中的属性组成不同，合并后这两个实体的属性组成为原来局部 E-R 图中的同名实体属性的并集。解决上述冲突后，合并两个局部 E-R 图，生成如图 1-35 所示的初步的全局 E-R 图。

4. 消除不必要的冗余，生成基本 E-R 图

所谓冗余，在这里指冗余的数据以及实体之间冗余的联系。冗余的数据是指可由基本的数据导出的数据，实体之间冗余的联系是指可由其他的联系导出的联系。在上面消除冲突合并后得到的初步 E-R 图中，可能存在冗余的数据或冗余的联系。冗余的存在容易破坏数据库的完整性，给数据库的维护增加困难，应该消除。把消除了冗余的初步 E-R 图称为“基本 E-R 图”。

通常采用分析的方法消除冗余。数据字典是分析冗余数据的依据，还可以通过数据流图分析出冗余的联系。

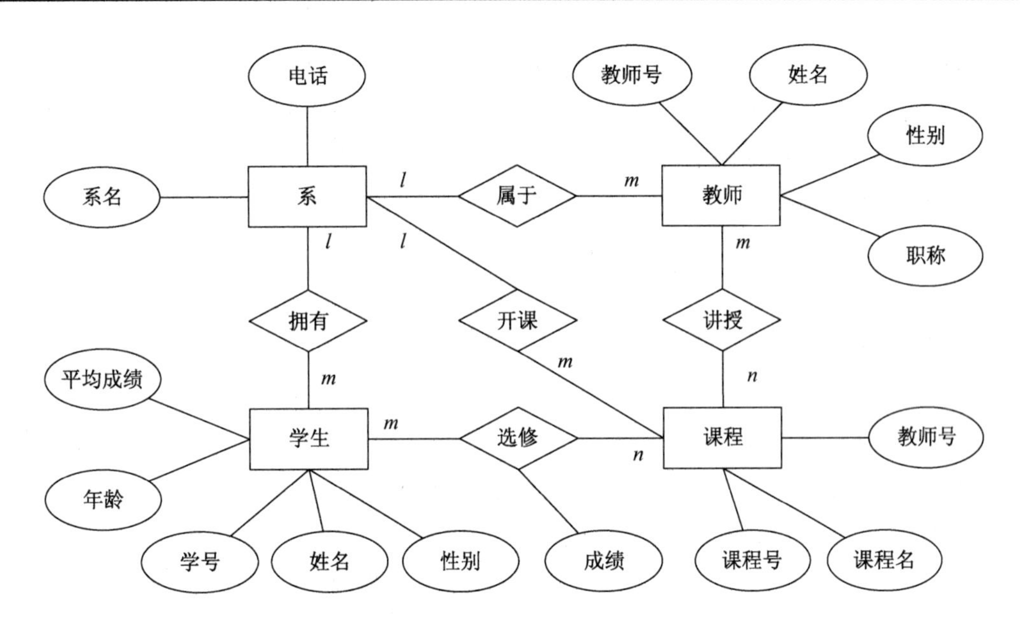

图 1–35　教务管理系统的初步 E-R 图

在如图 1-35 所示的初步 E-R 图中，“课程”实体中的属性“教师号”可由“讲授”这个教师与课程之间的联系导出，而学生的平均成绩可由“选修”联系中的属性“成绩”中计算出来，所以“课程”实体中的“教师号”与“学生”实体中的“平均成绩”均属于冗余数据。

另外，“系”和“课程”之间的联系“开课”，可以由“系”和“教师”之间的“属于”联系与“教师”和“课程”之间的“讲授”联系推导出来，所以“开课”属于冗余联系。

这样，图 1-35 的初步 E-R 图在消除冗余数据和冗余联系后，便可得到基本的 E-R 模型，如图 1-36 所示。

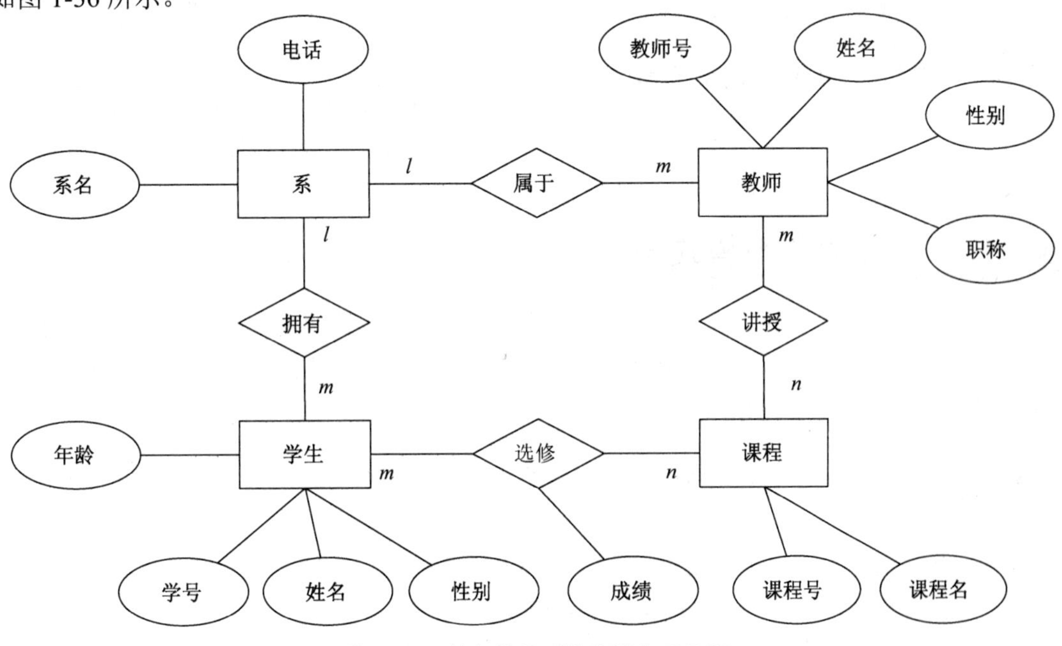

图 1–36　教务管理系统的基本 E-R 图

最终得到的基本 E-R 模型是企业的概念模型，它代表了用户的数据要求，是沟通“要求”和“设计”的桥梁。它决定数据库的总体逻辑结构，是成功建立数据库的关键，如果设计不好，就不能充分发挥数据库的功能，无法满足用户的处理要求。

因此，用户和数据库人员必须对这一模型反复讨论，在用户确认这一模型已正确无误地反映了他们的要求后，才进入下一阶段的设计工作。

1.7 逻辑结构设计

概念结构设计阶段得到的 E-R 模型是用户的模型，它独立于任何一种数据模型，独立于任何一个具体的 DBMS。为了建立用户所要求的数据库，需要把上述概念模型转换为某个具体的 DBMS 所支持的数据模型。数据库逻辑设计的任务是将概念结构转换成特定 DBMS 所支持的数据模型的过程。从此开始便进入了“实现设计”阶段，需要考虑到具体的 DBMS 的性能、具体的数据模型特点。

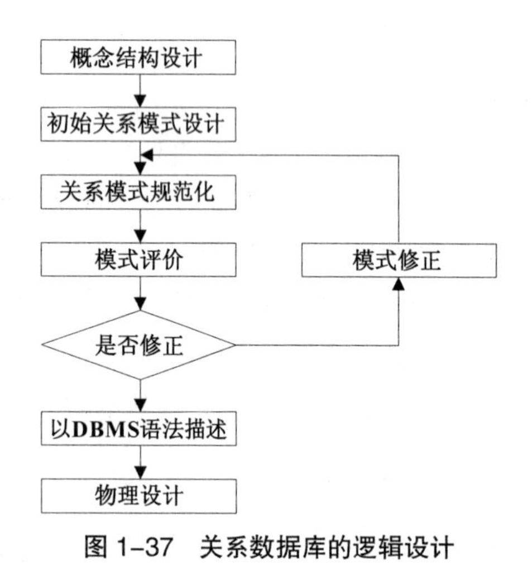

图 1–37　关系数据库的逻辑设计

从 E-R 图所表示的概念模型可以转换成任何一种具体的 DBMS 所支持的数据模型，如网状模型、层次模型和关系模型。这里只讨论关系数据库的逻辑设计问题，所以只介绍 E-R 图如何向关系模型进行转换。

一般的逻辑设计分为初始关系模式设计、关系模式规范化和模式的评价与改进 3 步，如图 1-37 所示。

1.7.1 初始关系模式设计

概念设计中得到的 E-R 图是由实体、属性和联系组成的，而关系数据库逻辑设计的结果是一组关系模式的集合。所以将 E-R 图转换为关系模型实际上就是将实体、属性和联系转换成关系模式。在转换中要遵循以下原则。

- 一个实体转换为一个关系模式，实体的属性就是关系的属性，实体的键就是关系的键。
- 一个联系转换为一个关系模式，与该联系相连的各实体的键以及联系的属性均转换为该关系的属性。该关系的键有 3 种情况。
  - 如果联系为 1:1，则每个实体的键都是关系的候选键；

- 如果联系为 1:n，则 n 端实体的键是关系的键；
- 如果联系为 n:m，则各实体键的组合是关系的键。

具体的做法如下所示。

1）把每一个实体转换为一个关系

首先分析各实体的属性，从而确定其主键，然后分别用关系模式表示。

例如，以图 1-36 的 E-R 模型为例，4 个实体分别转换成 4 个关系模式。

- 学生(学号,姓名,性别,年龄)
- 课程(课程号,课程名)
- 教师(教师号,姓名,性别,职称)
- 系(系名,电话)

其中，有下画线者表示是主键。

2）把每一个联系转换为关系模式

由联系转换得到的关系模式的属性集中，包含两个发生联系的实体中的主键以及联系本身的属性，其关系键的确定与联系的类型有关。

例如，还以图 1-36 的 E-R 模型为例，4 个联系也分别转换成 4 个关系模式。

- 属于(教师号,系名)
- 讲授(教师号,课程号)
- 选修(学号,课程号,成绩)
- 拥有(系名,学号)

3）特殊情况的处理

3 个或 3 个以上实体间的一个多元联系在转换为一个关系模式时，与该多元联系相连的各实体的主键及联系本身的属性均转换成为关系的属性，转换后所得到的关系的主键为各实体键的组合。

例如，图 1-38 表示供应商、项目和零件 3 个实体之间的多对多联系，如果已知三个实体的主键分别为“供应商号”、“项目号”与“零件号”，则它们之间的联系“供应”可转换为关系模式，其中供应商号、项目号、零件号为此关系的组合关系键。其关系模式如下所示。

供应(供应商号,项目号,零件号,数量)。

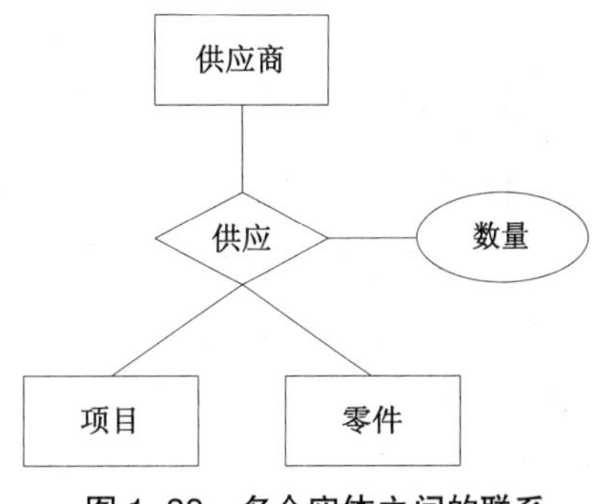

图 1-38　多个实体之间的联系

1.7.2 数据模型优化的方法

应用规范化理论对上述产生的关系的逻辑模式进行初步优化，以减少乃至消除关系模式中存在的各种异常，改善完整性、一致性和存储效率。

规范化理论是数据库逻辑设计的指南和工具，规范化过程可分为两个步骤：确定范式级别，实施规范化处理。

■ **确定范式级别**

考查关系模式的函数依赖关系，确定范式等级，逐一分析各关系模式，考查是否存在部分函数依赖、传递函数依赖等，确定它们分别属于第几范式。

■ **实施规范化处理**

确定范式级别后，利用规范化理论，逐一考查各个关系模式，根据应用要求，判断它们是否满足规范要求，可用已经介绍过的规范化方法和理论将关系模式规范化。

综合以上数据库的设计过程，规范化理论在数据库设计中有如下几方面的应用。

- 在需求分析阶段，用数据依赖概念分析和表示各个数据项之间的联系。
- 在概念结构设计阶段，以规范化理论为指导，确定关系键，消除初步 E-R 图中冗余的联系。
- 在逻辑结构设计阶段，从 E-R 图向数据模型转换的过程中，用模式合并与分解方法达到规范化级别。

1.7.3 模式评价与改进

■ **模式评价**

关系模式的规范化不是目的而是手段，数据库设计的目的是最终满足应用需求。因此，为了进一步提高数据库应用系统的性能，还应该对规范化后产生的关系模式进行评价、改进，经过反复多次的尝试和比较，最后得到优化的关系模式。

模式评价的目的是检查所设计的数据库模式是否满足用户的功能要求、效率，确定加以改进的部分。模式评价包括功能评价和性能评价。

■ **功能评价**

功能评价指对照需求分析的结果，检查规范化后的关系模式集合是否支持用户所有的应用要求。关系模式必须包括用户可能访问的所有属性。在涉及多个关系模式的应用中，应确保连接后不丢失信息，如果发现有的应用不被支持，或不完全被支持，则应该改进关系模式。发生这种问题的原因可能是在逻辑设计阶段，也可能是在需求分析或概念设计阶段。是哪个阶段的问题就返回到哪个阶段去，因此有可能对前两个阶段再进行评审，解决存在的问题。

在功能评价的过程中，可能会发现冗余的关系模式或属性，这时应对它们加以区分，搞清楚它们是为未来发展预留的，还是由某种错误造成的，如名字混淆，如果属于错误处置，进行改正即可，而如果这种冗余来源于前两个设计阶段，则也要返回重新进行评审。

■ **性能评价**

对于目前得到的数据库模式，由于缺乏物理设计所提供的数量测量标准和相应的评价手段，所以性能评价是比较困难的，只能对实际性能进行估计，包括逻辑记录的存取数、传送量以及物理设计算法的模型等。

美国密执安大学的 T.Teorey 和 J.Fry 于 1980 年提出的逻辑记录访问（Logical Record Access，LRA）方法是一种常用的模式性能评价方法。LRA 方法对网状模型和层次模型较为实用，对于关系模型的查询也能起一定的估算作用。

有关 LRA 方法本书不详细介绍，读者可以参考有关书籍。

根据模式评价的结果，对已生成的模式进行改进。如果因为需求分析、概念设计的疏漏导致某些应用不能得到支持，则应该增加新的关系模式或属性；如果因为性能考虑而要求改进，则可采用合并或分解的方法。

■ **合并**

如果有若干个关系模式具有相同的主键，并且对这些关系模式的处理主要是查询操作，而且经常是多关系的查询，那么可对这些关系模式按照组合使用频率进行合并。

这样便可以减少连接操作而提高查询效率。

■ **分解**

为了提高数据操作的效率和存储空间的利用率，最常用和最重要的模式优化方法就是分解，根据应用的不同要求，可以对关系模式进行垂直分解和水平分解。

- 水平分解

  水平分解是把关系的元组分为若干子集合，定义每个子集合为一个子关系。对于经常进行大量数据的分类条件查询的关系，可进行水平分解，这样可以减少应用系统每次查询需要访问的记录数，从而提高了查询性能。

- 垂直分解

  垂直分解是把关系模式的属性分解为若干子集合，形成若干子关系模式。垂直分解的原则是把经常一起使用的属性分解出来，形成一个子关系模式。这样，便减少了查询的数据传递量，提高了查询速度。

垂直分解可以提高某些事务的效率，但也有可能使另一些事务不得不执行连接操作，从而降低了效率。因此是否要进行垂直分解要看分解后的所有事务的总效率是否得到了提高。垂直分解要保证分解后的关系具有无损连接性和函数依赖保持性。

经过多次的模式评价和模式改进之后，最终的数据库模式得以确定。逻辑设计阶段的结果是全局逻辑数据库结构。对于关系数据库系统来说，就是一组符合一定规范的关系模式组成的关系数据库模型。

数据库系统的数据物理独立性特点消除了由于物理存储改变而引起的对应程序的修改。标准的 DBMS 例行程序应适用于所有的访问，查询和更新事务的优化应当在系统软件一级上实现。这样，逻辑数据库确定之后，就可以开始进行应用程序设计了。

注意 数据库最终要存储在物理设备上，对于给定的逻辑数据模型，选取一个最合适应用环境的物理结构的过程称为“数据库物理设计”，物理设计的任务是为了有效地实现逻辑模式，由于不同数据库之间有一定的差异性，本书不对数据库的物理设计再进行介绍，读者可以查询相关资料加以了解。

小结

通过本章的学习，学生应该能够学会：

- 数据库管理技术经过了人工管理阶段、文件系统阶段和数据库系统阶段和高级数据库系统阶段。
- 数据模型通常由数据结构、数据操作和完整性约束 3 部分组成。
- 数据模型是数据库系统的核心和基础，最常见的数据模型包括层次模型、网状模型、关系模型和面向对象模型。
- 概念模型用于信息世界的建模，E-R 模型是这类模型的典型代表，E-R 方法简单、清晰，应用很广泛。
- 关系数据库系统是当前使用最广泛的数据库系统。
- 关系模型是由关系数据结构、关系操作集合和关系完整性约束 3 部分组成的。
- 关系模型中常用的关系操作包括：查询操作、增加操作、删除操作和修改操作。
- 关系模型允许定义实体完整性、参照完整性和用户自定义完整性 3 类完整性约束。
- 关系数据库中关系模式是型，关系是值。
- 每一个分量必须是不可分的数据项，满足这个条件的关系模式属于第一范式（1NF)。
- 每个非主属性都完全函数依赖于 *R* 的每个关系键，则称 *R* 属于第二范式（2NF)。
- 每个非主属性都不传递依赖于 *R* 的每个关系键，则称 *R* 属于第三范式（3NF)。
- 规范化的基本思想是逐步消除数据依赖中不合适的部分，使模式中的各关系模式达到某种程度的“分离”，即“一事一地”的模式设计原则。
- 基于 E-R 模型、3NF 和视图的数据库设计方法。
- 数据库设计中需求分析的实施方法及过程。
- 数据流图和数据字典的编写方法。
- 概念结构设计的定义、方法及步骤。
- E-R 图的设计方法。
- 逻辑结构及物理结构的设计及各种评估、优化方法。

练习

1. 与人工管理阶段和文件系统阶段相比，以下哪个不是数据库系统的特点________。

A. 数据结构化　　B. 数据完整性
C. 数据冗余度高　　D. 数据的安全性

2. 以下哪个不是数据模型的组成三要素________。
A. 数据结构　　B. 数据约束
C. 数据操作　　D. 数据定义

3. 设学生关系模式为：学生(学号,姓名,年龄,性别,成绩,专业)，则该关系模式的主键是_____。
A. 姓名　　B. 学号，姓名
C. 学号　　D. 学号，姓名，年龄

4. 设关系模式 $R(U,F)$，U 为 R 的属性集合，F 为 U 上的一种函数依赖，则对 $R(U,F)$ 而言，如果 $X \rightarrow Y$ 为 F 所蕴涵，且 $Z \subseteq U$，则 $XZ \rightarrow YZ$ 为 F 所蕴涵。这是函数依赖的_____。
A. 传递律　　B. 合并规则
C. 自反律　　D. 增广律

5. 设一关系模式是：运货路径(顾客姓名,顾客地址,商品名,供应商姓名,供应商地址)，则该关系模式的主键是_____。
A. 顾客姓名，供应商姓名　　B. 顾客姓名，商品名
C. 顾客姓名，商品名，供应商姓名　　D. 顾客姓名，顾客地址，商品名

6. 设有关系模式 $R(U,F)$，U 是 R 的属性集合，X、Y 是 U 的子集，则多值函数依赖的传递律为_____。
A. IFX→Y，ANDY→Z，THENX→Z
B. IFX→→Y，Y→→Z，THENX→→（$Z-Y$）
C. IFX→→Y，THENX→→（$U-Y-X$）
D. IFX→→Y，$V \subseteq W$，THENWX→→VY

7. 下列有关范式的叙述中正确的是_____。
A. 如果关系模式 $R \in$ 1NF，且 R 中主属性完全函数依赖于主键，则 R 是 2NF
B. 如果关系模式 $R \in$ 3NF，X、$Y \subseteq U$，若 $X \rightarrow Y$，则 R 是 BCNF
C. 如果关系模式 $R \in$ BCNF，若 X→→Y(YNOTINX)是平凡的多值依赖，则 R 是 4NF
D. 一个关系模式如果属于 4NF，则一定属于 BCNF；反之不成立

8. 关系模式学生(学号,课程号,名次)，若每一个学生每门课程有一定的名次，每门课程每一名次只有一个学生，则以下叙述中错误的是_____。
A. (学号,课程号)和(课程号,名次)都可以作为候选键
B. 只有(学号,课程号)能作为候选键
C. 关系模式属于第三范式
D. 关系模式属于 BCNF

9. 下列叙述中正确的是_____。

A. 若 $A\to\to Y$，其中 $Z=U-X-Y=\Phi$，则称 $X\to\to Y$ 为非平凡的多值依赖

B. 若 $X\to\to Y$，其中 $Z=U-X-Y=\Phi$，则称 $X\to\to Y$ 为平凡的多值依赖

C. 对于函数依赖 $A_1,A_2,\cdots,A_n\to B$ 来说，如果 B 是 A 中的某一个，则称为非平凡函数依赖

D. 对于函数依赖 $A_1,A_2,\cdots,A_n\to B$ 来说，如果 B 是 A 中的某一个，则称为平凡函数依赖

10. 能消除多值依赖引起的冗余的是_____。

A. 2NF　　B. 3NF　　C. 4NF　　D. BCNF

11. 下列叙述中正确的是_____。

A. 第三范式不能保持多值依赖

B. 第四范式肯定能保持多值依赖

C. BC 范式可能保持函数依赖

D. 第四范式不能保持函数依赖

12. 关系数据库设计理论中，起核心作用的是_____。

A. 范式　　B. 模式设计　　C. 数据依赖　　D. 数据完整性

13. E-R 方法的三要素是_____。

A. 实体、属性、实体集

B. 实体、键、联系

C. 实体、属性、联系

D. 实体、域、候选键

14. 如果采用关系数据库实现应用，在数据库的逻辑设计阶段需将_____转换为关系数据模型。

A. E-R 模型　　B. 层次模型　　C. 关系模型　　D. 网状模型

15. 在数据库设计的需求分析阶段，业务流程一般采用_____表示。

A. E-R 模型　　B. 数据流图　　C. 程序结构图　　D. 程序框图

16. 在数据库设计中，E-R 模型是进行_____的一个主要工具。

A. 需求分析　　B. 概念设计　　C. 逻辑设计　　D. 物理设计

17. 在数据库设计中，学生的学号在某一局部应用中被定义为字符型，而另一局部应用中被定义为整型，那么被称之为_____冲突。

A. 属性冲突　　B. 命名冲突　　C. 联系冲突　　D. 结构冲突

18. 试述数据、数据库、数据库管理系统、数据库系统的概念。

19. 定义并解释概念模型中以下术语：

实体、属性、码、实体联系图（E-R 图）。

20. 试给出一个实际部门的 E-R 图，要求有 3 个实体型，而且 3 个实体型之间有多对多联系。3 个实体型之间的多对多联系和 3 个实体型两两之间的 3 个多对多联系等价吗？为什么？

21. 学校中有若干系，每个系有若干班级和考研室，每个考研室有若干教员，其中有的教授和副教授每人各带若干研究生，每个班有若干学生，每个学生选修若干课程，每门课程可由若干学生选修。请用 E-R 图画出此学校的概念模型。

22. 设有一个 SPJ 数据库，包括 *S*、*P*、*J*、SPJ 4 个关系模式。

1） *S*(SNO,SNAME,STATUS,CITY)；

2） *P*(PNO,PNAME,COLOR,WEIGHT)；

3） *J*(JNO,JNAME,CITY)；

4） SPJ(SNO,PNO,JNO,QTY)。

其中各张表的数据结构如下所示。

- 供应商表（*S*）：由供应商代码（SNO）、供应商姓名（SNAME）、供应商状态（STATUS）、供应商所在城市（CITY）组成；
- 零件表（*P*）：由零件代码（PNO）、零件名（PNAME）、颜色（COLOR）、重量（WEIGHT）组成；
- 工程项目表（*J*）：由工程项目代码（JNO）、工程项目名（JNAME）、工程项目所在城市（CITY）组成；
- 供应情况表（SPJ）：由供应商代码（SNO）、零件代码（PNO）、工程项目代码（JNO）、供应数量（QTY）组成，表示某供应商供应某种零件给某工程项目的数量为 QTY。

今有若干数据如下。

S 表

SNO	SNAME	STATUS	CITY
S1	精益	20	天津
S2	盛锡	10	北京
S3	东方红	30	北京
S4	丰泰盛	20	天津
S5	为民	30	上海

P 表

PNO	PNAME	COLOR	WEIGHT
P1	螺母	红	12
P2	螺栓	绿	17
P3	螺丝刀	蓝	14
P4	螺丝刀	红	14
P5	凸轮	蓝	40
P6	齿轮	红	30

J表

JNO	JNAME	CITY
J1	三建	北京
J2	一汽	长春
J3	弹簧厂	天津
J4	造船厂	天津
J5	机车厂	唐山
J6	无线电厂	常州
J7	半导体厂	南京

SPJ 表

SNO	PNO	JNO	QTY
S1	P1	J1	200
S1	P1	J3	100
S1	P1	J4	700
S1	P2	J2	100
S2	P3	J1	400
S2	P3	J2	200
S2	P3	J4	500
S2	P3	J5	400
S2	P5	J1	400
S2	P5	J2	100
S3	P1	J1	200
S3	P3	J1	200
S4	P5	J1	100
S4	P6	J3	300
S4	P6	J4	200
S5	P2	J4	100
S5	P3	J1	200
S5	P6	J2	200
S5	P6	J4	500

试用关系代数完成如下查询。

1） 求供应工程 J1 零件的供应商号码 SNO；
2） 求供应工程 J1 零件 P1 的供应商号码 SNO；
3） 求供应工程 J1 零件为红色的供应商号码 SNO；
4） 求没有使用天津供应商生产的红色零件的工程号 JNO；
5） 求至少用了供应商 S1 所供应的全部零件的工程号 JNO。

23. 建立一个关于系、学生、班级、学会等诸信息的关系数据库。其中描述：

- 学生的属性有：学号、姓名、出生年月、系名、班号、宿舍号
- 班级的属性有：班号、专业名、系名、人数、入校年份

- 系的属性有：系名、系号、系办公地点、人数
- 学会的属性有：学会名、成立年份、地点、人数

有关语义如下：一个系有若干专业，每个专业每年只招一个班，每个班有若干学生。一个系的学生住在同一个宿舍区。每个学生可参加若干学会，每个学会有若干学生。学生参加某学会有一个入会年份。

请给出关系模式，写出每个关系模式的极小函数依赖集，指出是否存在传递依赖，对于函数依赖左部是多余属性的情况讨论函数依赖是完全函数依赖，还是部分函数依赖。

指出各关系模式的候选码、外部码，有没有全码存在？

第 2 章　Oracle 数据库

本章目标

- 了解 Oracle 数据库的几个强大特性
- 了解 Oracle 产品的发展史
- 掌握 Oracle 数据库的 3 种应用结构
- 掌握 Oracle 体系结构的各个组成部分
- 掌握 Oracle 实例与数据库的概念
- 了解 Oracle 物理存储结构的组成部分
- 了解 Oracle 逻辑存储结构的组成部分
- 掌握 Oracle 实例与数据库的关系
- 了解 Oracle 的内存结构、SGA 和 PGA 的基本概念
- 了解 Oracle 进程的概念，并熟悉常见的 Oracle 后台进程

学习导航

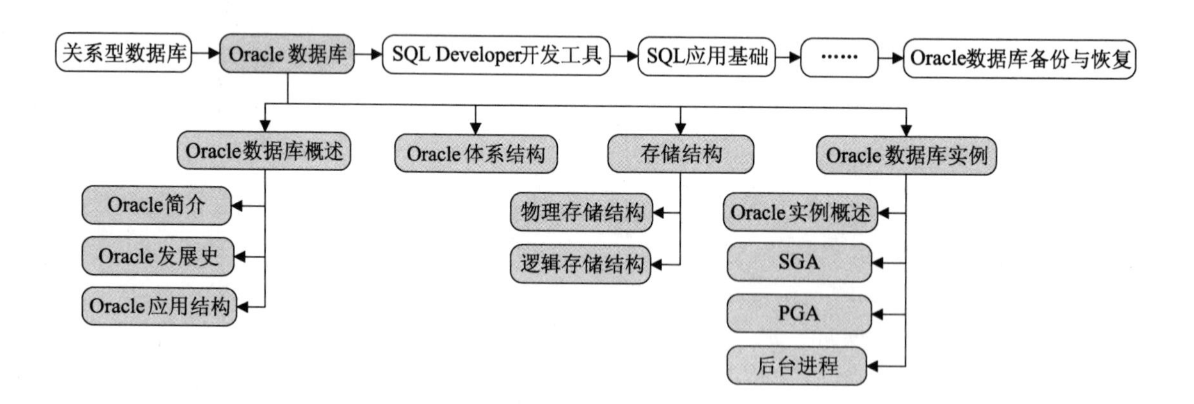

任务描述

介绍 Oracle 数据库。

2.1 Oracle 数据库概述

Oracle 数据库是当前应用最广泛的大型关系型数据库管理系统，据统计，Oracle 在全球数据库市场上的占有率超过三分之一，多年来持续性地雄踞全球数据库市场霸主地位。本节将简要介绍 Oracle 数据库、Oracle 的发展史以及应用结构，通过本节的学习，读者可以了解 Oracle 数据库产品的特性及应用。

2.1.1 Oracle 数据库简介

Oracle 简称“甲骨文”，是仅次于微软公司的世界第二大软件公司，该公司成立于 1979 年，是加利福尼亚州的第一家在世界上推出以关系型数据管理系统（RDBMS）为中心的软件公司，如图 2-1 所示是 Oracle 公司的标识。

图 2-1　Oracle Logo

Oracle 不仅在全球最先推出了 RDBMS，并且事实上掌握着这个市场的大部分份额。现在，他们的 RDBMS 被广泛应用于各种操作环境：Windows NT、基于 UNIX 系统的小型机、IBM 大型机以及一些专用硬件操作系统平台。事实上，Oracle 已经成为世界上最大的 RDBMS 供应商，并且是世界上最主要的信息处理软件供应商。由于 Oracle 公司的 RDBMS 都以 Oracle 为名，所以在某种程度上 Oracle 已经成为 RDBMS 的代名词。

Oracle 数据库管理系统是一个以关系型和面向对象为中心管理数据的数据库管理软件系统，其在管理信息系统、企业数据处理、互联网及电子商务等领域有着非常广泛的应用。因其在数据安全性与数据完整性控制方面的优越性能，以及跨操作系统、跨硬件平台的数据互操作能力，使得越来越多的用户将 Oracle 作为其应用数据的处理系统。

Oracle 数据库是基于“客户端/服务器”模式结构。客户端应用程序执行与用户进行交互的活动。其接收用户信息，并向“服务器端”发送请求。服务器系统负责管理数据信息和各种操作数据的活动。

Oracle 数据库有如下几个强大的特性。

- 支持多用户、大事务量的事务处理。Oracle 数据库是一个大容量、多用户的数据库系统，可以同时支持 20000 个用户同时访问，支持数据量达百吉字节的应用。
- 数据安全性和完整性的有效控制。Oracle 通过权限设置可以限制用户对数据库的访问，通过用户管理、权限管理可以限制用户对数据的存取，通过数据库审计、追踪等方法可以监控数据库的使用情况。
- 支持分布式数据处理。Oracle 支持分布式数据处理，允许利用计算机网络系统将不同区域的数据库服务器连接起来，实现软件、硬件、数据等资源共享，实现数据的统一管理与控制。

■ 可移植性、可兼容性和可连接性。Oracle 产品可运行于很宽范围的硬件与操作系统平台上，可以安装在 70 种以上不同的大、中、小型机上，可以在 VMS、DOS、UNIX、Windows 等多种操作系统下工作。Oracle 应用软件从一个平台移植到另一个平台时，不需要修改或只修改少量的代码。Oracle 产品采用标准 SQL，并经过美国国家标准技术所的测试，能与多种通信网络相连，支持各种网络协议（如 TCP/IP、LU6.2 等）。

2.1.2　Oracle 发展史

从 1979 年 Oracle 数据库产品 Oracle2 的发布，到今天 Oracle 11G 的推出，Oracle 功能不断完善和发展，性能不断提高，其安全性、稳定性也日益完善，下面简要介绍 Oracle 版本发展的历程。

1） 1977 年 6 月，拉里•埃里森（Larry Ellison）、Bob Miner 和 Ed Oates 在硅谷共同创办了一家名为"软件开发实验室"（Software Development Laboratories，SDL）的计算机公司。Oates 最先看到了埃德加 • 考特（Edgar Frank Codd）的著名论文《大型共享数据库数据的关系模型》（A Relational Model of Data for Large Shared Data Banks）及其他几篇相关的文章并推荐给 Ellison 和 Miner 阅读。Ellison 和 Miner 预见到数据库软件的巨大潜力，于是 SDL 开始策划构建可商用的关系型数据库管理系统。根据 Ellison 和 Miner 在前一家公司从事的一个由中央情报局投资的项目代码，他们把这个产品命名为 Oracle。1979 年，SDL 更名为关系软件有限公司（Relational Software, Inc.，RSI）。1983 年，为了突出公司的核心产品，RSI 再次更名为 Oracle。Oracle 从此正式走入人们的视野。

2） 1979 年的夏季，RSI 发布了可用于 DEC 公司（Digital Equipment Corporation，美国数字设备公司）的 PDP-11 计算机上的商用 Oracle 产品。该数据库产品是世界上第一个基于 SQL 标准的关系型数据库系统，整合了比较完整的 SQL 实现，其中包括子查询、连接及其他特性。出于市场策略，公司宣称这是该产品的第 2 版，即"Oracle 2"，实际上却是第 1 版。但是，Oracle 2 的出现当时并没有引起太多的关注。

3） 1983 年 3 月，RSI 发布了 Oracle 3。由于该版本采用 C 语言开发，因此 Oracle 产品具有了可移植性，可以在小型机和大型机上运行。同样是 1983 年，IBM 发布了姗姗来迟的 DB2，但只可在 MVS 上使用。这时候，Oracle 已经在数据库市场占取了先机。

4） 1984 年 10 月，Oracle 公司发布了 Oracle 4。这一版产品的稳定性得到了一定的增强，可以说达到了"工业强度"。同时该版增加了"读取一致性"（Read Consistency），确保用户在查询期间看到一致的数据。

5） 1985 年，Oracle 公司发布了 Oracle 5。这是第一个可以在 Client/Server（客户端/服务器）模式下运行的 RDBMS 产品。这意味着运行在客户机上的应用程序能够通过网络来访问数据库服务器。1986 年发布的 Oracle 5.1 版本还支持分布式查询，允许通过一次性查询访问存储在多个位置上的数据。

6）1988 年，Oracle 公司发布了 Oracle 6。该版本引入了“行级锁”（Row-Level Locking）这个重要的特性，即执行写入的事务处理只锁定受影响的行而不是整个表。该版本还引入了当时算不上完善的 PL/SQL（Procedural Language Extension to SQL）语言。除此之外，Oracle 6 还引入了联机热备份功能，使数据库能够在使用过程中创建联机的备份，这极大地增强了可用性。

7）1992 年，Oracle 公司发布了基于 UNIX 版本的 Oracle 7，从此 Oracle 正式向 UNIX 进军。Oracle 7 采用“多线程服务器体系结构”MTS（Multi-Threaded Server），可以支持更多的用户并发访问，数据库性能显著提高，同时该版本增加了许多新的性能特性：分布式事务处理功能、增强的管理功能、用于应用程序开发的新工具以及安全性方法。Oracle 7 版是 Oracle 公司真正出色的产品，并取得了巨大的成功。

8）1997 年 6 月，Oracle 公司发布了基于 Java 的 Oracle 8。Oracle 8 全面支持面向对象的开发及新的多媒体应用，该版本也为支持 Internet、网络计算等奠定了基础。同时从 Oracle 8 这一版本开始具有同时处理大量用户和海量数据的特性。

9）1998 年 9 月，Oracle 公司正式发布 Oracle 8i。“i”代表 Internet，这一版本中添加了大量为支持 Internet 而设计的特性，为数据库用户提供了全方位的 Java 支持。Oracle 8i 成为第一个完全整合了本地 Java 运行时环境的数据库，用 Java 就可以编写 Oracle 的存储过程。此外，Oracle 8i 极大地提高了伸缩性、扩展性和可用性，以满足网络应用需要。

10）2001 年 6 月，Oracle 公司发布了 Oracle 9i。在 Oracle 9i 的诸多新特性中，最重要的就是“实时应用集群”RAC（Real Application Clusters）。对于 Oracle 集群服务器，早在 Oracle 第 5 版就开始开发 Oracle 并行服务器（Oracle Parallel Server ，OPS），并在以后的版本中逐渐地完善了其功能。不过，严格来说，尽管 OPS 算得上是个集群环境，但是并没有体现出集群技术应有的优点。

11）2003 年 9 月 8 日，在旧金山举办的 Oracle World 大会上，Ellison 宣布下一代数据库产品为“Oracle 10g”。Oracle 应用服务器 10g 也将作为甲骨文公司下一代应用基础架构软件集成套件，“g”代表“grid 网格”。2004 年 2 月，Oracle 10g 正式发布，该版本最大的特性就是加入了网格计算功能。网格计算帮助客户利用刀片服务器集群和机架安装式存储设备等廉价的标准化组件，迅速而廉价地建立大型计算能力。Oracle 10g 数据库产品的高性能、可靠性得到市场的广泛认可，已经成为大型企业、中小型企业和部门的最佳选择。

12）2007 年 7 月 11 日，Oracle 11g 正式发布，功能上大大加强。11g 是甲骨文公司 30 年来发布的最重要的数据库版本，根据用户的需求实现了“信息生命周期管理”（Information Lifecycle Management）等多项创新，大幅提高了系统性能安全性，全新的 Data Guard 最大化了可用性，利用全新的高级数据压缩技术降低了数据存储的

支出，明显缩短了应用程序测试环境部署及分析测试结果所花费的时间，增加了 RFID Tag、DICOM 医学图像、3D 空间等重要数据类型的支持，加强了对 Binary XML 的支持和性能优化。

最近两年，Oracle 先后又收购了 People soft（$103 亿），BEA（$80 多亿）等公司。通过收购，实力大增。

2.1.3　Oracle 数据库的应用结构

随着网络技术的发展，Oracle 数据库在各个领域得到了广泛的应用。基于 Oracle 数据库的应用系统结构主要分为以下几种。

1. 客户端/服务器结构

基于客户端/服务器系统（Client/Server，C/S）架构的 Oracle 系统是 Oracle 应用的常见形式。该结构是两层结构，如图 2-2 所示。

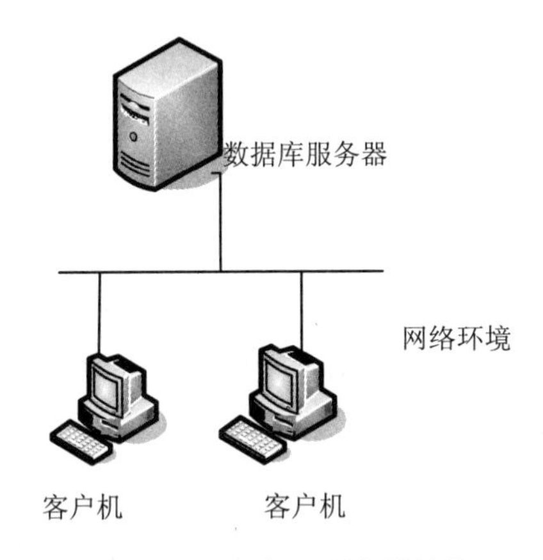

图 2-2　客户端/服务器结构

在 C/S 结构中，需要在客户端安装 SQL*Net 软件，通过网络连接访问后台数据库服务器。用户信息的输入、逻辑的处理和结果的返回都在客户端完成，后台数据库服务器接收客户端对数据库的操作请求并执行。

C/S 结构具有以下优点。

- 可以选用不同的操作系统，可伸缩性好；
- 应用与服务分离可以减轻数据库服务器的负担，安全结构较好，便于远程管理，只要有通信网络，包括局域网和广域网，都可以访问数据库；
- 服务器和客户机可以选用不同的硬件平台，从而降低了使用成本。

2. 浏览器/服务器结构

浏览器/服务器（Browser/Server，B/S）结构是 3 层结构，该结构是目前 Web 系统开发中常见的形式，如图 2-3 所示。在 B/S 结构中，客户端只需安装浏览器即可，不需要安装具体的应用程序；中间的 Web 服务器层是连接前端客户机与后台数据库服务器的桥梁，所有数据计算和应用逻辑都在该层实现。用户通过浏览器输入请求，传到 Web 服务器进行处理。如需要，Web 服务器与数据库服务器进行交互，再将结果返回给用户。

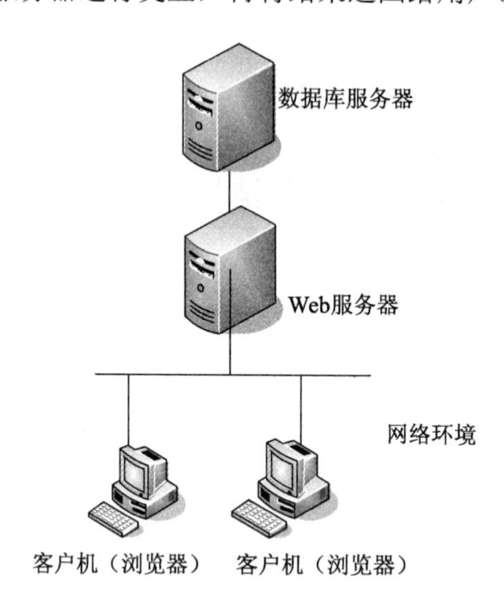

图 2-3　浏览器/服务器结构

B/S 结构具有以下特点。

- 通过 Web 服务器处理应用程序逻辑，方便了应用程序的维护和升级；
- 通过增加 Web 服务器的数量可以增加支持客户机的数量；
- 由于增加了网络连接环节，所以降低了执行效率，同时也降低了系统安全性。

3. 分布式数据库系统结构

分布式数据库系统结构是客户机/服务器结构的一种特殊类型。例如，银行系统的分布式数据库系统，在逻辑上是整体，但在物理上分布在不同的计算机网络里，通过网络连接在一起。网络中的每个节点可以独立处理本地数据库服务器中的数据，执行局部应用；同时也可存取处理多个异地数据库服务器中的数据，执行全局应用。分布式数据库系统结构如图 2-4 所示。

在分布式数据库系统结构中，数据库之间是相对独立的，总体上又是完整的，数据库之间通过特定协议进行连接。因此异种网络之间也可以互联，操作系统和硬件平台可伸缩性好，可以执行对数据的分布式查询和处理，网络可扩展性好，局部自治与全局应用相统一。

综上所述，分布式数据库系统结构具有以下特点。

- 数据分布于计算机网络的不同数据库中，这些数据库在物理上相互独立，但是在逻辑上集中，是一个统一的整体；
- 可以数据共享，一个数据库用户既可以访问本地的数据库，也可以访问远程的数据库；
- 兼容性好，各个分散的数据库服务器的软件、硬件平台可以互不相同；

■ 网络扩展性好，可以实现异构网络的互联。

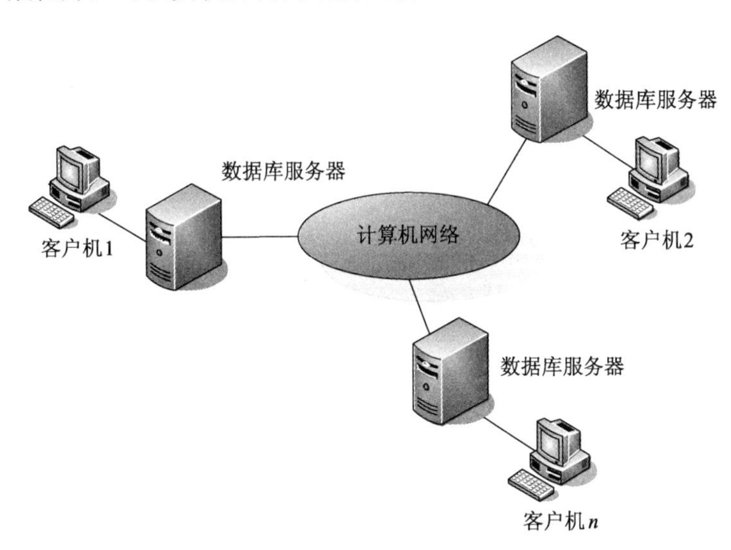

图 2-4 分布式数据库系统结构

2.2 Oracle 体系结构

Oracle 数据库体系结构是指组成 Oracle 系统的主要组成部分，以及这些组成部分之间的关系和组成部分的工作方式。虽然 Oracle 数据库版本不断升级，新功能不断增加，但 Oracle 数据库的体系结构基本保持不变。了解 Oracle 数据库的体系结构与运行机制，可以更好地进行 Oracle 数据库管理、维护，以及进行高效的 Oracle 数据库开发。

图 2-5 显示了 Oracle 数据内存结构、后台进程结构、存储结构之间的关系。从图中可以看出，用户的所有操作都是通过实例完成的，首先在内存结构中进行，在一定条件下由数据库的后台进程结构写入数据库的物理存储结构进行永久保存。

为了便于读者记忆，图 2-5 可分为 3 部分组成，左侧用户进程、服务器进程、PGA 可以看作客户端，上面的 Oracle 实例（Instance）和下面的数据库（Database）及参数文件（Parameter file）、用户口令文件（Password file）和归档日志文件（Archived log files）组成 Oracle Server，所以上述结构图可以理解成一个 C/S 架构。Oracle Server 由两个实体组成：实例与数据库。

Oracle 实例由内存结构和后台进程结构两部分组成。Oracle 数据库则由物理存储结构和逻辑存储结构组成，其中物理存储结构表现为操作系统的一系列文件，逻辑存储结构是对物理存储结构的逻辑组织与管理。

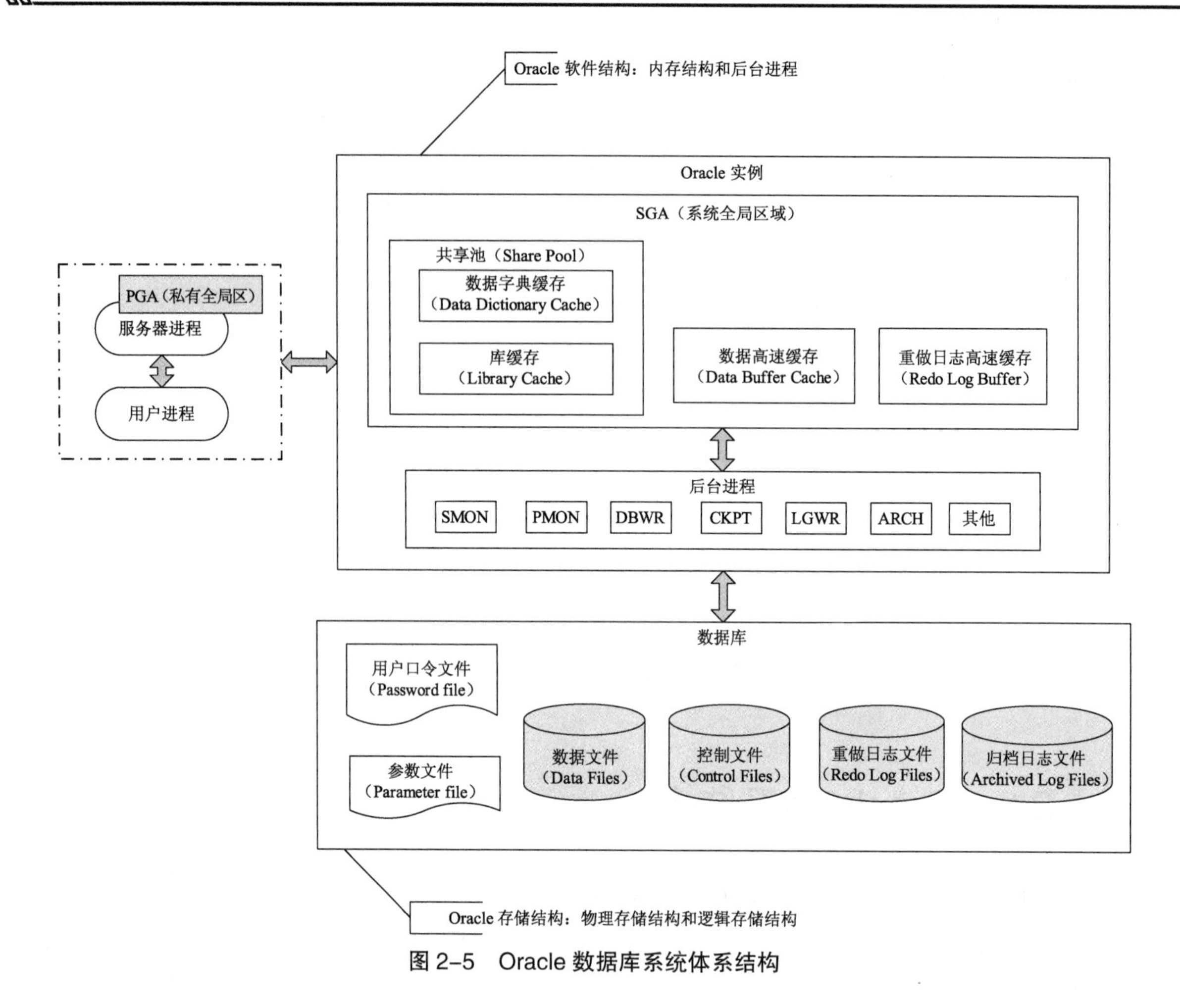

图 2-5　Oracle 数据库系统体系结构

2.3　Oracle 数据库存储结构

Oracle 数据库的存储结构分为物理存储结构和逻辑存储结构两种。物理存储结构主要用于描述 Oracle 数据库外部数据的存储，即在操作系统层面如何组织和管理数据，与具体的操作系统有关。逻辑存储结构主要描述 Oracle 数据库内部数据的组织和管理方式，即在数据库管理系统的层面中如何组织和管理数据，与操作系统无关。物理存储结构具体表现为一系列的操作系统文件，是可见的；逻辑存储结构是物理存储结构的抽象体现，是不可见的，不过可以通过查询数据库数据字典了解逻辑存储结构信息。

Oracle 数据库的物理存储结构与逻辑存储结构既相互独立又相互联系，如图 2-6 所示。

由图 2-6 可知 Oracle 物理存储结构与逻辑存储结构的基本关系有以下特点。

- 一个数据库在物理上包含多个数据文件，在逻辑上包含多个表空间；
- 一个表空间包含一个或多个数据文件，一个数据文件只能从属于某个表空间；
- 一个逻辑区只能从属于某一个数据文件，而一个数据文件可以包含一个或多个逻辑区。

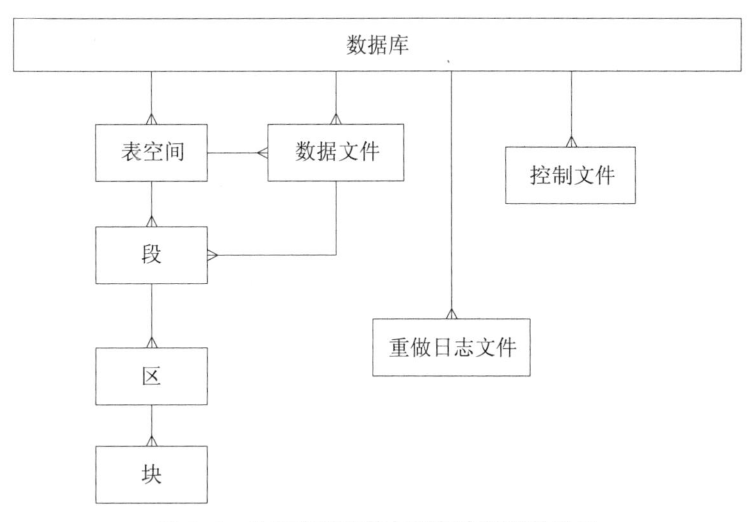

图 2–6　物理存储结构与逻辑存储结构关系

2.3.1　物理存储结构

物理存储结构由操作系统中实际的文件组成，管理员可以利用操作系统指令进行作业管理，因此物理存储结构是以操作系统管理的观点看 Oracle 数据库结构的。Oracle 存储结构的文件组成如图 2-7 所示。

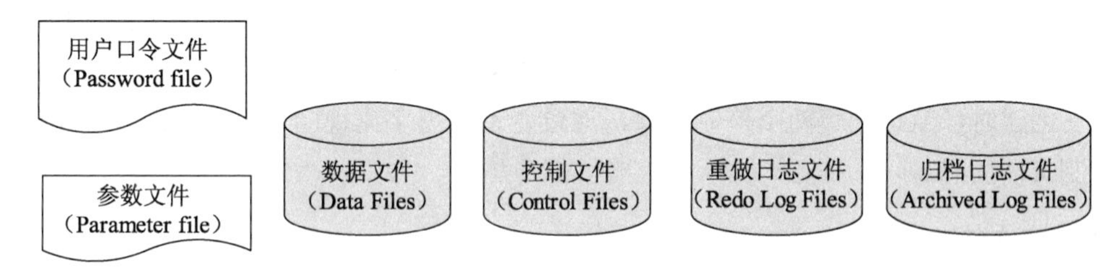

图 2–7　Oracle 物理存储结构

由上图可知，Oracle 物理存储结构的组成文件包括数据文件、控制文件、重做日志文件，归档日志文件、初始化参数文件、用户口令文件等。其中，每种文件都存储特定内容的信息，其数量也因文件类型不同而不同。

1.　数据文件

数据文件是 Oracle 数据库实际存储数据的地方，即数据表（Table）、索引（Index）等 Oracle 对象最终要存放到数据文件中，而每一个 Oracle 数据库都至少由一个以上的数据文件组合而成。所有数据文件大小的总和构成了数据库的大小。随着数据库中数据量的增加，通过增加数据库文件的数量或改变数据文件的大小，可以达到扩展数据库的目的。根据数据信息类型的不同，数据文件可分为永久性数据文件和临时性数据文件两种。永久性数据文件中的数据不会自动释放，而临时数据文件中的数据在特定的条件下会自动释放。

注意　每一个数据文件都必须隶属于某个表空间，但一个表空间可以由多个数据文件组合而成。关于表空间的讲解参见 2.3.2 节。

Oracle 11g 数据库创建时，会默认创建 5 个永久性数据文件和 1 个临时数据文件，可以通过查询数据字典 V$DATAFILE 和 V$TEMPFILE 获取数据文件信息。

2. 控制文件

每个 Oracle 数据库都必须有至少一个以上的控制文件，控制文件是记录数据库结构信息的重要二进制文件，该文件由 Oracle 系统进行读写操作，DBA 不能直接操作控制文件。

控制文件主要是用来存储数据库结构信息的，其内容大致如下。

- 数据库的名称和数据库编号；
- 数据库建立的时间；
- 数据文件名称与其在操作系统中的位置；
- 重做日志文件名称与其在操作系统中的位置；
- 表空间名称；
- 当前使用的重做日志的号码；
- 检查点信息；
- 备份相关信息。

数据库启动时，根据初始化参数文件中的 CONTROL_FILES 参数找到控制文件，然后根据控制文件的信息进行数据库数据文件和重做日志文件的加载，最后打开数据库。一个数据库至少需要一个控制文件，如果控制文件损坏，数据库将无法启动。因此为了保证控制文件的可用性，通常会采用多路复用的方式创建多个控制文件，以起到冗余的作用。Oracle 11g 数据库在创建时，默认创建两个控制文件，通过查询数据字典视图 V$CONTROLFILE 可以获取控制文件信息。

3. 重做日志文件

重做日志文件，又称“联机重做日志文件”，它以重做记录的形式记录、保存用户对数据库所进行的变更操作，是数据库中最重要的物理文件。重做日志文件的主要作用就是保持数据一致性，即对于当前端应用程序异常中断或是电源中断造成运行停止，或由不可预知的因素造成事务不完整的情况，都需要重做日志文件处理，以进行实例还原，让数据库丢失降到最低。

数据库中的重做日志文件采用循环写的方式进行工作，因此至少需要两个重做日志文件。在 Oracle 数据库中，为了防止由于重做日志文件损坏而导致数据库无法正常运行，通常采用重做日志文件组的方式进行管理。每个数据库至少包含两组重做日志文件，每组至少包含一个可用的重做日志文件成员，在同一组所有重做日志文件成员的内容完全相同。

Oracle 11g 数据库在创建时，会默认创建 3 个重做日志文件组，每组中包含一个重做日志文件成员，可以通过查询数据字典视图 V$LOG 和 V$LOGFILE 获取重做日志文件组信息以及重做日志文件成员的信息。

注意 利用重做日志文件可以进行事务的重做（REDO）或回退（UNDO），是数据库实例恢复的基础。利用归档重做日志文件、重做日志文件以及数据备份可以完全恢复数据库。

4. 归档重做日志文件

简而言之，归档重做日志文件是重做日志文件的延伸，是重做日志文件运行方式的循环使用。当最后一个重做日志文件被写满时，将会重做第一个重做日志文件，而归档重做日志文件就是将准备要被覆盖的重做日志文件复制到特定路径加以保存，这个动作就是归档。而被复制的重做日志文件被称为“归档日志文件”。

归档重做日志文件时数据库出现介质故障后实现数据库完全恢复的必要条件，只要从备份时刻起的所有归档日志保存完整，就可以利用备份、归档日志文件及重做日志文件将数据库恢复到备份之后的任意状态。

Oracle 11g 数据库在创建时，默认采用的是非归档模式，即不复制重做日志文件。

5. 初始化参数文件

当启动数据库时，Oracle 首先读取初始参数文件，先将 Oracle 实例所需要的内存结构构建出来，并启动相关的后台进程，同时，读取该数据库相关的参数信息，例如，数据库名称、控制文件路径、数据块大小等。Oracle 11g 数据库采用服务器初始化参数文件 SPFILE，是一个二进制文件。DBA 不能直接修改该文件，必须通过 ALTER SYSTEM 命令修改该文件中的参数位置。可以通过查看 SPFILE 参数，得到当前数据库初始化参数文件的位置与名称。

6. 用户口令文件

用户口令文件用于保存数据库中 SYSDBA 或 SYSOPER 系统权限的用户名及 SYS 用户口令的二进制文件。如果系统 DBA 认证方式采用口令文件认证，当 DBA 以 SYSDBA 或 SYSOPER 身份登录数据库时，系统首先到口令文件中查看当前用户信息是否存在，只用当用户存在并且口令正确时才可以登录数据库。

Oracle 数据库在创建时会默认创建一个口令文件，包含 SYS 用户及其口令信息，可以通过查看数据字典 V$PWFILE_USERS 获取口令文件中的用户信息。

7. 警告日志文件与跟踪文件

在服务器进程和后台进程运行过程中，对数据库所执行的指令产生错误与数据库本身运行发生任何重大事件都会写入警告日志文件内。其内容包含配置及删除数据表、重做日志与归档日志的运行情况，以及数据库的打开与关闭等相关信息，因此警告日志文件是每日维护的重要信息来源。跟踪文件可以分为后台进程跟踪文件与用户进程跟踪文件，这两种文件都记录 Session 中的错误信息。从 Oracle 11g 开始，Oracle 对于警告日志文件与跟踪文件的设置方式将采用 ADR（Automatic Diagnostic Repository，自动诊断存储库）文件目录架构，它主要用于存放诊断数据库情况的相关信息，所包含的范围相当广泛，除了一般数据库常用的警告日志文件与跟踪文件之外，还包含 Oracle 自动存储管理（Automated Storage Management ，ASM）、Oracle 集群软件（Cluster ware）等的相关信息。

2.3.2 逻辑存储结构

Oracle 的逻辑结构是从逻辑的角度来分析数据库构成的，也就是数据库创建后利用逻辑概念来描述 Oracle 数据库内部数据的组织和管理形式，因此在操作系统上看不到相关的“逻辑文件”，只有 2.3.1 节介绍的物理存储结构。数据库的逻辑存储结构概念存储在数据库的数据字典中，可以通过数据字典查询逻辑存储结构信息。

Oracle 数据库的逻辑存储结构可分为：数据块、区、段和表空间 4 种。它们之间的关系如图 2-8 所示。

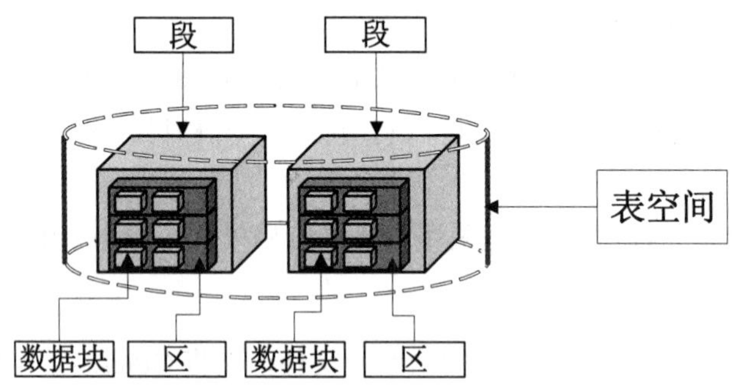

图 2-8　Oracle 逻辑存储结构

其中，Oracle 数据块是数据库中最小的 I/O 单元，由若干个连续的数据块组成的区是数据库中最小的存储分配单元，由若干个区形成的段是数据库对象的存储分配区域，由若干个段形成的表空间是最大的逻辑存储单元，所有表空间构成一个数据库。

1. 表空间

一个数据库由多个表空间组成，表空间是 Oracle 数据库最大的逻辑存储单元，数据库的大小从逻辑上看就是由表空间决定的，所有表空间的大小就是数据库的大小。在 Oracle 数据库中，存储结构管理主要就是通过表空间的管理来实现的。

表空间与数据文件直接关联，一个表空间包含一个或多个数据文件，一个数据文件只能从属于某一个表空间，使用这样的方式主要是管理方便，其特性如下。

- 用于容纳各种类型数据段的逻辑空间；
- 一个表空间只能允许被一个数据库拥有；
- 一个表空间拥有一个以上放置在不同磁盘文件上的数据文件，可以提高数据存取效率；
- 一个表空间包含一个以上数据段。

表空间根据存储类型不同，可以分为以下两种。

- 系统表空间：主要存放数据库的系统信息，如数据字典信息、数据库对象定义信息、数据库组件信息等。
- 非系统表空间：可以分为撤销表空间、临时表空间和用户表空间。其中，撤销表空间主要功能是提供、维持数据的读取一致性，数据的恢复作业以及闪回等功能，其

特性是存放撤销段的表空间，主要用于自动管理数据库的回退信息；临时表空间主要用于管理数据库的临时信息；用户表空间主要用于存储用户的业务数据。

Oracle 11g 数据库在创建时会自动创建 6 个表空间，如表 2-1 所示。

表 2-1　Oracle 11g 自动创建的表空间

名称	类型	描述
SYSTEM	系统表空间	存放数据字典、数据库对象定义，是每个 Oracle 数据库都必须具备的部分
SYSAUX	系统表空间	辅助系统表空间，存储数据库组件等信息
TEMP	临时表空间	存放临时数据
UNDOTBS	撤销表空间	用于存储、管理回退信息
USERS	用户表空间	用于存放用户业务数据信息
EXAMPLE	示例表空间	用于存放示例的数据库方案对象信息

2. 段

段是由一个或多个连续或不连续的区组成的逻辑存储单元，是表空间的组成单位。段用于存储表空间中某一种特定的、具有独立存储结构的数据库对象的数据。例如，当在表空间中创建表、索引等数据库对象时，系统自动为该对象分配段以存储表数据、索引数据等。

根据存储对象类型不同，可以分为表段、索引段、临时段和回退段 4 种。

- 表段：表段也成为数据段，用来存储表或簇的数据，又可以分为普通表段、分区表段、簇段和索引表段，Oracle 中所有未分区的表都使用一个表段来保存数据，而分区的表将为每一个分区建立一个独立的表段。
- 索引段：包含了用于提高系统性能的索引。一旦建立索引，系统自动创建一个以该索引的名字命名的索引段。
- 临时段：它是 Oracle 在运行过程中自行创建的段。当一个 SQL 语句需要临时工作区时，由 Oracle 建立临时段。一旦语句执行完毕，临时段的区间便退回给系统。
- 回退段：包含了回滚信息，并在数据库恢复期间使用，以便为数据库提供读入一致性和回滚未提交的事务，即用来回滚事务的数据空间。当一个事务开始处理时，系统为之分配回滚段，回滚段可以动态创建和撤销。系统有个默认的回滚段，其管理方式既可以是自动的，也可以是手工的。

3. 区

区（Extent）也称为“数据区”，是一组连续的数据块。当一个表、回滚段或临时段创建或需要附加空间时，系统总是为之分配一个新的数据区。一个数据区不能跨越多个文件，因为它包含连续的数据块。使用区的目的是用来保存特定数据类型的数据，也是表中数据增长的基本单位。在 Oracle 数据库中，分配空间就是以数据区为单位的。一个 Oracle 对象包含至少一个数据区。设置一个表或索引的存储参数包含设置它的数据区大小。

4. 数据块

Oracle 数据块（Data Block）是一组连续的操作系统块。分配数据库块大小是在 Oracle 数据库创建时设置的，数据块是 Oracle 读写的基本单位。数据块的大小一般是操作系统块大小的整数倍，这样可以避免不必要的系统 I/O 操作。从 Oracle 9i 开始，在同一数据库中不同表空间的数据块大小可以不同。数据块是 Oracle 最基本的存储单位，而表空间、段、区间则是逻辑组织的构成成员。在数据库缓冲区中的每一个块都是一个数据块，一个数据块不能跨越多个文件。

数据块的结构主要包括：

- 标题：包括一般的块信息，如块地址、段类型等。
- 表目录：包括有关表在该数据块中的行信息。
- 行目录：包括有关在该数据块中行地址等信息。
- 行数据：包括表或索引数据，一行可跨越多个数据块。
- 空闲空间：分配空闲空间是用于插入新的行和需要额外空间的行更新。通过空间管理参数 PCTFREE 可控制空闲空间的使用。空闲空间的管理既可以是自动的，也可以是手动的。

而确定数据块大小的因素主要有两个。

- 数据库环境类型。例如，是 DSS（Decision Support System，决策支持系统）环境还是 OLTP（On-Line Transaction Processing，在线事务处理系统）环境？在数据仓库环境 OLAP（On-Line Analytical Processing，在线分析处理系统）或 DSS 系统下，用户需要进行许多运行时间很长的查询，所以应当使用大的数据块。在 OLTP 系统中，用户处理大量的小型事务，采用较小数据块能够获得更好的效果。
- SGA 的大小。数据库缓冲区的大小由数据块大小和初始化文件的 db_block_buffers 参数决定，最好设为操作系统 I/O 的整数倍。

2.4 Oracle 数据库实例

2.4.1 Oracle 实例概述

当启动数据库时，Oracle 首先在内存中获取特定空间，启动各种后台进程，即创建一个 Oracle 实例；然后由 Oracle 实例加载数据文件和重做日志文件，最后打开数据库。用户操作数据库的过程实质上是与 Oracle 实例建立连接，然后通过实例来操作数据库的过程。用户所有的操作都在内存中进行，最后由数据库后台进程将操作结果写入各种物理文件中进行永久保存。

下面将分别介绍 Oracle 实例的概念、Oracle 实例与数据库的关系。

1. Oracle 实例概念

由 2.2 节可知 Oracle 实例的示意图如图 2-9 所示。

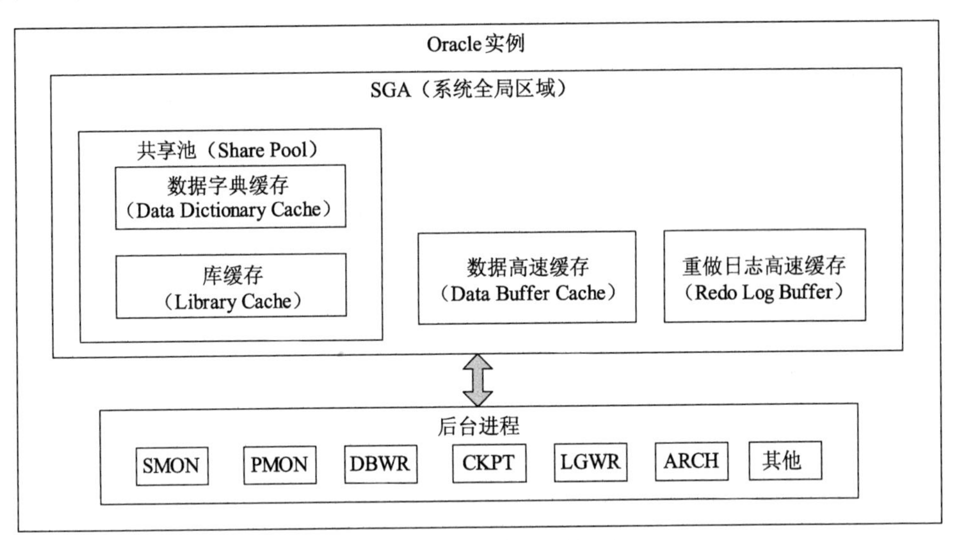

图 2-9　Oracle 逻辑存储结构

由上图可知，Oracle 实例主要由以下两部分组成。

- 内存结构。内存结构是 Oracle 数据库体系结构重要的组成部分，是 Oracle 数据库重要的信息缓存和共享区域。内存的大小、速度直接影响数据库的运行效率。Oracle 数据库内存管理就是根据数据库运行状态的改变而不断优化内存结构大小的过程。根据内存区域信息的使用范围不同，又可分为：系统全局区（System Global Area，SGA）和程序全局区（Program Global Area，PGA）两部分。
- 后台进程。后台进程是在 Oracle 数据库管理系统软件安装过程中创建的一些具有特定功能的小程序，在数据库实例启动时被启动，用于监视各个服务器的进程状态，协调各个服务器进程的任务，维护系统性能与可靠性，以及在内存与磁盘之间进行 I/O 操作等。

注意　关于 SGA 与 PGA 的讲解参见 2.4.2 和 2.4.3 节。Oracle 11g 支持对 SGA 与 PGA 的全自动管理。

2. Oracle 实例与数据库关系

在数据库创建过程中，Oracle 实例首先被创建，然后才创建数据库，这两个实体是独立的，不过用户可以通过 Oracle 实例来访问数据库。在典型的单实例环境中，实例与数据库的关系是一对一的，即一个实例连接一个数据库，如图 2-10 所示。

此外，实例与数据库也可以是多对一的关系。如图 2-11 所示，不同计算机上的多个实例打开共享磁盘系统上的一个公用数据库。这种多对一关系被称为“实际应用群集”（Real Application Clusters，RAC），RAC 极大地提高了数据库的性能、容错与可伸缩性，并且是 Oracle 网格概念的必备部分。

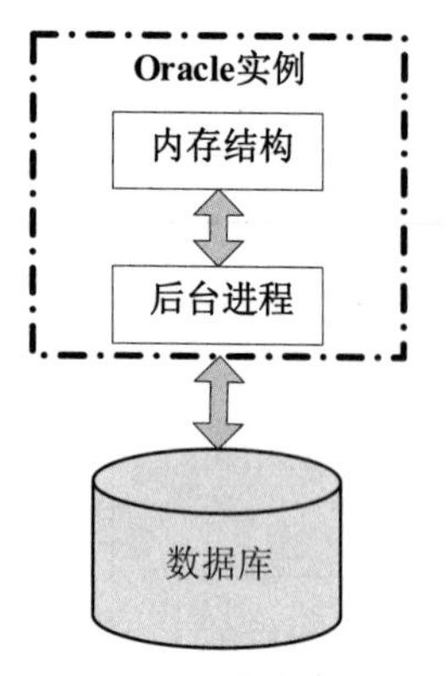

图 2-10　单实例数据结构

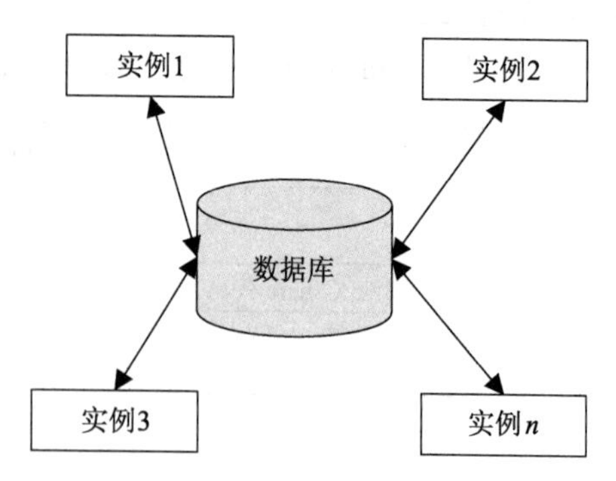

图 2-11　RAC 集群结构

 2.4.2　SGA

SGA 是一组为系统分配的共享的内存结构，可以包含一个数据库实例的数据或控制信息。如果多个用户连接到同一个数据库实例，在实例的 SGA 中，数据可以被多个用户共享。当数据库实例启动时，SGA 的内存被自动分配；当数据库实例关闭时，SGA 内存被回收。SGA 是占用内存最大的一个区域，同时也是影响数据库性能的重要因素。SGA 结构如图 2-12 所示。

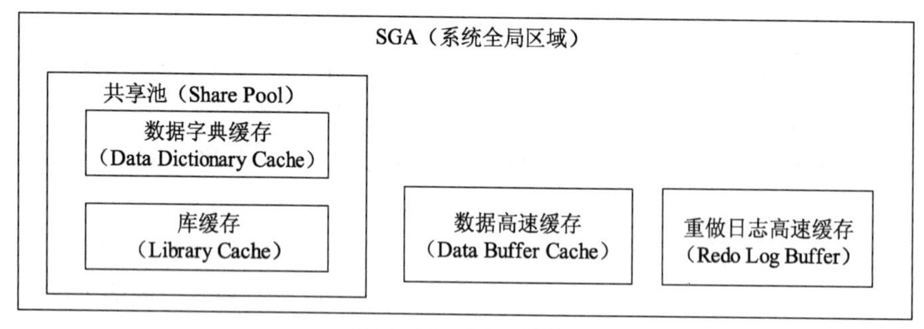

图 2-12　SGA 结构

SGA 区是可读写的。所有登录到实例的用户都能读取 SGA 中的信息，而在 Oracle 做执行操作时，服务进程会将修改的信息写入 SGA 区。

SGA 主要包括了以下的数据结构。

- 数据缓冲（Database Buffer Cache）
- 重做日志缓存（Redo Log Cache）
- 共享池（Shared Pool）
- Java 池（Java Pool）
- 大池（Large Pool）
- 流池（Streams Pool）
- 数据字典缓存（Data Dictionary Cache）
- 其他信息（如数据库和实例的状态信息）

1. 数据高速缓存

数据高速缓存是 SGA 区中专门用于存放从数据文件中读取的数据块副本的区域。Oracle 进程如果发现需要访问的数据块已经在数据高速缓存中，就直接读写内存中的相应区域，而无须读取数据文件，从而大大提高性能（内存的读取效率是磁盘读取效率的 14000 倍）。数据高速缓存对于所有 Oracle 进程都是共享的，即能被所有 Oracle 进程访问。

数据高速缓存被分为多个集合，这样能够大大降低多 CPU 系统中的争用问题。

注意 用户处理后的结果被存储在数据高速缓存中，最后由数据库写入进程 DBWR 写到硬盘的数据文件中永久保存，关于 DBWR 进程的介绍参见 2.4.4 节。

2. 重做日志缓存

重做日志缓存是 SGA 中一段保存数据库修改信息的缓存。这些信息被存储在重做条目（Redo Entry）中。重做条目中包含了由于 INSERT、UPDATE、DELETE、CREATE、ALTER 或 DROP 所做的修改操作而需要对数据库重新组织或重做的必需信息。在必要时，重做条目还可以用于数据库恢复。

重做条目由 Oracle 数据库进程从用户内存中复制到重做日志缓存区中。重做条目在内存中是连续相连的。后台进程 LGWR 负责将重做日志中的信息写入到磁盘上活动的重做日志文件（Redo Log File）或文件组中。

参数 LOG_BUFFER 决定了重做日志缓存的大小。它的默认值是 512KB（一般该大小是足够的），最大可以到 4GB。Oracle 10g 以后可通过参数自动设置。当系统中存在很多的大事务或者事务数量非常多时，可能会导致日志文件 I/O 增加，降低性能。这时就可以考虑增加 LOG_BUFFER。

但是，重做日志缓存的实际大小并不是 LOB_BUFFER 的设定大小。为了保护重做日志缓存，Oracle 为它增加了保护页（一般为 11KB）。

3. 共享池

共享池用于缓存最近执行过的 SQL 语句、PL/SQL 程序和数据字典信息，是对 SQL 语句、PL/SQL 程序进行语法分析、编译和执行的区域。

SGA 中的共享池由库缓存（Library Cache）、字典缓存（Dictionary Cache）、用于并行执行消息的缓存以及控制结构组成。

- 库缓存。库缓存中包括共享 SQL 区（Shared SQL Areas）、PL/SQL 存储过程以及控制结构（如锁、库缓存句柄）。任何用户都可以访问共享 SQL 区（可以通过 V$SQLAREA 访问）。因此库缓存存在于 SGA 的共享池中。
- 字典缓存。数据字典是由关于数据库的参考信息、数据库的结构信息和数据库中的用户信息的一组表和视图的集合，常用到的以“V$”开头的视图就属于数据字典。在 SQL 语句解析的过程中，Oracle 可以非常迅速地访问这些数据字典。因为 Oracle 对数据字典访问如此频繁，因此内存中有两处地方被专门用于存放数据字典。一个地方就是数据字典缓存。数据字典缓存也被称为“行缓存”（Row Cache），因为它是以记录行为单元存储数据的，而不像高速数据缓存是以数据块为单元存储数据的。内存中另外一个存储数据字典的地方是库缓存。所有 Oracle 的用户都可以访问这两个地方以获取数据字典信息。

注意 共享池的大小由参数 SHARED_POOL_SIZE 决定。Oracle 9i 中，在 32 位系统下，这个参数的默认值是 8MB，而 64 位系统下的默认值为 64MB，最大为 4GB。Oracle 10g 以后可以通过 SGA_TARGET 参数来自动调整。

4. Java 池

Java 池是 SGA 中的一块可选内存区，它也属于 SGA 中的可变区。Java 池的内存是用于存储所有会话中特定的 Java 代码和 JVM 中的数据的。Java 池的使用方式依赖与 Oracle 服务的运行模式。

Java 池的大小由参数 JAVA_POOL_SIZE 设置，Java 池最大可到 1GB。

在 Oracle 10g 以后，提供了一个新的建议器，即 Java 池建议器，用来辅助 DBA 调整 Java 池的大小。建议器的统计数据可以通过视图 V$JAVA_POOL_ADVICE 来查询。

5. 大池

大池是 SGA 中的一块可选内存池，根据需要配置。在以下情况下需要配置大池。

- 用于共享服务（Shared Server MTS 方式）的会话内存和 Oracle 分布式事务处理的 Oracle XA 接口；
- 使用并行查询（Parallel Query Option，PQO）；
- 使用 I/O 服务进程；
- Oracle 备份和恢复操作（启用了 RMAN 时）。

通过从大池中分配会话内存给共享服务、Oracle XA 或并行查询，Oracle 可以使用共享池来缓存共享 SQL，以防止由于共享 SQL 缓存收缩导致的性能消耗。此外，为 Oracle 备份和恢复操作、I/O 服务进程和并行查询分配的内存一般都是几百 KB，这么大的内存段相对于共享池，从大池更容易分配到。

参数 LARGE_POOL_SIZE 设置大池的大小。大池是属于 SGA 的可变区（Variable Area）的，它不属于共享池。对于大池的访问，受到 large memory latch 的保护。

大池中只有两种内存段："空闲"和"可空闲"内存段。它没有"可重建"内存段，因此也不用 LRU 链表来管理，这与其他内存区的管理不同。大池最大大小为 4GB。

为了防止大池中产生碎片，隐含参数_LARGE_POOL_MIN_ALLOC 设置了大池中内存段的最小值，默认值是 16KB（同样，不建议修改隐含参数）。

6. 流池

流池是 Oracle 10g 中新增加的，是为了增加对流的支持。流池是可选内存区，属于 SGA 中的可变区。它的大小可以通过参数 STREAMS_POOL_SIZE 来指定。如果没有被指定，Oracle 会在第一次使用流时自动创建。如果设置了 SGA_TARGET 参数，Oracle 会从 SGA 中分配内

存给流池；如果没有指定 SGA_TARGET，则从数据高速缓存中转换一部分内存过来给流池，转换的大小是共享池大小的 10%。

2.4.3 PGA

Oracle 在创建一个服务器进程的同时要为该服务器分配一个内存区，该内存区被称作“程序全局区 PGA”。PGA 是一个私有的内存区，不能共享，每个服务器进程只能访问自己的 PGA，因此 PGA 又被称为“私有全局区”（Private Global Area）。系统同时为每个后台进程分配私有的 PGA 区，所有服务器进程 PGA 与所有后台进程 PGA 大小的和即为实例 PGA 的大小。

用户可设置的所有服务进程的 PGA 内存总数受到实例分配的总体 PGA（Aggregated PGA）限制。PGA 随着服务器进程与后台进程的启动而分配，随着服务器进程和后台进程的终止而被释放。

PGA 由以下 4 部分组成。

- 堆栈区（Stack Space）是用来存储用户会话变量和数组的存储区域；
- 会话信息区（Session Information）：保存用户会话所具有的权限、角色、性能统计信息；
- 排序区（Sort Area）：存放排序操作所产生的临时数据；
- 游标信息区（Cursor Information）：存放执行游标操作时所产生的数据。

注意　会话信息区在专有服务器中与在共享服务器中所处的内存区域是不同的。

在不同的服务器连接模式中，PGA 的分布略有不同。在专有服务器（Dedicated Server）模式下，Oracle 会为每个会话启动一个 Oracle 进程，会话信息存放在 PGA 中，如图 2-13 所示。

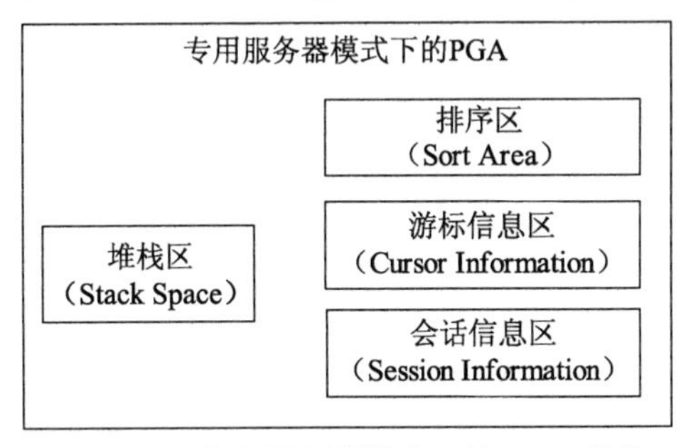

图 2-13　专有服务器模式下的 PGA 结构

而在共享服务器（Shared Server）模式下，由多个会话共享同一个 Oracle 服务进程，这时会话信息将存放在 SGA 中，在 PGA 中不会存放会话信息，如图 2-14 所示。

此外，PGA 由“固定 PGA”和“可变 PGA”两组区域组成。

- 固定 PGA 与固定 SGA 类似，它的大小是固定的，包含了大量原子变量、小的数据结构和指向可变 PGA 的指针。

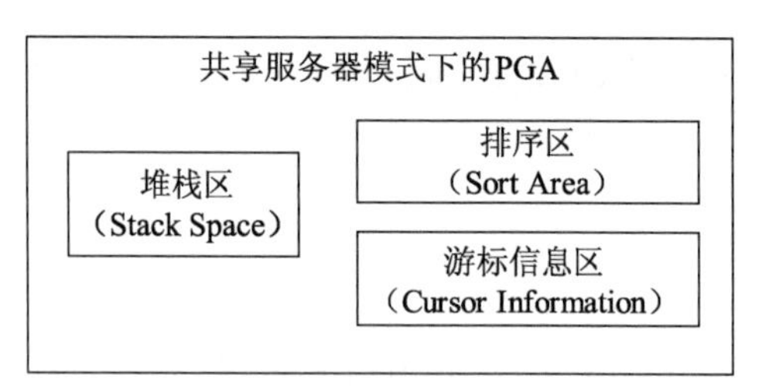

图 2-14　共享服务器模式下的 PGA 结构

- 可变 PGA 是一个内存堆，因此也称为"PGA 堆"。它的内存段可以通过视图 X$KSMPP（另外一个视图 X$KSMSP 可以查到可变 SGA 的内存段信息，他们的结构相同）查到。PGA 堆包含用于存放 X$表的内存（依赖与参数设置，包括 DB_FILES、CONTROL_FILES）。

PGA 的可变区中主要分为以下 3 部分。

- 私有 SQL 区（Private SQL Area）；
- 游标和 SQL 区；
- 会话内存。

1. 私有 SQL 区

私有 SQL 区包含了绑定变量值和运行时期内存结构信息等数据。每一个运行 SQL 语句的会话都有一个块私有 SQL 区。所有提交了相同 SQL 语句的用户都有各自的私有 SQL 区，并且他们共享一个共享 SQL 区。因此，一个共享 SQL 区可能和多个私有共享区相关联。

一个游标的私有 SQL 区又分为两个生命周期不同的区。

- 永久区：包含绑定变量信息，当游标关闭时被释放。
- 运行区：当执行结束时释放。

创建运行区是一次执行请求的第一步。对于 INSERT、UPDATE 和 DELETE 语句，Oracle 在语句运行结束时释放运行区。对于查询操作，Oracle 只有在所有记录被 fetch 到或者查询被取消时释放运行区。

2. 游标和 SQL 区

一个 Oracle 预编译程序或 OCI 程序的应用开发人员能够很明确地打开一个游标，或者控制一块特定的私有 SQL 区，将它们作为程序运行的命名资源。

私有 SQL 区是由用户进程管理的。如何分配和释放私有 SQL 区与用户使用的应用工具有很大的关系。而用户进程可分配的私有 SQL 区的数量是由参数 OPEN_CURSORS 控制的，它的默认值是 50。

在游标关闭前或者语句句柄被释放前，私有 SQL 区将一直存在（但其中的运行区是在语句执行结束时被释放，只有永久区一直存在）下去。应用开发人员可以通过将所有打开的不再使用的游标都关闭来释放永久区，以减少用户程序所占用的内存。

3. 会话内存

会话内存是一段用于保存会话变量（如登录信息）和其他预会话相关信息的内存。在共享服务器模式下，会话内存是共享的，而不是私有的。

对于复杂的查询（如决策支持系统中的查询），运行区的很大一部分被那些内存需求很大的操作分配给 SQL 工作区（SQL Work Area）。这些操作包括：

- 基于排序的操作（ORDER BY、GROUP BY、ROLLUP、窗口函数）；
- 哈希连接（Hash Join）；
- 位图合并（Bitmap Merge）；
- 位图创建（Bitmap Create）。

例如，一个排序操作使用工作区（也可称为“排序区”）将一部分数据行在内存排序，而一个 Hash Join 操作则使用工作区（也可称为“Hash 区”）来建立 Hash 表。如果这两种操作所处理的数据量比工作区大，那就会将输入的数据分成一些更小的数据片，使一些数据片能够在内存中处理，而其他的就在临时表空间的磁盘上稍后处理。尽管工作区太小时，Bitmap 操作不会将数据放到磁盘上处理，但是它们的复杂性是和工作区大小成反比的。因此，总的来说，工作区越大，这些操作就运行得越快。

此外，工作区的大小是可以调整的。一般来说，大的工作区能让一些特定的操作性能更佳，但也会消耗更多的内存。工作区的大小只要足够适应输入的数据和相关的 SQL 操作所需的辅助的内存，就是最优的。如果不满足，因为需要将一部分数据放到临时表空间磁盘上处理，操作的响应时间会增长。

2.4.4 后台进程

在 Oracle 服务器中，进程分为用户进程（User Process）、服务器进程（Server Process）和后台进程（Background Process）3 种。

1）用户进程

当用户连接数据库执行一个应用程序时，会创建一个用户进程来完成用户所指定的任务。在 Oracle 数据库中有两个与用户进程相关的概念，连接和会话。其中，连接是指用户进程与数据库实例之间的一条通信路径，该路径由硬件线路、网络协议和操作系统进程通信机制构成；会话是指用户到数据库的指定连接。在用户连接数据库的过程中，会话始终存在，直到用户断开连接或终止应用程序为止。

2）服务器进程

服务器进程由 Oracle 自身创建，用于处理连接到数据库实例的用户进程所提出的请求。用户进程只能通过服务器进程才能实现对数据库的访问和操作。

服务器主要完成以下任务。

- 解析并执行用户提交的 SQL 语句和 PL/SQL 程序。

- 在 SGA 的高速数据缓存区中搜索用户进程所要访问的数据，如果数据不在缓存中，则需要从硬盘数据文件中读取所需的数据，并将它们复制到缓存区中。
- 将用户改变数据库的操作信息写入日志缓存区中。
- 将查询或执行后的结果数据返回给用户进程。

3）后台进程

为了保证 Oracle 数据库在任意一个时刻都可以处理多用户的并发请求，进行复杂的数据操作等，Oracle 数据库启用了一些相互独立的附加进程，称为“后台进程”。数据库的后台进程随数据库实例的启动而启动，它们可以协调各个服务器的工作、监视各个服务器进程的状态、维护系统性能与可靠性。服务器进程在执行用户进程请求时，会调用后台进程来实现对数据库的操作。在启动数据库实例时，后台进程启动的数量可以通过改变初始化参数文件中的参数进行设置。

Oracle 实例的主要进程主要分为以下几种。

- 数据库写入进程（DBWR）；
- 日志写入进程（LGWR）；
- 检查点进程（CKPT）；
- 系统监控进程（SMON）；
- 进程监控进程（PMON）；
- 归档进程（ARCH）；
- 恢复进程（RECO）；
- 锁进程（LCKn）；
- 调度进程（Dnnn）。

注意 上述后台进程中，前 5 个是必需的，此外，本书限于篇幅，只对后台进程进行简要介绍，不对服务器进程和用户进程再做进一步讲解。

1. DBWR

DBWR 进程负责将数据高速缓存区中已经被修改的数据成批写入数据文件中永久保存。它是负责数据高速缓存区域管理的一个 Oracle 后台进程。当数据高速缓存区中的某一缓存区被修改，它被标志为“弄脏”，DBWR 的主要任务是将“弄脏”的缓存区写入磁盘，使缓存区保持“干净”。由于数据高速缓存区的缓存区填入数据库或被用户进程弄脏，未用的缓冲区的数目减少，当未用的缓冲区下降到很少，以至于用户进程要从磁盘读入块到内存存储区无法找到未使用的缓存区时，DBWR 将管理数据高速缓存区域，使用户进程总可得到未用的缓存区。Oracle 采用 LRU（LEAST RECENTLY USED）算法（最近最少使用算法）保持内存中的数据块是最近使用的，使 I/O 最小。

触发 DBWR 进程的条件有以下几种。

- DBWR 超时，大约 3 秒；

- 系统中没有多余的空缓存区来存放数据；
- CKPT 进程触发 DBWR。

注意 DBWR 进程的启动时间与用户提交事务的时间完全无关。

2. LGWR

LGWR 进程将日志缓存区写入磁盘上的一个日志文件，它是负责管理日志缓存区的一个 Oracle 后台进程。

触发 LGWR 进程的条件有以下几种。

- 用户提交事务；
- 有 1/3 重做日志缓冲区未被写入磁盘；
- 有大于 1MB 的重做日志缓冲区未被写入磁盘；
- 3 秒超时；
- DBWR 需要写入的数据的系统修改号（System Change Number，SCN）大于 LGWR 记录的 SCN，DBWR 触发 LGWR 写入。

日志缓存区是一个循环缓存区。当 LGWR 将日志缓存区的日志项写入日志文件后，服务器进程可将新的日志项写入该日志缓存区。LGWR 通常写得很快，可确保日志缓存区总有空间可写入新的日志项。

注意 有时候当需要更多的日志缓存区时，LWGR 在一个事务提交前就将日志项写出，而这些日志项仅当在以后事务提交后才永久化。

此外，Oracle 使用快速提交机制，当用户发出 COMMIT 语句时，一个 COMMIT 记录立即放入日志缓存区，但相应的数据缓存区改变是被延迟的，直到在更有效时才将它们写入数据文件。当一个事务提交时，被赋给一个系统修改号，它和事务日志项一块记录在日志中。由于 SCN 记录在日志中，以至于在并行服务器选项配置情况下，恢复操作可以同步。

3. CKPT

“检查点”是一个事件，它能保证数据库处于一个完整状态。执行一个检查点后，Oracle 将所有已提交事务对数据库的修改全部写入到硬盘中，此时保证了数据库处于一个完整状态。如果将来数据库崩溃，只需将数据库恢复到一个检查点执行时刻即可。

CKPT 进程在检查点出现时，对全部数据文件的标题进行修改，指示该检查点。负责在每当数据高速缓存区中的更改永久地记录在数据库中时，更新控制文件和数据文件中的数据库状态信息。

CKPT 进程本身只完成以下两件工作。

- 执行检查点和更新控制文件和数据文件；
- 将脏缓存块写入数据文件的任务交给 DBWR 进程完成。

下面是两个典型检查点执行时间。

- 在一次重做日志切换时执行数据库检查点，DBWR 进程将缓存中所有的脏缓存块写入数据文件中；
- 在表空间被设为脱机时，DBWR 进程将缓存中所有与该表空间相关的脏缓存块写入数据文件中。

4. SMON

SMON 进程是 Oracle 数据库至关重要的一个后台进程，该进程在实例启动时执行实例恢复，还负责清理不再使用的临时段，是一种用于库的“垃圾收集者”。在共享服务器模式环境下，SMON 对有故障 CPU 或实例进行实例恢复。SMON 进程有规律地被唤醒，检查是否需要，或者其他进程发现需要时可以被调用。

SMON 进程的工作主要包括下面几项。

- 清理、回收不再使用临时表空间。
- 将各个表空间的碎片进行合并。
- 执行一个 RAC 中故障节点的实例恢复。例如，在一个 Oracle RAC 配置中，当群集中的一个库实例失败（例如，实例正执行的机器出现故障），一些群集中的其他节点将开启故障的实例的重做日志文件，为故障实例执行所有数据的恢复。
- 清理 OBJ$，OBJ$是一个包含库中几乎每一个对象（表、索引、触发器、视图等）的记录的行级数据字典表。

SMON 还负责做许多其他事情，例如，存在 DBA_TAB_MONITORING 视图中的监控统计数据的刷新，在 SMON_SCN_TIME 表中发现的时间戳定位信息的 SCN 的刷新等。

5. PMON

与 SMON 进程类似，PMON 有规律地被唤醒，检查是否有工作需要它来完成。PMON 进程的主要功能包括：

- 负责恢复失败的用户进程或服务器进程，并释放进程所占用的资源；
- 清除异常中断的用户遗留的会话，回退未提交的事务，释放会话所占用的锁、SGA、PGA 等资源；
- 监控 Dnnn 进程和服务器进程的状态，如果它们失败，则尝试重新启动它们，并释放它们所占用的各种资源。

6. ARCH

只有数据库运行在归档模式下时，ARCH 进程负责在日志切换后将已经写满的重做日志文件复制到归档目标中，以防止写满的重做日志文件被覆盖。

7. RECO

RECO 进程负责在分布式数据库环境（Distributed Database）中自动恢复那些失败的分布式事务（Distributed Transactions）。如果参数 DISTRIBUTED_TRANSACTION 设置得大于 0，

那么 RECO 进程自动启动。当某个分布式事务由于网络连接故障或者其他原因而失败时，RECO 进程将尝试与该事务相关的所有数据库进行联系，以完成对该失败事务的处理工作。RECO 进程一般不需要 DBA 进行干预，它会自动完成自己的任务。

8. LCKn

LCKn 进程用于 Oracle 并行服务器环境中。在数据库中最多可以同时启动 10 个 LCKn 进程，主要用于实例间的封锁。

9. Dnnn

Dnnn 进程是共享服务器（Multithreaded Server，MTS）的组成部分，它以后台进程的形式运行。调度程序进程接受用户进程的请求，将它们放入请求队列中，然后为请求队列中的用户进程分配一个服务进程。

小结

通过本章的学习，学生应该能够学会：

- Oracle 数据库应用结构主要包括：客户端/服务器结构、浏览器/服务器结构和分布式数据库系统结构。
- 物理存储结构是由操作系统中实际的文件组成，管理员可以利用操作系统指令进行作业管理。
- Oracle 物理存储结构的组成文件包括数据文件、控制文件、重做日志文件、归档文件、初始化参数文件、口令文件。
- Oracle 的逻辑结构是从逻辑的角度来分析数据库构成的，也就是数据库创建后利用逻辑概念来描述 Oracle 数据库内部数据的组织和管理形式。
- Oracle 数据库的逻辑存储结构可分为：数据块、区、段和表空间 4 种。
- Oracle 实例主要由内存结构与后台进程构成。
- SGA 是一组为系统分配的共享的内存结构，可以包含一个数据库实例的数据或控制信息。
- PGA 是一个私有的内存区，不能共享，每个服务器进程只能访问自己的 PGA，因此 PGA 又被称为“私有全局区”。
- 在 Oracle 服务器中，进程可分为用户进程（User Process）、服务器进程（Server Process）和后台进程（Background Process）3 种。
- Oracle 实例的主要进程主要分为：数据库写入进程、日志写入进程、检查点进程、系统监控进程、进程监控进程、归档进程、恢复进程、锁进程、调度进程等。

练习

1. 基于 Oracle 数据库的应用系统结构主要分为几种，分别是什么？
2. 简述 Oracle 数据库体系结构的组成。
3. 简述 Oracle 数据库的物理存储的构成。
4. 简述重做日志的目的及作用。
5. 简述 Oracle 数据库的逻辑存储结构的构成。

第 3 章　SQL Developer 开发工具

本章目标

- 掌握 SQL Developer 的下载、安装
- 掌握使用 SQL Developer 进行创建数据库连接
- 掌握使用 SQL Developer 进行数据的查询、更新操作
- 掌握使用 SQL Developer 进行表的创建、修改等操作
- 掌握使用 SQL Developer 进行开发与调试
- 掌握使用 SQL Developer 进行表数据的导出
- 掌握使用 SQL Developer 进行数据的导入

学习导航

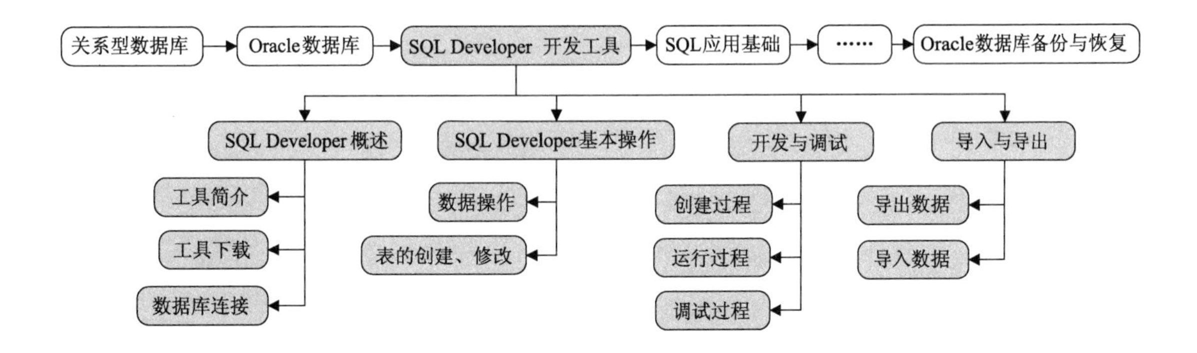

任务描述

【描述 3.D.1】

创建一个完整的 Oracle 数据库连接。

【描述 3.D.2】

通过 SQL Developer 实现数据的插入、更新和删除。

【描述 3.D.3】

通过 SQL Developer 图形化界面，实现表的创建、修改。

【描述 3.D.4】

通过 SQL Developer 图形化界面，实现存储过程的创建、运行、调试。

【描述 3.D.5】

通过 SQL Developer 图形化界面，实现表数据的导出和表数据的导入。

3.1　SQL Developer 概述

Oracle SQL Developer 是 Oracle 公司提供的一个免费的、图形化的、集成的数据库开发工具，可以方便高效地实现对 Oracle 数据库的开发工作。

3.1.1　SQL Developer 简介

使用 Oracle SQL Developer 可以提高开发人员的工作效率并简化其开发任务，开发人员可以进行如下操作。

- 浏览数据库对象；
- 执行 SQL 语句和 SQL 脚本；
- 可以编辑和调试 PL/SQL 语句；
- 运行所提供的任何数量的报表（reports）；
- 创建和保存自己的报表（reports）。

Oracle SQL Developer 工具是使用 Java 编写而成的，可以连接到任何 9.2.0.1 版和更高版本的 Oracle 数据库，并且可以在 Windows、Linux 和 MAC OSX 等不同开发平台上运行。

Oracle SQL Developer 到数据库的默认连接使用的是 JDBC thin 驱动程序，这意味着无须单独安装 Oracle 客户端，从而将配置和占用空间大小降至最低。

注意　PL/SQL Developer 工具是使用最广泛的 Oracle 客户端，由于它是收费的，且不具有跨平台性，而且对于初学者而言，Oracle SQL Developer 功能结构一目了然、使用较为简单，所以笔者建议使用 Oracle SQL Developer 进行初期的学习、开发工作。

3.1.2　SQL Developer 下载

Oracle SQL Developer 1.5.5 被集成在 Oracle 11.2.0.1 版本中，以便进行 Oracle 数据库的开发工作。目前最新版本为 3.3.2，该版本为版本控制、源代码控制系统 CVS 以及 Subversion 提供了集成的支持。

本书为使读者更好地了解该工具的下载及安装，因此将不使用默认集成的 1.5.5 版本，而是进行单独下载、安装。

下述内容简要介绍 Oracle SQL Developer 的下载及安装过程。

1. 进入 Oracle 官方网站下载中心

在浏览器地址栏中输入下面网址：

```
http://www.oracle.com/technetwork/indexes/downloads/index.html
```

进入 Oracle 官方网站的下载中心进行下载。在 DOWNLOADS 选项卡的 Developer Tools 栏目中选择 SQL Developer 产品，如图 3-1 所示。

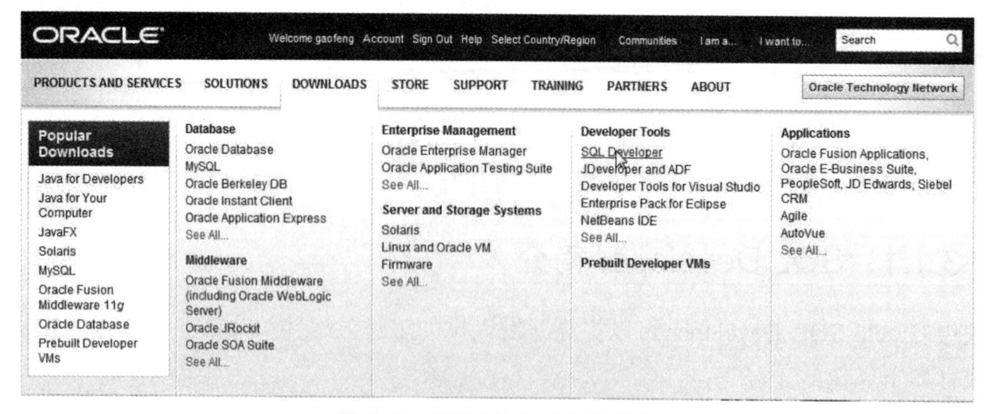

图 3-1　DOWNLOADS 选项卡

2. 下载 SQL Developer

单击“SQL Developer”链接，进入如图 3-2 所示的界面。

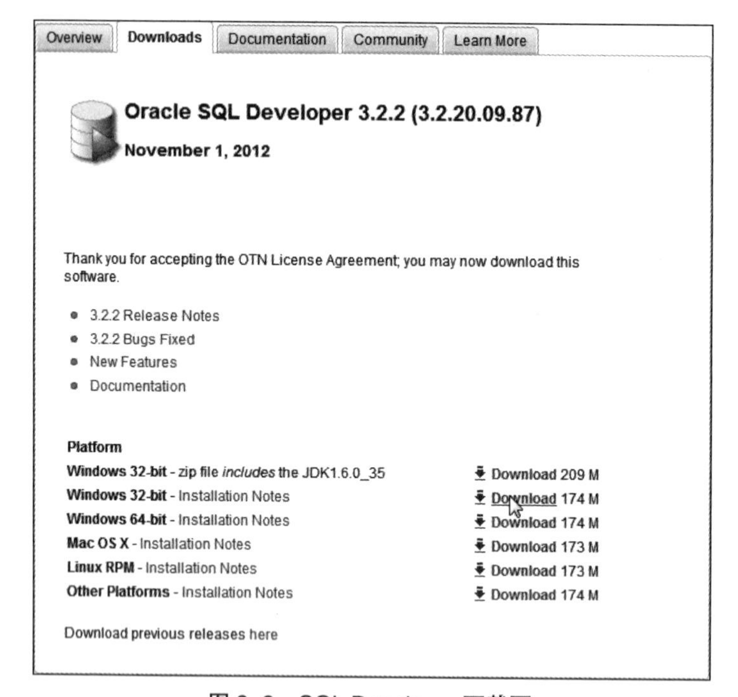

图 3-2　SQL Developer 下载页

在图 3-2 界面的上方有一个“OTN License Agreement”数据库产品下载许可协议的选项，只有选中“Accept License Agreement”选项才可以从 SQL Developer 产品列表中选择需要的版本，如果在 Window XP 下安装，并且已经具有了 Java 环境，则选择第 2 项进行下载。

3. 安装 SQL Developer

解压下载后的“sqldeveloper-3.2.20.09.87-no-jre.zip”压缩包，解压后的“sqldeveloper”文件夹如图 3-3 所示，双击该文件夹中的“sqldeveloper.exe”即可运行 SQL Developer 工具。

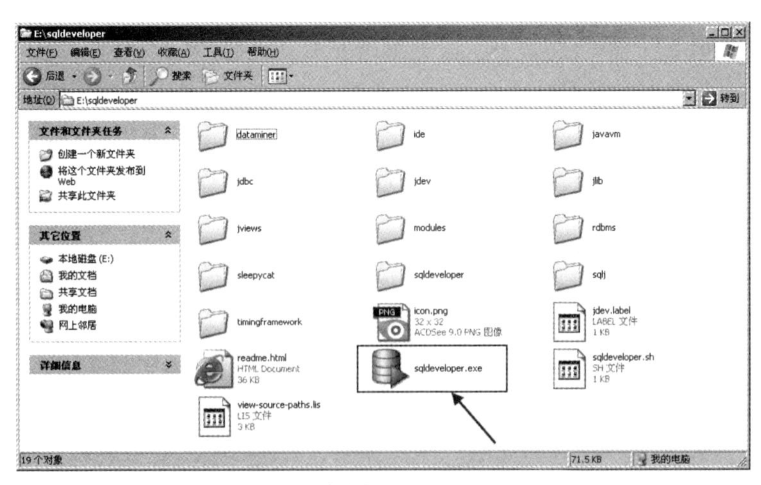

图 3-3　解压 SQL Developer

注意　可以创建“sqldeveloper.exe”的桌面快捷方式，Oracle SQL Developer 无须安装，解压后即可使用，简单易行。

3.1.3　创建数据库连接

要使用 SQL Developer 对数据库进行操作，需要首先创建到目标数据库的连接。使用 SQL Developer 可以建立到 Oracle、MySQL 和 MS SQL Server 数据库的连接，本章只讲解针对 Oracle 数据库的连接。

下述步骤用于实现任务描述 3.D.1，创建一个完整的 Oracle 数据库连接。

【描述 3.D.1】创建数据库连接

01　双击“sqldeveloper.exe”运行 SQL Developer 工具。

02　如果是第一次启动 SQL Developer 工具，则会弹出如图 3-4 所示的对话框。在此处设置“java.exe”的完整执行路径。

03　单击“OK”按钮，进入 SQL Developer 操作界面，如图 3-5 所示。

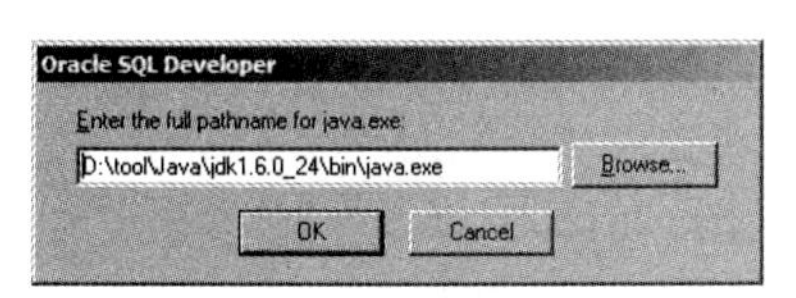

图 3-4　设置 JDK 路径

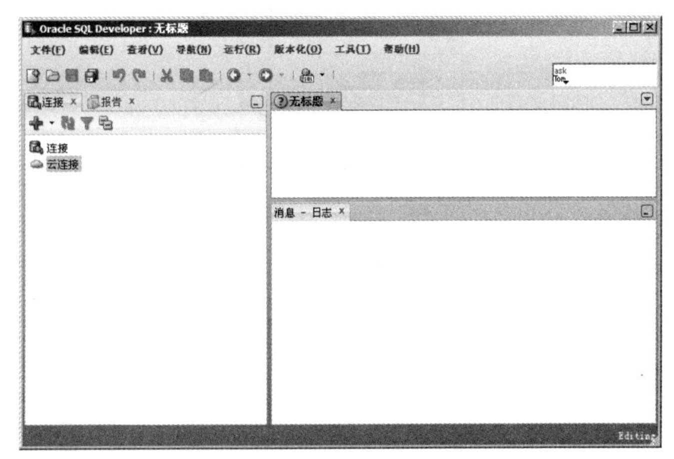

图 3-5　SQL Developer 操作界面

04 在 SQL Deverloper 操作界面中，右键单击左侧导航栏中的“连接”选项卡，在弹出的菜单中选择“新建连接”命令，进入“新建/选择数据库连接”对话框，如图 3-6 所示。在对话框中，输入“连接名”、“用户名”、“口令”，并选中“保存口令”复选框，然后在“Oracle”选项卡面板中进行“角色”、“主机名”、“端口”以及“SID”等数据库连接基本信息的设置。

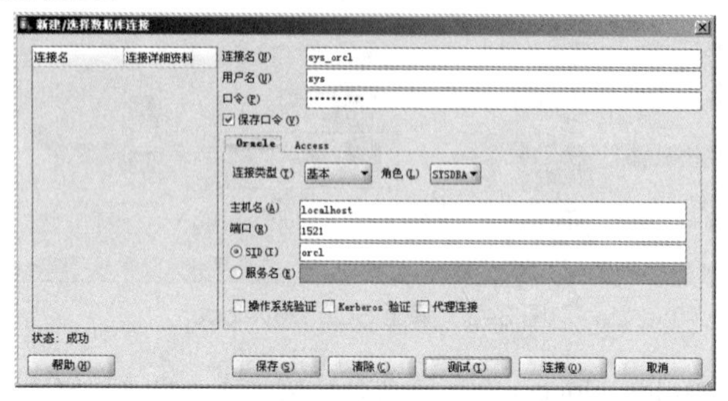

图 3–6 “新建/选择数据库连接”界面

注意 第一次访问 Oracle 服务器时，通常先访问“SYS”用户，该角色必须设置为“SYSDBA”；主机名设置为 Oracle 服务器所在主机的 IP，如果服务器与客户端在同一机器上，可以使用“localhost”，端口号使用“1521”，SID 名称为“orcl”。默认情况下，“SCOTT”用户锁定，通过“SYS”用户可以进行解锁，在 3.2 节中介绍。

05 单击“测试”按钮，可以进行数据库连接测试，如果测试成功，会在对话框左下角的“状态”后面显示“成功”。

06 测试成功后，单击“保存”按钮，会在左侧的连接列表中添加一条记录，以便将来使用。

07 单击“连接”按钮，在左侧“连接”选项卡中可以看到新建的连接“sys_orcl”，如图 3-7 所示。数据库连接创建后，选中该连接，右键单击，在弹出菜单中可以选择“连接”、“断开连接”、“重命名连接”、“删除”等命令，进行数据库连接管理操作。

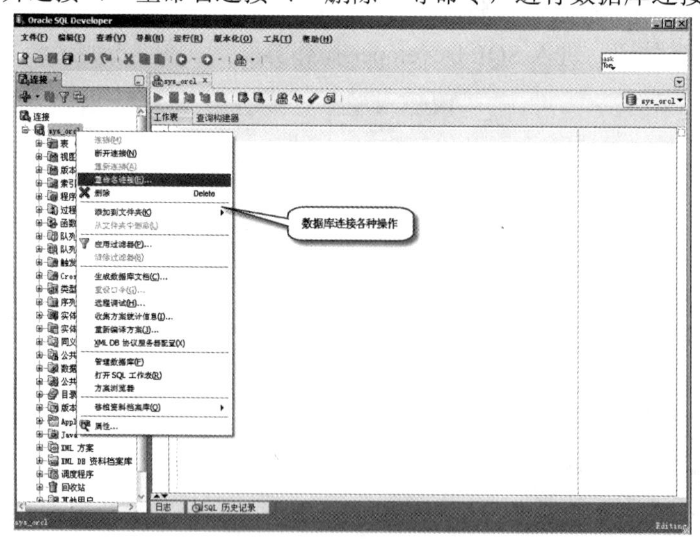

图 3–7 数据库连接界面

08 连接成功后，默认打开一个 SQL 工作表，如图 3-8 所示。

图 3–8　SQL 工作表

如图 3-8 所示，连接成功后，系统默认打开一个 SQL 工作表，也可以通过右键单击“sys_orcl”，在弹出的菜单中选择“打开 SQL 工作表”命令来创建一个新的 SQL 工作表。通过 SQL 工作表，开发人员可以执行 SQL、PL/SQL 或 SQL *Plus 等语句。

3.2　SQL Developer 基本操作

SYS 用户是数据库中具有最高权限的数据库管理员，可以启动、修改和关闭数据库，并且拥有数据库字典，如果误删数据，可能造成数据库服务器的崩溃。因此，在介绍 SQL Developer 工具的基本操作时，将使用 Scott 用户进行演示，而非 SYS 用户。由于默认状态下 Scott 用户为锁定状态，需要对该用户进行解锁。下面通过在 SQL 工作表中输入命令实现对 Scott 用户的解锁。以 SYS 用户登录 ORCL 数据库，在 SQL 工作表中输入下述 SQL 语句，然后单击执行按钮▶（或按 F9 键）执行，从而为 Scott 用户解锁，代码如下。

```
ALTER USER scott IDENTIFIED BY Orcl123456 ACCOUT UNLOCK;
```

此外，还可以通过图形化界面实现对 Scott 用户的解锁，步骤如下。

01 在左侧“连接”选项卡中，展开新建的连接“sys_orcl”，然后在“sys_orcl”连接中找到“其他用户”选项并展开。

02 在展开的“其他用户”选项下，找到“SCOTT”用户，然后右键单击“编辑用户”，取消“口令已失效”、“账户已锁定”复选框的勾选状态，如图 3-9 所示。

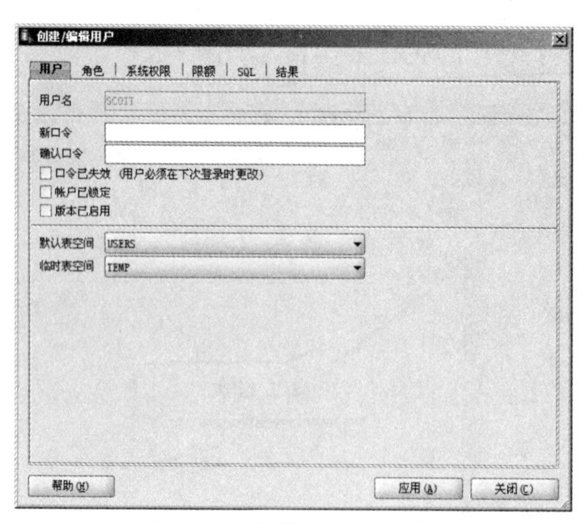

图 3–9　解锁 Scott 用户

3.2.1　数据操作

下面按照 3.1.3 节创建数据库连接的方式，创建 Scott 用户的数据库连接并打开相关的窗口，以便后续的数据库相关操作。

启动 SQL Developer 工具后，选择 scott_orcl 连接后，打开菜单栏中的“查看”菜单，选择“SQL 历史记录”命令，打开“SQL 历史记录”窗口，可以回放和运行以前的 SQL 语句、PL/SQL 程序以及 SQL *Plus 命令。

打开菜单栏中的“查看”菜单，选择“片段”命令，打开“片段”窗口，可以查看一些常用的函数、PL/SQL 编程技术、伪列、闪回等操作的关键信息，如图 3-10 所示。

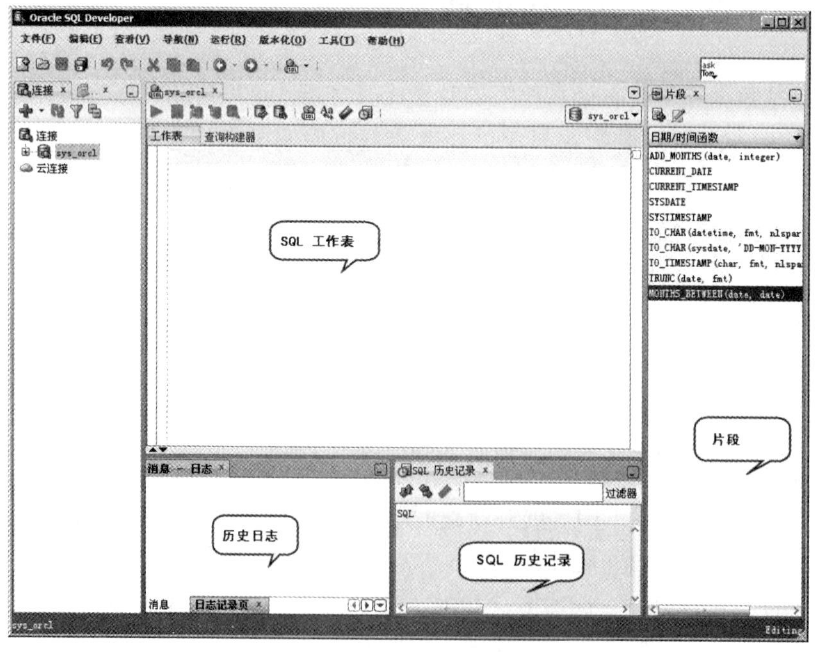

图 3–10　SQL Developer 操作窗口

1. 数据查询

下述描述用于实现任务描述 3.D.2，在 SQL 工作表中实现表的查询。

在 SQL 工作表中输入要执行的查询语句，语句如下。

```
SELECT * FROM emp;
```

然后单击执行按钮▶，或按 F9 键，执行该查询语句，在“查询结果”选项卡中输出查询结果，如图 3-11 所示。

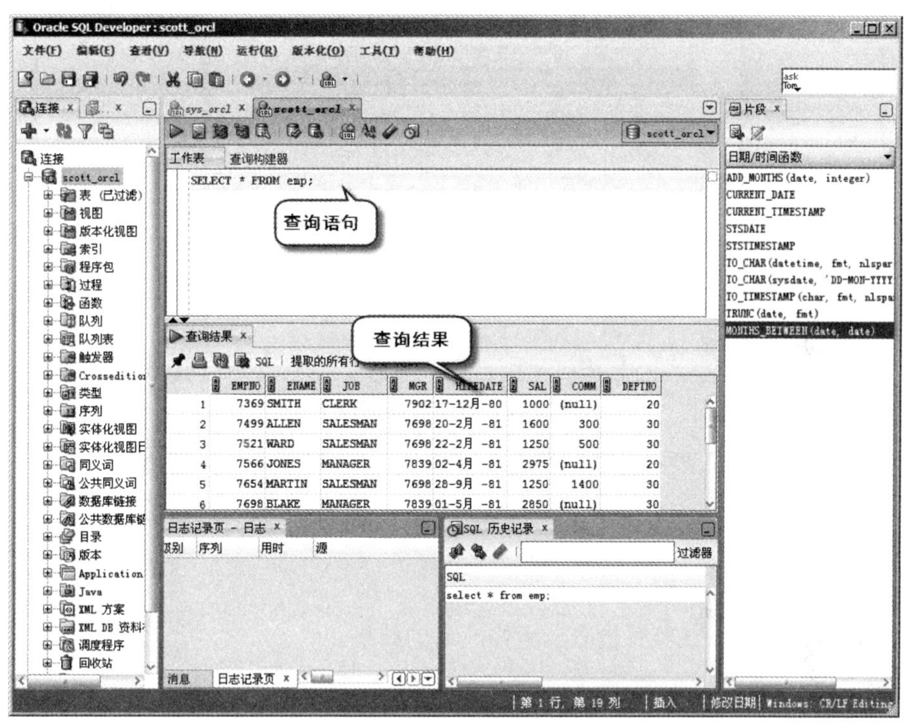

图 3-11　数据查询窗口

2. 数据更新

下述描述用于实现任务描述 3.D.2，在 SQL 工作表中实现表的更新。

【描述 3.D.2】实现表的更新

在 SQL 工作表中输入要执行的插入语句，语句如下。

```
INSERT  INTO  emp(empno,ename,job,mgr,hiredate,sal,deptno)  VALUES(7777,' 张 三
','CLERK',7902,sysdate,1000,20);
```

然后执行该插入语句，并在“查询结果”选项卡中查看查询输出后的结果，如图 3-12 所示。

也可以在 SQL 表中输入要执行的更新语句，例如，把姓名为“张三”的工资修改为 1500，则可以执行如下语句。

```
UPDATE emp e SET e.sal = 1500 WHERE e.ename = '张三';
```

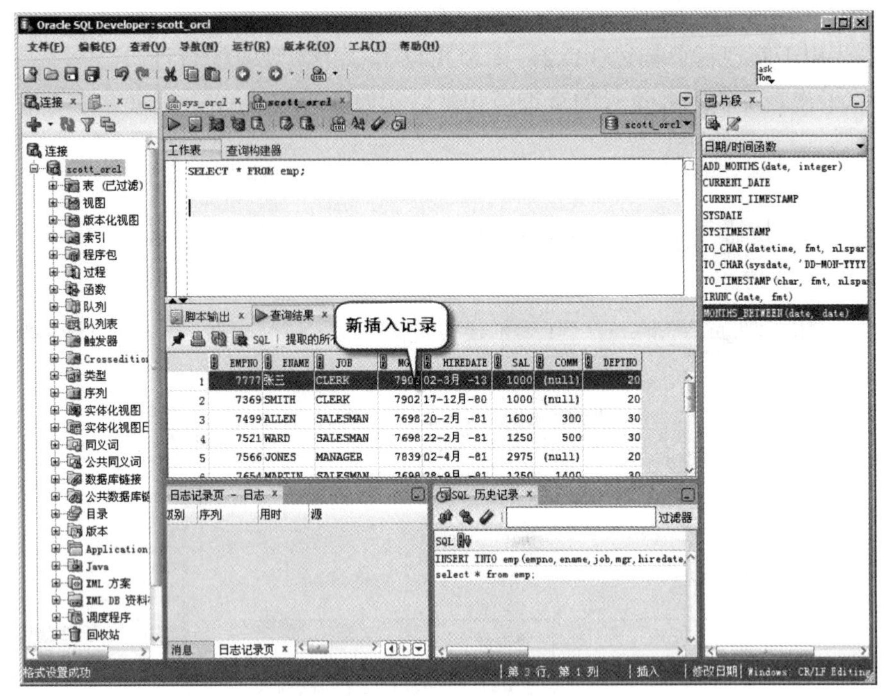

图 3-12　数据查询窗口

或者在 SQL 表中输入要执行的删除语句，例如，把编号为“7777”的员工删掉，则执行以下语句。

```
DELETE FROM emp e WHERE e.empno = 7777;
```

以上操作，读者可以试验并检查一下修改后的结果。

注意　在当前会话中虽然可以查询到新插入或更改后的记录，但是若建立新的连接，则在新的会话中不会查询到新插入或更改后的记录，这是因为 Oracle 默认是不提交事务的，这时需要显式地提交事务来执行数据的插入操作，即在图 3-10 中还需要单击按钮，或按 F11 键来提交事务。关于“事务”的相关概念，会在第 9 章详细介绍。

3.2.2　表的创建、修改

在 SQL Developer 中，可以在 SQL 工作表中使用 DDL 语句实现对表的创建与修改，也可以通过图形化界面的操作实现对表的创建与修改。

1. 创建表

下面通过图形化界面操作来创建一张表“t_teacher”，其中表的字段属性简述如下。

- 教师编号（tea_no），类型为“字符”，约束是“主键”;
- 教师姓名（name），类型为“字符”，约束是“非空”;

■ 年龄（age），类型为“整型”；
■ 生日（birthday），类型为“日期”。

注意　关于使用 SQL 创建表和修改表的语法知识将在第 5 章中详细讲解。

下述步骤用于实现任务描述 3.D.3，通过 SQL Developer 图形化界面实现表的创建。

【描述 3.D.3】实现表的创建

01 在左侧导航栏中选择数据库连接“scott_orcl”，建立与数据库的连接。

02 在导航栏中选择“表”节点，右键单击，在弹出的菜单中选择“新建表”命令，进入“创建表”界面，如图 3-13 所示。

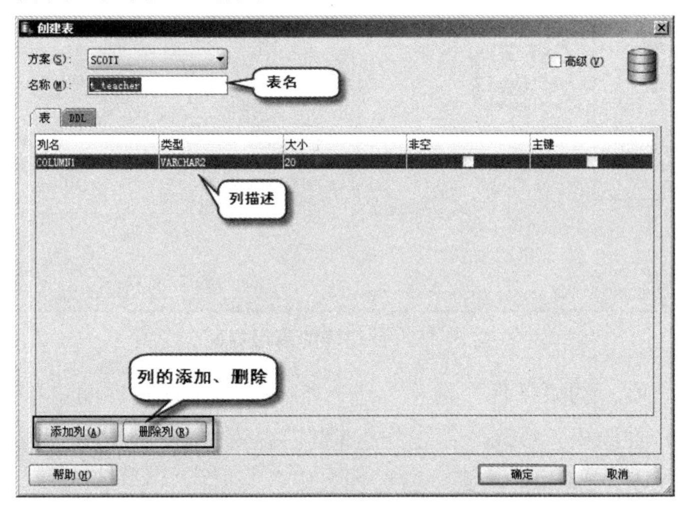

图 3-13　创建表的初始界面

03 首先在“方案”下拉列表中选择“SCOTT”用户，在表名中输入“t_teacher”，其中“高级”复选框暂不选中。单击“添加列”按钮，为表设置列名、数据类型、大小、是否为空及是否主键等基本信息，如图 3-14 所示。

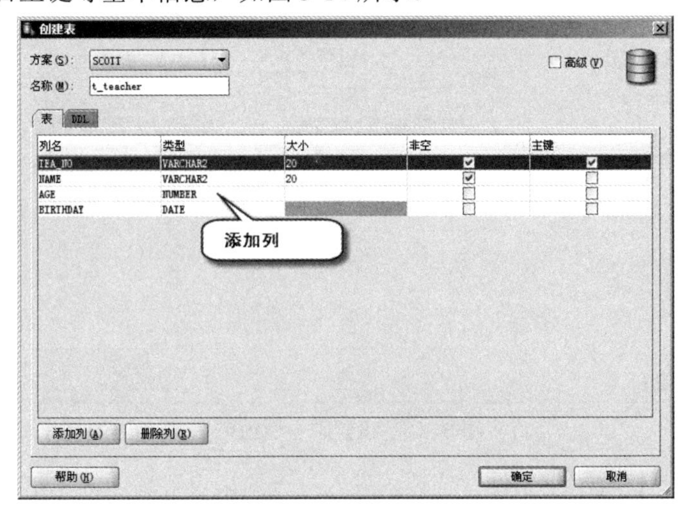

图 3-14　添加列信息

:::›**04** 输入完各个列的基本信息后，选中“高级”复选框，进入创建表的高级界面，如图 3-15 所示。在该界面中，可以进行表类型、列默认值、唯一性约束、检查约束、外键约束、索引、注释等高级信息的设定。

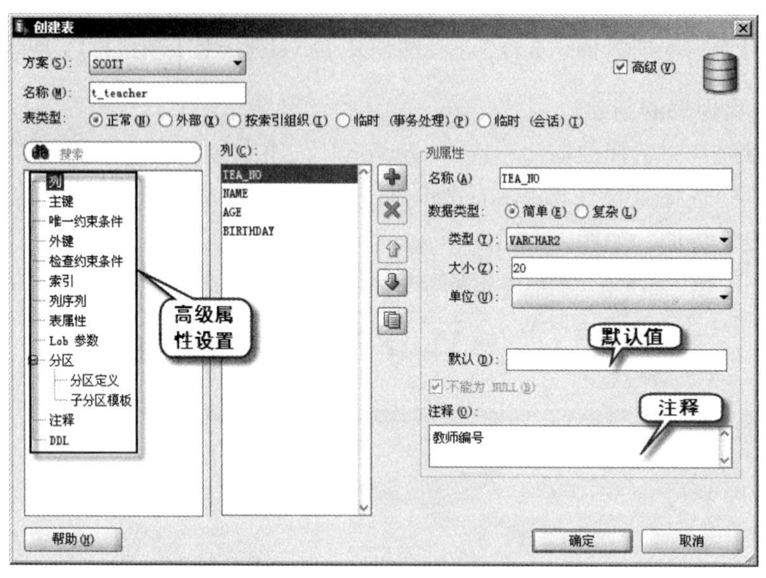

图 3-15 创建表的高级界面

:::›**05** 选择左侧的“唯一约束条件”选项，进入唯一性约束设置界面。单击“添加”按钮，添加一个唯一性约束，修改“名称”文本框内容为“UK_NAME”，双击“所选列（C）”列表中的 NAME，将其移动到“所选列表中”，如图 3-16 所示。

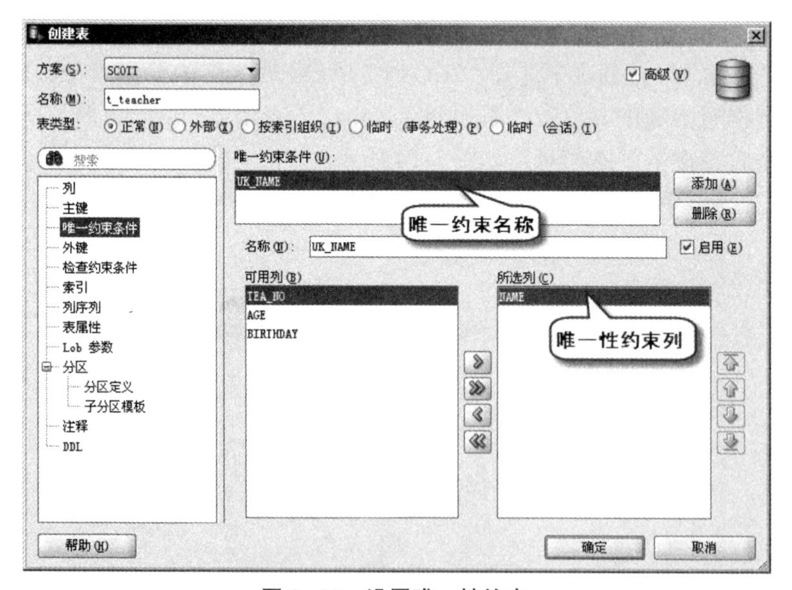

图 3-16 设置唯一性约束

:::›**06** 选择左侧的“检查约束条件”选项，进入检查约束设置界面。单击“添加”按钮，添加一个检查约束，修改“名称”文本框的内容为“CK_AGE”，在“条件”文本框中输

入检查约束条件，如“AGE BETWEEN 18 AND 60”，即设置教师的年龄在 18 周岁到 60 周岁之间，如图 3-17 所示。

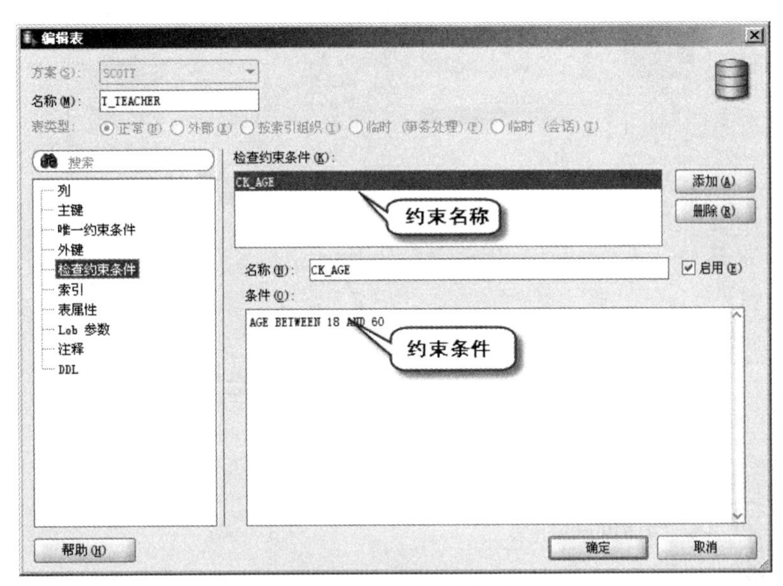

图 3–17 设置检查约束

07 选择左侧的“DDL”选项，可以查看创建该表所使用的 SQL 语句。可以单击“保存”按钮，将 SQL 语句保存到一个 SQL 脚本文件中。

08 单击“确定”按钮，开始创建表，创建完成后，返回 SQL Developer 操作界面，新创建的表就会出现在 scott_orcl 中“表”节点的下面。

2. 修改表

在 t_teacher 表创建后，可以根据业务需要对表进行修改。例如，可以添加或删除列，可以对约束进行修改等。

下述步骤用于实现任务描述 3.D.3，通过 SQL Developer 图形化界面操作对 t_teacher 表添加一列，其中列名为 SEX（性别），数据库类型为 CHAR 类型，非空，默认值为“男”。

01 在 SQL Developer 操作界面的左侧导航栏中选择数据库连接 scott_orcl，建立与数据库的连接。

02 展开“表”节点，右键单击要修改的表“t_teacher”，在弹出菜单中选择“编辑”命令，进入“编辑表”对话框。

03 在“编辑表”对话框中，选择左侧的“列”选项，单击 ✚ 按钮，然后在“列”属性部分设置新添加列的名称、类型、大小，并选中“不能为空值”复选框，如图 3-18 所示。

04 在修改完表结构信息后，单击“确定”按钮，开始修改表，然后返回 SQL Developer 操作界面，可以打开该表查看更改后的表结构。

图 3-18　修改表：添加列

3.3　开发与调试

通过 SQL Developer 工具，开发人员可以进行 PL/SQL 程序的开发、运行、调试。

PL/SQL 程序主要用于创建存储过程、函数、程序包、触发器等功能模块，接下来将以存储过程的开发为例，讲解如何在 SQL Developer 中进行存储过程的编写、运行和调试。

3.3.1　创建存储过程

创建一个存储过程，该存储过程的功能是根据输入的部门编号，输出当前部门的信息，其中，使用标量变量作为输出参数。

下述步骤用于实现任务描述 3.D.4，通过 SQL Developer 图形化界面创建一个存储过程“get_dept”，根据输入部门编号输出当前部门信息。

【描述 3.D.4】创建存储过程

01 在 SQL Developer 操作界面左侧的导航栏中选择数据库连接 scott_orcl，建立与数据库的连接。

02 在导航栏中右键单击“过程”节点，在弹出的菜单中选择“新建过程”命令，进入“创建 PL/SQL”界面，然后选择“SCOTT”方案，并设定过程名称为“get_dept”，然后选中“以小写方式添加新源”复选框，这样可以使得参数都为小写形式，最后进行参数设定，如图 3-19 所示。

注意　使用图形化添加存储过程参数时，SQL Developer 提供的参数类型较为简单，如果要使用复杂的类型，例如，记录类型等，需要在代码中编写。

03 单击“确定”按钮，进入 SQL 工作表，系统会自动生成创建存储过程的基本代码框架，如图 3-20 所示。

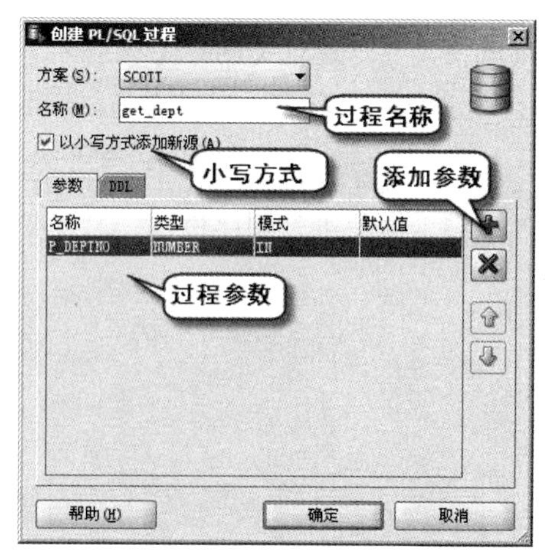

图 3-19　创建存储过程

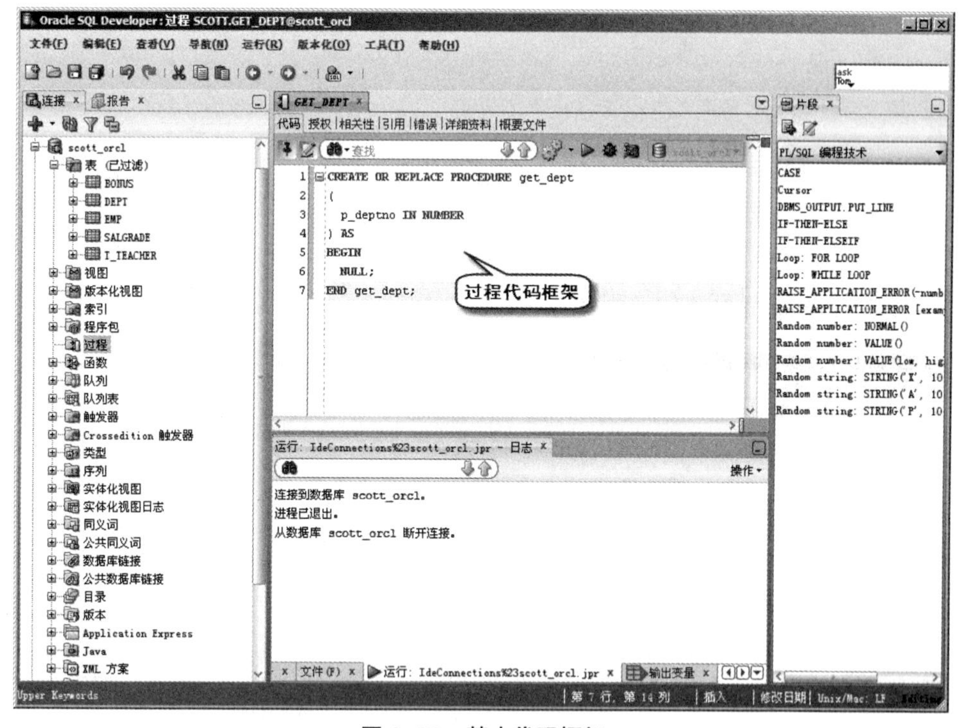

图 3-20　基本代码框架

系统生成的代码如下所示。

```
CREATE OR REPLACE PROCEDURE get_dept
(
  p_deptno IN NUMBER
) AS
BEGIN
  NULL;
END get_dept;
```

注意 上述代码中的编码风格，可以通过 Ctrl+”（双引号）快捷键来实现代码大小写的切换，包括全部小写、全部大写、首字母大写、关键字大写（变量小写）、关键字小写（变量大写）等方式。本书采用的是关键字大写（变量小写）的编码风格。

04 向过程代码框架中输入过程主体，进行程序设计，过程代码如下。

```
CREATE OR REPLACE
PROCEDURE get_dept(
   p_deptno IN dept.deptno%TYPE)
AS
  p_dname dept.dname%TYPE;
  p_loc dept.loc%TYPE;
BEGIN
  SELECT dname,loc INTO p_dname,p_loc FROM dept WHERE deptno = p_deptno;
  dbms_output.put_line('部门号：'||p_deptno||'，部门名：'||p_dname||'，位置：'||p_loc);
EXCEPTION
WHEN no_data_found THEN
  sys.dbms_output.put_line('不存在该部门');
END get_dept;
```

在 SQL Developer 界面中的过程业务代码显示如图 3-21 所示。

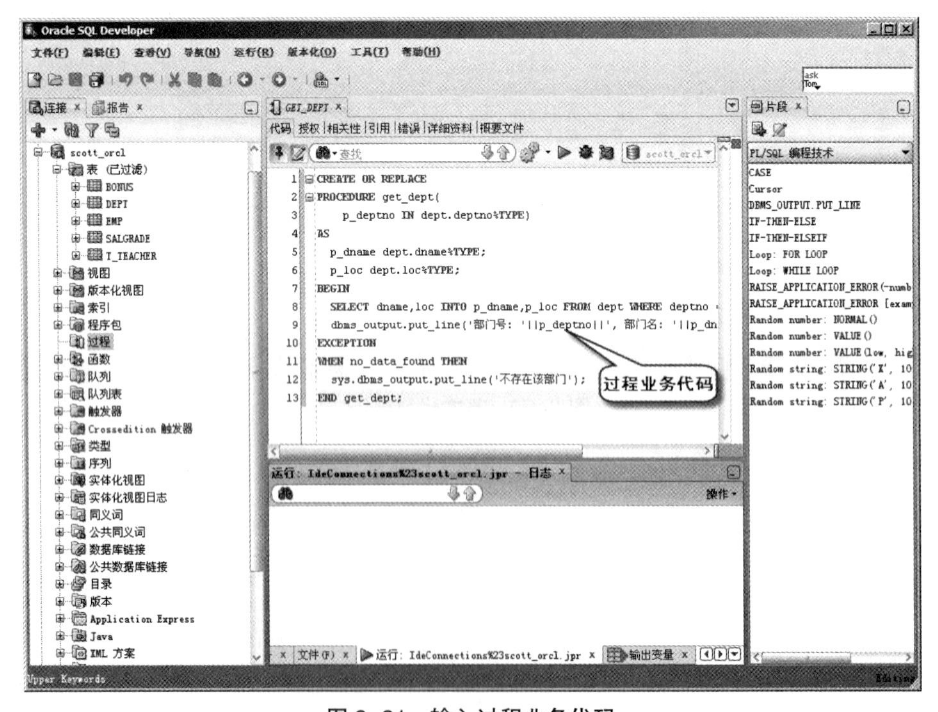

图 3-21 输入过程业务代码

05 输入完代码后，单击工具栏上的保存按钮，编译并保存该存储过程，如图 3-22 所示。

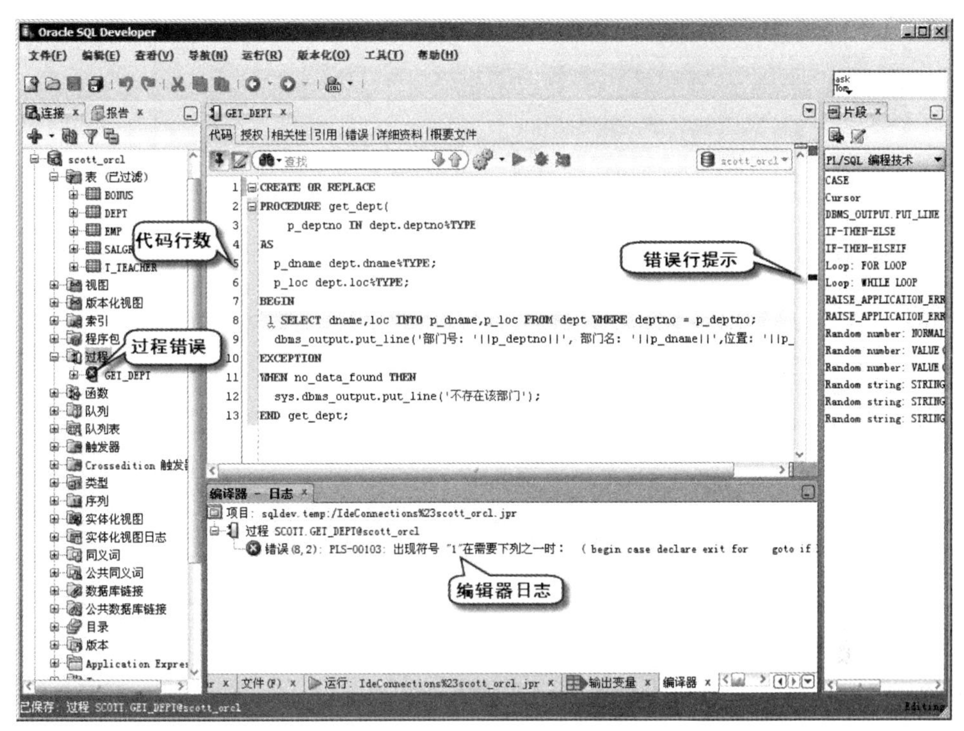

图 3-22　编辑过程业务代码

06 展开导航栏中的“过程”节点，可以看到创建的存储过程“GET_DEPT”，如果过程名称前面的图标上有个红色的叉号，则说明该存储过程存在编译错误，需要编辑修改。

07 右键单击有编译错误的存储过程名称，在弹出菜单中选择“编辑”命令进行编辑；也可以根据“编译器”日志栏目中的提示信息，进行代码编辑。

08 编辑完代码后，单击保存按钮或 Ctrl+S 组合键。此时，如果存储过程中没有错误，则原来的名称之前的红色叉号将消失，则出现符号。

注意　如图 3-20 所示的代码行数显示，可以进行如下设置：“首选项→代码编辑器→行装订线”，选中“显示行数”选项。

3.3.2　运行存储过程

在 3.3.1 节已经编写了名为“get_dept”的存储过程，接下来演示存储过程“get_dept”的调用，代码如下。

```
DECLARE
    v_deptno dept.deptno%TYPE;
BEGIN
    v_deptno :=&p_deptno;
    get_dept(v_deptno);
END;
```

将上述代码输入到 SQL 工作表中，并单击按钮▶，如图 3-23 所示。

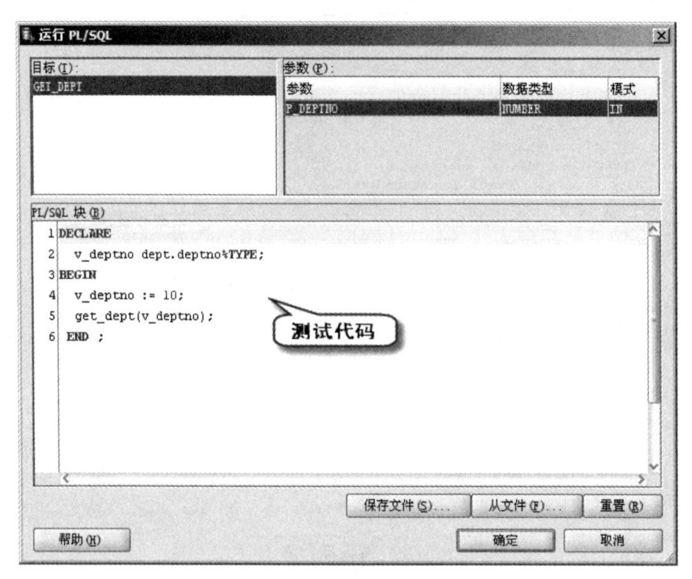

图 3-23　调用存储过程

上述代码执行后，输出如图 3-24 所示的结果。

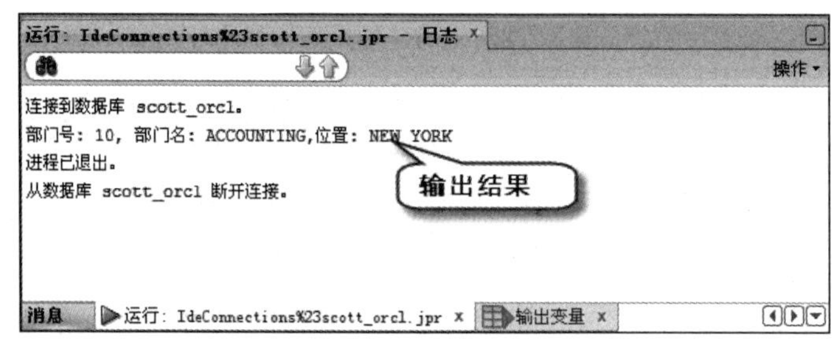

图 3-24　输出结果

3.3.3　调试存储过程

虽然 PL/SQL 程序各式各样，但是调试的方法基本相似，通常的步骤如下。

01 编写程序代码，进行编译，修改各种编译错误，确保没有编译错误后进行保存；

02 让程序处于调试状态；

03 在适当的地方设置断点，然后将程序运行到断点处；

04 查看断点程序状态，例如，变量值、输入结果等，然后修改变量，控制程序运行流程，进行程序调试；

05 如果程序逻辑有问题，需要反复调试修改，直到完全正确为止。

如果在 Scott 用户下进行调试，需要对该用户赋予“DEBUG CONNECT SESSION”与“DEBUG ANY PROCEDURE”系统权限，这时 Scott 用户才可以调试 PL/SQL 程序。以 SYS

身份登录，在 SQL 工作表中输入以下命令，给 Scott 用户赋予调试权限，代码如下。

```
GRANT DEBUG CONNECT SESSION,DEBUG ANY PROCEDURE TO scott;
```

下述步骤用于实现任务描述 3.D.4，通过 SQL Developer 图形化界面对 get_dept 过程进行调试。

01 在 SQL Developer 操作界面左侧的导航栏中选择数据库连接 scott_orcl，建立与数据库的连接。

02 展开导航栏中的“过程”节点，在“GET_DEPT”过程节点上右键单击，并选择“编辑”命令，进入过程编辑窗口，单击第 9 行的行号，在该行设置断点，以便查看程序运行到该行时变量值的显示情况，如图 3-25 所示。

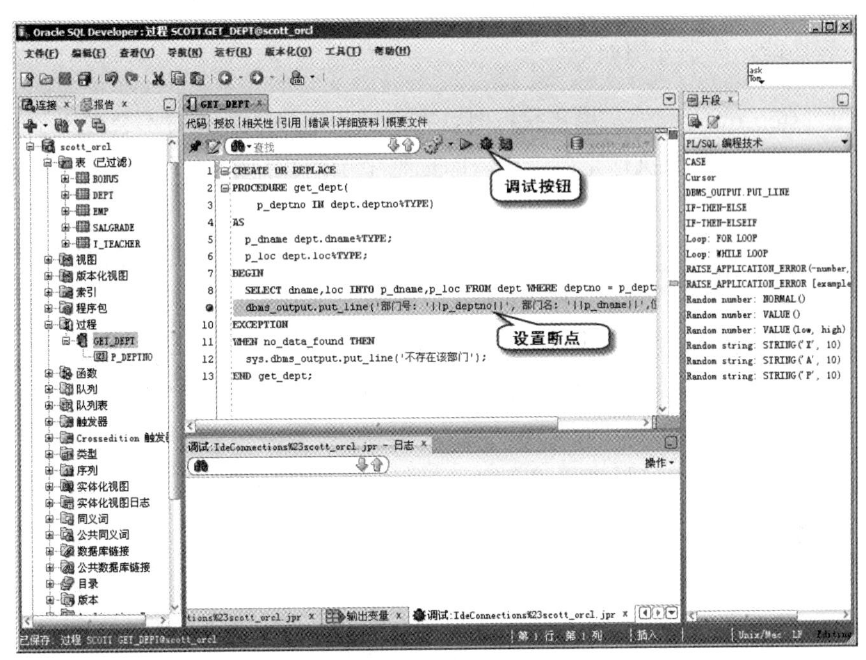

图 3-25　过程编辑窗口

03 单击调试按钮，进入“调试 PL/SQL”窗口，进行参数设置，如“v_deptno=10”。

04 单击“确定”按钮，程序执行到断点处，“调试-日志”窗口显示了当前程序运行的情况：在“数据”选项卡中显示当前各个变量的状态，如图 3-26 所示。

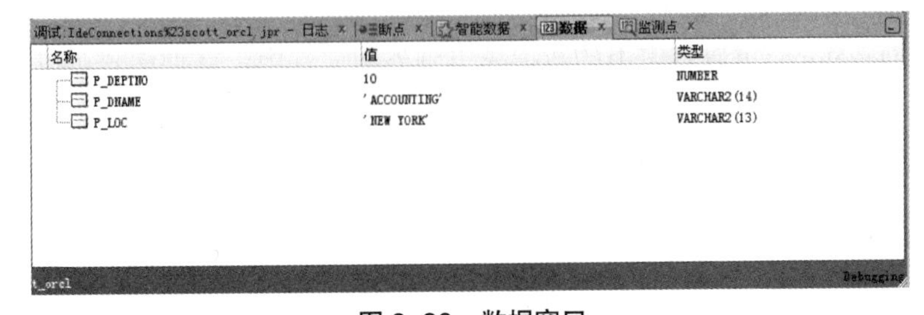

图 3-26　数据窗口

05 通过单击“调试-日志”窗口中的功能按钮进行调试，直到程序完全正确为止，“调试-日志”窗口如图 3-27 所示。

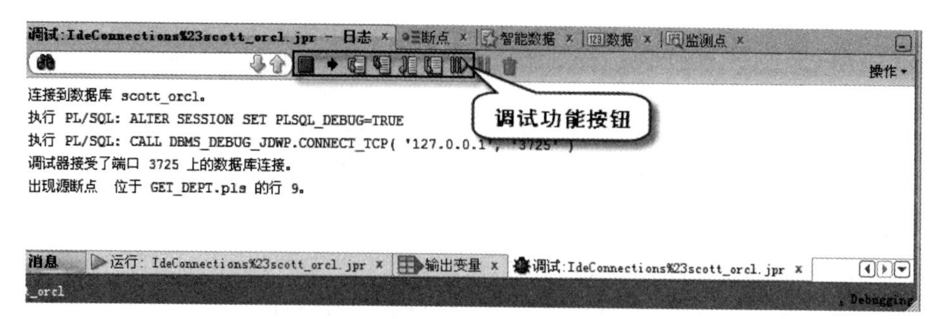

图 3-27 “调试-日志”窗口

如图 3-29 所示，常用的调试功能主要分为“步过”、“步入”、“步出”、“步至方法结束”等功能，分别介绍如下。

- 步过（step over）：表示单步执行时，在函数内遇到子函数时不会进入子函数单步执行，而是将子函数执行完再停止，即把整个子函数作为一步执行，可以使用快捷键 F8。
- 步入（step into）：表示单步执行时，如果遇到子函数，则进入子函数中继续进行单步执行，直到子函数执行完为止，可以使用快捷键 F7。
- 步出（step out）：表示单步执行进入子函数时，子函数后面的语句不需要一步一步烦琐地单步执行，这时使用 step out 命令可以执行完子函数的剩余部分，并返回上一层函数。
- 步至方法结束：可以直接跳至当前函数的最后一行代码。

3.4 导入与导出

通过 SQL Developer 可以将数据库对象的定义语句导出到脚本中，例如，可以将表、视图、索引、序列等数据库对象的定义导出到脚本中。此外，还可以将表中的数据导出到多种格式的外部文件中，也可以将外部文件中的数据导入到表中。

3.4.1 导出数据

利用 SQL Developer 可以将表中的数据导出到外部文件中，文件格式可以为 insert、xls、xlsx、csv、xml、text 等。

下述步骤用于实现任务描述 3.D.5，通过 SQL Developer 图形化界面导出 emp 表中的数据。

【描述 3.D.5】导出表中数据

01 在 SQL Developer 操作界面左侧的导航栏中选择数据库连接 scott_orcl，建立与数据库的连接。

02 在导航栏中展开“表”节点，右键单击要进行数据导出操作的表“emp”，在弹出的菜单中选择“insert”命令，如图 3-28 所示。

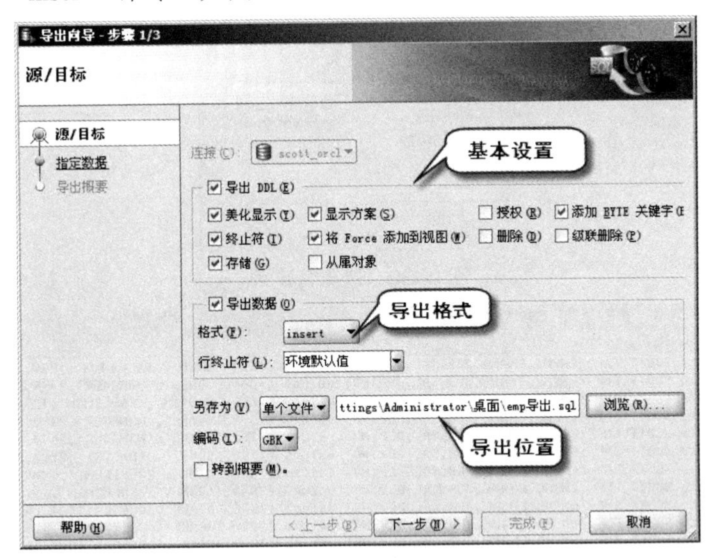

图 3–28　表数据导出

03 单击“下一步”按钮，进入“指定数据”窗口，如图 3-29 所示。

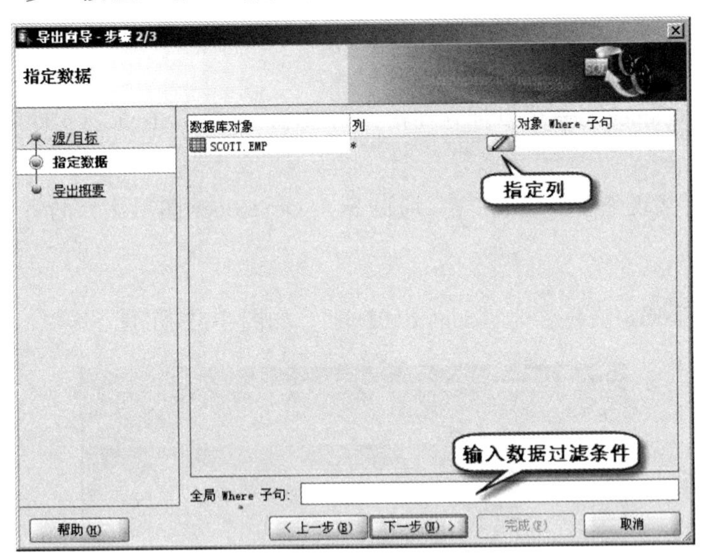

图 3–29　指定数据

04 单击“指定列”按钮，可以选择特定的列进行导出，如图 3-30 所示。

05 单击“下一步”按钮进入“导出概要”界面，在该界面中可以看到将要导出哪些信息，单击“完成”按钮就可以导出所需的表数据，在操作系统中找到导出的文件并打开可以查看文件的内容，如图 3-31 所示。

图 3-30　选择特定列

```
emp导出.sql - 记事本
文件(F) 编辑(E) 格式(O) 查看(V) 帮助(H)
Insert into SCOTT.EMP (EMPNO,ENAME,JOB,SAL,DEPTNO) values (7521,'WARD','SALESMAN',1250,30);
Insert into SCOTT.EMP (EMPNO,ENAME,JOB,SAL,DEPTNO) values (7566,'JONES','MANAGER',2975,20);
Insert into SCOTT.EMP (EMPNO,ENAME,JOB,SAL,DEPTNO) values (7654,'MARTIN','SALESMAN',1250,30);
Insert into SCOTT.EMP (EMPNO,ENAME,JOB,SAL,DEPTNO) values (7698,'BLAKE','MANAGER',2850,30);
Insert into SCOTT.EMP (EMPNO,ENAME,JOB,SAL,DEPTNO) values (7782,'CLARK','MANAGER',2450,10);
Insert into SCOTT.EMP (EMPNO,ENAME,JOB,SAL,DEPTNO) values (7788,'SCOTT','ANALYST',3000,20);
Insert into SCOTT.EMP (EMPNO,ENAME,JOB,SAL,DEPTNO) values (7839,'KING','PRESIDENT',5000,10);
Insert into SCOTT.EMP (EMPNO,ENAME,JOB,SAL,DEPTNO) values (7844,'TURNER','SALESMAN',1500,30);
Insert into SCOTT.EMP (EMPNO,ENAME,JOB,SAL,DEPTNO) values (7876,'ADAMS','CLERK',1100,20);
Insert into SCOTT.EMP (EMPNO,ENAME,JOB,SAL,DEPTNO) values (7900,'JAMES','CLERK',950,30);
Insert into SCOTT.EMP (EMPNO,ENAME,JOB,SAL,DEPTNO) values (7902,'FORD','ANALYST',3000,20);
Insert into SCOTT.EMP (EMPNO,ENAME,JOB,SAL,DEPTNO) values (7934,'MILLER','CLERK',1300,10);
```

图 3-31　导出的表数据

3.4.2　导入数据

利用 SQL Developer 工具可以把存储格式为 XLS、CSV、Text 的文件中的数据导入到数据库表中。

下述步骤用于实现任务描述 3.D.5，通过 SQL Developer 图形化界面将 Excel 中的数据导入数据库中。

01 创建一个 Excel，文件名为“dept_data.xls”，如图 3-32 所示，其中，第 1 行为标题行。

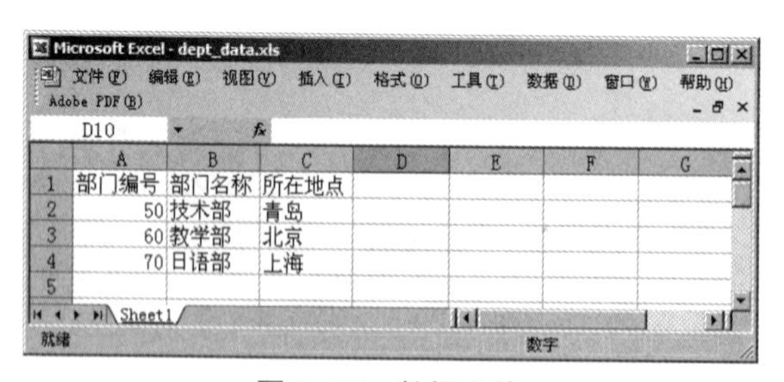

	A	B	C	D	E	F	G
1	部门编号	部门名称	所在地点				
2	50	技术部	青岛				
3	60	教学部	北京				
4	70	日语部	上海				
5							

图 3-32　数据文件

02 在 SQL Developer 操作界面左侧的导航栏中选择数据库连接 scott_orcl，建立与输入的连接。

03 在导航栏中展开“表”节点，右键单击要进行数据导入操作的表“DEPT”，在弹出菜单中选择“导入数据”命令，进入“打开”对话框，选择要导入数据库的文件的位置和名称，如图 3-33 所示。

图 3–33　选择文件

04 选中文件后，单击“打开”按钮，进入“数据预览”界面，选中“标题”复选框，如图 3-34 所示。

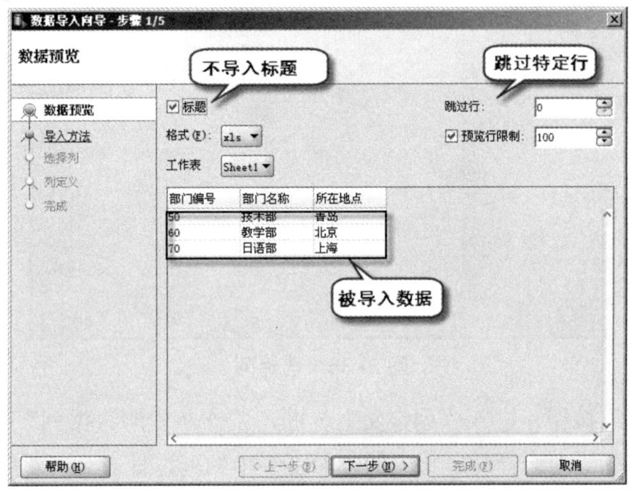

图 3–34　数据预览

如上图所示，如果选中“标题”复选框，则表示 Excel 的标题行不会导入到“DEPT”表中，否则把标题行也导入到“DEPT”表中；“跳过行”表示可以按顺序跳过某些行，导入后续的行。

注意　读者可以通过选中或取消选中“标题”复选框，同时设置跳过的行数，来测试一下导入数据部分的显示效果，加深理解。

05 单击“下一步”按钮，进入“导入方法”界面，如图 3-35 所示，可以选择导入的行数限制。

06 单击“下一步”按钮，进入“选择列”界面，可以从“可用列”列表中按照与数据库表对应的顺序选择各列到“所选列”列表中，如图 3-36 所示。

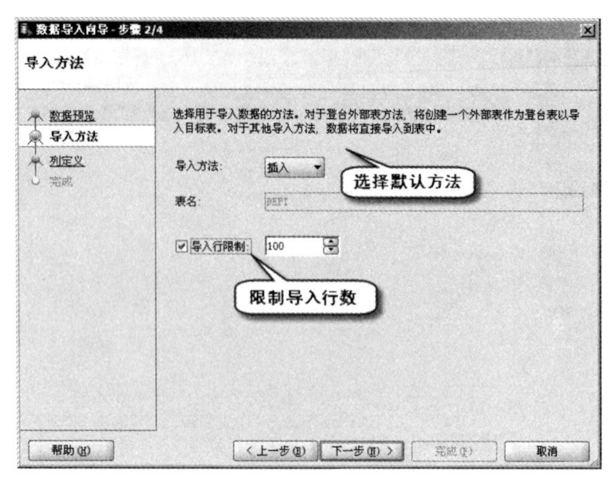

图 3–35　导入方法

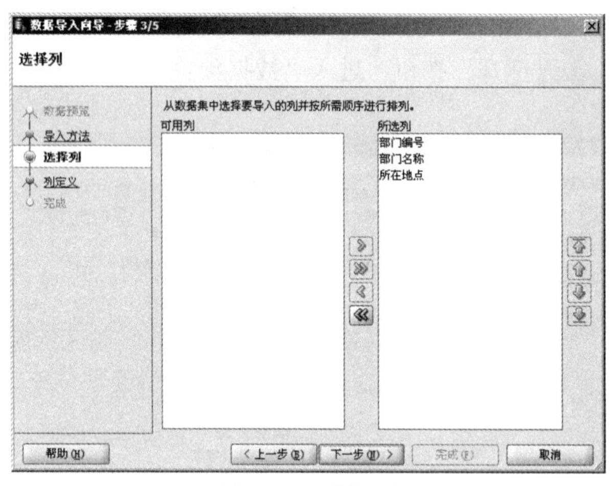

图 3–36　选择列

07 单击“下一步”按钮，进入“列定义”界面，依次从“源数据列”列表中选择列名，同时在“目标表列”中选择与之相应的表 DEPT 中的列，使之一一对应，如图 3-37 所示。

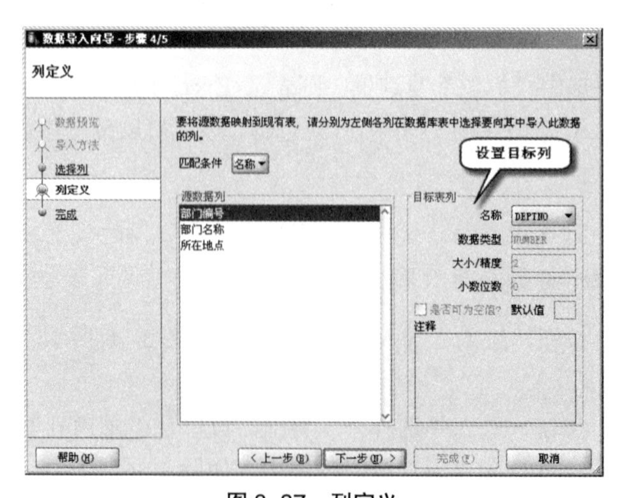

图 3–37　列定义

08 设置完成后，单击“下一步”按钮，进入“完成”界面。单击“验证”按钮，在导入前验证导入参数。如果验证成功，单击“完成”按钮，开始数据的导入，如图 3-38 所示。

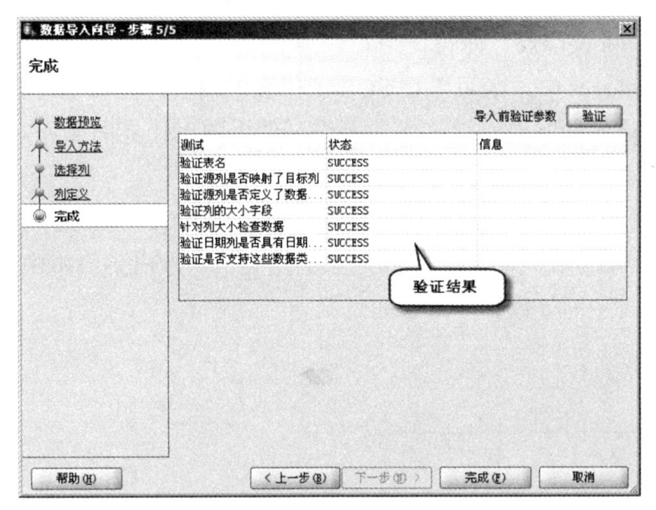

图 3–38　“完成”界面

09 数据导入完成后，查看“DEPT”表，在右侧的“数据”选项卡中可以看到新导入的数据，如图 3-39 所示。

图 3–39　查看导入的数据

小结

通过本章的学习，学生应该能够学会：

- Oracle SQL Developer 是 Oracle 公司提供的一个免费的、图形化的、集成的数据库开发工具，可以方便高效地实现对 Oracle 数据库的开发工作。
- 在 Oracle 官方网站可以下载 Oracle SQL Developer 工具，该工具无须安装，解压后运行“sqldeveloper.exe”即可使用。
- 在 SQL Developer 中，既可以在 SQL 工作表中输入命令实现对数据库的操作，也可以通过图形化界面实现对数据库的操作，使用图形化界面操作对初学者来说较为简单。
- 使用 SQL Developer 工具，开发人员可以进行 PL/SQL 程序的开发、运行、调试。
- 使用 SQL Developer 可以将数据库对象的定义语句导出到脚本中，例如，可以将表、视图、索引、序列等数据库对象的定义导出到脚本中。

练习

1. 场景与要求

启动 SQL Developer 工具进行以下实践。

1） 利用 SQL Developer 工具创建与目标数据库的连接。

2） 利用 SQL 工作表及图形化界面进行数据查询、插入、修改、删除操作。

3） 利用 SQL 工作表及图形化界面进行对数据库对象的定义、修改操作。

4） 利用图形化界面进行数据的导入、导出以及数据库对象定义的导出操作。

5） 利用 SQL 工作表及图形化界面进行 PL/SQL 程序的编写、调试、运行操作。

2. 关键步骤

1） 建立与数据库的连接，当前数据库用户应该具有各种操作权限。

2） 利用 SQL 工作表及图形化界面实现对数据库的各种操作。

3） 利用图形化界面实现对数据库的各种操作。

第 4 章　SQL 应用基础

本章目标

- 了解 SQL 语句的特点以及编写规则
- 掌握列查询、条件查询、运算符查询、数据排序和联合查询
- 掌握内连接和外连接的区别及其用法
- 掌握子查询的语法及其应用
- 理解函数的分类和作用以及单行函数和分组函数的定义
- 掌握数值型函数、字符函数、日期函数、转换函数以及常用的分组函数的用法
- 掌握使用 INSERT INTO 语句插入数据，以及使用子查询复制数据
- 掌握使用 UPDATE 语句更新数据，以及根据子查询更新数据
- 掌握特殊数据在进行数据插入、更新时的处理
- 掌握使用 DELETE 语句删除表格中的数据
- 掌握在 DML 操作中 COMMIT、ROLLBACK、SAVEPOINT 的用法

学习导航

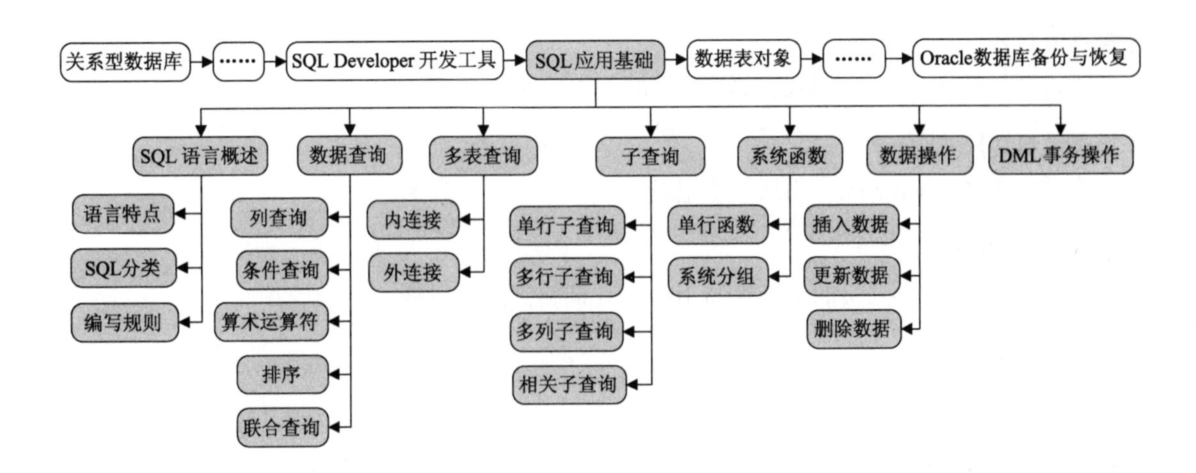

任务描述

【描述 4.D.1】

查询并显示部门号为 30 的雇员编号、姓名、岗位、上级编号、受雇佣日期和薪水。

【描述 4.D.2】

查询 RESEARCH（部门编号未知）部门内所有员工的员工信息。

【描述 4.D.3】

查询所有员工中工资高于 ALLEN 的员工的姓名。

【描述 4.D.4】

从员工表中查询部门号为 20 的工作岗位，并得到与上述岗位相同的员工的姓名、岗位、工资、部门号。

【描述 4.D.5】

查询并显示部门号为 30 的雇员名及其日平均工资（按 21 个工作日计算）的情况，要求工资精确到小数点后两位。

【描述 4.D.6】

查询并显示 1981 年 10 月 1 日后入职的雇员名和入职日期。

【描述 4.D.7】

使用 NVL 函数处理 emp 表补助列（comm）包含空值的情形。

【描述 4.D.8】

查询并显示雇员的总人数及已分配的部门数。

【描述 4.D.9】

为部门表（department）添加一条记录。

【描述 4.D.10】

将部门号为 10 的雇员的工资提高 10%，并调整其入职日期。

【描述 4.D.11】

删除部门号为 15 的部门。

【描述 4.D.12】

基于 DML 操作演示事务的提交和回滚操作。

4.1 SQL 语言概述

SQL（Structured Query Language）是“结构化查询语言”，最早是 IBM 的圣约瑟研究实验室为其关系数据库管理系统 SYSTEM R 开发的一种查询语言，它的前身是 SQUARE 语言。

SQL 语言结构简洁、功能强大、简单易学，在当今主流数据库中得到了广泛的应用。

20 世纪 70 年代初，埃德加・考特（Edgar Frank Codd）首先提出了关系模型。20 世纪 70 年代中期，IBM 公司在研制 SYSTEM R 关系数据库管理系统中研制了 SQL 语言。

1979 年 Oracle 公司首先提供了商用的 SQL，IBM 公司在 DB2 和 SQL/DS 数据库系统中也实现了 SQL。

1986 年 10 月，美国 ANSI 采用 SQL 作为关系数据库管理系统的标准语言（ANSI X3.135-1986），后为国际标准化组织（ISO）采纳为国际标准。

1989 年，美国 ANSI 采纳在 ANSI X3.135-1989 报告中定义的关系数据库管理系统的 SQL 标准语言，称为“ANSI SQL 89”，该标准替代 ANSI X3.135-1986 版本。该标准由国际标准化组织（ISO）所采纳。目前，所有主要的关系数据库管理系统支持某些形式的 SQL 语言，大部分数据库都遵守 ANSI SQL89 标准。

如图 4-1 所示描述了 SQL 语句的基本功能及在数据库中的执行过程。

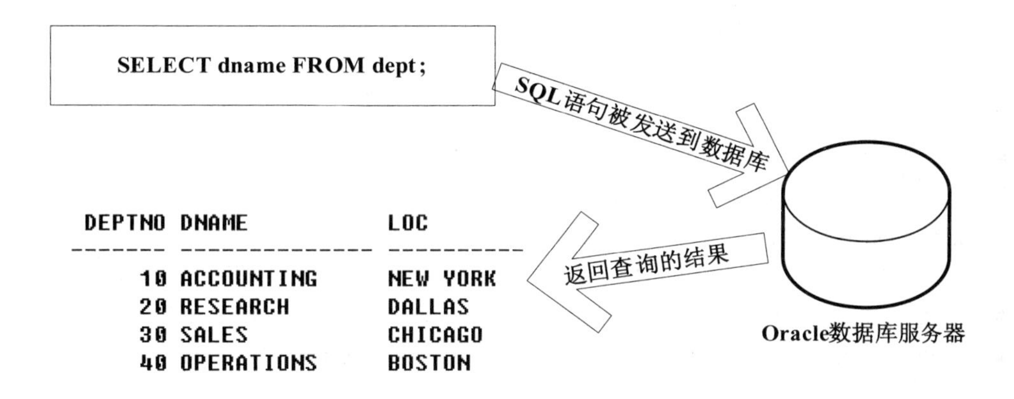

图 4-1 SQL 功能

4.1.1 SQL 语言特点

SQL 语言是一个非过程化的语言，它一次处理一个记录，对数据提供自动导航。同时它允许用户在高层的数据结构上工作，而不仅可以对单个记录进行操作，也可操作记录集合。所有 SQL 语句接受集合作为输入，返回集合作为输出。SQL 语言的集合特性允许一条 SQL 语句的结果作为另一条 SQL 语句的输入。

SQL 语言不要求用户指定对数据的存放方法。这种特性使用户更易集中精力于要得到的结果。所有 SQL 语句使用查询优化器，它是 RDBMS 的一部分，由它决定对指定数据存取的最快速度的手段。查询优化器知道存在什么索引，哪儿使用合适，而用户从不需要知道表是否有索引，表有什么类型的索引等信息。

SQL 语言是一个通用的、结构化的查询语言，其主要特点可以概括如下。

- SQL 语言是统一的语言。SQL 可用于所有用户的 DB 活动模型，包括系统管理员、数据库管理员、应用程序员、决策支持系统人员及许多其他类型的终端用户。
- SQL 语言语法简单易学，基本的 SQL 命令只需要很少时间就能学会，最高级的命令在几天内便可掌握。SQL 语言可以对数据库进行多种操作，主要包括：
  - 查询数据；
  - 在表中插入、修改和删除记录；
  - 建立、修改和删除数据对象；
  - 控制对数据和数据对象的存取；
  - 保证数据库的一致性和完整性。
- SQL 语言是所有关系数据库的公共语言。由于所有主要的关系数据库管理系统都支持 SQL 语言，用户可将使用 SQL 的技能从一个 RDBMS 转到另一个。所有用 SQL 编写的程序都是可移植的。

4.1.2　SQL 分类

SQL 语句依据操作对象和类型的不同，通常可以分为如下 5 类，如图 4-2 所示。

- 数据查询语言（DQL，Data Query Language）包括 SELECT；
- 事物控制语言（TCL，Transaction Control Language）：包括 COMMIT、ROLLBACK、SAVEPOINT 3 条语句；
- 数据操纵语言（DML，Data Manipulation Language）包括 INSERT、UPDATE、DELETE；
- 数据定义语言（DDL，Data Definition Language）包括 CREATE、ALTER、DROP 等；
- 数据控制语言（DCL，Data Control Language）包括 GRANT、REVOKE 等。

数据库厂商在实现自己的 SQL 时，都会对标准的 SQL 语言进行扩展，以更好地操作或管理数据。如 Oracle 数据库对 SQL 语言进行了扩展，Oracle 中的 SQL 比标准 SQL 多实现了 MERGE、GRANT、REVOKE 等语句。

4.1.3　SQL 语句编写规则

在开发过程中编写 SQL 语句时，为了保证每个项目组编写出的程序都符合相同的规范，便于理解和维护，减少出错概率，并且有助于成员间交流，通常需要制定 SQL 程序编码规范。对于 SQL 语句编写规则，不同的开发团队有不同的标准，在此给出一些通用规则。

- SQL 关键字在执行时并不区分大小写，它们既可以用大写格式，也可以用小写格式，或者混用大小写格式。为了统一标准，通常指定 SQL 关键字需要大写。

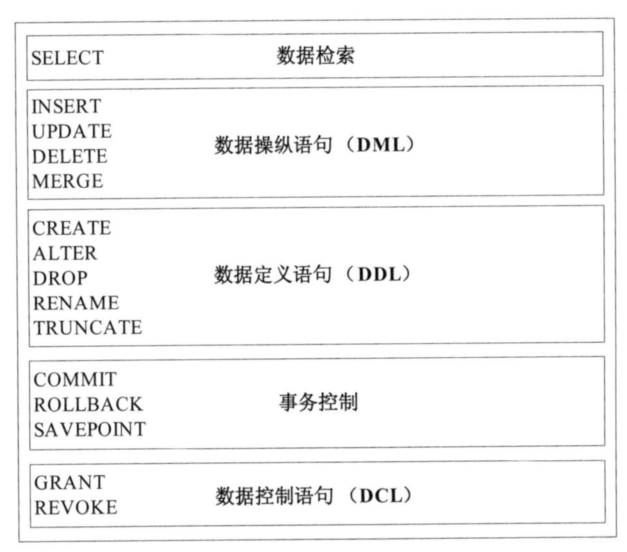

图 4-2　Oracle 的 SQL 语句分类

- 对象名和列名不区分大小写，它们既可以使用大写，也可以使用小写，或者混用大小写格式。为了统一标准，通常 SQL 的对象名或列名指定为小写。
- 字符值和日期值区分大小写。当在 SQL 语句中引用字符值和日期值时，必须给出正确的大小写数据，否则不能返回正确信息。
- 适当地增加空格和缩进，使程序更易读。
- 使用注释增强程序可读性。注释语法包含两种情况：单行注释、多行注释。单行注释前有两个连字符“--”，最后以换行符结束，多行注释使用符号“/*”和“*/”之间的内容作为注释内容，对某项完整的操作建议使用该类注释。例如：

```
--单行注释，查询部门所有信息
SELECT * FROM dept;
/* 多行注释，
    查询部门信息，包括：
    部门编号 deptno
    部门名称 dname
    部门位置 loc
*/
SELECT deptno,dname,loc FROM dept;
```

一份完整的编写规则还应该包含主键、索引、自定义数据类型、视图、存储过程与触发器等数据库对象的编写规则，这里不再给出完整内容，具体可参照上面已给出的定义。

4.2　数据查询

在关系数据库中，数据检索是最常用的关键操作之一。Oracle 中使用 SELECT 语句完成数据检索，在所有的 SQL 语句中，SELECT 语句功能最为强大和完善。

4.2.1 列查询

查询特定列是指检索表或视图某些列的数据。如果只需要取得部分列的信息，就需要查询特定列。当查询特定列时，因为需要指定列名，所以必须确定表或视图所包含的列。查询列的语法格式如下。

```
SELECT *|[DISTINCT column |expression [alias],...] FROM table_name
```

其中：

- *指示查询数据表的所有列；
- DISTINCT 指示消除结果集中的重复记录；
- column 指定需要查询的表的列名，多列之间用逗号“,”分隔；
- alias 指定列（表达式）的别名；
- table_name 指定需要查询的表的名字。

下述代码用于实现任务描述 4.D.1，查询部门表的部门编号、部门名称和部门位置信息。

【描述 4.D.1】查询部门表

```
SELECT deptno,dname,loc FROM dept;
```

执行结果如图 4-3 所示。

	DEPTNO	DNAME	LOC
1	10	ACCOUNTING	NEW YORK
2	20	RESEARCH	DALLAS
3	30	SALES	CHICAGO
4	40	OPERATIONS	BOSTON

图 4-3 查询结果

当执行查询操作时，某些情况下可能会返回相同的数据结果。因此在实际应用环境中，可能需要取消重复的数据，完成这项任务可以使用 DISTINCT 关键字。

注意 本章及后续章节的 SQL 命令都在 SQL Developer 的 SQL 工作表或在 SQL *Plus 中调试通过。后面不再说明。

下面代码片段实现如下功能：分别通过不使用 DISTINCT 和使用 DISTINCT 两种情况，从 emp 表中查询所有部门编号。

【代码 4-1】DISTINCT 消除重复记录

```
SELECT deptno FROM emp;
SELECT DISTINCT deptno FROM emp;
```

执行结果如图 4-4 所示。

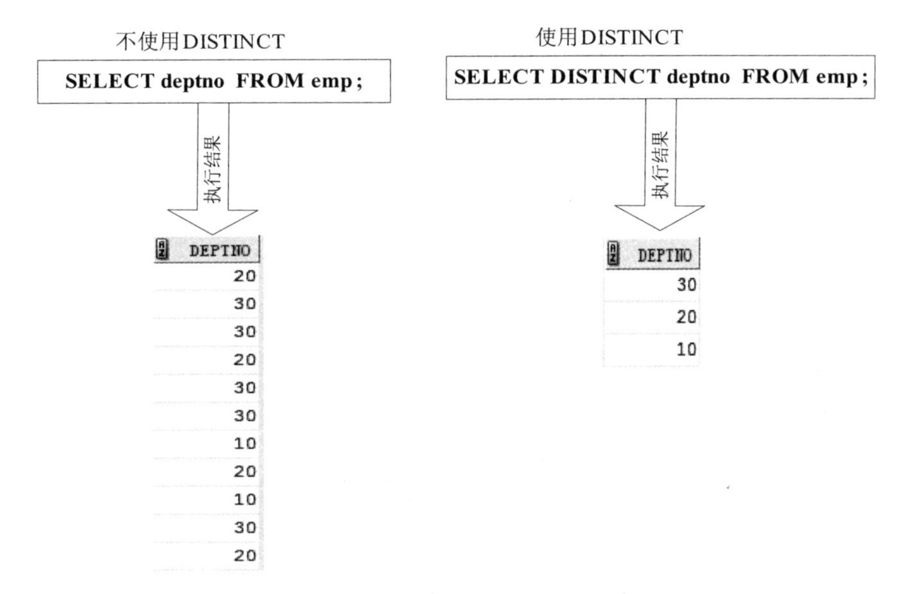

图 4-4　查询结果

从图 4-4 可以看出，使用了 DISTINCT 以后可以消除重复的行。

4.2.2　条件查询

SELECT 语句只能查询指定表中的所有列或部分列，而全部的行都被检索。为了限制数据并满足实际应用的需求，需要限制返回的行数，这就需要用到 WHERE 子句。

条件查询的语法格式如下。

```
SELECT *|[DISTINCT column |expression [alias],...]
FROM table
[WHERE <condition expression>];
```

其中：

- WHERE 常用来构成一个限制检索表中行数据的条件表达式；
- <condition expression>进行数据筛选的条件表达式，在条件表达式中可以使用常用的比较运算、逻辑运算符等。

下面代码片段实现如下功能：查询并显示部门号为 30 的雇员编号、姓名、工作、上级编号、雇佣日期和部门编号。

【代码 4-2】WHERE 条件查询

```
SELECT empno,ename,job,mgr,hiredate,deptno FROM emp WHERE deptno = 30;
```

执行结果如图 4-5 所示。

EMPNO	ENAME	JOB	MGR	HIREDATE	DEPTNO
7499	ALLEN	SALESMAN	7698	20-2月 -81	30
7521	WARD	SALESMAN	7698	22-2月 -81	30
7654	MARTIN	SALESMAN	7698	28-9月 -81	30
7698	BLAKE	MANAGER	7839	01-5月 -81	30
7844	TURNER	SALESMAN	7698	08-9月 -81	30
7900	JAMES	CLERK	7698	03-12月-81	30

图 4–5　查询结果

4.2.3　算术运算符

在进行 SQL 操作时，经常需要使用一些运算符对数据进行运算或构造条件，Oracle 中支持的算术运算符如表 4-1 所示。

表 4–1　算术运算符

操作	说明
+	加
-	减
*	乘
/	除

表 4-1 中所列运算符，除了 FROM 子句外，可以在任何一个 SQL 子句中使用。在 SQL 语句中，可以用列名、固定数值和运算符组成算术表达式供检索数据时使用。

下面代码片段实现如下功能：查询并显示部门号为 30 的雇员名及其年薪（税前，不含奖金）的情况。

【代码 4–3】算术运算

```
SELECT ename 姓名 ,sal *12 年薪 FROM emp WHERE deptno = 30;
```

执行结果如图 4-6 所示。

姓名	年薪
ALLEN	19200
WARD	48000
MARTIN	15000
BLAKE	34200
TURNER	18000
JAMES	11400

图 4–6　查询结果

在运算表达式中，同时存在有多个运算符时，按运算符的优先级进行运算。在 Oracle 中，乘、除的优先级要高于加、减。如果要改变优先级，那么可以使用括号。

下面代码片段实现如下功能：查询 SALES 部门（部门编号为 30）的所有员工的姓名、月薪及年薪（假设该部门年终奖金为 10000 元/人）。

【代码 4–4】算术运算

```
SELECT ename, sal, 12*sal+10000  FROM  emp WHERE deptno=30;
```

执行结果如图 4-7 所示。

ENAME	SAL	12*SAL+10000
ALLEN	1600	29200
WARD	1250	25000
MARTIN	1250	25000
BLAKE	2850	44200
TURNER	1500	28000
JAMES	950	21400

图 4–7　查询结果

4.2.4　排序

为了方便数据的查看，通常需要对检索到的结果集按一定的顺序进行显示。SELECT 中使用关键字 ORDER BY 实现排序，其语法格式如下。

```
SELECT *|[DISTINCT column |expression [alias],...]
FROM table[,<table2>[,…]]
[WHERE <condition expression>]
[ORDER BY <column_order> [ASC | DESC]];
```

其中：

- column_order 应该是查询结果中的一个字段，且可以进行大小比较（如数值、时间日期等）；
- ASC 代表升序，默认值可以省略；DESC 代表降序。

下面代码片段实现如下功能：查询 RESEARCH 部门（编号 20）的员工工资信息（姓名、工作岗位、工资）并按工资降序排列。

【代码 4–5】DESC 降序排序

```
SELECT ename,job,sal FROM emp WHERE deptno=20 ORDER BY sal DESC;
```

执行结果如图 4-8 所示。

ENAME	JOB	SAL
SCOTT	ANALYST	3000
FORD	ANALYST	3000
JONES	MANAGER	2975
ADAMS	CLERK	1100
SMITH	CLERK	1000

图 4–8　查询结果

4.2.5　联合查询

要从两个相似的表中查询数据，且两个表又没有任何关联。例如，从员工表和客户表中查询姓名和联系方式。要达到这个要求可以使用联合查询。联合查询的主要作用就是合并多个相似的选择查询的结果集。

进行联合查询必须满足下面条件。

- 两个查询具有相同的列数；
- 两个查询采用相同的列顺序；
- 两个查询对应列的数据类型兼容。

在联合查询中，每个选择查询都有一个 SELECT 子句和 FROM 子句，还可能有 WHERE 子句。其中，SELECT 子句列出包含要检索的数据的字段，FROM 子句列出包含这些字段的表，WHERE 子句则列出这些字段的条件。联合查询中的 SELECT 语句用 UNION 关键字组合在一起。

联合查询的语法格式如下。

```
SELECT *|[DISTINCT column |expression [alias],...]
FROM table[,<table2>[,…]]
[WHERE <condition expression>]
UNION
SELECT *|[DISTINCT column |expression [alias],...]
FROM table[,<table2>[,…]]
[WHERE <condition expression>]
```

其中，UNION 用于组合两个查询。

下面代码片段实现如下功能：分别从雇员表、部门表中查询出雇员名和部门名，并合并到一个结果集中进行显示。

【代码 4-6】UNION 联合查询

```
SELECT ename FROM emp
UNION SELECT dname FROM dept;
```

执行结果如图 4-9 所示。

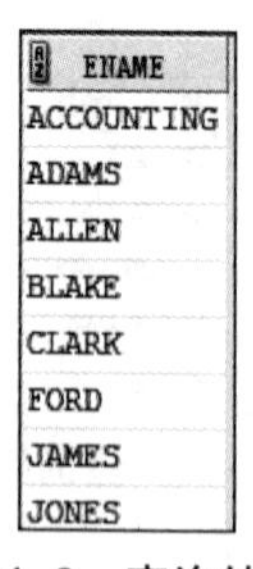

ENAME
ACCOUNTING
ADAMS
ALLEN
BLAKE
CLARK
FORD
JAMES
JONES

图 4-9 查询结果

上面执行结果由于记录太多，所以进行部分截图。

4.3　多表查询

在实际业务中，有时业务所需数据可能存在于不同数据表中，为了满足应用的需求，需要从多张表中检索数据，可以使用连接查询。连接查询专用于检索多个表或视图的数据，连接查询可分为内连接、外连接及交叉连接等，多表查询示意图如图 4-10 所示。

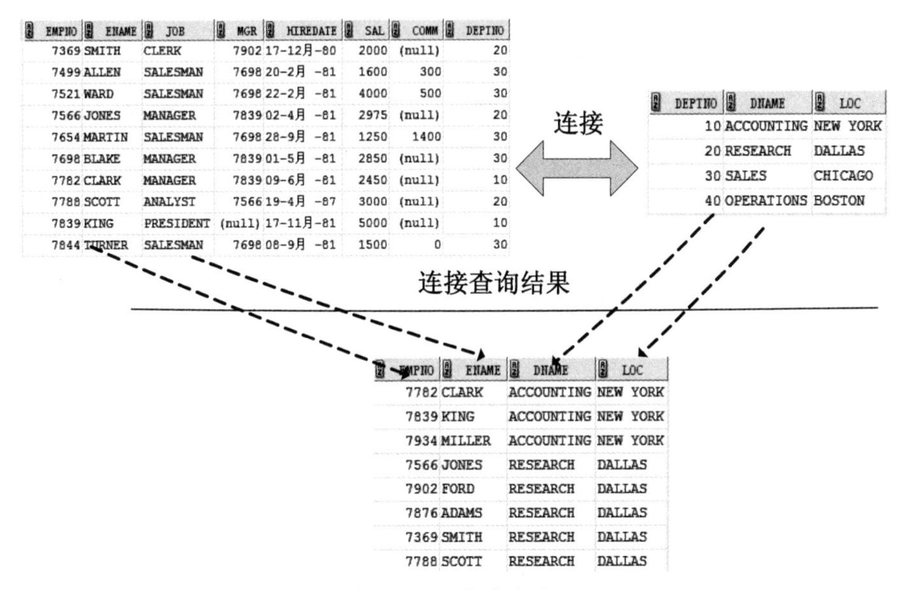

EMPNO	ENAME	JOB	MGR	HIREDATE	SAL	COMM	DEPTNO
7369	SMITH	CLERK	7902	17-12月-80	2000	(null)	20
7499	ALLEN	SALESMAN	7698	20-2月 -81	1600	300	30
7521	WARD	SALESMAN	7698	22-2月 -81	4000	500	30
7566	JONES	MANAGER	7839	02-4月 -81	2975	(null)	20
7654	MARTIN	SALESMAN	7698	28-9月 -81	1250	1400	30
7698	BLAKE	MANAGER	7839	01-5月 -81	2850	(null)	30
7782	CLARK	MANAGER	7839	09-6月 -81	2450	(null)	10
7788	SCOTT	ANALYST	7566	19-4月 -87	3000	(null)	20
7839	KING	PRESIDENT	(null)	17-11月-81	5000	(null)	10
7844	TURNER	SALESMAN	7698	08-9月 -81	1500	0	30

DEPTNO	DNAME	LOC
10	ACCOUNTING	NEW YORK
20	RESEARCH	DALLAS
30	SALES	CHICAGO
40	OPERATIONS	BOSTON

EMPNO	ENAME	DNAME	LOC
7782	CLARK	ACCOUNTING	NEW YORK
7839	KING	ACCOUNTING	NEW YORK
7934	MILLER	ACCOUNTING	NEW YORK
7566	JONES	RESEARCH	DALLAS
7902	FORD	RESEARCH	DALLAS
7876	ADAMS	RESEARCH	DALLAS
7369	SMITH	RESEARCH	DALLAS
7788	SCOTT	RESEARCH	DALLAS

图 4-10　多表查询

4.3.1　内连接

内连接是最为典型、最常用的连接查询。它根据表中共同的列来进行匹配，特别是两个表存在主外键关联关系时通常会使用到内连接查询。

内连接查询通常会使用像“＝”或者“<>”之类的比较运算符来判断两列数据项是否相等。

内连接查询返回连接表中符合连接条件和查询条件的数据行。内连接查询又分为两种，显式的内连接查询和隐式的内连接查询。

1. 显式内连接

显式内连接查询，一般简单称为“内连接查询”，其语法格式如下。

```
SELECT t1.column,t2.column
FROM table1 t1 INNER JOIN table2 t2
ON <condition expression> [INNER JOIN table3 ON <condition expression> [,…]]
[WHERE <condition expression>]
```

其中：

■ t1、t2 分别为表 table1 和 table2 的别名，column 用于指定特定的列名；
■ INNER JOIN 用于连接两个表；
■ ON 用于指定连接条件。

下述代码用于实现任务描述 4.D.2，查询 RESEARCH（不知道部门编号）部门内所有员工的员工信息。

【描述 4.D.2】INNER JOIN 内连接

```
SELECT e.ename,e.job,e.sal,d.dname,d.loc FROM emp e INNER JOIN dept d ON e.deptno
= d.deptno WHERE d.dname= 'RESEARCH';
```

执行结果如图 4-11 所示。

ENAME	JOB	SAL	DNAME	LOC
JONES	MANAGER	2975	RESEARCH	DALLAS
FORD	ANALYST	3000	RESEARCH	DALLAS
ADAMS	CLERK	1100	RESEARCH	DALLAS
SMITH	CLERK	1000	RESEARCH	DALLAS
SCOTT	ANALYST	3000	RESEARCH	DALLAS

图 4–11　查询结果

2. 隐式内连接

隐式内连接又称为“相等连接”，其语法格式如下。

```
SELECT t1.column,t2.column
FROM table1 t1 , table2 t2[,<table3>[, …]]
[WHERE <condition expression>]
```

其中：

■ t1、t2 分别为表 table1 和 table2 的别名，column 用于指定特定的列名；
■ WHERE 指定连接条件和其他条件。

下面代码片段实现如下功能：查询 RESEARCH（不知道部门编号）部门内所有员工的员工信息。

【代码 4–7】隐式内连接

```
SELECT e.ename,e.job,e.sal,d.dname,d.loc FROM emp e , dept d WHERE e.deptno =
d.deptno AND d.dname= 'RESEARCH';
```

执行结果如图 4-12 所示。

注意 从图 4-11 和图 4-12 的结果可以看出，使用相等连接和内连接查询得到的结果相同，在通常情况下如果查询的表超过两个，建议使用内连接，这样语句可读性较强。

ENAME	JOB	SAL	DNAME	LOC
JONES	MANAGER	2975	RESEARCH	DALLAS
FORD	ANALYST	3000	RESEARCH	DALLAS
ADAMS	CLERK	1100	RESEARCH	DALLAS
SMITH	CLERK	1000	RESEARCH	DALLAS
SCOTT	ANALYST	3000	RESEARCH	DALLAS

图 4–12　查询结果

4.3.2　外连接

外连接包括左外连接、右外连接和完整外连接。

1. 左外连接

左外连接返回的结果包括 LEFT JOIN 子句中指定的左表的所有行，而不仅仅是连接列所匹配的行。如果左表的某行在右表中没有匹配行，则在相关连接的结果集行中右表的所有选择列均为 NULL。其语法格式如下。

```
SELECT t1.column,t2.column
FROM table1 t1 LEFT [OUTER] JOIN table2 t2
ON <condition expression> [LEFT [OUTER] JOIN table3 ON <condition expression> [,…]]
[WHERE <condition expression>]
```

其中：

- t1、t2 分别为表 table1 和 table2 的别名，column 用于指定特定的列名；
- LEFT JOIN 用于连接两个表，在 LEFT JOIN 左边的称为“左表”，在 LEFT JOIN 右边的称为“右表”；
- ON 用于指定连接条件。

下面代码片段实现如下功能：查询所有员工的姓名、工作岗位、工资、所属部门及办公地点信息。

【代码 4–8】LEFT JOIN 左外连接

```
SELECT e.ename,e.job,e.sal,d.dname,d.loc FROM emp e LEFT JOIN dept d ON e.deptno
= d.deptno;
```

执行结果如图 4-13 所示。

2. 右外连接

右外连接返回的结果包括 RIGHT JOIN 子句中指定的右表的所有行，而不仅仅是连接列所匹配的行。如果右表的某行在左表中没有匹配行，则在相关连接的结果集行中左表的所有选择列均为 NULL。其语法格式如下。

```
SELECT t1.column,t2.column
FROM table1 t1 RIGHT [OUTER] JOIN table2 t2
```

```
ON <condition expression> [RIGHT [OUTER] JOIN table3 ON <condition expression>
[,…]][WHERE <condition expression>]
```

ENAME	JOB	SAL	DNAME	LOC
MILLER	CLERK	1300	ACCOUNTING	NEW YORK
KING	PRESIDENT	5000	ACCOUNTING	NEW YORK
CLARK	MANAGER	2450	ACCOUNTING	NEW YORK
FORD	ANALYST	3000	RESEARCH	DALLAS
ADAMS	CLERK	1100	RESEARCH	DALLAS
SCOTT	ANALYST	3000	RESEARCH	DALLAS
JONES	MANAGER	2975	RESEARCH	DALLAS
SMITH	CLERK	1000	RESEARCH	DALLAS
JAMES	CLERK	950	SALES	CHICAGO
TURNER	SALESMAN	1500	SALES	CHICAGO
BLAKE	MANAGER	2850	SALES	CHICAGO
MARTIN	SALESMAN	1250	SALES	CHICAGO
WARD	SALESMAN	1250	SALES	CHICAGO
ALLEN	SALESMAN	1600	SALES	CHICAGO

图 4–13　查询结果

其中：

- t1、t2 分别为表 table1 和 table2 的别名，column 用于指定特定的列名；
- RIGHT JOIN 用于连接两个表，在 RIGHT JOIN 左边的称为“左表”，在 RIGHT JOIN 右边的称为“右表”；
- ON 用于指定连接条件。

下面代码片段实现如下功能：查询各部门员工的姓名、工作岗位、工资、所属部门及工作地点信息。

【代码 4–9】RIGHT JOIN 右外连接

```
SELECT e.ename,e.job,e.sal,d.dname,d.loc FROM emp e RIGHT JOIN dept d ON e.deptno
= d.deptno;
```

执行结果如图 4-14 所示。

ENAME	JOB	SAL	DNAME	LOC
CLARK	MANAGER	2450	ACCOUNTING	NEW YORK
KING	PRESIDENT	5000	ACCOUNTING	NEW YORK
MILLER	CLERK	1300	ACCOUNTING	NEW YORK
JONES	MANAGER	2975	RESEARCH	DALLAS
FORD	ANALYST	3000	RESEARCH	DALLAS
ADAMS	CLERK	1100	RESEARCH	DALLAS
SMITH	CLERK	1000	RESEARCH	DALLAS
SCOTT	ANALYST	3000	RESEARCH	DALLAS
WARD	SALESMAN	1250	SALES	CHICAGO
TURNER	SALESMAN	1500	SALES	CHICAGO
ALLEN	SALESMAN	1600	SALES	CHICAGO
JAMES	CLERK	950	SALES	CHICAGO
BLAKE	MANAGER	2850	SALES	CHICAGO
MARTIN	SALESMAN	1250	SALES	CHICAGO
(null)	(null)	(null)	OPERATIONS	BOSTON

图 4–14　右外链接

3. 完整外连接

完整外连接用于返回满足连接条件的数据，以及不满足条件的左边表和右边表的数据。当某行在另一个表中没有匹配行时，则另一表的选择列包含空值。

其语法格式如下。

```
SELECT t1.column,t2.column
FROM table1 t1 FULL [OUTER] JOIN table2 t2
ON <condition expression>
```

其中：

- t1、t2 分别为表 table1 和 table2 的别名，column 用于指定特定的列名；
- FULL JOIN 用于连接两个表；
- ON 用于指定连接条件。

下面代码片段实现如下功能：使用完整外链接实现查询各部门员工的姓名、工作岗位、工资及工作地点信息。

【代码 4-10】FULL JOIN 完整外连接

```
SELECT e.ename,e.job,e.sal,d.dname,d.loc FROM emp e FULL JOIN dept d ON e.deptno
= d.deptno;
```

执行结果如图 4-15 所示。

ENAME	JOB	SAL	DNAME	LOC
SMITH	CLERK	1000	RESEARCH	DALLAS
ALLEN	SALESMAN	1600	SALES	CHICAGO
WARD	SALESMAN	1250	SALES	CHICAGO
JONES	MANAGER	2975	RESEARCH	DALLAS
MARTIN	SALESMAN	1250	SALES	CHICAGO
BLAKE	MANAGER	2850	SALES	CHICAGO
CLARK	MANAGER	2450	ACCOUNTING	NEW YORK
SCOTT	ANALYST	3000	RESEARCH	DALLAS
KING	PRESIDENT	5000	ACCOUNTING	NEW YORK
TURNER	SALESMAN	1500	SALES	CHICAGO
ADAMS	CLERK	1100	RESEARCH	DALLAS
JAMES	CLERK	950	SALES	CHICAGO
FORD	ANALYST	3000	RESEARCH	DALLAS
MILLER	CLERK	1300	ACCOUNTING	NEW YORK
(null)	(null)	(null)	OPERATIONS	BOSTON

图 4-15　完整外链接

4.4　子查询

子查询是一个 SELECT 语句，它是嵌在另一个 SELECT 语句中的子句。使用子查询可以用简单的语句构建功能强大的语句。当需要从表中用依赖于表本身的数据选择行时，就可以使用子查询实现。

子查询可以划分成单行子查询、多行子查询、多列子查询、相关子查询。

以单行子查询为例，如要求检索薪水大于某雇员 A 的所有雇员信息。要完成这个查询，一种方式是需要先查询雇员 A 的薪水 salary，再次到数据库中进行检索薪水大于 salary 的员工信息。另一种方式是用组合两个查询的方法解决这个问题，即放置一个查询到另一个查询中。子查询返回一个值给主查询。使用一个子查询相当于执行两个连续查询并且用第一个查询的结果作为第二个查询的搜索值。

子查询示意图如图 4-16 所示。

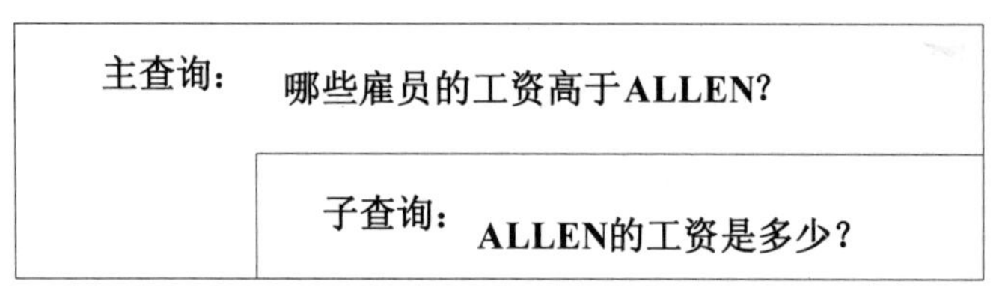

图 4–16　子查询示意图

通常情况下，可以将子查询放在许多的 SQL 子句中，包括：WHERE 子句、HAVING 子句、FROM 子句。

子查询语法格式如下。

```
SELECT *|[DISTINCT column |expression [alias],...]
FROM table[,<table2>[,…]]
[WHERE expression operator
(SELECT column from table);
```

其中：

- operator 子查询比较运算符，包含：单行运算符（>、=、>=、<、<>、<=）和多行运算符（IN、ANY、ALL）；
- 括号中的查询语句就是子查询，一个子查询必须放在圆括号中。

下述代码用于实现任务描述 4.D.3，找出工资高于 ALLEN 的员工。

【描述 4.D.3】子查询

```
SELECT ename FROM emp WHERE sal > (SELECT sal FROM emp WHERE ename= 'ALLEN');
```

执行结果如图 4-17 所示。

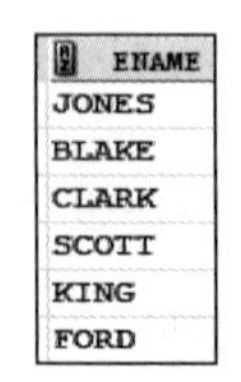

ENAME
JONES
BLAKE
CLARK
SCOTT
KING
FORD

图 4–17　查询结果

4.4.1　单行和多行子查询

1. 单行子查询

单行子查询是指只返回一行数据的子查询语句。当在 WHERE 子句中引用单行子查询时，可以使用单行比较符（>、<、=、>=、<=、<>）。

下面代码片段实现如下功能：查询所有员工中工资高于 ALLEN 的员工的姓名及工资。

【代码 4-11】单行子查询

```
SELECT ename FROM emp WHERE sal >
(SELECT sal FROM emp WHERE ename= 'ALLEN');
```

其中子查询部分为：

```
SELECT sal FROM emp WHERE ename= 'ALLEN'
```

只返回一行一列数据。执行结果如图 4-17 所示。

2.　多行子查询

多行子查询是指返回多行数据的子查询语句。对多行子查询要使用多行运算符而不是单行运算符。多行运算符如表 4-2 所示。

表 4-2　多行运算符

操作	含义
ALL	比较子查询返回的全部值
ANY	比较子查询返回的每个值
IN	等于列表中的任何成员

注意　ALL 和 ANY 操作符不能单独使用，只能与单行比较符（>、<、=、>=、<=、<>）结合使用。

当在多行子查询中使用 IN 操作符时，会处理匹配于子查询任意一个值的行。

下述代码用于实现任务描述 4.D.4，从员工表中查询部门号为 20 的工作岗位，并得到与上述岗位相同的员工的姓名、岗位、工资、部门号。

【描述 4.D.4】IN 多行子查询

```
SELECT ename,job,sal,deptno FROM emp WHERE job IN (SELECT DISTINCT job FROM emp
WHERE deptno = 20);
```

执行结果如图 4-18 所示。

当在多行子查询中使用 ANY 操作符时，并且返回行只要匹配于子查询的任意一个结果即可。

下面代码片段实现如下功能：从员工表中查询员工工资大于部门编号为 30 的任意雇员名、雇员工资和部门号。

ENAME	JOB	SAL	DEPTNO
MILLER	CLERK	1300	10
JAMES	CLERK	950	30
ADAMS	CLERK	1100	20
SMITH	CLERK	1000	20
CLARK	MANAGER	2450	10
BLAKE	MANAGER	2850	30
JONES	MANAGER	2975	20
FORD	ANALYST	3000	20
SCOTT	ANALYST	3000	20

图 4–18　查询结果

【代码 4–12】ANY 多行子查询

```
SELECT empno,ename,job,sal FROM emp WHERE sal > ANY (SELECT sal FROM emp WHERE
deptno=30);
```

执行结果如图 4-19 所示。

EMPNO	ENAME	JOB	SAL
7839	KING	PRESIDENT	5000
7902	FORD	ANALYST	3000
7788	SCOTT	ANALYST	3000
7566	JONES	MANAGER	2975
7698	BLAKE	MANAGER	2850
7782	CLARK	MANAGER	2450
7499	ALLEN	SALESMAN	1600
7844	TURNER	SALESMAN	1500
7934	MILLER	CLERK	1300
7521	WARD	SALESMAN	1250
7654	MARTIN	SALESMAN	1250
7876	ADAMS	CLERK	1100
7369	SMITH	CLERK	1000

图 4–19　查询结果

注意　<ANY 意思是小于最大值，>ANY 意思是大于最小值，=ANY 等同于 IN，<ALL 意思是小于最小值，>ALL 意思是大于最大值。

4.4.2　多列子查询

多列子查询是指返回多个列数据的子查询语句。当多列查询返回单行数据时，在 WHERE 子句中可以使用单行比较符；当多列子查询返回多行数据时，在 WHERE 子句中必须使用多行比较符。

多列子查询语法格式如下。

```
SELECT *|[DISTINCT column |expression [alias],...]
FROM table[,<table2>[,…]]
[WHERE column1,column2[,…] operator
(SELECT column1,column2[,…] FROM table);
```

其中：

- operator 是指多行运算符（IN、ANY、ALL）；
- column1、column2 是指成对比较的列。

下面代码片段实现如下功能：根据特定的员工姓名和部门编号查询员工信息。

【代码 4-13】多列子查询

```
SELECT empno,ename,job,deptno FROM emp WHERE (ename,deptno) IN (SELECT ename,deptno
FROM emp WHERE deptno=10);
/* 此例无实际意义，仅为说明语法 */
```

执行结果如图 4-20 所示。

EMPNO	ENAME	JOB	DEPTNO
7782	CLARK	MANAGER	10
7839	KING	PRESIDENT	10
7934	MILLER	CLERK	10

图 4-20　查询结果

4.4.3　相关子查询

当子查询引用到主 SQL 语句的表列时，就会执行相关子查询。对于普通子查询而言，子查询只会执行一次；而对于相关子查询而言，每处理一行主 SQL 语句的数据就会执行一次相关子查询。

相关子查询语法格式如下。

```
SELECT *|[DISTINCT column |expression [alias],...]
FROM table1 t1 WHERE column1 operator
(SELECT column1,column2 FROM table2 t2
WHERE expr1 = t1.expr2);
```

其中：

- table1 和 table2 用于指定表名，t1 为 table1 的别名；
- operator 用于指定比较操作符；
- expr1 用于指定子查询表的列名或表达式；
- expr2 用于指定主查询表的列名或表达式。

下面代码片段实现如下功能：查询部门员工数大于 2 的部门信息。

【代码 4-14】相关子查询

```
SELECT * FROM dept d WHERE 2 < (SELECT count(*) FROM emp where d.deptno=deptno);
/* count(*)为统计函数，将在后面学习 */
```

执行结果如图 4-21 所示。

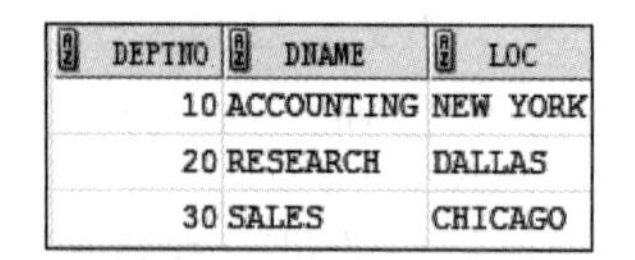

DEPTNO	DNAME	LOC
10	ACCOUNTING	NEW YORK
20	RESEARCH	DALLAS
30	SALES	CHICAGO

图 4–21　查询结果

4.5　系统函数

函数是用于执行数据处理和复杂计算的，通过对一组数据进行一系列运算得到最终需要的输出结果。函数一般都会有一个或者多个输入，称为“函数的参数”。在函数内部会对输入的参数值进行逻辑判断和复杂计算，最终会得到一个或者多个值。函数可以用于 SQL 语句的各个位置，也可以在 PL/SQL 块中使用，最常见的是出现在查询列表中。

根据函数对输入数据的处理方式，函数被分为单行函数和多行函数。

- 单行函数对于每一行输入值进行计算，得到相应的计算结果，并返回给用户，即每行作为一个输入参数，经过函数计算得到每行的计算结果。
- 多行函数对多行输入值进行计算，得到多行对应的单个结果。另外，单行函数可以进行嵌套，即函数可以作为另一个函数的输入参数。

4.5.1　单行函数

单行函数可以分为 5 类，分别是数值型函数、字符函数、日期函数、转换函数，以及其他函数。字符函数用于对字符类型数据进行处理和计算，数值型函数对数字类型数据进行计算，日期类型函数针对日期类型数据运算，转换函数可以对数值、字符、日期 3 种类型的数据进行类型转换。其他函数就是上述 4 类函数之外的函数，用来对特殊数据进行处理或者完成一些高级的计算功能等。

- 常用的数值型函数有：ABS、CEIL、FLOOR、MOD、ROUND、TRUNC 等；
- 常用的字符函数有：CONCAT、INSTR、LENGHT、LOWER、LPAD、LTRIM、REPLACE、SUBSTR、RPAD、RTRIM、TRIM、UPPER 等；
- 常用的日期函数有：ADD_MONTHS、CURRENT_DATE、EXTRACT、MONTHS_BETWEEN、NEXT_DAY、ROUND、SYSDATE 等；
- 常用转换函数有：TO_CHAR、TO_DATE、TO_NUMBER、CONVERT 等；
- 其他常用函数有：NVL、DECODE 等。

1. 数值型函数

Oracle 中的数值型函数的输入参数和返回值都是数值类型，并且大部分函数精确到 38 位。

常用的数值型函数有：ABS、CEIL、FLOOR、MOD、ROUND、TRUNC 等。

1）ABS 函数

ABS 函数返回一数值的绝对值，负数将舍去其负号，其语法格式如下。

```
ABS(number)
```

其中，number 是希望得到其绝对值的数值。

下面解释了该函数的使用。

```
SELECT  ABS(5) FROM DUAL;
执行结果：5
SELECT  ABS(-5) FROM DUAL;
执行结果：5
```

上述代码中，DUAL 是 Oracle 中的一个实际存在的表，任何用户都可以读取，该表永远只有一行一列数据，常在没有目标表的 SELECT 语句块中用于测试使用，例如，ABS 函数不属于任何表结构，如果查看当前该函数执行的结果值，可以使用 DUAL 测试。关于 DUAL 表的详细介绍，读者可以通过网络等其他资源进行了解，后面内容中不再单独介绍。

2）CEIL、FLOOR 函数

CEIL 函数根据输入值返回一个数值。输入参数可以是非整数值，但返回结果则是大于等于输入参数的最小整数。其语法格式如下。

```
CEIL(number)
```

其中，number 是任意十进制数值。

下面解释了该函数的使用。

```
SELECT CEIL(5.1) FROM DUAL;
执行结果：6
SELECT CEIL(-5.1) FROM DUAL;
执行结果：-5
```

FLOOR 函数返回一个小于或等于给定十进制数的最大整数。该函数的工作机制与函数 CEIL 的情况极为相似，但却正好相反，在此不再赘述。

3）MOD 函数

MOD 函数返回一个数除以另一数的余数。其语法格式如下。

```
MOD(number,divisor)
```

其中：

- number 是任意数值；
- divisor 是任意数值。

下面解释了该函数的使用。

```
SELECT MOD(14,12) FROM DUAL;
执行结果：2
SELECT MOD(10,10) FROM DUAL;
执行结果：0
```

可以将 divisor 设为 1，采用 MOD(number,1)测试 number 是否为整数。

注意 如果除数 divisor 为 0 则返回 number 值。

4）ROUND、TRUNC 函数

ROUND 和 TRUNC 是两个相关的单值函数。ROUND 函数是根据给定的精度舍入数值。其语法格式如下。

```
ROUND(number,precision)
```

其中：

- number 是任意十进制数值。
- precision 指示结果中的十进制数舍入的位置。如果省略 precision，那么四舍五入到整数位；如果 precision 是负数，那么四舍五入到小数点前的第 precision 位；如果 precision 是正数，那么四舍五入到小数点后的第 precision 位。

示例代码如下。

```
SELECT ROUND(89.985, 2) FROM DUAL;
执行结果：89.90
SELECT ROUND(89.985, -1) FROM DUAL;
执行结果：90
```

TRUNC 函数返回处理后的数值，其工作机制与 ROUND 函数类似，只是该函数不对指定小数前或后的部分做相应舍入选择处理，而是全部截去。

下述代码用于实现任务描述 4.D.5，查询并显示部门号为 30 的雇员名及其日平均工资（按 21 个工作日计算）的情况，要求工资精确到小数点后两位。

【描述 4.D.5】ROUND 和 TRUNC 函数

```
select ename,round(sal/21,2) round,trunc(sal/21,2) trunc
from emp
where deptno=30;
```

运行结果如图 4-22 所示。

ENAME	ROUND	TRUNC
ALLEN	76.19	76.19
WARD	59.52	59.52
MARTIN	59.52	59.52
BLAKE	135.71	135.71
TURNER	71.43	71.42
JAMES	45.24	45.23

图 4-22　查询结果

2. 字符函数

在日常的数据库操作中存在着大量的字符串操作，Oracle 的字符函数的输入参数为字符类型，其返回值是字符类型或数值类型。返回的 CHAR 类型值长度不超过 2000 字节；返回的 VARCHAR2 类型值长度不超过 4000 字节；如果上述应返回的字符长度超出，Oracle 并不会报错而是直接截断至最大可支持长度返回。

常用的字符函数有：CONCAT、INSTR、LENGTH、LOWER、LPAD、LTRIM、REPLACE、SUBSTR、RPAD、RTRIM、TRIM、UPPER 等，这些函数的使用示例如下：

1）CONCAT(strl,str2)函数

CONCAT 函数将两个输入字符串组合成一个并返回结果。其语法格式如下。

```
CONCAT(str1,str2)
```

其中：

- str1 是第 1 个字符串；
- str2 是第 2 个字符串，该字符串将被拼接在第 1 个字符串的尾部。

下面解释了该函数的使用。

```
SELECT CONCAT('This is',' test') FROM DUAL;
执行结果：This is test
```

CONCAT 函数的作用和“||”一样。

2）INSTR 函数

INSTR 函数用于确定一个字符串在另一个字符串中的位置，该函数返回一索引顺序值，指明在该位置发现了要搜索的子串。其语法格式如下。

```
INSTR(string,substring[,start[,occurrence]])
```

其中：

- string 是待查询的字符串；
- substring 是正在搜索的字符串；
- start 说明开始搜索的字符位置，默认值是 1，这就是说，搜索将从字符串的第 1 个字符开始，如果参数为负则表示搜索的位置从右边开始；

■ occurrence 指定试图搜索的子串的第几次出现，默认值是 1，意味着希望其首次出现。

下面解释了该函数的使用。

```
SELECT INSTR('AAABAABA','B') FROM DUAL;
执行结果: 4
SELECT INSTR('AAABAABA','B',1,2) FROM DUAL;
执行结果: 7
```

3）LOWER、UPPER 函数

LOWER 函数返回指定字符串的小写形式。其语法格式如下。

```
LOWER(string)
```

其中：

■ string 是任意 VARCHAR2 型或 CHAR 型的数值。

UPPER 函数返回指定字符串的大写形式。

下面解释了该函数的使用。

```
SELECT LOWER('This Is a String') FROM DUAL;
执行结果: this is a string
SELECT UPPER('This Is a String') FROM DUAL;
执行结果: THIS IS A STRING
```

下面代码片段实现如下功能：查询并显示部门号为 30 的雇员名、岗位，并对雇员名和岗位做大小写区分显示。

【代码 4–15】LOWER 和 UPPER 函数

```
select lower(ename) name,upper(job) job
from emp
where deptno=30;
```

执行结果如图 4-23 所示。

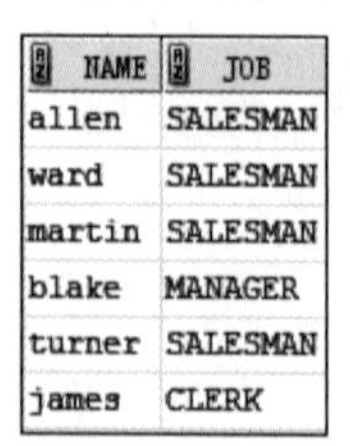

NAME	JOB
allen	SALESMAN
ward	SALESMAN
martin	SALESMAN
blake	MANAGER
turner	SALESMAN
james	CLERK

图 4–23　查询结果

4）LPAD、RPAD 函数

LPAD 函数用于从左面填充指定的一组字符。其语法格式如下。

```
LPAD(string,length[,padding])
```

其中：

- string 是任意 VARCHAR2 型或 CHAR 型的字符串；
- length 填充完毕后返回字符串的长度；
- padding 填充字符。可选项，默认为单个空格。

下面解释了该函数的使用。

```
SELECT LPAD('Jenny',10) FROM DUAL;
执行结果:     Jenny
SELECT LPAD('Jenny',10,'*') FROM DUAL;
执行结果: *****Jenny
```

RPAD 函数作用与 LPAD 非常相似，用于从右面填充指定的一组字符。

下面代码片段实现如下功能：以右对齐格式查询并显示部门号为 30 的所有雇员名及其岗位。

【代码 4-16】LPAD 左填充字符

```
SELECT LPAD(ename,10) name ,LPAD(job,12,'.') job
FROM emp
WHERE deptno=30;
```

执行结果如图 4-24 所示。

NAME	JOB
ALLEN	....SALESMAN
WARD	....SALESMAN
MARTIN	....SALESMAN
BLAKE	.....MANAGER
TURNER	....SALESMAN
JAMES	.......CLERK

图 4-24 查询结果

注意 如果 string 长度大于 length，则返回 string 左端的前 length 个字符。

5）LTRIM、RTRIM、TRIM 函数

LTRIM 函数用于删除字符串左边的前缀字符。其语法格式如下。

```
LTRIM(string[,trimchars])
```

其中：

- string 是任意 VARCHAR2 型或 CHAR 型的字符串；

- trimchars 可选项。指明试图删除什么字符，默认被删除的字符是空格。

下面解释了该函数的使用。

```
SELECT LTRIM('     Jeff') FROM DUAL;
执行结果：Jeff
SELECT LTRIM('*****Jeff','*') FROM DUAL;
执行结果：Jeff
```

RTRIM 函数用于删除字符串右边的尾随字符，在此不再举例。

TRIM 函数用于删除字符串的前缀（或尾随）字符。其语法格式如下。

```
TRIM([LEADING|TRAILING|BOTH][trimchar FROM] string)
```

其中：

- LEADING 指明仅仅将字符串的前缀字符删除；
- TRAILING 指明仅仅将字符串的尾随字符删除；
- BOTH 指明既删除前缀字符，也删除尾随字符，这也是默认方式；
- string 是任意待处理字符串；
- trimchar 是可选项，指明试图删除什么字符，默认被删除的字符是空格。

下面解释了该函数的使用。

```
SELECT TRIM(' ' from '    Jeff   ') FROM DUAL;
执行结果：Jeff
SELECT TRIM('*' from '*****Jeff***') FROM DUAL;
执行结果：Jeff
```

注意 TRIM 函数中的 trimchar 参数只能是一个字符。

6）SUBSTR 函数

SUBSTR 函数用于取得字符串的子串。其语法格式如下。

```
SUBSTR(str,start[,length]))
```

其中：

- str 用于指定源字符串。
- start 用于指定子串起始位置，如果 start 为 0，则从首字符开始；如果 start 是负数，则从尾部开始。
- length 用于指定子串长度。

下面解释了该函数的使用。

```
SELECT SUBSTR('JennyJeffJonathan',6,4) FROM DUAL;
执行结果: Jeff
SELECT SUBSTR('JennyJeffJonathan',-12,4) FROM DUAL;
执行结果: Jeff
```

下面代码片段实现如下功能：查询并显示部门号为 30 的雇员名的首字母及工作岗位。

【代码 4-17】SUBSTR 取子串

```
SELECT UPPER(SUBSTR(ename,1,1))||'.' name , LOWER(job) job
FROM emp
WHERE deptno=30;
```

执行结果如图 4-25 所示。

NAME	JOB
A.	salesman
W.	salesman
M.	salesman
B.	manager
T.	salesman
J.	clerk

图 4-25　查询结果

7）REPLACE 函数

REPLACE 函数用于替换字符串中的子串内容。其语法格式如下。

```
REPLACE(str,sub[,replacement])
```

其中：

- str 用于指定源字符串；
- sub 用于指定被搜索子串；
- replacement 替换结果子串，是一可选项，如果该参数被忽略，则所有被搜索到的子串均被删除。

下面解释了该函数的使用。

```
SELECT REPLACE('This is a string','is','was') FROM DUAL;
执行结果: Thwas was a string
SELECT REPLACE('This is a string','is') FROM DUAL;
执行结果: Th a string
```

3.　日期时间函数

Oracle 的一项强大功能是可以存储和计算日期，计算日期之间的秒、分钟、小时、天、月、年。除了基本的日期函数之外，Oracle 还支持许多时区转换函数，可以以任何方式设置日期格式。该类函数中，除 MONTHS_BETWEEN 返回数值外，其他都将返回日期。

常用的日期函数有：ADD_MONTHS、CURRENT_DATE、EXTRACT、MONTHS_BETWEEN、NEXT_DAY、ROUND 等。

1）ADD_MONTHS 函数

ADD_MONTHS 函数将一个日期上加上指定的月份数，日期中的日将不变。如果开始日期是某月的最后一天，那么，结果将会调整以使返回值仍对应新的一月的最后一天。如果结束月份的天数比开始月份的天数少，那么，也会往前调整以适应有效日期。其语法格式如下。

```
ADD_MONTHS(date,months)
```

其中：

- date 用于指定日期时间数据；
- months 要加上的月份数，可以是任意整数。当 *n* 为负整数时，返回特定日期之前月份对应的日期时间；当 *n* 为正整数时，返回特定日期之后月份对应的日期时间。

下面解释了该函数的使用。

```
SELECT ADD_MONTHS('15-2 月-2013',1) FROM DUAL;
执行结果：15-3 月-13
SELECT ADD_MONTHS('30-4 月-2013',1) FROm DUAL;
执行结果：31-5 月-13
```

下面代码片段实现如下功能：查询并显示部门号为 30 的所有雇员名以及 10 年后所对应的日期。

【代码 4-18】ADD_MONTHS 增加月

```
SELECT ename, hiredate, ADD_MONTHS(hiredate, 10 * 12) "10 年后"
FROM emp
WHERE deptno = 30;
```

执行结果如图 4-26 所示。

ENAME	HIREDATE	10年后
ALLEN	20-2月 -81	20-2月 -91
WARD	22-2月 -81	22-2月 -91
MARTIN	28-9月 -81	28-9月 -91
BLAKE	01-5月 -81	01-5月 -91
TURNER	08-9月 -81	08-9月 -91
JAMES	03-12月-81	03-12月-91

图 4-26　查询结果

2）CURRENT_DATE 函数

CURRENT_DATE 函数返回当前 session 所在时区的默认时间。

下面的代码演示了 CURRENT_DATE 函数的使用。

```
alter session set nls_date_format = 'YYYY-MM-DD';
select current_date from dual;
```

执行结果如图 4-27 所示。

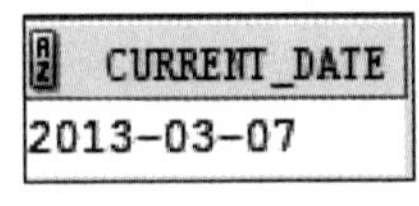

图 4-27 查询结果

注意 在这段代码中，alter session set nls_date_format = 'yyyy-mm-dd'用于设置当前日期格式为指定样式显示。

3）EXTRACT 函数

EXTRACT 函数用于从日期时间值中摘取特定数据（如取得年份、月份等）。其语法格式如下。

```
EXTRACT(datepart FROM datetime)
```

其中：

- datepart 指定被提取日期部件（YEAR、MONTH、DAY、HOUR 等）；
- datetime 指定日期时间值。

下面解释了该函数的使用。

```
SELECT EXTRACT(YEAR FROM SYSDATE) FROM DUAL;
执行结果：2013
SELECT EXTRACT(MONTH FROM SYSDATE) FROM DUAL;
执行结果：3
```

注意 如果 datetime 是日期类型的参数，可以抽取年\月\日，抽取时分部分需要在 FROM 后面加带 TIMESTAMP 且后面加时间字符，或者使用后续章节介绍的 TO_CHAR 函数完成抽取。

4）MONTHS_BETWEEN 函数

MONTHS_BETWEEN 函数返回两个日期之间的月份数。其语法格式如下。

```
MONTHS_BETWEEN(date1,date2)
```

其中：

- date1 是一个日期型数据；
- date2 是一个日期型数据。

如果两个参数代表的是某月中的同一日期或代表的某月中的最后一天，则该函数返回一个整型值，否则，将返回一个小数。另外，如果第 1 个参数 date1 代表的日期小于第 2 个参数 date2 代表的日期，则返回一个负数。

下面解释了该函数的使用。

```
SELECT MONTHS_BETWEEN('2013-03-31','2012-12-31') FROM DUAL;
执行结果：3
SELECT MONTHS_BETWEEN('2013-03-31','2012-12-30') FROM DUAL;
执行结果：3.032258
```

下面代码片段实现如下功能：查询并显示部门号为 30 的所有雇员名以及其工龄。

【代码 4–19】MONTHS_BETWEEN 月差

```
select ename 雇员名,trunc(months_between(sysdate,hiredate)/12) 工龄
from emp
where deptno=30;
```

执行结果如图 4-28 所示。

雇员名	工龄
ALLEN	32
WARD	32
MARTIN	31
BLAKE	31
TURNER	31
JAMES	31

图 4–28　查询结果

注意　SYSDATE 功能与 CURRENT_DATE 相同，返回当前 session 所在时区的默认时间。

5）NEXT_DAY 函数

NEXT_DAY 函数返回从实参日期开始，紧随其后的指定星期对应的日期。其语法格式如下。

```
NEXT_DAY(date,weekday)
```

其中：

- date 是一个日期数据。
- weekday 是一字符串，说明某一天的星期几的名称。可以使用全称，也可以使用缩写，但必须是有效的日期。

下面解释了该函数的使用。

```
SELECT NEXT_DAY('2013-03-25','星期三') FROM DUAL;
执行结果：2013-03-27
```

上述示例中，“2013-3-25”是星期一，下一个“星期三”就是“2013-03-27”。

6）ROUND 函数

ROUND 函数将一日期处理（舍入）成第 2 个参数指定的形式。其语法格式如下。

```
ROUND(date[,fmt])
```

其中：

- date 是一个日期数值。
- fmt 是一个日期格式说明符。指定日期将被处理成该说明符指定的形式。省略该参数，则指定日期将被处理到最近的一天。如果设置 fmt 为 YEAR，则 7 月 1 日为分界线；如果设置 fmt 为 MONTH，则 16 日为分界线；如果设置 fmt 为 DAY，则中午 12:00 为分界线。

下面代码片段实现如下功能：查询并显示部门号为 30 的雇员名、入职时间及入职时间舍入后的信息。

【代码 4-20】ROUND 舍入

```
SELECT ename, hiredate, ROUND(hiredate, 'year') "fmt年",
    ROUND(hiredate, 'month') "fmt月", ROUND(hiredate, 'day') "fmt日"
FROM emp
WHERE deptno = 30;
```

执行结果如图 4-29 所示。

ENAME	HIREDATE	fmt年	fmt月	fmt日
ALLEN	1981-02-20	1981-01-01	1981-03-01	1981-02-22
WARD	1981-02-22	1981-01-01	1981-03-01	1981-02-22
MARTIN	1981-09-28	1982-01-01	1981-10-01	1981-09-27
BLAKE	1981-05-01	1981-01-01	1981-05-01	1981-05-03
TURNER	1981-09-08	1982-01-01	1981-09-01	1981-09-06
JAMES	1981-12-03	1982-01-01	1981-12-01	1981-12-06

图 4-29　查询结果

4. 转换函数

Oracle 中每种数据类型都有一组专门针对该类型数据进行处理的函数，尽管 Oracle 可以隐含地进行数据类型转换，但并不适用于所有情况。转换函数可以方便地将数值从一种类型转换为另一种数据类型。

虽然转换函数很多，但最常用的转换函数有：to_char、to_date、to_number，它们的作用分别是：

- to_char 将 DATE 或 NUMBER 转换为字符串；
- to_date 将 NUMBER、CHAR 或 VARCHAR2 转换为 DATE；

■ to_number 将 CHAR 或 VARCHAR2 转换为 NUMBER。

下面通过实例说明这几个函数的使用。

1）TO_CHAR 函数

TO_CHAR 可以将 NUMBER 转换为字符串。其语法格式如下。

```
TO_CHAR(num[,fmt[,nlsparams]])
```

其中：

■ num 是任意一个数值型数据。
■ fmt 是一个数字格式说明符，它控制了输出字符串的形式。该参数是可选项，忽略它，则使用数据库的默认方式。
■ nlsparams 用于设定数字的语言特征。

下面解释了如何使用 TO_CHAR 将 NUMBER 转换为字符串。

```
SELECT TO_CHAR(123.45) FROM DUAL;
执行结果：123.45
SELECT TO_CHAR(123456.78,'$999,999.99')FROM DUAL;
执行结果：$123,456.78
```

TO_CHAR 还可以将 DATE 转换为字符串。其语法格式如下。

```
TO_CHAR(date[,fmt[,NLS_DATE_LANGUAGE=language]])
```

其中：

■ date 是任意一个日期型数据；
■ fmt 是日期格式说明符，它控制了代表日期型数据的字符串形式；
■ language 是使用的语言，它对日期拼读有影响，如在使用月份、日、星期等。

下面解释了如何使用 TO_CHAR 将 DATE（假设当前日期为 2009 年 12 月 20 日）转换为字符串。

```
SELECT TO_CHAR(SYSDATE,'dd-Mon-yyyy') FROM dual;
执行结果：26-3 月-2013
SELECT TO_CHAR(SYSDATE,'dd-Mon-yyyy','NLS_DATE_LANGUAGE=English') FROM dual
执行结果：26-MAR -2013
SELECT TO_CHAR(SYSDATE,'YYYY"年"MM"月"DD"日"') FROM dual
执行结果：2013 年 03 月 26 日
```

可以通过控制参数 fmt 控制字符串的输出格式，日期格式比较多，详细内容请参考原版资料。常用的日期格式模型如表 4-3 所示。

表 4–3　日期格式模型

日期格式模型	格式说明	例子
AD 或 BC	AD=Anno Domini 公元，BC=Before Christ 公元前。不带点的公元或公元前	'YYYY AD'=1999 AD
A.D. 或 B.C.	带点的公元或公元前	'YYYY A.D.'=1999 A.D.
AM 或 PM	AM= ante meridiem 上午，PM=post meridiem 下午。不带点的上午或下午	'HH12AM'=09AM
A.M.或 P.M.	带点的上午或下午	'HH12A.M.'=09A.M.
DY	星期几的缩写	Mon,Tue…
DAY	星期几的全拼	Monday,Tuesday…
D	一周的星期几，星期天=1，星期六=7	1,2,3,4,5,6,7
DD	一月的第几天，1→31	1,2,…,31
DDD	一年的第几天，1→366	1,2,3,…,366
J	公元前的第几天（从公元前 4712 起 ?）	2451514,2451515…
W	一个月的第几周，1→ 5	1,2,3,4,5
WW,IW	一年的第几周，一年的 ISO 的第几周	1,2,3,4,…,52
MM	两位数的月	01,02,03,…,12
MON	月份的缩写	Jan,Feb,Mar,…,Dec
MONTH	月份的全拼	January,February…
RM	罗马数字的月份，I → XII	I,II,III,IV,…,XII
YYYY,YYY,YY,Y	四位数的年，三位数的年	1999,999,99,9
YEAR	年的全拼	Nineteen Ninety-nine
SYYYY	如果是公元前（BC），年份前负号	-1250
RR	当前年份的后两位数字	01 代表 2001 年
HH,HH12	12 小时制，1→12	1,2,3,…,12
HH24	24 小时制，0→23	0,1,2,3,…,23
MI	一小时中的第几分，0→59	0,1,2,3,…,59
SS	一分中的第几秒，0→59	0,1,2,3,…,59
SSSSS	一天中的第几秒，0→86399	0,1,2,3,…,86399
../-;:	标点符号表示法	文字显示
'text'	引号表示法	文字显示

下面代码片段实现如下功能：查询并显示部门号为 30 的所有雇员名以及入职日期。

【代码 4–21】TO_CHAR 转换为字符串

```
SELECT ename 雇员名, TO_CHAR(hiredate, 'YYYY"年"MM"月"DD"日"') 入职日期
FROM emp
WHERE deptno = 30;
```

执行结果如图 4-30 所示。

雇员名	入职日期
ALLEN	1981年02月20日
WARD	1981年02月22日
MARTIN	1981年09月28日
BLAKE	1981年05月01日
TURNER	1981年09月08日
JAMES	1981年12月03日

图 4–30　查询结果

2）TO_DATE 函数

当插入日期数据或者与日期数据进行比较时，默认情况下日期字符串必须与日期语言和格式匹配，否则会提示错误消息。TO_DATE 函数可以以定制格式将字符串转换为日期型数据。其语法格式如下。

```
TO_DATE(string [,fmt[,'NLS_DATE_LANGUAGE=language']])
```

其中：

- string 是待转换的字符串。
- fmt 是日期格式说明符，它代表了转换字符时的处理方式。该参数是可选项，如果忽略它则使用数据库的默认方式。
- language 指示使用的语言，也是可选项，对日期拼读有影响。

下面解释了该函数的使用。

```
SELECT TO_DATE('11/08/1915','MM/DD/YY') FROM DUAL;
执行结果: 1915-11-08
SELECT TO_DATE('11/08/1915','DD/MM/YY') FROM DUAL;
执行结果: 1915-08-11
```

下述代码用于实现任务描述 4.D.6，查询并显示 1981 年 10 月 1 日后入职的雇员名和入职日期。

【描述 4.D.6】TO_DATE 转换成日期

```
SELECT ename,hiredate
FROM emp
WHERE hiredate >TO_DATE('1981-10-01','YYYY-MM-DD')
```

执行结果如图 4-31 所示。

ENAME	HIREDATE
SCOTT	1987-04-19
KING	1981-11-17
ADAMS	1987-05-23
JAMES	1981-12-03
FORD	1981-12-03
MILLER	1982-01-23

图 4–31　查询结果

注意　可以通过 SELECT sysdate FROM DUAL;查看当前会话的默认日期格式。

3）TO_NUMBER 函数

TO_NUMBER 函数用于将字符串转换成数字格式。其语法格式如下。

```
TO_NUMBER(string[,fmt[,'nlsparams']])
```

其中：

- string 是待转换的字符串；
- fmt 是数字格式说明符号，它将控制转换过程中的处理方式；
- language 用于设定数字的语言特征。

下面解释了该函数的使用。

```
SELECT TO_NUMBER('123.45') FROM DUAL;
执行结果：123.45
SELECT TO_NUMBER('$123,456.78','$999,999.99') FROM DUAL;
执行结果：123456.78
```

5. 其他函数

除了上述的数值型函数、字符函数、日期时间函数和转换函数外，Oracle 还提供了正则表达式函数、对象函数、集合函数和其他函数方便用户使用。

1）DECODE 函数

DECODE 函数相当于条件语句（IF），将输入数值与函数中的参数列表相比较，根据输入值返回一个对应值。函数的参数列表是由若干数值及其对应结果值组成的若干序偶形式。区别于 SQL 的其他函数，DECODE 函数还能识别和操作空值。其语法格式如下。

```
DECODE(input,value,result[,value,result…][,default_result]);
```

其中：

- input 是试图处理的数值。DECODE 函数将该数值与一系列的序偶相比较，以决定最后的返回结果。
- value 是一组成序偶的数值。如果输入数值与之匹配成功，则相应的结果将被返回。对应一个空的返回值，可以使用关键字 NULL 与之对应。
- result 是一组成序偶的结果值。
- default_result 未能与任何一序偶匹配成功时，函数返回的默认值。

下面的代码片段实现如下功能：显示所有工资大于 2000 的员工的姓名、工资，如果该员工部门号为 10，则显示部门名称为“ACCOUNTING”；如果该员工部门号为 20，则显示部门名称为“RESEARCH”；如果该员工还未分配部门号，则显示部门名称为“None”；其他情况，则显示部门名称为“Others”。

【代码 4-22】DECODE 判断

```
SELECT ename,sal,
   DECODE(deptno,10,'ACCOUNTING',20,'RESEARCH', NULL,'None','Others') dname
FROM emp
WHERE sal>2000
```

执行结果如图 4-32 所示。

ENAME	SAL	DNAME
JONES	2975	RESEARCH
BLAKE	2850	Others
CLARK	2450	ACCOUNTING
SCOTT	3000	RESEARCH
KING	5000	ACCOUNTING
FORD	3000	RESEARCH

图 4-32　查询结果

在 SQL 疑难问题中，DECODE 函数常常发挥非常灵活的作用。其中的一个技术就是为了某种目的可以将一个表的行转换成列，即我们常说的行列转置。

下面的代码片段实现如下功能：统计并输出 1980、1981、1982 入职的雇员的人数。

【代码 4-23】常规统计

```
SELECT TO_CHAR(TRUNC(hiredate,'year'),'yyyy') "年份",COUNT(*) "人数"
FROM emp
WHERE TO_CHAR(TRUNC(hiredate,'year'),'yyyy') IN ('1980','1981','1982')
GROUP BY TO_CHAR(TRUNC(hiredate,'year'),'yyyy')
```

执行结果如图 4-33 所示。

年份	人数
1980	1
1982	1
1981	10

图 4-33　查询结果

现在希望将这些数值显示成 3 列，可使用 DECODE 函数进行如下处理。

【代码 4-24】统计成 3 列

```
SELECT SUM(DECODE(TO_CHAR(TRUNC(hiredate,'year'),'yyyy'),'1980',1,0)) "1980",
SUM(DECODE(TO_CHAR(TRUNC(hiredate,'year'),'yyyy'),'1981',1,0)) "1981",
SUM(DECODE(TO_CHAR(TRUNC(hiredate,'year'),'yyyy'),'1982',1,0)) "1982"
FROM emp
WHERE TO_CHAR(TRUNC(hiredate,'year'),'yyyy') IN ('1980','1981','1982')
```

执行结果如图 4-34 所示。

1980	1981	1982
1	10	1

图 4-34 查询结果

注意 分组函数 SUM、COUNT 及分组语句 GROUP BY 将在后续小节中介绍。

2）NVL 函数

NVL 函数用于将 NULL 转变为实际值。其语法格式如下。

```
NVL(expr1, expr2);
```

其中：

- expr1 是一个可为空的值。它不为空的时候将作为返回值。
- expr2 是 expr1 为 NULL 时的返回值。如果 expr1 为 NULL，则返回 expr2；如果 expr1 不为 NULL，则返回 expr1。

下述代码用于实现任务描述 4.D.7，使用 NVL 函数处理 emp 表补助列（comm）包含空值的情形。

【描述 4.D.7】NVL 空值转换

```
SELECT ename,comm,NVL(comm,-1) NVL
FROM emp
WHERE deptno=30;
```

在该例中，如果某雇员的 comm 值不为 NULL，将通过该函数返回其名字。如果雇员的 comm 值为 NULL，将返回-1，执行结果如图 4-35 所示。

ENAME	COMM	NVL
ALLEN	300	300
WARD	500	500
MARTIN	1400	1400
BLAKE	(null)	-1
TURNER	0	0
JAMES	(null)	-1

图 4-35 查询结果

注意 参数 expr1 和 expr2 可以是任意数据类型，但两者数据类型必须匹配。

4.5.2 数据分组

当开发数据库应用程序时，经常需要汇总表数据，以获得需要的数据信息。分组函数是对一批（一组）数据进行操作（综合）之后返回一个值。这批数据可能是整个表，也可能是按某种条件把该表分成的组。常用的分组统计函数有：MAX、MIN、AVG、SUM、COUNT，而 GROUP BY 和 HAVING 语句则用于对查询结果进行分组，以方便分组函数统计。

1. 分组函数

常用的分组统计函数有：MAX、MIN、AVG、SUM、COUNT，可以完成指定分组的最大值、最小值、平均值与总和的计算。

1）COUNT 函数

COUNT 函数用于取得行数的总计。其语法格式如下。

```
COUNT( [ DISTINCT|ALL] expression)
```

其中：

- ALL 表示对所有行计算，DISTINCT 只对不重复的行计算。默认为 ALL。
- expression 指示总计的列。

下述代码用于实现任务描述 4.D.8，查询并显示雇员的总人数及已分配的部门数。

【描述 4.D.8】COUNT 计数

```
SELECT COUNT(ename) 雇员数,COUNT(deptno) 部门数
FROM emp;
```

执行结果如图 4-36 所示。

雇员数	部门数
14	14

图 4-36　查询结果

很明显，部门数统计有误，原因是 COUNT 函数在统计时默认使用 ALL 属性，这样即使行数据存在重复，也列入了统计。可调整如下。

【代码 4-25】COUNT 计数

```
SELECT COUNT(ename) 雇员数,COUNT(DISTINCT deptno) 部门数
FROM emp;
```

执行结果如图 4-37 所示。

雇员数	部门数
14	3

图 4-37　查询结果

注意　统计过程中不对 NULL 值进行统计。

2）AVG、SUM 函数

AVG、SUM 函数分别用于取得并返回指定列或表达式的平均值和总和。其语法格式如下。

```
AVG ([DISTINCT|ALL] expression)
SUM ([DISTINCT|ALL] expression)
```

其中：

- ALL 表示对所有值求平均值（总和），DISTINCT 只对不同的值求平均值（总和），相同只取一个。默认为 ALL。
- expression 指示要求值的表达式或列。

下面代码片段实现如下功能：查询并显示雇员的工资总和及平均工资。

【代码 4–26】AVG 平均值、SUM 求和

```
SELECT AVG(sal) avg,SUM(sal) sum
FROM emp;
```

执行结果如图 4-38 所示。

AVG	SUM
2087.5	29225

图 4–38　查询结果

注意　AVG、SUM 函数只适用于数值型数据。

3）MAX、MIN 函数

MAX、MIN 函数分别用于取得并返回指定列或表达式的最大值和最小值。其语法格式如下。

```
MAX([DISTINCT|ALL] expression)
MIN([DISTINCT|ALL] expression)
```

其中：

- ALL 表示对所有值求最大值（最小值），DISTINCT 只对不同的值求最大值（最小值），相同只取一个。默认为 ALL。
- expression 指示要求值的表达式或列。

下面代码片段实现如下功能：查询并显示雇员中最高工资和最低工资的信息。

【代码 4–27】MAX 最大值、MIN 最小值

```
SELECT MAX(sal) max,MIN(sal) min
FROM emp;
```

执行结果如图 4-39 所示。

MAX	MIN
5000	950

图 4–39　查询结果

注意 MAX、MIN 函数可用于数值型数据、字符型数据和日期型数据。

2. 分组语句

前面的分组函数都是把一个表看成一个大组来处理。可以使用 GROUP BY 子句把一个表化分成若干个组，在一个表中建立多组统计数据。

1）GROUP BY 语句

GROUP BY 语句按照指定的列进行数据分组。其语法格式如下。

```
SELECT columns,group_function
FROM table
[WHERE condition]
[GROUP BY columns]
[HAVING group_condition]
```

其中：

- SELECT 语句中的 group_function 用于指定统计函数；
- GROUP BY 语句中的 columns 用于指定分组依据的列；
- HAVING 语句的 group_condition 用于过滤分组后的数据显示。

注意 SELECT 语句中出现的列必须出现在 GROUP BY 语句中。

下面代码片段实现如下功能：查询并显示不同部门的雇员人数及平均工资。

【代码 4-28】GROUP BY 单列分组

```
SELECT deptno "部门号",COUNT(ename)"雇员数",TRUNC(AVG(sal),2)"平均工资"
FROM emp
GROUP BY deptno;
```

执行结果如图 4-40 所示。

部门号	雇员数	平均工资
30	6	1566.66
20	5	2215
10	3	2916.66

图 4-40 查询结果

GROUP BY 语句还可以依据多列进行数据分组。

下面代码片段实现如下功能：查询并显示不同部门、不同岗位的雇员人数及平均工资。

【代码 4-29】GROUP BY 多列分组

```
SELECT deptno "部门号", job "岗位",COUNT(ename) "雇员数",TRUNC(AVG(sal),2) "平均工资"
FROM emp
GROUP BY deptno,job
ORDER BY job;
```

执行结果如图 4-41 所示。

部门号	岗位	雇员数	平均工资
20	ANALYST	2	3000
10	CLERK	1	1300
20	CLERK	2	1050
30	CLERK	1	950
10	MANAGER	1	2450
20	MANAGER	1	2975
30	MANAGER	1	2850
10	PRESIDENT	1	5000
30	SALESMAN	4	1400

图 4-41　查询结果

2）HAVING 语句

HAVING 语句用于过滤分组后的数据，必须与 GROUP BY 语句一起使用。

下面代码片段实现如下功能：查询并显示部门平均工资 2000 元以上的部门雇员人数及平均工资。

【代码 4-30】HAVING 过滤

```
SELECT deptno 部门号,COUNT(ename) 雇员数,TRUNC(AVG(sal),2) 平均工资
FROM emp
GROUP BY deptno
HAVING TRUNC(AVG(sal),2)>2000;
```

执行结果如图 4-42 所示。

部门号	雇员数	平均工资
20	5	2215
10	3	2916.66

图 4-42　查询结果

3）数据分组的限制

- 引入 GROUP BY 语句的查询操作中，在 SELECT 语句中出现的列必须出现在 GROUP BY 子句中。
- 使用分组函数时，忽略 NULL 行。
- 分组函数只能出现在 SELECT、ORDER BY、HAVING 语句中。
- ORDER BY 用于对查询结果进行排序，必须放在分组语句之后。

对于【代码 4-30】进行修改，代码如下。

【代码 4-31】数据分组限制测试

```
SELECT ename 雇员名, deptno 部门号 ,COUNT(ename) 雇员数,TRUNC(AVG(sal),2) 平均工资
FROM emp
GROUP BY deptno
```

```
HAVING TRUNC(AVG(sal),2) >2000;
```

上述代码执行后，将导致错误，错误信息如下所示。

```
ORA-00979: 不是 GROUP BY 表达式
行 1 列 8 出错
```

假设表 emp 中有 10 条记录，其中属于 3 个部门，那么在查询过程中，按照 deptno 分组的话，应该返回 3 条记录，而在 SELECT 中出现了 ename 列，则应该返回 10 条记录，所以造成了已分组列的结果集与未分组列的结果集不匹配（分组函数除外），因而会产生上述错误。

注意 关于数据分组的其他限制，请读者自行测试。

4.6 数据操作

数据操纵语言（Data Manipulation Language，DML）是 SQL 的一个核心部分。当需要插入、更新或者删除数据库中的数据时，需执行 DML 语句。DML 语句有 INSERT、UPDATE、DELETE，可以完成数据的插入、修改和删除操作。

本章数据操作将以部门表（department）和职工表（employee）为基础进行讲解。

【代码 4-32】部门表 department

```
CREATE TABLE department(
deptno NUMBER(2) PRIMARY KEY,
deptname VARCHAR2(20) NOT NULL,
location VARCHAR2(40) DEFAULT '青岛'
);
```

【代码 4-33】职工表 employee

```
CREATE TABLE employee(
eno NUMBER(5) PRIMARY KEY,
ename VARCHAR2(10) NOT NULL,
age NUMBER(2) NOT NULL CHECK(age BETWEEN 18 AND 70),
salary NUMBER(7,2) NOT NULL,
phoneNO VARCHAR2(16),
hiredate DATE NOT NULL,
deptno NUMBER(2) CONSTRAINT fk_emp_deptno REFERENCES department(deptno));
```

4.6.1 插入数据

Oracle 中，使用 DML 语言的 INSERT 语句来向表格中插入数据。当使用 INSERT 语句增加数据时，不仅可以增加单行数据，而且可以使用子查询复制表数据到其他表。

在进行数据插入操作时，需要注意以下事项。

- 插入数据时，数据必须与列的个数和顺序保持一致。
- 插入数据时，数据必须与列数据类型一致，必须满足约束规则。
- 字符和日期值应放在单引号中，数字值不需要。
- 必须为主键和非空列提供数据。

1. 插入单行数据

插入单行数据的语法结构如下。

```
INSERT INTO table_name [(column [, column...])]
VALUES(value [, value...]);
```

其中：

- table_name 指定表的名字；
- column 指定表中的列名；
- value 指定列的相应值。

1）按指定列插入数据

当为指定列插入数据时，只需按照指定列的次序为相应列提供插入数据即可。在按照指定列插入数据时，列的顺序不必与表列顺序一致。

下述代码用于实现任务描述 4.D.9，为部门表添加一条数据。

【描述 4.D.9】INSERT 插入指定列数据

```
INSERT INTO department(deptno,deptname,location)
VALUES(10,'市场一部','天津');
```

2）插入所有列数据

当使用 INSERT 语句插入数据时，也可以不指定列列表，如果不指定列列表，那么在 VALUES 子句中必须为每个列提供数据，并且数据顺序必须与表列顺序完全一致。

下面代码片段实现如下功能：在不指定插入列的情况下为部门表添加一条数据。

【代码 4-34】INSERT 插入所有列数据

```
INSERT INTO department
VALUES(11,'市场二部','天津');
```

3）默认数据列

创建表格时，某些列被定义为 DEFAULT。当使用 INSERT 语句插入数据时，可以使用 DEFAULT 提供数值，如果指定 DEFAULT 则使用指定的默认值。

下面代码片段实现如下功能：使用 DEFAULT 数据为部门表添加一条数据。

【代码 4-35】插入 DEFAULT 默认数据

```
INSERT INTO department
VALUES(12,'市场三部',DEFAULT);
```

4）插入日期数据

当插入日期数据时，日期值必须匹配于日期格式和日期语言，否则在插入数据时会显示错误信息。

下面代码片段实现如下功能：向职工表添加一条数据，其中日期部分使用系统日期。

【代码 4-36】插入 SYSDATE 系统日期

```
INSERT INTO employee
VALUES(10001,'王刚',27,3400,NULL,SYSDATE,10);
```

如果希望以某种格式插入日期数据，必须使用 TO_DATE 函数进行转换。

下面代码片段实现如下功能：向职工表添加一条数据，其入职日期为 2009 年 3 月 10 日。

【代码 4-37】插入日期格式

```
INSERT INTO employee
VALUES(10002,'李明',25,2300,NULL,TO_DATE('2009-03-10','YYYY-MM-DD'),11);
```

2. 表的数据复制

如果要插入的数据来源于已存在的表（如在处理行迁移、复制表数据或者装载外部表数据到数据库时），可以在 INSERT INTO 语句中使用子查询完成数据的复制。其语法结构如下。

```
INSERT INTO table_name [ column (, column...) ] subquery;
```

其中：

- table_name 指定表的名字；
- column 指定表中的列名；
- subquery 指定返回行的子查询。

下面代码片段实现如下功能：基于部门表演示如何从源表中读取数据并添加到新表中。

【代码 4-38】复制表数据

```
INSERT INTO department_c(deptno,deptname,location)
SELECT deptno,deptname,location
FROM department;
```

当使用 INSERT 语句插入数据时，也可以不指定列列表，如果不指定列列表，那么在 VALUES 子句中必须为每个列提供数据，并且数据顺序必须与表列顺序完全一致。

注意　上段代码中使用的 department_c 表是基于 department 表创建的复表，可以使用 create table department_c as select * from department 创建。

4.6.2　更新数据

Oracle 中，使用 DML 语言的 UPDATE 语句来更新表格中的数据。当使用 UPDATE 语句更新数据时，不仅可以使用表达式更新列值，而且可以使用子查询更新列数据。

在进行数据更新操作时，需要注意以下事项。

- 更新数据时，数据必须与列数据类型一致；
- 更新数据时，数据必须要满足约束规则；
- 字符和日期值应放在单引号中，数字值不需要。

1.　使用表达式更新数据

在 UPDATE 语句中，通过 SET 语句为指定列修改数据，其语法结构如下。

```
UPDATE table_name
SET column=value [,column = value, ...]
[WHERE condition];
```

其中：

- table_name 指定表的名字；
- column 指定表中的列名；
- value 指定列的相应值；
- condition 指定更新行选择的条件。

1）更新指定列数据

使用 UPDATE 语句时，可以一次修改一列，也可以一次修改多列。

下述代码用于实现任务描述 4.D.10，将部门号为 10 的雇员的工资提高 10%，并调整其入职日期。

【描述 4.D.10】UPDATE 更新指定列数据

```
UPDATE employee
SET salary=salary*1.1,hiredate=add_months(hiredate,-12)
WHERE deptno=10
```

2）更新日期数据列

当更新日期数据时，日期值必须匹配于日期格式和日期语言，否则在更新数据时会显示错误信息。如果希望以某种格式插入日期数据，必须使用 TO_DATE 函数进行转换。

下面代码片段实现如下功能：更新职工号为 10001 的职工入职日期。

【代码 4–39】UPDATE 更新指定日期数据列

```
UPDATE employee
SET hiredate=TO_DATE('2002-03-10','YYYY-MM-DD')
WHERE eno=10001
```

3）更新默认数据列

创建表格时，某些列被定义为 DEFAULT。当使用 UPDATE 语句更新数据时，可以使用 DEFAULT 提供数值，如果指定 DEFAULT 则使用指定的默认值。

下面代码片段实现如下功能：使用 DEFAULT 更新部门号为 11 的部门所在地的数据。

【代码 4–40】UPDATE 更新默认数据列

```
UPDATE department
SET location=DEFAULT
WHERE deptno=11
```

注意　在 UPDATE 语句中，如果遗漏 WHERE 条件语句，将更新表中的所有数据，请务必留意 WHERE 语句。

2. 使用子查询更新数据

当使用 UPDATE 更新数据时，不仅可以使用表达式，还可以使用子查询更新数据。其语法结构如下。

```
UPDATE table_name
SET column =(SELECT column
FROM table_name
WHERE condition)
[,column =(SELECT column
FROM table_name
WHERE condition)]
[WHERE condition ];
```

其中：

- table_name 指定表的名字；
- column 指定表中的列名；
- condition 指定查询条件。

1）更新当前表数据

下面代码片段实现如下功能：更新职工 10005 的部门和薪水，使其和职工 10001 相同。

【代码 4-41】UPDATE 更新当前表数据

```
UPDATE employee
SET deptno=(SELECT deptno FROM employee WHERE eno=10001),
salary=(SELECT salary FROM employee WHERE eno=10001)
WHERE eno =10005;
```

上述代码也可写成如下形式。

【代码 4-42】UPDATE 更新当前表数据

```
UPDATE employee
SET (deptno,salary)=(
SELECT deptno,salary FROM employee WHERE eno=10001)
WHERE eno =10005;
```

2）更新基于另一个表的数据

使用子查询进行数据更新时，也可以基于一个表更新另一个表的数据。

下面代码片段实现如下功能：更新职工表（employee）中职工 10005 的薪水和入职日期，使其与 EMP（SCOTT 方案）中雇员号为 7782 的雇员的相关信息一致。

【代码 4-43】UPDATE 更新基于另一个表的数据

```
UPDATE employee
SET (hiredate,salary)=(
SELECT hiredate,salary FROM emp WHERE eno=7782)
WHERE eno =10005;
```

注意　在 UPDATE 语句中使用子查询时，必须确保该子查询只为每个要更新的记录返回一个值，否则 UPDATE 会失败。

4.6.3　删除数据

Oracle 中，使用 DML 语言的 DELETE 语句来删除表格中的数据。使用 DELETE 语句既可以删除一行数据，也可以删除多行数据。其语法结构如下。

```
DELETE [FROM] table_name
[WHERE condition];
```

其中：

- table_name 指定表的名字；
- condition 指定行选择的条件。

1. 删除满足条件的数据

下述代码用于实现任务描述 4.D.11，删除部门号为 15 的部门。

【描述 4.D.11】DELETE 删除

```
DELETE FROM department
WHERE deptno = 15;
```

在进行数据删除时，如果不指定 WHERE 语句，则删除表的所有数据，使用时需要注意。

注意 当使用 DELETE 语句删除表的所有数据时，不会释放表格所占用的空间，如要删除表格中的所有数据，可以使用 TRUNCATE TABLE 语句，速度更快。

2. 使用子查询删除数据

当使用 DELETE 语句删除数据时，也可以使用子查询作为删除条件。

下面代码片段实现如下功能：删除“市场二部”的职员的信息。

【代码 4-44】DELETE 子查询删除

```
DELETE FROM employee
WHERE deptno = (SELECT deptno from department where deptname='市场二部');
```

根据职工表（employee）和部门表（department）之间的关系，要删除“市场二部”职员的信息需首先确定“市场二部”的部门号，依此来删除员工信息，由于使用“=”进行匹配，此例中必须保证只有一个“市场二部”部门。如果有多个“市场二部”，即子查询返回的数据可能是多个，可以使用 IN 语句。

```
DELETE FROM employee
WHERE deptno IN (SELECT deptno from department where deptname='市场二部');
```

4.7 DML 事务操作

为了更好地理解 DML 事务操作，下面假设一下场景：删除一条 id 为“7369”的员工记录，并关闭当前的 SQL Developer 工具，然后打开另外一个 SQL Developer 后登录，查看数据库中是否还有这条记录，以此来验证该条记录是否真正地从数据库中删除掉了。

下面代码片段实现如下功能：删除员工号为“7369”的员工记录，代码如下。

【代码 4-45】删除员工记录

```
DELETE FROM scott.emp  WHERE empno = 7369;
```

删除后，在 SQL 工作表中输入查询语句，查看是否还存在该记录，查询代码如下。

```
SELECT * FROM scott.emp WHERE empno = 7369;
```

执行查询后，发现该条记录已经删除，查询结果如图4-43所示。

EMPNO	ENAME	JOB	MGR	HIREDATE	SAL	COMM	DEPTNO

图4-43 查询用户记录

然后，打开另外一个SQL Developer窗口，登录后查询该记录，查询结果如图4-44所示。

EMPNO	ENAME	JOB	MGR	HIREDATE	SAL	COMM	DEPTNO
7369	SMITH	CLERK	7902	17-12月-80	2000	(null)	20

图4-44 查询用户记录

读者会发现，当在第1个会话（Session）下删除记录为“7369”的员工记录后，如果在另外一个会话下查询该记录，仍能查询到该记录。这是因为在第1个会话中，对记录删除后，没有提交事务（transaction），所以在第2个会话中仍然可以查询到该记录。

通过上述过程，可以把事务简单概括如下：事务用于确保数据的一致性，它由一组相关的DML语句组成，该组DML语句所执行的操作要么都做，要么都不做，如果提交了事务，可以把数据状态的改变永久地保存到数据库中。

例如，一个银行数据库，当一个银行客户从一个储蓄存款账户转账到一个经常账户时，事务可以由3个单独的操作组成：减少存款账户、增加经常账户、在交易账中记录交易，事务能够确保整个交易过程要么全部完成，要么只要有一个环节出现问题，整个交易过程就会失败，所有数据都会退回到交易最初的状态，从而银行客户或银行两方都不会出现任何损失。简而言之，Oracle服务器根据事务机制必须保证所有这3个SQL语句被执行以维护账目余额的正确。当由于某种原因阻碍了交易中一条语句的执行，那么其他的交易语句都必须被撤销。

注意 关于事务的概念及操作，在第9章的课程中会有更详细的介绍。

当进行数据插入、更新或删除操作时，可以提交或回滚（rollback）已经完成的工作，这在出现错误的时候很重要。提交或回滚的过程受两个命令控制，即commit和rollback。

默认情况下SQL Developer不具备自动提交功能，如果需要自动提交，需要用户明确指定。自动提交功能由set命令的autocommit特性控制，在SQL Developer中，可以使用如下语句显示autocommit的状态。

```
show autocommit;
```

如果没对autocommit进行设置，将显示：

```
autocommit OFF
```

OFF是默认值，意味着在commit操作前，只有当前用户才能看到所做的工作对表的影响，只有当前用户对这些表选择数据时，会看到“临时结果”情形下访问这些表的其他用户仍将获得旧信息，此过程会用到Oracle的锁机制。直到执行完commit后，INSERT、DELETE、UPDATE操作才完成，其他用户才会看到真实的“结果数据”。

注意 关于 Oracle 锁机制将在第 9 章的 9.3.2 节进行详细介绍。

接下来为了便于演示事务的操作，同时打开两个 SQL Developer 客户端，都使用 Scott 用户登录，这将产生两个会话（Session），分别用“User1”和“User2”表示，如图 4-45 所示。

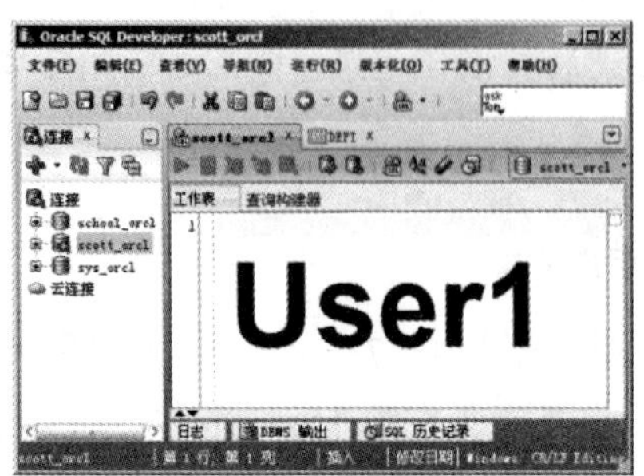

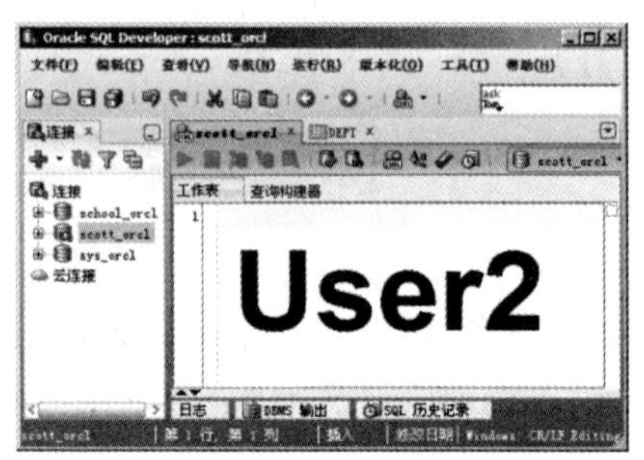

两个会话用户

图 4–45 会话用户

1. commit

下述代码用于实现任务描述 4.D.12，基于 DML 操作演示事务的提交和回滚操作。

首先打开一个 SQL Developer 进程并以用户 Scott 登录，这时的会话为“User1”，确定 autocommit 的值为 OFF。执行下述语句查询部门相关信息。

【描述 4.D.12】查询部门

```
select * from department;
```

输出数据如图 4-46 所示。

DEPTNO	DEPTNAME	LOCATION
10	市场一部	天津
11	市场二部	青岛
12	市场三部	青岛
17	市场八部	上海
16	市场二部	上海

图 4–46 运行结果

执行下述语句，删除部门号为 16 的部门信息。

【代码 4–46】删除 16 号部门

```
DELETE department where deptno=16;
```

再次执行查询语句，查询部门表的现有数据，结果如图 4-47 所示。

DEPTNO	DEPTNAME	LOCATION
10	市场一部	天津
11	市场二部	青岛
12	市场三部	青岛
17	市场八部	上海

图 4–47 运行结果

可以看到，当前用户看到的数据中，部门号为 16 的部门信息已被删除。

现在再打开一个 SQL Developer 进程，以用户 Scott 登录，这时的会话为“User2”，再次对部门表进行查询，得到的结果数据与图 4-46 中的数据一致，表中数据还没有被“真实”地删除掉。

在“User1”会话的 SQL 工作表中执行事务提交语句。

【代码 4-47】commit 提交事务

```
commit;
```

在“User2”会话的 SQL 工作表中再次执行部门表查询操作，将得到与图 4-47 一致的结果数据。表明“User1”会话的操作已完成并提交。

2. rollback

在“User1”会话的 SQL 工作表中执行下述语句，确认原始数据，代码如下。

【代码 4-48】查询部门

```
SELECT * FROM department;
```

输出数据如图 4-48 所示。

DEPTNO	DEPTNAME	LOCATION
10	市场一部	天津
11	市场二部	青岛
12	市场三部	青岛
17	市场八部	上海

图 4-48 运行结果

执行下述语句，删除部门号为 10 的部门信息。

【代码 4-49】删除 10 号部门

```
DELETE FROM department where deptno=10;
```

再次执行查询语句，查询部门表的现有数据，结果如图 4-49 所示。

DEPTNO	DEPTNAME	LOCATION
11	市场二部	青岛
12	市场三部	青岛
17	市场八部	上海

图 4-49 运行结果

当前用户看到的数据中，部门号为 10 的部门信息已“形式上”被删除。在“User1”会话的 SQL 工作表中执行下面的事务回滚语句。

【代码 4-50】rollback 回滚

```
rollback;
```

再次执行部门表查询操作，将得到与图 4-48 一致的结果数据。这表明会话“User1”的操作被撤销，数据回滚了。

3. savepoint

可以使用 savepoint 设置事务的保存点，以控制事务进行部分回滚。

在“User1”会话的 SQL 工作表中执行下述语句，以确认原始数据。

【代码 4-51】查询部门

```
SELECT * FROM department;
```

输出数据如图 4-50 所示。

DEPTNO	DEPTNAME	LOCATION
10	市场一部	天津
11	市场二部	青岛
12	市场三部	青岛
17	市场八部	上海

图 4-50　运行结果

执行下述语句，删除部门号为 10、11、12 的部门信息，并使用 savepoint 设置保存点。

【代码 4-52】savepoint 设置保存点

```
DELETE FROM department WHERE deptno=10;
savepoint S1;
DELETE FROM department WHERE deptno=11;
savepoint S2;
DELETE FROM department WHERE deptno=12;
```

执行查询语句，查询部门表的现有数据，结果如图 4-51 所示。

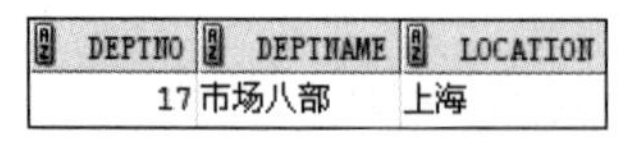

DEPTNO	DEPTNAME	LOCATION
17	市场八部	上海

图 4-51　运行结果

现在，回滚最后一个插入操作。

【代码 4-53】回滚到保存点

```
rollback to savepoint S2;
```

再次执行查询语句，查询部门表的现有数据，结果如图 4-52 所示。

DEPTNO	DEPTNAME	LOCATION
12	市场三部	青岛
17	市场八部	上海

图 4-52　运行结果

对比结果数据，将看到最后一个 INSERT 已经被回滚，其他 INSERT 操作结果仍然存在。此时后两个记录仍然未提交，应该执行 commit 或 rollback 迫使事务完成。

小结

通过本章的学习，学生应该能够学会：

- SQL 是一种介于关系代数和关系演算之间的结构化查询语言，是一个通用的、功能极强的关系数据库语言。
- SQL 语言集数据查询、数据操纵、数据定义和数据控制等功能于一体。
- 使用连接查询可以实现多表查询。
- SQL 函数包括单行函数和多行函数。
- 常用数值型函数包括 ABS、CEIL、FLOOR、MOD、ROUND、TRUNC 等。
- 常用的字符函数包括 CONCAT、INSTR、LENGTH、LOWER、LPAD、LTRIM、REPLACE、SUBSTR、RPAD、RTRIM、TRIM、UPPER 等。
- 常用的日期函数包括 ADD_MONTHS、CURRENT_DATE、EXTRACT、MONTHS_BETWEEN、NEXT_DAY、ROUND、SYSDATE 等。
- 常用转换函数包括 TO_CHAR、TO_DATE、TO_NUMBER、CONVERT 等。
- 常用分组函数包括 MAX、MIN、AVG、SUM、COUNT 等。
- 使用 GROUP BY 进行数据分组，使用 HAVING 子句对分组后的数据进行过滤，使用 ORDER BY 改变分组排序结果。
- 当使用 INSERT 语句增加数据时，不仅可以增加单行数据，而且可以使用子查询复制表数据到其他表。
- 插入数据时，数据必须与列数据类型一致，必须要满足约束规则。
- 使用 UPDATE 语句更新数据时，不仅可以使用表达式更新列值，而且可以使用子查询更新列数据。
- 使用 DML 语言的 DELETE 语句来删除表格中的数据。
- 使用 INSERT、DELETE、UPDATE 语句时的主要问题是要小心构造 WHERE 语句，使之只影响所要求的行。
- 数据操作过程中，直到执行完 COMMIT 后，INSERT、DELETE、UPDATE 操作才完成。

练习

1. 用____从数据库中检索数据。

   A. CREATE　　B. DELETE　　C. SELECT　　D. UPDATE

2. ____为从表中查询全部数据。

   A. SELECT * FROM table;　　B. SELECT all FROM table;

   C. SELECT ? FROM table;　　D. SELECT … FROM table;

3. 执行以下语句后，正确的结论是____。

   SELECT empno.ename FROM emp WHERE hiredate<to_date('04-11 月-1980')-100

   A. 显示给定日期后 100 天以内雇佣的雇员信息

   B. 显示给定日期前 100 天以内雇佣的雇员信息

   C. 显示给定日期 100 天以后雇佣的雇员信息

   D. 显示给定日期 100 天以前雇佣的雇员信息

4. 以下语句的作用是____。

   SELECT ename,sal FROM emp WHERE sal<(SELECT min(sal) FROM emp)+1000

   A. 显示工资低于 1000 元的雇员信息

   B. 将雇员工资小于 1000 元的工资增加 1000 后显示

   C. 显示超过最低工资 1000 元的雇员信息

   D. 显示不超过最低工资 1000 元的雇员信息

5. 如果需要返回大于等于数字 *n* 的整数，应该使用____。

   A. FLOOR(n)　　B. ROUND(n)　　C. CEIL(n)　　D. TRUNC(n+1)

6. 给定字符串“hello world”，如果需要返回“Hello World”，应该使用____。

   A. UPPER　　B. LOWER　　C. INITCAP　　D. TRANSLATE

7. 以下表达式的结果非空的是____。

   A. NULL||NULL　　B. ‘NULL’||NULL

   C. 3+NULL　　D. 5>NULL

8. 关于分组查询描述错误的是____。

   A. 使用分组函数时，NULL 行列入计算

   B. 分组函数只能出现在 SELECT、ORDER BY、HAVING 语句中

   C. 引入 GROUP BY 语句的查询操作中，在 SELECT 语句中出现的列，必须出现在 GROUP BY 子句中

   D. RDER BY 用于对查询结果进行排序，必须放在分组语句之后

9. 显示 last_name、hire_date 和雇员开始工作的日期，列标签为 DAY，以星期一作为周的起始日排序结果。关于数据添加操作，下列描述正确的是____。

   A. 插入数据时，数据必须与列的个数和顺序保持一致

   B. 插入数据时，数据必须与列数据类型一致，必须要满足约束规则

   C. 字符和日期值应放在单引号中，数字值不需要

   D. 必须为主键和非空列提供数据

10. 下列描述正确的是____。

   A. 可以使用 INSERT INTO 语句从另一个表中复制数据到指定表中

   B. 可以使用子查询更新表中的数据

C. 可以基于另一个表更新表中的数据

D. 可以基于子查询删除表中的数据

11. 删除 emp 表的全部数据，但不提交，以下正确的语句是____。

A. DELETE * FROM EMP　　B. DELETE FROM EMP

C. TRUNCATE TABLE EMP　　D. DELETE TABLE EMP

12. 当一个用户修改了表的数据，那么____。

A. 第 2 个用户立即能够看到数据的变化

B. 第 2 个用户必须执行 ROLLBACK 命令后才能看到数据的变化

C. 第 2 个用户必须执行 COMMIT 命令后才能看到数据的变化

D. 第 2 个用户因为会话不同，暂时不能看到数据的变化

13. 对于 ROLLBACK 命令，以下说法正确的是____。

A. 撤销刚刚进行的数据修改操作

B. 撤销本次登录以来所有的数据修改

C. 撤销到上次执行提交或回退操作的点

D. 撤销上一个 COMMIT 命令

14. 从表 emp 中查找工资低于 2000 元的雇员的姓名、工作、工资，并按工资降序排列。

15. 从表中查询工作是 CLERK 的所有人的姓名、工资、部门号、部门名称以及部门地址的信息。

16. 查询表 emp 中所有的工资大于等于 2000 元的雇员姓名和他的经理的名字。

17. 在表 emp 中查询所有工资高于 JONES 的雇员姓名、工作和工资。

18. 列出没有对应部门表信息的所有雇员的姓名、工作以及部门号。

19. 在表 emp 中查询所有工资高于 JONES 的雇员姓名、工作和工资。

20. 查找工资在 1000～3000 元之间的雇员所在部门的所有人员信息。

21. 查询并列出公司就职时间超过 24 年的员工名单。

22. 查询显示每个雇员加入公司的准确时间，按××××年××月××日××时××分××秒显示。

23. 查询所有 1981 年 7 月 1 日以前来的员工姓名、工资、所属部门的名字。

24. 查询公司中按年份、月份统计各地的录用职工数量。

25. 查询部门平均工资最高的部门名称和最低的部门名称。

26. 对每一个雇员，显示 employee_id、last_name、salary 和 salary 增加 15%，并且表示成整数，列标签显示为 New_Salary。

27. 写一个查询用首字母大写，其他字母小写显示雇员的 last_name，显示名字的长度，对所有名字开始字母是 J、A 或 M 的雇员，给每列一个适当的标签。用雇员的 last_name 排序结果。

28. 对每一个雇员显示其的 last_name，并且计算从雇员受雇日期到今天的月数，列标签为 MONTHS_WORKED。按受雇月数排序结果，四舍五入月数到最靠近的整数月。

29. 向 DEPT 表插入新的部门(‘50’,‘MANAGEMENT’,‘BEIJING’)并显示。

30. 将部门号为“50”的地址改为“SHANGHAI”，再执行一次回滚，然后提交。

第 5 章　数据表对象

本章目标

- 掌握创建表的 SQL 语句
- 掌握修改表的 SQL 语句
- 掌握删除表的 SQL 语句
- 掌握索引的概念和分类
- 掌握创建和删除索引的 SQL 语句
- 理解约束的定义和用途
- 掌握约束的分类
- 掌握定义约束的 SQL 语句
- 掌握维护约束的 SQL 语句

学习导航

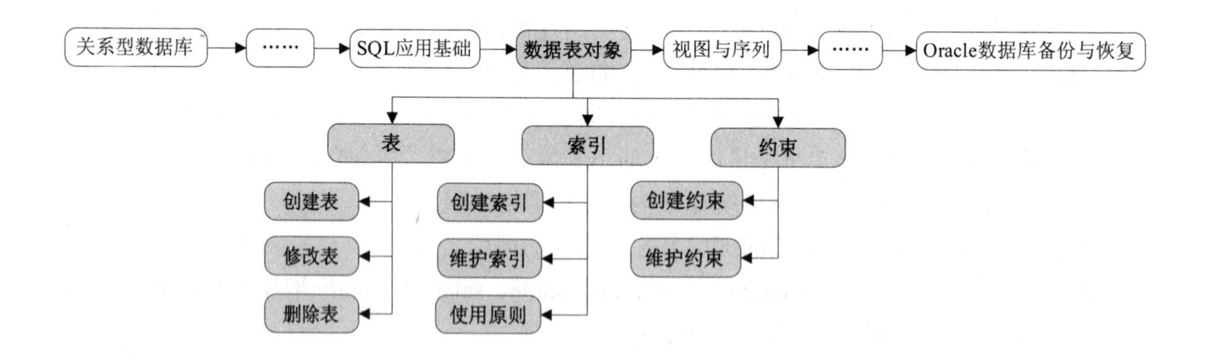

任务描述

【描述 5.D.1】

创建部门表（department），部门信息包括：部门 ID、部门名、部门位置。

【描述 5.D.2】

基于雇员表（emp）使用子查询建表。

【描述 5.D.3】

创建临时表，并对临时表进行查询。

【描述 5.D.4】

基于部门表（department），实现表的重命名，列的添加、修改和删除，表注释及列注释的添加。

【描述 5.D.5】

基于部门表（department）创建单列索引、复合索引和唯一性索引。

【描述 5.D.6】

基于部门表（department）实现索引重建和索引删除。

【描述 5.D.7】

基于职工表（employee），实现 NOT NULL 约束的创建。

【描述 5.D.8】

基于职工表（employee），实现 UNIQUE 约束的创建。

【描述 5.D.9】

基于职工表（employee），实现 PRIMARY KEY 约束的创建。

【描述 5.D.10】

基于职工表（employee）和部门表（department），实现 FOREIGN KEY 约束的创建。

【描述 5.D.11】

基于职工表（employee），实现 CHECK 约束的创建。

【描述 5.D.12】

基于职工表（employee），实现约束的修改、激活、禁止和删除。

5.1 表

在 Oracle 数据库系统中，表是数据库的基本对象，是数据库数据存储的基本单元，它对应于现实世界中的对象。可以把所有的基本实体都看成为表，不管应用中的表有多复杂，都可以使用（拆成）一个或多个表来表示，用于存放实体的数据。

表由行和列两部分组成，其中列用于描述实体的属性，例如员工有员工 ID、员工名、性别、年龄、所属部门等属性，而部门有部门 ID、部门名等属性；行则用于表现实体在各个属性上的具体取值。

当开发数据库应用时，为了存放应用系统的相关数据，需要设计并建立表，表的设计是否合理关系到应用系统将来的成败与性能问题。当设计表时，应该考虑以下因素。

- 当设计表和列时，表名和列名必须以字母开头，可以含符号 A～Z、a～z、0～9、_、$、#等字符，长度不能超过 30 个字符。使用有意义的名称，做到“见名知义”，不能使用 Oracle 的保留字。
- 当设计表名和列名时，要使用一致的缩写格式、单数或复数格式。
- 为了给用户和其他人员提供有意义的帮助信息，应该使用 COMMENT 命令描述表、列的作用。
- 当设计表时，应该使用第一范式（1NF）、第二范式（2NF）和第三范式（3NF）规范化每张数据库表。
- 当定义表列时，应该选择合适的数据类型和长度。
- 当定义表列时，为了节省存储空间，应该将 NULL 列放在后面。
- 名字大小写不敏感。
- 每张表最多有 1000 列。

5.1.1 创建表

1. CREATE TABLE 语句

DDL 语句是 SQL 语句的一个子集，用来创建、修改或删除 Oracle 数据库对象的结构，Oracle 用 CREATE TABLE 语句创建表以存储数据，该语句是数据定义语言（DDL）语句之一。其语法格式如下。

```
CAEATE TABLE[schema.]table_name
(column datatype [DEFAULT expr] [column constraint]
[,...]);
```

其中：

- schema 指定方案名（默认：当前用户的账号）；
- table_name 指定要创建的表的名字；

- column 指定要创建的列的名字；
- datatype 指定列的数据类型和长度；
- DEFAULT expr 指定当前列默认值；
- column constraint 指定当前列约束。

注意 Oracle 在安装过程中就已经建立了一系列方案，且这些方案与 Oracle 安装过程中建立的用户一一对应，如 Scott 用户对应 Scott 方案，如不特殊说明，所有操作都是基于 Scott 方案的。此外，如果在当前方案下创建表时，可以不指定方案名，例如以 Scott 用户登录后，创建表时，可以直接指定表名，不需要额外指定方案名 Scott。

当创建表时，需要为新表的各列选择合适的数据类型和长度。Oracle 11g 的主要数据类型如表 5-1 所示。

表 5-1　Oracle 11g 的主要数据类型

数据类型	含义
CHAR	描述定长的字符型数据，长度<=2000 字节
VARCHAR2	描述变长的字符型数据，长度<=4000 字节
NCHAR	存储 Unicode 字符集的定长字符型数据，长度<=1000 字节
NVARCHAR2	存储 Unicode 字符集的变长字符型数据，长度<=1000 字节
NUMBER	存储整型或浮点类型的数值
DATE	存储日期类型
LONG	存储最大长度 2GB 的变长字符数据
RAW	存储非结构化数据的变长字符数据，长度<=2000 字节
LONG RAW	存储非结构化数据的变长字符数据，长度<=2GB
ROWID	存储表中列的物理地址的二进制数据，10 个字节
BLOB	存储小于 4GB 的非结构化的二进制数据
CLOB	存储小于 4GB 的字符型数据
NCLOB	存储小于 4GB 的 Unicode 字符型数据
BFILE	把非结构化的二进制数据存储在数据库以外的系统文件中
UROWID	存储表示任何类型列地址的二进制数据
FLOAT	存储浮点数

下述代码用于实现任务描述 5.D.1，创建部门表，部门信息包括：部门 ID、部门名、部门位置。

【描述 5.D.1】创建部门表

```
CREATE TABLE department(
```

```
deptno NUMBER(2) NOT NULL,
deptname VARCHAR2(20) NOT NULL,
location VARCHAR2(40)
);
```

在创建 department 表时，对 deptno 和 deptname 列使用 NOT NULL 进行限制，不允许为空。

在创建表时，如果某列的值相对固定，可以通过 DEFAULT 为指定列设置默认值。下面对部门表稍做调整，部门位置加入默认值“青岛”。

【代码 5-1】DEFAULT 默认值

```
CREATE TABLE department(
deptno NUMBER(2) NOT NULL,
deptname VARCHAR2(20) NOT NULL,
location VARCHAR2(40) DEFAULT '青岛'
);
```

注意 建立表时，用户不仅需要具有建表（CREATE TABLE）系统权限，而且还必须具有相应的表空间配额（UNLIMITED TABLESPACE）权限。默认情况下，Scott 用户已具有这两种权限，因此无须额外授权。关于新建用户的权限授予方式详见第 10 章内容。

2. 使用子查询建表

如果需要创建与现有表结构类似的新表，可以使用子查询创建此表，并且可以将子查询的结果同步复制到新建表中。其语法格式如下。

```
CAEATE TABLE[schema.]table
[(column,column...)] AS subquery;
```

其中：

- column 用于指定新建表的列名，如果省略，新建表列则以子查询列的列名或列别名为准；
- subquery 用于指定子查询语句。

下述代码用于实现任务描述 5.D.2，基于雇员 emp 表，使用子查询建表。

【描述 5.D.2】使用子查询建表

```
CREATE TABLE emp_new(name,job,salary,hiredate)
AS
SELECT ename,job,sal,hiredate
FROM emp
WHERE deptno=30;
```

分别执行：

```
SELECT * FROM emp_new;
```

和

```
SELECT ename,job,sal,hiredate
FROM emp
WHERE deptno=30;
```

根据结果，可以验证复制到 emp_new 中的数据与子查询的结果一致。

注意　在使用子查询创建表格时，只复制表格的结构，而默认、约束等并不复制；可以指定列名、默认值和约束，但不能指定列的数据类型。

3. 临时表

Oracle 数据库除了可以保存永久表外，还可以建立临时表。这些临时表用来保存一个会话 SESSION 的数据，或者保存在一个事务中需要的数据。当会话退出或者用户提交 commit 和回滚 rollback 事务的时候，临时表的数据自动清空，但是临时表的结构以及元数据还存储在用户的数据字典中。

Oracle 临时表分为会话级临时表和事务级临时表。会话级临时表是指临时表中的数据只在会话生命周期之中存在，当用户退出会话结束的时候，Oracle 自动清除临时表中的数据；事务级临时表是指临时表中的数据只在事务生命周期中存在。当一个事务结束（commit or rollback），Oracle 自动清除临时表中数据。

可以使用 create global temporary table 创建临时表，其中，on commit delete rows 选项用于指定创建事务临时表，on commit preserve rows 选项用于创建会话临时表。

下述代码用于实现任务描述 5.D.3，创建临时表，并对临时表进行查询。

【描述 5.D.3】创建临时表

```
create global temporary table tmp_table(col1 varchar2(10)) on commit delete rows;
```

执行：

```
INSERT INTO tmp_table VALUES('test');
```

和

```
SELECT * FROM tmp_table;
```

查询结果如图 5-1 所示。

```
COL1
----------
test
```

图 5-1　查询结果

执行事务提交后再查询，代码如下。

```
COMMIT;
select * from tmp_table;
```

将查询不到任何数据。

5.1.2 修改表

如果表结构不符合实际要求，可以通过 ALTER TABLE 语句来修改表的结构。

1. 修改表名

如果需要重新调整表名称，可以通过 RENAME 语句完成。其语法格式如下。

```
RENAME old_table TO new_table;
```

下述代码用于实现任务描述 5.D.4，将创建的 department 表重命名为 dept。

【描述 5.D.4】使用 RENAME 重命名表

```
RENAME department TO dept;
```

2. 增加列

如果需要增加特定列，可以通过 ALTER TABLE...ADD 语句完成。其语法格式如下。

```
ALTER TABLE table_name
ADD(column datatype [DEFAULT expr] [column constraint]);
```

此语法中的参数与 CREATE TABLE 的参数作用一致。

下面代码片段实现如下功能：为部门表（department）增加一列，用于存储部门职责信息。

【代码 5-2】ALTER TABLE...ADD 增加列

```
ALTER TABLE department ADD (info VARCHAR2(400))
```

3. 修改列

如果需要修改特定列的数据类型、长度、默认值，可以通过 ALTER TABLE...MODIFY 语句完成。其语法格式如下。

```
ALTER TABLE table_name
MODIFY(column datatype [DEFAULT expr] [column constraint]);
```

此语法中的参数与增加列的参数作用一致。

下面代码片段实现如下功能：调整部门表（department）中部门职责信息列的数据类型长度为 800。

【代码 5-3】ALTER TABLE...MODIFY 修改列

```
ALTER TABLE department MODIFY (info VARCHAR2(800))
```

4. 删除列

如果需要删除特定列，可以通过 ALTER TABLE...DROP 语句完成。其语法格式如下。

```
ALTER TABLE table_name
DROP(column);
```

其中：

- column 用于指定要删除的列名。

下面代码片段实现如下功能：删除部门表（department）的部门职责信息列。

【代码 5-4】ALTER TABLE...DROP 删除列

```
ALTER TABLE department DROP (info);
```

5. 增加注释

数据库设计及创建过程中，为增强可读性，需要对表格及各列的作用做相应描述，可以通过注释完成。Oracle 中使用 COMMENT 语句为表格或列添加注释。其语法格式如下。

```
COMMENT ON TABLE table_name IS 'comment string';
COMMENT ON COLUMN table_name.column IS 'comment string';
```

其中：

- table_name 用于指定需要添加注释的表格名；
- column 用于指定需要添加注释的列名；
- comment string 指明添加的注释。

下面代码片段实现如下功能：为创建的 department 表和其 location 列添加注释。

【代码 5-5】COMMENT 增加注释

```
COMMENT ON TABLE department IS '部门信息表';
COMMENT ON COLUMN department.location IS '部门所在位置';
```

5.1.3　删除表

1. DROP TABLE

当表不再需要时，可以使用 DROP TABLE 语句删除表，DROP TABLE 将表结构和表内数据一并删除。其语法格式如下。

```
DROP TABLE table_name[CASCADE CONSTRAINTS][PURGE];
```

其中：

- CASCADE CONSTRAINTS 用于指定级联删除从表的外键约束；
- PURGE 用于指定彻底删除表。

下面代码将删除创建的 department 表。

【代码 5-6】使用 DROP TABLE 删除表

```
DROP TABLE department;
```

注意 如果两张表之间具有主外键关系，需要删除主表时，必须指定 CASCADE CONSTRAINTS 属性。

2. TRUNCATE TABLE

如果只需删除表内数据，保留表结构，可以使用 TRUNCATE TABLE 语句截断表。其语法格式如下。

```
TRUNCATE TABLE table_name;
```

下面代码将删除 department 表中的所有数据。

【代码 5-7】使用 TRUNCATE TABLE 删除表数据

```
TRUNCATE TABLE department;
```

注意 提醒初学者，不要轻易使用 DROP TABLE 命令。

5.2 索引

使用索引可快速访问数据库表中的特定信息。索引是对数据库表中一列或多列的值进行排序的一种结构，例如 emp 表的雇员姓名（ENAME）列。如果要按姓查找特定雇员，与必须搜索表中的所有行相比，索引会帮助更快地获得该信息。

索引提供指向存储在表的指定列中的数据值的指针，然后根据指定的排序顺序对这些指针排序。数据库使用索引的方式与使用书籍中的索引的方式很相似：它搜索索引以找到特定值，然后顺指针找到包含该值的行。通过使用索引，可以大大降低 I/O 次数，从而提高 SQL 语句的访问性能。例如，一个表没有创建索引，在检索数据时，系统将对表进行全表扫描；如果对表创建了适当的索引，则在有条件查询时，系统先对索引进行查询，然后利用索引信息迅速检索到复合条件的数据，这显然可以大大降低 I/O 执行次数。

5.2.1　创建索引

按照索引列的个数，可以将索引分为单列索引和复合索引。单列索引是指基于单个列所创建的索引，复合索引是指基于两列或多列创建的索引。如果在 WHERE 子句中经常需要引用一个表的多个列定位数据，那么可以考虑在这些列上创建复合索引。

Oracle 中通过 CREATE INDEX 语句创建索引，其语法格式如下。

```
CREATE [UNIQUE] INDEX index_name ON table_name(COLUMN1, COLUMN2…);
```

其中：

- UNIQUE 指示是否创建唯一性索引；
- index_name 指定要创建的索引的名；
- table_name 指定要创建索引的表；
- COLUMN 指定要创建索引的列。

1.　单列索引

单列索引是指基于单个列所创建的索引。在一个列上最多只能创建一个索引，否则会出现错误信息。

下述代码用于实现任务描述 5.D.5，在部门表（department）部门 ID 列上创建单列索引。

【描述 5.D.5】单列索引

```
CREATE INDEX idx_deptno ON department(deptno);
```

当建立了索引 idx_deptno 后，在查询过程中如果在 WHERE 语句中引用 deptno，会自动使用该索引。

注意　建立索引是由表的所有者来完成的，要求用户必须具有 CREATE ANY INDEX 的系统权限或在相应表上的 INDEX 对象权限。

2.　复合索引

复合索引是指基于两列或多列创建的索引。如果在 WHERE 子句中经常需要引用一个表的多个列定位数据，那么可以考虑在这些列上创建复合索引。当建立复合索引时，索引列不能超过 32 个。在同一个表的多个列上可以创建多个列，但要求列的组合不能相同。

下面代码片段实现如下功能：在部门表（department）部门 ID 和部门名两列上创建复合索引。

【代码 5-8】复合索引

```
CREATE INDEX idx_deptno_deptname ON department(deptno,deptname);
```

当建立了索引 idx_deptno_deptname 后，在查询过程中如果在 WHERE 语句中引用 deptno 和 deptname 列，会使用该索引；如果在 WHERE 语句中单独使用 deptno 列，也会使用该索引。

```
SELECT deptno,deptname,location
FROM department
WHERE deptno=10 AND deptname='市场一部';
SELECT deptno,deptname,location
FROM department
WHERE deptno=10;
```

上述查询都将使用 idx_deptno_deptname 索引，其中 deptno 被称为 idx_deptno_deptname 索引的领导字段。

如果在查询过程中单独使用 deptname 列，则不会使用该索引。

```
SELECT deptno,deptname,location
FROM department
WHERE deptname='市场一部';
```

在创建复合索引时，即使创建索引的列相同，但索引列的顺序不一致，则创建的索引是不同的，即以下语句创建的索引与 idx_deptno_deptname 是不同的索引。

```
CREATE INDEX idx_deptname_deptno ON department(deptname,deptno);
```

注意 复合索引是否被使用与创建索引时列的次序和 WHERE 语句中的列的过滤顺序有关。

3. 唯一索引

按照索引列值的唯一性，可以将索引划分为唯一索引和非唯一索引。唯一索引是指索引列值不能重复的索引，非唯一索引是指索引列值可以重复的索引。当建立索引时，如果不指定 UNIQUE 参数，那么默认情况下会建立非唯一索引。如果要在特定列上建立唯一索引，那么列数据不能出现重复值。

下面代码片段实现如下功能：在部门表（department）部门 ID 列上创建唯一索引。

【代码 5-9】唯一索引

```
CREATE UNIQUE INDEX idx_deptno ON department(deptno);
```

注意 在定义主键约束或唯一性约束时，Oracle 会自动在相应列上创建唯一性索引。

5.2.2 维护索引

当重新组织表结构，可能需要重新创建或删除索引。

1. 重建索引

如果频繁在索引列上执行 DELETE、UPDATE 操作，需定期重建该索引，以提高空间利用率和查询速度，使用 ALTER 语句重建索引，其语法格式如下。

```
ALTER INDEX index_name REBUILD;
```

下述代码用于实现任务描述 5.D.6，重建部门表（department）部门 ID 列上的索引。

【描述 5.D.6】重建索引

```
ALTER INDEX idx_deptno REBUILD;
```

2. 删除索引

索引主要用于提高查询速度，如果某个索引使用频度很小，可以考虑将其删除。Oracle 中使用 DROP 语句删除索引，其语法格式如下：

```
DROP INDEX index_name;
```

下面代码片段实现如下功能：删除部门表（department）部门 ID 列上的索引。

【代码 5-10】删除索引

```
DROP INDEX idx_deptno;
```

5.2.3 索引使用原则

建立索引的目的是提高对表的查询速度，但是创建索引会降低 DML（INSERT、DELETE、UPDATE）操作的速度，索引越多，影响越大。因此，在规划索引时，需要权衡查询和 DML 的需求。

选择索引字段的原则

- 选择在 WHERE 子句中最频繁使用的字段；
- 选择连接语句中的连接字段；
- 选择高选择性的字段（如果很少的字段拥有相同值，即有很多独特值，则选择性很好）；
- 不要在经常被修改的字段上建索引；
- 可以考虑在外键字段上建索引；
- 当建立索引后，请比较一下索引后所获得的查询性能的提高和 DML 操作性能上的损失，比较得失后，最后再决定是否需建立这个索引。

当某几个字段在 SQL 语句的 WHERE 子句中经常通过 AND 操作符联合在一起使用作为过滤谓词，并且这几个字段合在一起时选择性比各自单个字段的选择性要更好时，可以考虑用这几个字段来建立复合索引。

复合索引字段排序的原则

- 确保在 WHERE 子句中使用到的字段是复合索引的领导字段；

- 如果某个字段在 WHERE 子句中频繁使用，则在建立复合索引时，考虑把这个字段排在第一位；
- 如果所有的字段在 WHERE 子句中使用频率相同，则将最具选择性的字段排在最前面，将最不具选择性的字段排在最后面。

5.3 约束

约束是实现强制数据完整性的 ANSI 标准方法，是保证数据库数据能够满足商业逻辑或者企业规则的重要方式。约束确保合法的数据值存入数据列中，并满足表间的约束关系。

完整性约束是一种规则，不占用任何数据库空间。Oracle 利用完整性约束机制防止无效的数据进入数据库的基表，如果任何 DML 执行结果违反完整性约束，该语句被回滚并返回一个错误。

Oracle 中提供以下约束用于实现数据完整性。

- NOT NULL 约束：如果在表的一列的值不允许为空，则需在该列指定 NOT NULL 约束。
- UNIQUE（唯一性）约束：在表指定的列或组列上不允许具有重复值时，则需要在该列或组列上指定 UNIQUE 约束。
- PRIMARY KEY（主键）约束：在数据库中每一个表可有一个 PRIMARY KEY 约束。主键唯一标识表中的一行，并且主键不能为空值。
- FOREIGN KEY（外键）约束：指明一列或几列的组合为外键，以维护从表与主表之间的引用完整。
- CHECK 约束：表中列数据都要满足该约束定义的条件。

5.3.1 创建约束

用户可以在建表的同时定义约束，也可在建表后通过 ALTER TABLE 语句增加。除 NOT NULL 外，其他约束既可以在列级定义，也可以在表级定义（表级定义是指在定义了表的所有列之后定义的约束），其语法区别如下。

列级约束：

```
CAEATE TABLE table_name
(column datatype  [CONSTRAINT constraint_name] constraint_type
[,...]);
```

表级约束：

```
CAEATE TABLE table_name
(column datatype
```

```
...,
[CONSTRAINT constraint_name] constraint_type (column,...));
```

1. NOT NULL 约束

NOT NULL 约束应用在单一的数据列上，此约束保证该数据列必须要有数据值。默认状况下，Oracle 允许任何列都可以有 NULL 值。可以在建表时定义 NOT NULL 约束。

下述代码用于实现任务描述 5.D.7，创建职工表（employee），并在相应列上创建 NOT NULL 约束。

【描述 5.D.7】NOT NULL 不为空约束

```
create table employee(
eno number(5) not null,
ename varchar2(10) not null,
age number(2) not null,
salary number(7,2) not null,
phoneNO varchar2(16)) ;
```

创建完毕后，在添加数据时，只有 phoneNO 列允许 NULL 值，否则会提示错误消息。

如果在建表时没有定义 NOT NULL 约束，可以通过 ALTER TABLE 语句增加约束。其语法格式如下。

```
ALTER TABLE table_name MODIFY column NOT NULL;
```

其中：

- table_name 用于指定表名；
- column 用于指定约束列。

下面代码片段实现如下功能：调整职工表（employee）的电话列为必填列。

【代码 5-11】增加不为空约束

```
ALTER TABLE employee MODIFY phoneNO NOT NULL;
```

2. UNIQUE 约束

UNIQUE 约束用于限制列数据的唯一性。UNIQUE 约束的字段中不能包含重复值，可以为一个或多个字段定义 UNIQUE 约束。在 UNIQUE 约束的字段上可以包含空值。

下面代码片段实现如下功能：创建职工表（employee），并在 phoneNO 列上创建 UNIQUE 约束。

【代码 5-12】UNIQUE 唯一约束

```
CREATE TABLE employee(
eno NUMBER(5) NOT NULL,
ename VARCHAR2(10) NOT NULL,
```

```
age NUMBER(2) NOT NULL,
salary NUMBER(7,2) NOT NULL,
phoneNO VARCHAR2(16) unique);
```

也可采用表级格式定义。

```
CREATE TABLE employee(
eno NUMBER(5) NOT NULL,
...,
phoneNO VARCHAR2(16),
CONSTRAINT uq_phoneNO UNIQUE(phoneNO));
```

如果在建表时没有定义 UNIQUE 约束，可以通过 ALTER TABLE 语句增加约束。其语法格式如下。

```
ALTER TABLE table_name ADD [constraint constraint_name]
constraint_type(column1,column2,...) ;
```

其中：

- table_name 用于指定表名；
- constraint_name 用于指定约束名；
- constraint_type 用于指定约束类型。

下述代码用于实现任务描述 5.D.8，在职工表（employee）的 phoneNO 列上追加创建 UNIQUE 约束。

【描述 5.D.8】增加唯一约束

```
ALTER TABLE employee ADD CONSTRAINT uq_phoneNO UNIQUE(phoneNO);
```

3. PRIMARY KEY 约束

主键约束用于限制列数据的唯一性。主键约束的字段中不能包含重复值，可以为一个或多个字段定义主键约束。与 UNIQUE 约束不同的是，主键约束只能有一个，而且主键约束列上不允许出现空值。

下述代码用于实现任务描述 5.D.9，创建职工表（employee），并将 eno 设为主键。

【描述 5.D.9】PRIMARY KEY 主键约束

```
CREATE TABLE employee(
eno NUMBER(5) PRIMARY KEY,
ename VARCHAR2(10) NOT NULL,
age NUMBER(2) NOT NULL,
salary NUMBER(7,2) NOT NULL,
phoneNO VARCHAR2(16));
```

也可采用表级格式定义。

```
CREATE TABLE employee(
eno NUMBER(5) NOT NULL,
...,
CONSTRAINT pk_eno PRIMARY KEY(eno));
```

如果在建表时没有定义 PRIMARY KEY 约束，可以通过 ALTER TABLE 语句增加约束。其语法格式与 UNIQUE 的语法结构一致。

下面代码片段实现如下功能：在部门表（department）的 deptno 列上追加创建主键约束。

【代码 5-13】增加主键约束

```
ALTER TABLE department ADD CONSTRAINT pk_deptno PRIMARY KEY(deptno);
```

4. FOREIGN KEY 约束

外键约束用于定义主表和从表之间数据的关联关系。定义了 FOREIGN KEY 约束的字段称为“外部码字段”，被 FORGIEN KEY 约束引用的字段称为“引用码字段”，引用码必须是主键列或唯一列，包含外部码的表称为“从表”，包含引用码的表称为“主表”。

定义为 FOREIGN KEY 约束的字段中只能包含相应的主表中的引用码字段的值或者 NULL 值，可以为一个或者多个字段的组合定义 FOREIGN KEY 约束。

下述代码用于实现任务描述 5.D.10，创建职工表（employee），并新增一列 deptno 用于存储职工所在部门号，此列引用部门表（department）的主键列 deptno。

【描述 5.D.10】FOREIGN KEY 外键约束

```
CREATE TABLE employee(
eno NUMBER(5) PRIMARY KEY,
ename VARCHAR2(10) NOT NULL,
age NUMBER(2) NOT NULL,
salary NUMBER(7,2) NOT NULL,
phoneNO VARCHAR2(16),
deptno NUMBER(2) CONSTRAINT fk_deptno REFERENCES department(deptno));
```

上述创建 FOREIGN KEY 的代码中，REFERENCES 用于指定外键列引用的主表名及主键列。

FOREIGN KEY 的创建也可采用表级格式定义。

```
CREATE TABLE employee(
eno NUMBER(5) PRIMARY KEY,
...,
deptno NUMBER(2),
CONSTRAINT fk_deptno FOREIGN KEY (deptno) REFERENCES department(deptno));
```

在表级格式定义中 FOREIGN KEY 关键字是必须指定的。

如果在建表时没有定义外键约束，可以通过 ALTER TABLE 语句增加约束。

下面代码片段实现如下功能：在职工表（employee）上追加对部门表（department）的引用。

【代码 5-14】增加外键约束

```
ALTER TABLE employee ADD CONSTRAINT fk_deptno4
FOREIGN KEY(deptno) REFERENCES department(deptno);
```

定义外键后，如果需要在 employee 表中添加数据，其在 deptno 列的取值必须依赖于 department 表的值，或者为 NULL。

定义外键过程中，还有两个关键字可选。

- ON DELETE CASCADE 用于指定当主表数据删除时会级联删除从表中的相关数据。
- ON DELETE SET NULL 用于指定当主表数据删除时会将从表中外键列的相关数据设置为 NULL。

注意 定义了 FOREIGN KEY 约束的外部码字段和相应的引用码字段可以存在于同一个表中，这种情况称为“自引用”。

5. CHECK 约束

CHECK 约束用于强制列数据必须要满足的条件。在 CHECK 约束的表达式中必须引用到表中的一个或多个列，并且表达式的计算结果必须是一个布尔值，对同一个列可以定义多个 CHECK 约束。CHECK 约束可以在表级或列级定义。

下述代码用于实现任务描述 5.D.11，创建职工表（employee），其中年龄（age）列的取值必须在 18～70 之间。

【描述 5.D.11】CHECK 条件约束

```
CREATE TABLE employee(
eno NUMBER(5) PRIMARY KEY,
ename VARCHAR2(10) NOT NULL,
age NUMBER(2) NOT NULL CHECK(age BETWEEN 18 AND 70),
salary NUMBER(7,2) NOT NULL,
phoneNO VARCHAR2(16));
```

CHECK 约束的创建也可采用表级格式定义。

```
CREATE TABLE employee(
eno NUMBER(5) PRIMARY KEY,
...,
deptno NUMBER(2),
CONSTRAINT ck_age CHECK(age BETWEEN 18 AND 70));
```

如果在建表时没有定义 CHECK 约束，可以通过 ALTER TABLE 语句增加约束。

下面代码片段实现如下功能：在职工表（employee）上限制联系电话（phoneNO）列只能填 8 位或 11 位号码。

【代码 5–15】增加条件约束

```
ALTER TABLE employee ADD CONSTRAINT ck_phoneNO2
CHECK(phoneNO LIKE '[0-9][0-9][0-9][0-9][0-9][0-9][0-9][0-9]' OR
      phoneNO LIKE'1[0-9][0-9][0-9][0-9][0-9][0-9][0-9][0-9][0-9][0-9]');
```

定义 CHECK 约束后，如果需要在 employee 表中添加数据，在 CHECK 强制的列上，数据必须满足限制表达式给定的条件，否则将抛出异常。

注意　在 CHECK 约束中使用的条件表达式可以基于关系表达式、逻辑表达式、BETWEEN…AND、LIKE、IN、IS NULL 等。

5.3.2　维护约束

创建约束后，可通过 ALTER TABLE 语句删除、修改、禁止和激活约束。

1.　修改约束名

约束创建完毕，可通过 ALTER TABLE 语句的 RENAME CONSTRAINT 来完成。其语法格式如下。

```
ALTER TABLE table_name
RENAME CONSTRAINT old_constraint_name to new_constraint_name;
```

其中：

- table_name 用于指定表名；
- old_constraint_name 用于指定原有的约束名；
- new_constraint_name 用于指定新约束名。

下述代码用于实现任务描述 5.D.12，重命名 ck_phoneNO2 约束。

【描述 5.D.12】修改约束名

```
ALTER TABLE employee
RENAME CONSTRAINT ck_phoneNO2 to ck_phoneNO3;
```

2.　激活、禁止约束

如果希望约束暂时失效，可通过 ALTER TABLE 语句的 DISABLE CONSTRAINT 来完成。其语法格式如下。

```
ALTER TABLE table_name
DISABLE CONSTRAINT constraint_name;
```

其中：

- table_name 用于指定表名；
- constraint_name 用于指定约束名。

下面代码将禁止 ck_phoneNO3 约束。

【代码 5-16】禁止约束

```
ALTER TABLE employee
DISABLE CONSTRAINT ck_phoneNO3;
```

如果需要重新激活约束，可通过 ALTER TABLE 语句的 ENABLE CONSTRAINT 来完成。其语法格式如下。

```
ALTER TABLE table_name
ENABLE CONSTRAINT constraint_name;
```

下面代码将重新激活 ck_phoneNO3 约束。

【代码 5-17】激活约束

```
ALTER TABLE employee
ENABLE CONSTRAINT ck_phoneNO3;
```

注意 当激活约束时，要求表中的数据必须符合约束所定义的验证规则，否则将显示错误消息。

3. 删除约束

如果约束不再使用，可通过 ALTER TABLE 语句的 DROP CONSTRAINT 来完成。其语法格式如下。

```
ALTER TABLE table_name
DROP CONSTRAINT constraint_name;
```

其中：

- table_name 用于指定表名；
- constraint_name 用于指定约束名。

下面代码将删除 ck_phoneNO3 约束。

【代码 5-18】删除约束

```
ALTER TABLE employee
DROP CONSTRAINT ck_phoneNO3;
```

需要特别注意，当删除表的主键约束时，如果该表具有相关的从表，则在删除主键约束的时候需要指定 PRIMARY KEY CASCADE 属性。

下面代码将删除部门表（department）的主键约束。

【代码 5-19】删除主键约束

```
ALTER TABLE employee
DROP PRIMARY KEY CASCADE;
```

小结

通过本章的学习，学生应该能够学会：

- 表是 Oracle 数据最基本的对象，用于存储用户数据，关系数据库的所有操作最终都是围绕表来操作的。
- 建立表时，用户不仅需要具有 CREATE TABLE 系统权限，而且还必须具有相应的表空间配额。
- Oracle 中建表时常用的数据类型有 CHAR、VARCHAR、NUMBER、DATE 等。
- 索引用于加快数据定位速度，通过使用索引可以大大降低 I/O 次数，提高 SQL 语句访问性能。
- 索引分为单列索引、复合索引和唯一性索引。
- 约束用于确保数据库数据满足特定的商业逻辑或企业规则。
- 约束包括 NOT NULL、UNIQUE、PRIMARY KEY、FOREIGN KEY 和 CHECK 5 种。

练习

1. SQL 语言中用来创建、删除及修改数据库对象的部分被称为____。
   A. 数据库控制语言（DCL）
   B. 数据库定义语言（DDL）
   C. 数据库操纵语言（DML）
   D. 数据库事务处理语言
2. 下述语句____是删除 emp 表的语句。
   A. DELETE * FROM EMP
   B. DROP TABLE EMP

C. TRUNCATE TABLE EMP

D. DELETE TABLE EMP

3. 关于索引的描述，错误的是____。

A. 单列索引是指基于单个列所创建的索引。在一个列上最多只能创建一个索引

B. 复合索引是指基于两列或多列创建的索引

C. 唯一性索引是指索引列值不能重复的索引，非唯一性索引是指索引列值可以重复的索引

D. 复合索引是否被使用与创建索引时列的次序和 WHERE 语句中的列的过滤顺序无关

4. 关于选择索引字段的原则错误的是____。

A. 选择在 WHERE 子句中最频繁使用的字段

B. 可以考虑在外键字段上建索引

C. 不要在经常被修改的字段上建索引

D. 为加快查询，可以考虑在所有字段上创建索引

5. 关于约束的描述错误的是____。

A. 常用的约束有 NOT NULL、UNIQUE、PRIMARY KEY、FOREIGN KEY、CHECK

B. 约束既可以基于表级创建，也可以基于列级创建

C. 当某个约束不需要时，可以删除或禁止

D. 约束用于限制数据满足一定的商业规则，只能在单列上创建约束

6. 创建表 Student、Course、Grade，各个表的结构如下。

(1) Student 表

名称	类型
学号	NUMBER(6),
姓名	VARCHAR2(12)
入学时间	DATE
专业	VARCHAR2(20)
性别	CHAR(2)
年龄	INTEGER

(2) Course

名称	类型
课程号	NUMBER(6),
课程名称	VARCHAR2(20)
学时	INTEGER
学分	INTEGER

(3) Grade

名称	类型
学号	NUMBER(6)
课程号	NUMBER(6)
成绩	NUMBER(2),

请使用 Oracle 的 SQL Developer 实现下述任务。

1） 创建表 Student、Course、Grade。

2） 分析并创建各表的主键、外键。

3） 分析并创建各表的索引。

4） 根据题目要求在各表的适当列创建合适的约束。

5） 为 Student 表添加家庭地址列，类型为 VARCHAR2(60)。

第 6 章　视图与序列

本章目标

- 理解视图的作用
- 掌握视图的分类及操作原则
- 理解在视图上执行 DML 操作的规则
- 掌握用于创建视图、修改视图和删除视图的 SQL 语句语法
- 掌握序列的创建、使用和删除

学习导航

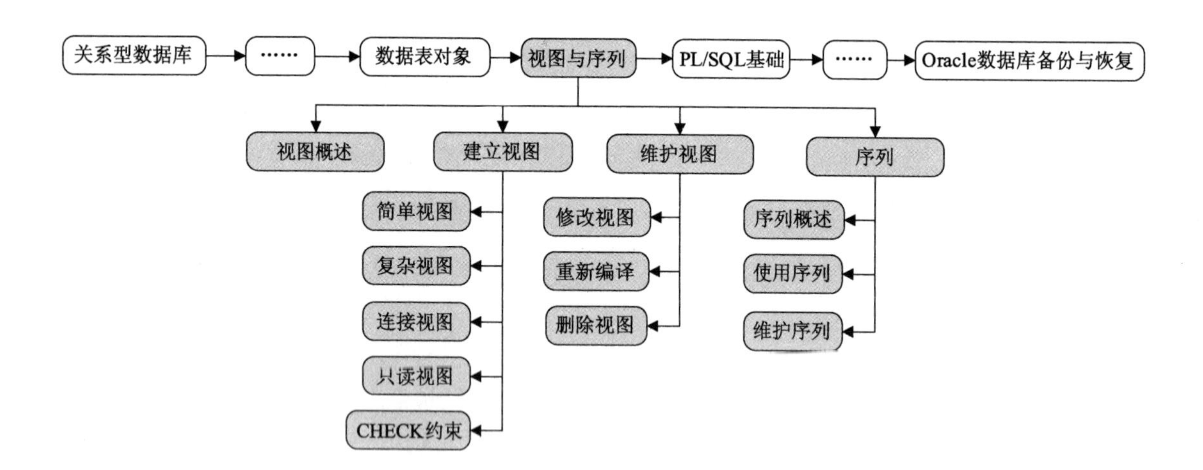

任务描述

【描述 6.D.1】

基于雇员表（emp）建立包含雇员号、雇员名、工资和部门号的视图。

【描述 6.D.2】

基于雇员表（emp）创建视图，用于统计输出每个部门的雇员数及平均工资。

【描述 6.D.3】

基于雇员表（emp）和部门表创建视图，显示雇员号、雇员名、工资、部门名和部门所在位置。

【描述 6.D.4】

基于雇员表（emp）建立包含雇员号、雇员名、工资和部门号的只读视图。

【描述 6.D.5】

基于雇员表（emp）建立视图，显示工资在 1500 元以上的雇员号、雇员名、工资和部门号。

【描述 6.D.6】

基于已创建视图，演示视图的修改操作。

6.1 视图概述

1. 概述

视图是存储在数据库中的用于查询的 SQL 语句，它主要出于两种原因：一种原因是安全原因，视图可以隐藏一些数据，如社会保险基金表，可以用视图只显示姓名，地址，而不显示社会保险号和工资数等；另一原因是可使复杂的查询易于理解和使用，如图 6-1 所示。

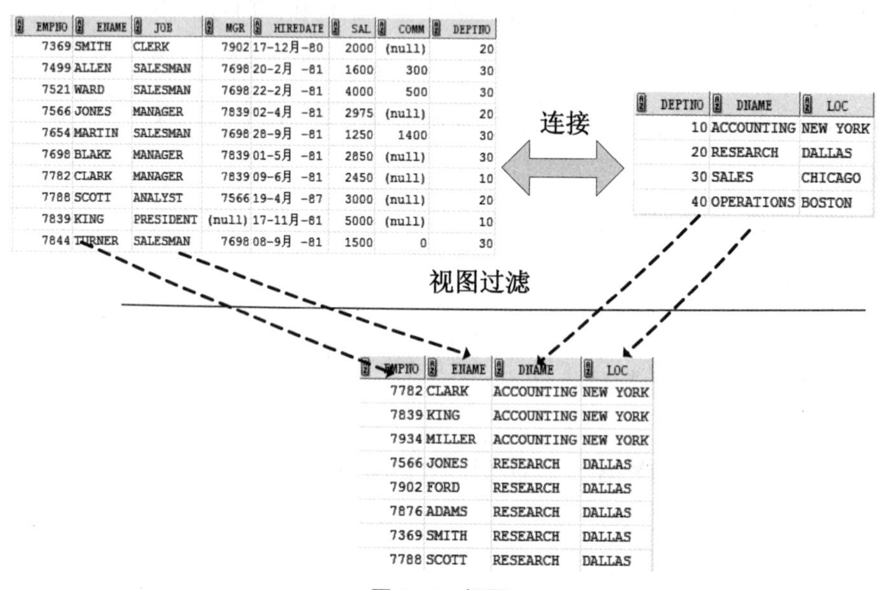

EMPNO	ENAME	JOB	MGR	HIREDATE	SAL	COMM	DEPTNO
7369	SMITH	CLERK	7902	17-12月-80	2000	(null)	20
7499	ALLEN	SALESMAN	7698	20-2月 -81	1600	300	30
7521	WARD	SALESMAN	7698	22-2月 -81	4000	500	30
7566	JONES	MANAGER	7839	02-4月 -81	2975	(null)	20
7654	MARTIN	SALESMAN	7698	28-9月 -81	1250	1400	30
7698	BLAKE	MANAGER	7839	01-5月 -81	2850	(null)	30
7782	CLARK	MANAGER	7839	09-6月 -81	2450	(null)	10
7788	SCOTT	ANALYST	7566	19-4月 -87	3000	(null)	20
7839	KING	PRESIDENT	(null)	17-11月-81	5000	(null)	10
7844	TURNER	SALESMAN	7698	08-9月 -81	1500	0	30

DEPTNO	DNAME	LOC
10	ACCOUNTING	NEW YORK
20	RESEARCH	DALLAS
30	SALES	CHICAGO
40	OPERATIONS	BOSTON

EMPNO	ENAME	DNAME	LOC
7782	CLARK	ACCOUNTING	NEW YORK
7839	KING	ACCOUNTING	NEW YORK
7934	MILLER	ACCOUNTING	NEW YORK
7566	JONES	RESEARCH	DALLAS
7902	FORD	RESEARCH	DALLAS
7876	ADAMS	RESEARCH	DALLAS
7369	SMITH	RESEARCH	DALLAS
7788	SCOTT	RESEARCH	DALLAS

图 6–1　视图

视图是从一个或多个表或视图中导出的表，其结构和数据是建立在对表的查询基础上的。和表一样，视图也是包括几个被定义的数据列和多个数据行，但就本质而言这些数据列和数据行来源于其所引用的表。所以视图不是真实存在的基础表而是一张“虚表”，视图所对应的数据并不实际地以视图结构存储在数据库中，而是存储在视图所引用的表中。

视图一经定义便存储在数据库中，与其相对应的数据并没有像表那样又在数据库中再存储一份，通过视图看到的数据只是存放在基本表中的数据。对通过视图看到的数据进行修改时，相应的基本表的数据也要发生变化，同时，若基本表的数据发生变化，则这种变化也可以自动地反映到视图中。

2. 视图的作用

使用视图的好处是：

- 简单性。看到的就是需要的。视图不仅可以简化用户对数据的理解，也可以简化用户的操作。那些被经常使用的查询可以被定义为视图，从而使得用户不必为以后的操作每次指定全部的条件。
- 安全性。通过视图用户只能查询和修改他们所能见到的数据。数据库中的其他数据则既看不见也取不到。数据库授权命令可以使每个用户对数据库的检索限制到特定

的数据库对象上，但不能授权到数据库特定行和特定的列上。通过视图，用户可以被限制在数据的不同子集上。

- 逻辑数据独立性。视图可以使应用程序和数据库表在一定程度上独立。如果没有视图，应用一定是建立在表上的。有了视图之后，程序可以建立在视图之上，从而程序与数据库表被视图分割开来。

视图可以在以下几个方面使程序与数据独立。

- 如果应用建立在数据库表上，当数据库表发生变化时，可以在表上建立视图，通过视图屏蔽表的变化，从而应用程序可以不动；
- 如果应用建立在数据库表上，当应用发生变化时，可以在表上建立视图，通过视图屏蔽应用的变化，从而使数据库表不动；
- 如果应用建立在视图上，当数据库表发生变化时，可以在表上修改视图，通过视图屏蔽表的变化，从而应用程序可以不动；
- 如果应用建立在视图上，当应用发生变化时，可以在表上修改视图，通过视图屏蔽表的变化，从而使得数据库表可以不动。

3. 视图的分类

视图可以从操作上分为如下几类。

- 简单视图：基于一个基表建立的简单查询视图；
- 复杂视图：包含表达式、函数或分组数据的视图；
- 连接视图：基于多个基表的连接查询所建立的视图；
- 只读视图：只允许 SELECT 操作的视图。

视图可以由以下任意一项组成。

- 一个基表的任意子集；
- 两个或两个以上的基表的合集；
- 两个或两个以上基表的交集；
- 一个或者多个基表运算的结果集合；
- 另一个视图的子集。

4. 视图操作原则

建立视图后，对视图的操作与对表的操作是一样的。但是，在视图上执行 DML 操作时，除需符合约束规则，还必须满足一些其他原则。

- 如果视图包含 GROUP BY 子句、分组函数、DISTINCT 关键字、ROWNUM 伪列或使用表达式定义的列，那么不能在该视图上执行 UPDATE 和 DELETE 操作；
- 如果视图包含 GROUP BY 子句、分组函数、DISTINCT 关键字、ROWNUM 伪列或使用表达式定义的列，或者在视图上没有包含基表所有的 NOT NULL 列，那么不能在该视图上执行 INSERT 操作；

■ 定义视图的子查询不能包含ORDER BY子句，当从视图取回数据时可以指定ORDER BY 子句。

6.2 建立视图

Oracle 中通过 CREATE VIEW 语句创建视图，其语法格式如下。

```
CREATE[OR REPLACE]VIEW view_name
[(column_name)[,…n]]
AS
sub_query
[WITH CHECK OPTION[CONSTRAINT constraint_name]]
[WITH READ ONLY]
```

其中：

■ view_name 指定视图名；
■ sub_query 指定视图对应的子查询；
■ REPLACE 指示如果创建视图时，已经存在此视图，则重新创建此视图；
■ WITH CHECK OPTION 指示在视图上所进行的修改都要符合 sub_query 所指定的限制条件；
■ WITH READ ONLY 指示创建只读视图。

当创建视图时，如果不提供视图列别名，Oracle 会自动使用子查询的列名；如果子查询包含函数、表达式或共享同一个表名连接得到的列，那么必须为其定义列别名。

注意 如果在当前方案中创建视图，则用户必须有 CREATE VIEW 权限。如果在其他方案中创建视图，则用户必须有 CREATE ANY VIEW 权限。例如，使用 Scott 用户创建视图时，可以在 SQL 工作表中执行“GRANT CREATE ANY VIEW TO "SCOTT"”命令。

6.2.1 简单视图

简单视图指基于一个基表建立的视图，在 SQL 中不包含任何函数、表达式和分组数据语句。

下述代码用于实现任务描述 6.D.1，基于雇员表 emp 建立包含雇员号、雇员名、工资和部门号的视图。

【描述 6.D.1】CREATE VIEW 创建视图

```
create view vw_emp as
select empno, ename, sal, deptno from emp;
```

上述代码在建立视图时，没有提供视图列别名，那么 Oracle 会自动使用子查询的列名或者别名。在建立视图时可以直接为视图的列指定列名。

【代码 6-1】创建视图并指定列名

```
CREATE VIEW vw_emp2 (eno,name,salary,deptno) AS
SELECT empno, ename, sal, deptno FROM emp;
```

上述两个代码创建的视图的结构与数据是一致的，可以通过查询语句进行数据验证。

```
SELECT * FROM vw_emp;
SELECT * FROM vw_emp2;
```

在简单视图上，可以执行 SELECT、INSERT、DELETE、UPDATE 操作，但在执行 INSERT 操作时需保证视图所包含基表中所有 NOT NULL 列，否则报错。

下述代码将基于视图 vw_emp 进行 DML 操作。

```
INSERT INTO vw_emp
VALUES(1111,'Tom',2000,10);
已创建 1 行
UPDATE vw_emp
SET salary=3000
WHERE eno=1111;
已更新 1 行
DELETE FROM vw_emp
WHERE eno=1111;
已删除 1 行
```

6.2.2　复杂视图

复杂视图指创建视图时包含函数、表达式和分组数据的 SQL 语句。当定义复杂视图时，必须要为函数或表达式定义列别名。

下述代码用于实现任务描述 6.D.2，基于雇员表 emp 创建视图，用于统计输出每个部门的雇员数及平均工资。

【描述 6.D.2】创建复杂视图

```
CREATE VIEW vw_emp3(deptno,cntemp,avgsal)AS
SELECT deptno,count(*),ROUND(avg(sal)) FROM emp
GROUP BY deptno;
```

上述代码执行完毕后，可通过下面查询的语句进行数据查看。

```
SELECT * FROM vw_emp3;
```

结果如图 6-2 所示。

DEPTNO	CNTEMP	AVGSAL
30	6	1567
20	5	2215
10	3	2917

图 6-2　运行结果

在复杂视图中不可以执行 INSERT、UPDATE、DELETE 操作。下述代码对 vw_emp3 进行 DELETE 操作时，将会出现错误提示。

```
DELETE FROM vw_emp3 WHERE deptno =10;
*
第 1 行出现错误:
ORA-01732: data manipulation operation not legal on this view
```

6.2.3　连接视图

连接视图是基于多个表的连接查询而创建的视图。在创建连接视图时必须在 WHERE 条件中指定有效的连接，否则创建的视图没有意义。

下述代码用于实现任务描述 6.D.3，基于雇员表 emp 和部门表 dept 创建视图，显示雇员号、雇员名、工资、部门名和部门所在位置。

【描述 6.D.3】创建 emp 表和 dept 表的连接视图

```
CREATE VIEW vw_emp4 AS
SELECT empno,ename,sal,dname,loc FROM emp e ,dept d
WHERE e.deptno = d.deptno;
```

在连接视图中，由于涉及多个表，不允许执行 INSERT 操作。对于 UPDATE、DELETE 操作在满足约束的情况下允许执行。下述代码对 vw_emp4 进行 DML 操作，其中 INSERT 语句会出现错误提示。

```
insert into vw_emp4
values(1111,'Tom',100,'Department','Qingdao');
*
第 1 行出现错误:
ORA-01776: cannot modify more than one base table through a join view
update vw_emp4
set sal = 10000
已更新 1 行
where empno = 7369;
delete from vw_emp4 where empno = 7369;
已删除 1 行
```

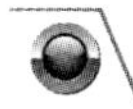 6.2.4　只读视图

用户在创建视图时指定 WITH READ ONLY 选项时，可以创建只读视图。当用户创建了只读视图后，只能在视图上执行 SELECT 语句。不能执行 INSERT、UPDATE、DELETE 操作。

下述代码用于实现任务描述 6.D.4，基于雇员表 emp，建立包含雇员号、雇员名、工资和部门号的只读视图。

【描述 6.D.4】创建只读视图

```
create view vw_emp5 as
select empno, ename, sal, deptno from emp
WITH READ ONLY;
```

在只读视图中，不允许执行任何 DML 语句。下述代码对 vw_emp5 进行 INSERT 操作会出现错误提示。

```
INSERT INTO vw_emp5
VALUES(1111,'Tom',2000,10);
*
第 1 行出现错误:
ORA-01733: virtual column not allowed here
```

 6.2.5　CHECK 约束

用户在创建视图时使用 WITH CHECK OPTION 选项可以在视图上定义 CHECK 约束。如果在创建视图时使用了 WITH CHECK OPTION 选项，那么在视图上执行 INSERT 和 UPDATE 操作时，新数据在 WHERE 列上的值必须满足 WHERE 的条件限制。

下述代码用于实现任务描述 6.D.5，基于雇员表 emp，建立视图，显示工资在 1500 元以上的雇员号、雇员名、工资和部门号。

【描述 6.D.5】创建 CHECK 约束视图

```
create view vw_emp6 as
select empno, ename, sal, deptno from emp WHERE sal>1500
WITH CHECK OPTION CONSTRAINT ck_sal;
```

执行上述代码后，会建立 vw_emp6 视图并定义 CHECK 约束 ck_sal。当在 vw_emp6 上执行 INSERT 操作时，新行在 sal 列的值必须大于 1500；当在 vw_emp6 上执行 UPDATE 操作时，必须保证修改后 sal 列的值大于 1500，否则会出现错误提示。

下述代码对 vw_emp6 进行 DML 操作，UPDATE 操作会出现错误提示。

```
INSERT INTO vw_emp6
```

```
VALUES(1111,'Tom',2000,10);
已创建 1 行
UPDATE vw_emp6 SET sal = 1000 WHERE empno=1111;
*
第 1 行出现错误:
ORA-01402: view WITH CHECK OPTION where-clause violation
DELETE FROM vw_emp6 WHERE empno=1111;
已删除 1 行。
```

6.3 维护视图

用户在创建视图后，根据业务需求的变更，可能会对视图进行修改或删除操作。

6.3.1 修改视图

在视图创建完毕后，如果改变视图的子查询语句，可以使用 CREATE OR REPLACE VIEW 语句修改视图定义。其语法格式如下。

```
CREATE[OR REPLACE]VIEW view_name
[(column_name)[,…n]]
AS
sub_query
[WITH CHECK OPTION[CONSTRAINT constraint_name]]
[WITH READ ONLY]
```

下述代码用于实现任务描述 6.D.6，调整 vw_emp5，去掉其只读视图的属性。

【描述 6.D.6】CREATE OR REPLACE VIEW 修改视图

```
create OR REPLACE view vw_emp5 as
select empno, ename, sal, deptno from emp
WITH READ ONLY;
```

视图修改过程相当于将当前视图删掉，然后重新创建。

注意 如果在当前方案中修改视图，用户可以直接修改；如果在其他方案中修改视图，用户必须有 ALTER ANY VIEW 权限。

6.3.2 重新编译视图

当用户改变了视图基表的定义（如增加列、删除列）后，视图会被标记为无效状态。当用户访问视图时，Oracle 会自动重新编译视图。另外，也可以执行 ALTER VIEW 语句手动编译视图，其语法格式如下。

```
ALERT VIEW view_name COMPILE;
```

向雇员表 emp 中增加生日列 birthday，执行如下语句。

```
ALTER TABLE emp ADD birthday date;
```

执行上述语句后，通过 Oracle 管理工具可以看到，基于 emp 表建立的视图（如 vw_emp）的状态为“Invalid”。

执行如下语句，重新编译视图。

【代码 6-2】ALTER VIEW 重新编译视图

```
ALTER VIEW vw_emp COMPILE
```

在此通过工具查看视图状态，vw_emp 状态已为“Valid”。

6.3.3 删除视图

当用户不再需要使用视图时，可以删除视图。其语法格式如下。

```
DROP VIEW view_name;
```

下面代码将删除 vw_emp 视图。

【代码 6-3】DROP VIEW 删除视图

```
DROP VIEW vw_emp;
```

注意 如果在当前方案中删除视图，用户可以直接删除；如果在其他方案中删除视图，用户必须有 DROP ANY VIEW 权限。

6.4 序列

6.4.1 序列概述

序列（SEQUENCE）是序列号生成器，可以自动产生一组等间隔的数值（数字类型）。其主要的用途是生成表的唯一主键值，可以在插入语句中引用，也可以通过查询检查当前值，或使序列增至下一个值。

在 Oracle 中使用 CREATE SEQUENCE 创建序列，其语法结构如下。

```
CREATE SEQUENCE sequence_name
[INCREMENT BY n]
[START WITH n]
```

```
[{MAXVALUE / MINVALUE n|NOMAXVALUE}]
[{CYCLE|NOCYCLE}]
[{CACHE n|NOCACHE}];
```

其中：

- INCREMENT BY 用于定义序列的步长，如果省略，则默认为 1，如果出现负值，则代表序列的值是按照此步长递减的。
- START WITH 定义序列的初始值（即产生的第一个值），默认为 1。
- MAXVALUE 定义序列生成器能产生的最大值。选项 NOMAXVALUE 是默认选项，代表没有最大值定义。
- MINVALUE 定义序列生成器能产生的最小值。选项 NOMAXVALUE 是默认选项，代表没有最小值定义。
- CYCLE 和 NOCYCLE 表示当序列生成器的值达到限制值后是否循环。CYCLE 代表循环，NOCYCLE 代表不循环。如果循环，则当递增序列达到最大值时，循环到最小值；对于递减序列达到最小值时，循环到最大值。如果不循环，达到限制值后，继续产生新值就会发生错误。
- CACHE 定义存放序列的缓冲区大小，默认为 20。NOCACHE 表示不对序列进行内存缓冲。对序列进行内存缓冲，可以改善序列的性能。

6.4.2 使用序列

1. 创建序列

下述代码创建一个由 1000 开始，最大值为 9999999，间隔为 1 的序列。

【代码 6-4】CREATE SEQUENCE 创建序列

```
CREATE SEQUENCE seq_first
INCREMENT BY 1 START WITH 1000 MAXVALUE 9999999 NOCYCLE;
```

注意 如果在当前方案中创建序列，用户必须有 CREATE SEQUENCE 权限；如果在其他方案中创建序列，用户必须有 CREATE ANY SEQUENCE 权限。

2. 使用序列

如果已经创建了序列，可以使用伪列 CURRVAL 和 NEXTVAL 来引用序列的值。

NEXTVAL 用于生成序列的下一个序列号，调用时要指出序列名，调用方式如下。

```
sequence_name.NEXTVAL
```

CURRVAL 用于产生序列的当前值，无论调用多少次都不会引发序列的增长。调用 CURRVAL 的方法同上，要指出序列名，即用以下方式调用。

```
sequence_name.CURRVAL
```

下述代码演示了序列的使用。

```
SELECT seq_first.nextval FROM DUAL;
SELECT seq_first.nextval FROM DUAL;
SELECT seq_first.currval FROM DUAL;
```

序列的创建一般与表格的特定列“绑定”，以便在为表格添加数据时，能在绑定的列上提供唯一的键值。下述代码演示了在向表格添加数据时序列的应用。

【代码 6-5】使用序列

```
INSERT INTO emp(empno,ename)
VALUES(seq_first.nextval,'Tester');
```

注意 如果序列还没有通过调用 NEXTVAL 产生过序列的下一个值，先引用 CURRVAL 没有意义。

6.4.3 维护序列

1. 修改序列

可以使用 ALTER SEQUENCE 来修改序列定义，但是序列的初始值不能修改。下述代码修改 seq_first 的定义。

```
ALTER SEQUENCE seq_first
INCREMENT BY 55  MAXVALUE 9999999 NOCYCLE;
```

执行测试如下。

```
SELECT seq_first.currval FROM DUAL;
SELECT seq_first.nextval FROM DUAL;
SELECT seq_first.currval FROM DUAL;
```

2. 删除序列

在 Oracle 中使用 DROP SEQUENCE 来删除序列对象。如下述代码所示。

```
DROP SEQUENCE seq_first;
```

3. 查看序列

通过数据字典 USER_OBJECTS 可以查看用户拥有的序列，通过数据字典 USER_SEQUENCES 可以查看序列的设置。如下述代码所示。

```
SELECT sequence_name,min_value,max_value,increment_by,last_number
FROM user_sequences;
```

小结

通过本章的学习，学生应该能够学会：

- 视图是一个表或多个表的逻辑表示。
- 视图是一个虚表，本身不存储数据。
- 视图可以限制数据访问、简化复杂查询、提高数据安全性。
- 视图分为简单视图、复杂视图、连接视图和只读视图。
- 注意在视图上执行 DML 操作的原则。
- 序列是用于生产唯一数字的数据库对象。
- 建立序列使用 CREATE SEQUENCE 命令。
- 已创建序列的初始值不能修改。

练习

1. 下面有关表和视图的叙述中错误的是______。
   A. 视图的数据可以来自多个表
   B. 对视图的数据修改最终传递到基表
   C. 基表不存在，不能创建视图
   D. 删除视图会影响基表的数据
2. 关于视图的创建，下述描述错误的是______。
   A. 视图可以是一个基表的任意子集
   B. 视图可以是两个或两个以上的基表的合集
   C. 视图可以是一个或者多个基表运算的结果集合
   D. 不能基于视图创建新的视图
3. 关于视图的操作，下述描述错误的是______。
   A. 不能在视图上执行 DML 操作
   B. 可以在视图上执行 DML 操作，但要遵循一定的规则
   C. 定义视图的子查询不能包含 ORDER BY 子句
   D. 如果视图包含 GROUP BY 子句、分组函数等，那么不能在该视图上执行 DML 操作
4. 关于视图，下述描述正确的是______。
   A. 视图是一个虚表，本身不存储数据
   B. 视图可以限制数据访问、简化复杂查询、提高数据安全性
   C. 可以通过提供 WITH READ ONLY 限制在视图上执行 DML 操作
   D. WITH CHECK OPTION 用于在视图上定义 CHECK 约束

5. 以下关键字中表示序列的是______。

   A. SEQUENCE

   B. SYNONYM

   C. INDEX

   D. TRIGGER

6. 创建一个名为 VW_DEPT_SUM 的视图，该视图统计部门的名字、雇员的人数、部门的最小工资数、最大工资数和平均工资数，命名列标签为 DEPT_NAME、EMP_COUNT、MINSAL、MAXSAL、AVGSAL。

7. 创建一个名为 VW_EMP_AVG 的视图，该视图统计大于各部门平均工资的雇员的姓名、工资、部门名及该部门的平均工资。

8. 请描述视图的作用和采用视图的好处。

第 7 章　PL/SQL 基础

本章目标

- 了解 PL/SQL 的功能
- 掌握 PL/SQL 块结构的组成部分
- 掌握 PL/SQL 块结构的分类
- 掌握 PL/SQL 中的基本数据类型和复合数据类型
- 掌握 PL/SQL 的运算符的使用
- 掌握 PL/SQL 程序控制语句的使用
- 掌握预定义异常、非预定义异常、自定义异常的定义和使用

学习导航

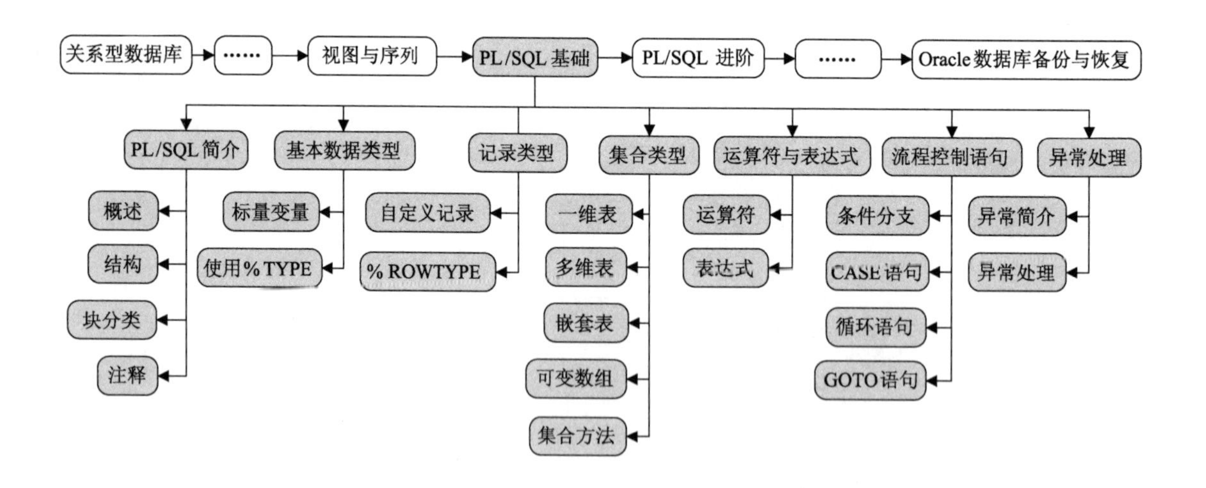

任务描述

【描述 7.D.1】

使用替换变量输入员工号，输出当前员工的相关信息。

【描述 7.D.2】

使用替换变量输入员工号，输出当前员工的相关信息，其中员工的信息使用记录类型进行存储。

【描述 7.D.3】

通过定义雇员表的记录类型变量，演示%ROWTYPE 的使用。

【描述 7.D.4】

使用 BINARY_INTEGER 定义 PL/SQL 表的下标，并演示其使用。

【描述 7.D.5】

建立基于部门表（dept）记录类型的 PL/SQL 表，并演示记录表的使用。

【描述 7.D.6】

建立基于部门表（dept）的嵌套表，并演示嵌套表的使用

【描述 7.D.7】

建立基于部门表（dept）的可变数组，并演示可变数组的使用。

【描述 7.D.8】

通过 PL/SQL 表和可变数组演示各集合方法的使用。

【描述 7.D.9】

使用 IF-THEN-ELSIF 实现多重条件分支。

【描述 7.D.10】

使用 CASE 语句实现多分支条件比较。

【描述 7.D.11】

演示 Oracle 对自定义异常的处理。

【描述 7.D.12】

通过约束完整性约束错误，演示 Oracle 对非预定义异常的处理。

【描述 7.D.13】

演示 Oracle 对自定义异常的处理。

7.1 PL/SQL 简介

PL/SQL（Procedure Language & Structured Query Language）是 Oracle 对标准数据库语言的扩展，是一种高级数据库程序设计语言，该语言专门用于在各种环境下对 Oracle 数据库进行访问。PL/SQL 是 Oracle 服务器内的一个引擎，Oracle 已经将 PL/SQL 整合到 Oracle 服务器和其他工具中，使用 PL/SQL 代码可以对数据进行快速高效的处理。

7.1.1 PL/SQL 概述

PL/SQL 是对 SQL 语言存储过程语言的扩展，从 Oracle 6 以后，Oracle 数据库管理系统就开发附带 PL/SQL。PL/SQL 由两部分组成：一部分是数据库引擎部分，另一部分是可嵌入到许多产品（如 C 语言、Java 语言等）工具中的独立引擎。两者的结构非常相似，都具有编程结构、语法和逻辑机制。

使用 PL/SQL 有如下优点。

- PL/SQL 是一种高性能的基于事务处理的语言，能运行在任何 Oracle 环境中，支持所有数据处理命令；
- PL/SQL 支持所有 SQL 数据类型和所有 SQL 函数，同时支持所有 Oracle 对象类型；
- PL/SQL 块可以被命名和存储在 Oracle 服务器中，同时也能被其他的 PL/SQL 程序或 SQL 命令调用，任何客户端/服务器工具都能访问 PL/SQL 程序，具有很好的可重用性；
- PL/SQL 是以整个语句块发给服务器的，降低了网络拥挤。

7.1.2 PL/SQL 结构

PL/SQL 是一种块结构的语言，组成 PL/SQL 程序的单元是逻辑块（Block），一个 PL/SQL 程序包含了一个或多个逻辑块，每个块都可以划分为 3 个部分。

- 声明部分：声明部分包含了变量和常量的数据类型和初始值。这个部分是由关键字 DECLARE 开始，如果不需要声明变量或常量，那么可以忽略这一部分。
- 执行部分：执行部分是 PL/SQL 块中的指令部分，由关键字 BEGIN 开始，所有的可执行语句都放在这一部分，其他的 PL/SQL 块也可以放在这一部分。
- 异常处理部分：该部分包含在执行部分里面，以 EXCEPTION 为标识，对程序执行中产生的异常情况进行处理。

一个完整的 PL/SQL 程序的总体结构如下所示。

```
DECLARE
/*
* 声明部分：在此声明 PL/SQL 用到的变量、类型及游标，以及局部的存储过程和函数
*/
```

```
BEGIN
/*
* 执行部分：过程及 SQL 语句，即程序的主要部分
*/
EXCEPTION
/*
* 异常处理部分：错误处理
*/
END;
```

对于 PL/SQL，以下几点需要注意。

- 在 PL/SQL 中，变量必须在使用之前声明。
- PL/SQL 块中的每一条语句都必须以分号结束，SQL 语句可以是多行的，但分号表示该语句的结束。一行中可以有多条 SQL 语句，它们之间以分号分隔。每一个 PL/SQL 块由 BEGIN 或 DECLARE 开始，以 END 结束。
- DECLARE、BEGIN、EXCEPTION 后面没有分号，而 END 语句后必须带有分号。
- 在 PL/SQL 中只能用 SQL 中的 DML 语句，不能用 DDL 语句。

下面是一段简单的 PL/SQL 代码，通过替换变量输入两个值，在 PL/SQL 中计算其和并输出。

【代码 7-1】求和

```
declare
num1 number;
num2 number;
rel  number;
begin
    num1 := &n1;
    num2 := &n2;
    rel := num1+num2;
    dbms_output.put_line(num1||'+'||num2||'='||rel);
end;
```

上述代码中，dbms_output 是用于输出信息的 PL/SQL 系统包，put_line 是该包所包含的存储过程。“&n1”和“&n2”为替换变量，其中替换变量的引入目的是为了提高 Oracle 的交互性。替换变量的定义与普通变量的定义类似，只要在变量名前面加上“&”即可，当运行一段有替换变量的 SQL 语句时，数据库系统会自动提醒用户要输入哪些变量值。

注意 关于替换变量的详细内容，由于篇幅原因不在此处详述，读者可以通过查询相关资料加以了解。

在 SQL 工作表中输入并执行上述匿名块，首先弹出第 1 个输入窗口，并在窗口中输入

“10”，如图 7-1 所示。

单击“确定”按钮后，在第 2 个输入窗口中输入“20”，如图 7-2 所示。

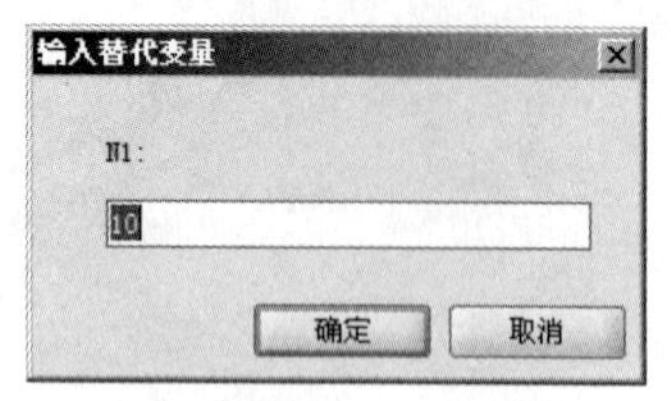

图 7-1　第 1 个输入窗口

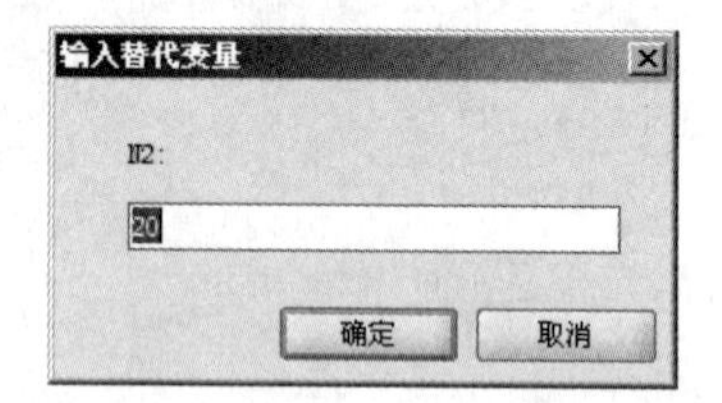

图 7-2　第 2 个输入窗口

单击“确定”按钮后，接着需要打开“DBMS 输出”窗口查看输出结果。步骤如下所示。

01 打开 DBMS 窗口。

在 SQL Developer 的“查看”菜单中选择“DBMS 输出”命令，弹出如图 7-3 所示的窗口。

图 7-3　DBMS 输出窗口

02 建立与用户的连接。

由于上述匿名块在 Scott 用户下的 SQL 工作表中执行，所以需要建立与 Scott 用户的连接。在“DBMS 输出”窗口中单击✚按钮，弹出如图 7-4 所示的窗口。

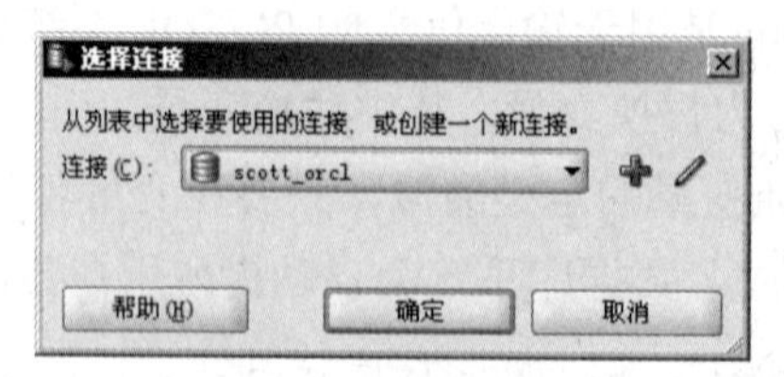

图 7-4　选择连接

03 显示结果。

在弹出的窗口中选择“scott_orcl”，单击“确定”按钮，就可以在“DBMS 输出”选项卡中显示上述匿名块的结果，如图 7-5 所示。

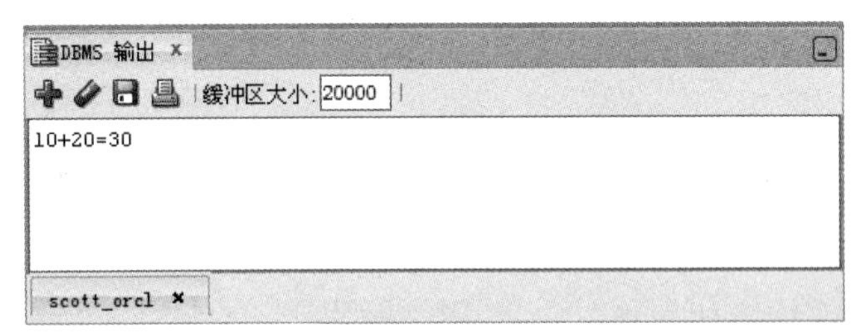

图 7-5　DBMS 输出

注意　上述有关替换变量的输入及 DBMS 窗口的输出步骤，由于篇幅原因，在下面使用到时不再详述。

7.1.3　PL/SQL 块分类

使用 PL/SQL 进行应用开发时，可以将 PL/SQL 块划分为 3 部分。

- 匿名块：动态构造，只能执行一次。
- 子程序：存储在数据库中的存储过程、函数及包等。当在数据库上建立好后可以在其他程序中调用它们。
- 触发器：当数据库发生操作时，会触发一些事件，从而自动执行相应的程序。

1. 匿名块

匿名块是指没有名称的 PL/SQL 块，匿名块既可以内嵌到应用程序（如 Pro*C/C++）中，也可以在交互环境（如 SQL Developer）中使用。

下述代码使用替换变量输入部门号，并输出当前部门的总人数。

【代码 7-2】匿名块

```
DECLARE
v_count number;
BEGIN
    SELECT COUNT(*) into v_count
    FROM emp
    WHERE deptno = &deptno;
    dbms_output.put_line('总人数为: '|| v_count);
END;
```

通过 SQL 工作表执行上述代码，在弹出的窗口中输入“20”，将得到以下结果。

```
总人数为: 5
```

2. 子程序

子程序是指存储在数据库中或者客户端的 PL/SQL 过程、函数或包。通过将业务逻辑集成到 PL/SQL 子程序，不仅可以简化客户端程序的开发和维护，而且还可以提高应用程序的性能。其中，存储过程用于执行特定的操作，函数用于返回数据，包则用于逻辑组合相关的过程和函数。

下述代码定义存储过程，根据传入的职工号，将其工资提高 10%。

【代码 7-3】存储过程

```
create or replace procedure update_emp(no number) is
begin
update emp
set sal = sal*1.1
where empno=no;
end;
```

在 SQL 工作表中执行下述语句，可以将传入的职工号对应的员工的工资提高 10%。

```
exec update_emp(7369);
```

3. 触发器

触发器是指被隐含执行的 PL/SQL 块。触发器是与一个表或数据库事件联系在一起的，当一个触发器事件发生时，定义在表上的 PL/SQL 语句块被执行。

注意 触发器的内容将在第 8 章详细讲解。

7.1.4 注释

注释用于说明单行代码或者多行代码的作用，从而提高 PL/SQL 块的可读性。当执行 PL/SQL 块时，PL/SQL 编译器会忽略注释。注释包括单行注释和多行注释。

1. 单行注释

单行注释是指放置在某一行上的注释文本。使用两个半字线（--）可以指定单行注释。如：

```
DECLARE
v_count number; --记录雇员总人数
BEGIN
... ...
END;
```

2. 多行注释

多行注释是指分布到多行上的注释文本，并且其主要作用是说明一段代码的作用。使用 /*……*/可以指定多行注释，如：

```
DECLARE
v_count number;
BEGIN
```

```
/* 以下代码用于获取指定部门号的员工的总人数，并保存到变量 v_count 中 */
SELECT COUNT(*) into v_count
FROM emp
WHERE deptno = &deptno;
dbms_output.put_line('总人数为: '|| v_count);
END;
```

7.2　基本数据类型

编写 PL/SQL 时，为了临时存储数据，需要定义变量和常量。当定义变量、常量和参数时，需要指定合适的 PL/SQL 数据类型，PL/SQL 包括标量（Scalar）类型、复合（Composite）类型、参照（Reference）类型和 LOB（Large Object）类型等 4 种类型，如图 7-6 所示。

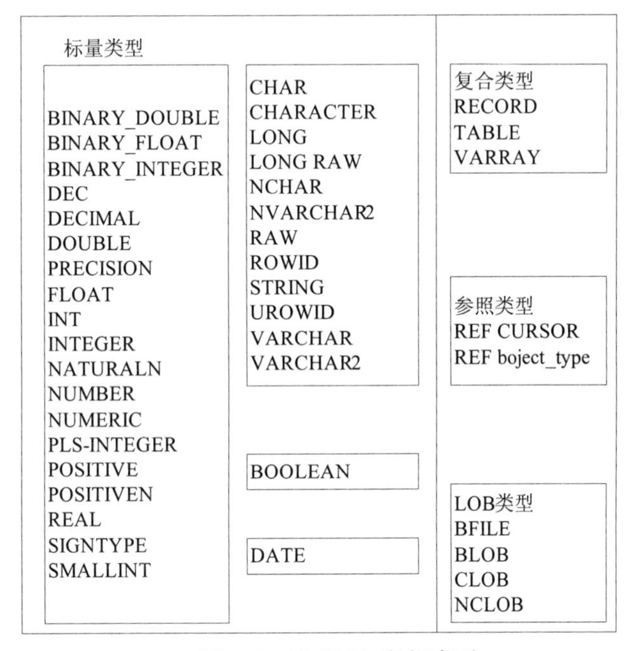

图 7-6　PL/SQL 数据类型

7.2.1　标量变量

标量变量是指只能存放单个数值的变量。当定义标量变量时，需要指定标量数据类型。常用的标量数据类型有 VARCHAR2、CHAR、NUMBER、DATE、BOOLEAN、LONG 和 BINARY INTEGER 等。

PL/SQL 中的标识符定义与 SQL 的标识符定义的要求相同。

- 只能使用 A～Z、a～z、0～9、_、$和#，如果使用其他字符，需用双引号引住；
- 标识符名不能超过 30 个字符；

■ 第一个字符必须为字母；
■ 标识符不区分大小写；
■ 不能是 SQL 保留字。

1. 声明变量

当在 PL/SQL 块中引用标量变量时，必须首先在定义部分定义标量变量。变量一般都在 PL/SQL 块的声明部分声明。声明变量的语法格式如下。

```
variable_name [CONSTANT] datatype [NOT NULL][:=|DEFAULT expression]
```

其中：

■ variable_name 用于指定变量名；
■ CONSTANT 用于定义常量；
■ datatype 用于指定数据类型；
■ NOT NULL 用于强制初始化变量；
■ :=和 DEFAULT 用于为变量指定初始值；
■ expression 用于指定初始值（可以是文本值、其他变量、函数等）。

下述代码说明了变量的定义方式。

```
v_sno VARCHAR2(10);
v_age NUMBER(2);
v_sex CHAR(1) := '1';
c_count CONSTANT NUMBER(2):=10;
```

注意 可以在声明变量的同时给变量强制性地加上 NOT NULL 约束条件，此时变量在初始化时必须赋值。

2. 使用变量

PL/SQL 中，给变量赋值有两种方式。

一种是直接给变量赋值，如下述代码。

```
v_sno := '95001';
v_age := 23;
```

另一种方式是使用 SELECT INTO 语句或 FETCH INTO 语句给变量赋值。

下述代码用于实现任务描述 7.D.1，使用替换变量输入员工号，输出当前员工的相关信息。

【描述 7.D.1】使用变量

```
DECLARE
    v_ename VARCHAR2(10);
```

```
    v_salary NUMBER(7,2);
    v_hiredate DATE;
BEGIN
    SELECT ename,sal,hiredate INTO v_ename,v_salary,v_hiredate
    FROM emp
    WHERE empno = &empno;
    dbms_output.put_line('雇员名：'|| v_ename);
    dbms_output.put_line('工资：'|| v_salary);
    dbms_output.put_line('入职日期：'|| v_hiredate);
EXCEPTION
    WHEN NO_DATA_FOUND THEN
        dbms_output.put_line('您所输入的雇员号不存在！');
END;
```

上述代码中使用 EXCEPTION 标注的部分为异常处理部分，当执行 SELECT INTO 未返回行时，会触发 NO_DATA_FOUND 异常。

在 SQL 工作表中执行上述代码，在弹出的窗口中输入“7902”，执行结果如下。

```
雇员名：FORD
工资：3000
入职日期：03-12 月-81
```

如果输入的雇员号不存在，例如在弹出的窗口中输入“1111”，则会得到以下输出。

```
您所输入的雇员号不存在！
```

3. 变量范围

PL/SQL 允许在语句块内部嵌套另一个 PL/SQL 块，被嵌入的块称为“子块”，包含子块的 PL/SQL 块称为“主块”。当使用嵌套块时，子块可以引用主块所定义的任何标识符（全局变量），但主块不能引用子块的任何标识符（局部变量）。变量的访问范围如图 7-7 所示。

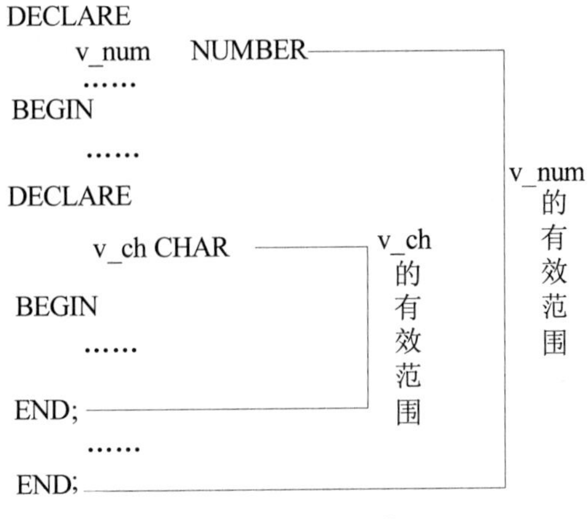

图 7-7　变量访问范围

7.2.2 使用%TYPE

定义变量时，如果其数据类型与已经定义的某个数据变量的类型相同，或者与数据库表的某个列的数据类型相同，这时可以使用%TYPE，该属性会自动根据表列或其他变量的类型和长度定义新变量。

使用%TYPE 特性的优点如下。

- 所引用的数据库列的数据类型及长度可以不必知道；
- 所引用的数据库列的数据类型可以实时改变；
- 提高 PL/SQL 块的效率和健壮性。

下述代码重新实现任务描述 7.D.1，使用%TYPE 定义变量信息。

【代码 7-4】使用%TYPE 定义变量

```
DECLARE
    v_ename emp.ename%TYPE;
    v_salary emp.sal%TYPE;
    v_hiredate emp.hiredate%TYPE;
BEGIN
    SELECT ename,sal,hiredate INTO v_ename,v_salary,v_hiredate
    FROM emp
    WHERE empno = &empno;
    dbms_output.put_line('雇员名：'|| v_ename);
    dbms_output.put_line('工资：'|| v_salary);
    dbms_output.put_line('入职日期：'|| v_hiredate);
EXCEPTION
    WHEN NO_DATA_FOUND THEN
        dbms_output.put_line('您所输入的雇员号不存在！');
END;
```

在 SQL 工作表中执行上述代码，在弹出的窗口中输入“7902”，执行结果如下。

```
雇员名：FORD
工资：3000
雇员名：03-12 月-81
```

上述代码的输出结果与前面的执行结果相同。

7.3 记录类型

Oracle 在 PL/SQL 中除了提供前面介绍的各种类型外，还提供一种称为复合类型的数据类型，在 PL/SQL 中使用复合变量可以以特定结构存储多个数值，PL/SQL 记录类型是最常用的复合类型之一。

记录类型是把逻辑相关的数据作为一个单元存储起来，它主要用于处理单行多列数据。记录类型必须包括至少一个标量型或 RECORD 数据类型的成员，称为“RECORD 的域”（FIELD），其作用是存放互不相同但逻辑相关的信息。

当使用 PL/SQL 记录时，既可以自定义记录类型和记录变量，也可以使用%ROWTYPE属性定义记录变量。

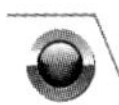 7.3.1 自定义 PL/SQL 记录类型

自定义记录类型的语法格式如下。

```
TYPE record_type IS RECORD(
Field1 type [NOT NULL] [:= exp1 ],
Field2 type [NOT NULL] [:= exp2 ],
......
Fieldn type [NOT NULL] [:= expn ] ) ;
```

其中：

- record_type 是新建的记录类型；
- Field 用于定义记录成员；
- type 指明 Field 的数据类型。

当定义记录成员时，记录成员之间需要使用逗号隔开。

可以用 SELECT 语句对记录变量进行赋值，只要保证记录字段与查询结果列表中的字段在顺序、个数、类型方面相配即可。

当声明了一个记录类型的变量，如果需要使用当前记录变量的成员，可以通过“记录变量.记录成员”获取。

下述代码用于实现任务描述 7.D.2，使用替换变量输入员工号，输出当前员工的相关信息，其中员工的信息使用记录类型进行存储。

【描述 7.D.2】记录类型

```
DECLARE
    /*首先记录类型*/
    TYPE emp_record_type IS RECORD(
    ename emp.ename%TYPE,
    salary emp.sal%TYPE,
    hiredate emp.hiredate%TYPE);
    /*声明记录变量*/
    emp_record emp_record_type;
BEGIN
```

```
    SELECT ename,sal,hiredate INTO emp_record
    FROM emp
    WHERE empno = &empno;
    dbms_output.put_line('雇员名: '|| emp_record.ename);
    dbms_output.put_line('工资: '|| emp_record.salary);
    dbms_output.put_line('入职日期: '|| emp_record.hiredate);
EXCEPTION
    WHEN NO_DATA_FOUND THEN
        dbms_output.put_line('您所输入的雇员号不存在! ');
END;
```

在 SQL 工作表中执行上述代码，在弹出的窗口中输入“7902”，执行结果如下。

```
雇员名: FORD
工资: 3000
雇员名: 03-12 月-81
```

上面的输出结果与【描述 7.D.1】的输出结果相同。

7.3.2 %ROWTYPE 记录类型

使用%TYPE 可以使变量获得字段的数据类型，使用%ROWTYPE 可以使变量获得整个记录的数据类型。%ROWTYPE 属性用于基于表或视图定义记录变量。

可以认为，使用%ROWTYPE 声明的变量封装了表或视图的一行数据。当使用该属性定义记录变量时，记录成员的名称和类型与定义它所引用的表或视图的列的名称和类型一致。

下述代码用于实现任务描述 7.D.3，通过定义雇员表的记录类型变量，演示%ROWTYPE 的使用。

【描述 7.D.3】%ROWTYPE 记录类型

```
DECLARE
    /*使用%ROWTYPE 声明记录变量*/
    emp_record emp%ROWTYPE;
BEGIN
    SELECT * INTO emp_record
    FROM emp
    WHERE empno = &empno;
    dbms_output.put_line('雇员名: '|| emp_record.ename);
    dbms_output.put_line('工资: '|| emp_record.sal);
    dbms_output.put_line('入职日期: '|| emp_record.hiredate);
EXCEPTION
    WHEN NO_DATA_FOUND THEN
        dbms_output.put_line('您所输入的雇员号不存在! ');
END;
```

在 SQL 工作表中执行上述代码，在弹出的窗口中输入“7902”，执行结果如下。

```
雇员名: FORD
工资: 3000
雇员名: 03-12 月-81
```

上面代码的输出结果与【描述 7.D.2】的输出结果相同。

7.4 集合类型

Oracle 在 PL/SQL 中的复合类型有记录类型和集合类型，常用的集合类型包括 PL/SQL 表、嵌套表及可变数组等。为了处理单列多行或多列多行数据，可以使用 PL/SQL 集合。

7.4.1 PL/SQL 一维表

PL/SQL 表，或者称为“索引表”(Index-Table)，是在 PL/SQL 中能够模仿数组的非永久表。用户可以定义一个 PL/SQL 表类型，然后声明这种类型的变量。

定义 PL/SQL 表的语法格式如下。

```
TYPE type_name IS TABLE OF type
[NOT NULL] INDEX BY key_type;
```

其中：

- type_name 是创建的 PL/SQL 表类型的名称；
- type 用于指定 PL/SQL 表的数据类型；
- NOT NULL 表示不允许引用 NULL 元素；
- key_type 用于指定 PL/SQL 表下标的数据类型，可以是 BINARY_INTEGER、PLS_INTEGER 或 VARCHAR2。

PL/SQL 表可以理解为键值集合，键是唯一的，用于查找对应的值。键可以是整数或字符串。第一次使用键来指派一个对应的值就是添加元素，而后续这样的操作就是更新元素。

下述代码用于实现任务描述 7.D.4，使用 BINARY_INTEGER 定义 PL/SQL 表的下标，并演示其使用。

【描述 7.D.4】BINARY_INTEGER

```
DECLARE
   /*定义 dept.dname 列类型的 PL/SQL 表类型*/
   TYPE dname_table_type IS TABLE OF dept.dname%TYPE
NOT NULL INDEX BY BINARY_INTEGER;
   /*声明表类型变量*/
```

```
    dname_table dname_table_type;
BEGIN
    SELECT DNAME INTO dname_table(-3) FROM DEPT WHERE deptno=20;
    SELECT DNAME INTO dname_table(-1) FROM DEPT WHERE deptno=40;
    dbms_output.put_line('dname_table(-3):'||dname_table(-3));
    dbms_output.put_line('dname_table(-1):'||dname_table(-1));
    dname_table(-3):='市场一部';
    dname_table(2):='客服一部';
    dbms_output.put_line('dname_table(-3):'||dname_table(-3));
    dbms_output.put_line('dname_table(-1):'||dname_table(-1));
    dbms_output.put_line('dname_table(2):'||dname_table(2));
END;
```

执行结果如下。

```
dname_table(-3):RESEARCH
dname_table(-1):OPERATIONS
dname_table(-3):市场一部
dname_table(-1):OPERATIONS
dname_table(2):客服一部
```

在 Oracle 11g 中，PL/SQL 表下标的数据类型允许使用 VARCHAR2 来定义。

下述代码使用 VARCHAR2 定义 PL/SQL 表的下标，并演示其使用。

```
DECLARE
    TYPE int_table_type IS TABLE OF NUMBER
    NOT NULL INDEX BY VARCHAR2(20);
    int_table int_table_type;
BEGIN
    int_table('Japan'):=1;
    int_table('China'):=2;
    int_table('USA'):=3;
    dbms_output.put_line(int_table.first);
    dbms_output.put_line(int_table.last);
    dbms_output.put_line(int_table('China'));
    dbms_output.put_line(int_table(int_table.last));
END;
```

执行结果如下。

```
China
USA
2
3
```

上述代码中 int_table.first 和 int_table.last 分别用于取得当前集合变量的第 1 个元素的下标值和最后一个元素的下标值。

当使用 VARCHAR2 定义下标时，会按照下标值的升序方式确定元素顺序，如上述代码的 China 元素的 ASCII 码要在其他元素之前，所以其为第 1 个元素。

7.4.2 PL/SQL 多维表

在定义 PL/SQL 表类型时，还可以为其指定数据类型为记录类型，这样定义的表类型就相当于多维数组，即多维表结构，也称“记录表结构”。

下述代码用于实现任务描述 7.D.5，建立基于部门表（dept）记录类型的 PL/SQL 表，并演示记录表的使用。

【描述 7.D.5】多维表结构

```
DECLARE
   /*声明基于 dept 的 PL/SQL 多维表类型*/
   TYPE dept_table_type IS TABLE OF dept%ROWTYPE
INDEX BY BINARY_INTEGER;
   /*声明 PL/SQL 多维表变量*/
   dept_table dept_table_type;
BEGIN
   SELECT * into dept_table(1)
   FROM dept
   WHERE deptno = 10;
   dbms_output.put_line('部门号：'||dept_table(1).deptno);
   dbms_output.put_line('部门名：'||dept_table(1).dname);
   dbms_output.put_line('部门位置：'||dept_table(1).loc);
END;
```

执行结果如下。

```
部门号：10
部门名：ACCOUNTING
部门位置：NEW YORK
```

7.4.3 嵌套表

嵌套表也是 PL/SQL 中的一种集合类型，它类似于 PL/SQL 表，并且元素个数没有限制，其可以作为表列的数据类型来使用。

定义嵌套表的语法格式如下。

```
TYPE type_name IS TABLE OF type [NOT NULL];
```

其中：

- type_name 是创建的嵌套表类型的名称；
- type 用于指定嵌套表的数据类型；
- NOT NULL 表示不允许引用 NULL 元素。

在 PL/SQL 块中使用嵌套表时，嵌套表变量必须初始化，可以在声明嵌套表类型变量的同时进行初始化，也可以在使用时使用构造方法进行初始化，然后在 PL/SQL 块内引用嵌套表元素。

使用嵌套表变量时，嵌套表中的元素通过嵌套表变量和圆括号里的索引值来引用，嵌套表的下标是从 1 开始编号的，最大至2^{31}，下标可以是一个整数，也可以是整数表达式。

注意 PL/SQL 表不能作为表列的数据类型使用，PL/SQL 表不需要通过构造方法进行初始化。

下述代码用于实现任务描述 7.D.6，建立基于部门表（dept）的嵌套表，并演示嵌套表的使用。

【描述 7.D.6】嵌套表结构

```
DECLARE
   /*声明基于 dept.name 列的嵌套表类型*/
   TYPE dept_table_type IS TABLE OF dept.dname%TYPE;
   /*声明嵌套表变量*/
   dept_table dept_table_type;
BEGIN
   /*使用构造方法初始化嵌套表变量*/
   dept_table :=dept_table_type('市场一部','客服一部','研发一部');
   SELECT dname into dept_table(1) from dept where deptno=20;
   SELECT dname into dept_table(2) from dept where deptno=30;
   dbms_output.put_line(dept_table(1));
   dbms_output.put_line(dept_table(2));
   dbms_output.put_line(dept_table(3));
END;
```

执行结果如下。

```
RESEARCH
SALES
研发一部
```

7.4.4 可变数组

可变数组（VARRAY 数组）也是一种集合数据类型，它可以作为表列的数据类型来使用，

该集合的下标从 1 开始，并且元素个数是有限制的。定义可变数组的语法格式如下。

```
TYPE type_name IS VARRAY(size) OF type [NOT NULL];
```

其中：

- type_name 是创建的 PL/SQL 表类型的名称；
- type 用于指定 PL/SQL 表的数据类型；
- NOT NULL 表示不允许引用 NULL 元素。

在 PL/SQL 块中使用可变数组变量时，需要使用构造方法初始化可变数组元素，然后可以在 PL/SQL 块内引用可变数组元素。

下述代码用于实现任务描述 7.D.7，建立基于部门表（dept）的可变数组，并演示可变数组的使用。

【描述 7.D.7】可变数组

```
DECLARE
   /*声明基于 dept.name 列的 VARRAY 类型*/
TYPE dept_varray_type IS VARRAY(10) OF dept.dname%TYPE NOT NULL;
   /*声明 VARRAY 变量，并使用构造方法初始化 VARRAY 变量*/
   dept_varray dept_varray_type:=dept_varray_type('1','2','3');
BEGIN
   SELECT dname into dept_varray(1) from dept where deptno=20;
   SELECT dname into dept_varray(2) from dept where deptno=30;
   dbms_output.put_line(dept_varray(1));
   dbms_output.put_line(dept_varray(2));
   dbms_output.put_line(dept_varray(3));
END;
```

执行结果如下。

```
RESEARCH
SALES
3
```

上述代码中，声明的数组类型 dept_varray_type 最多可以有 10 个元素，使用构造方法指定了前 3 个元素的值，此时并不会自动为 4～10 元素赋 NULL 值。

7.4.5　集合方法

针对 PL/SQL 集合，Oracle 提供了一系列的集合方法用于操作集合变量的相关信息。常用的集合方法及功能如表 7-1 所示。

表 7–1　常用集合方法

方法名	功能说明
EXISTS(n)	判断指定的元素 n 在当前集合中是否存在
COUNT	返回当前集合中元素的总个数
FIRST	返回当前集合中第 1 个元素的下标值
LAST	返回当前集合中最后一个元素的下标值
LIMIT	返回 VARRAY 集合变量所允许的最大元素个数
PRIOR(n)	返回当前集合中第 n 个元素的前一个元素的值，如果该元素是第 1 个元素，则返回 null
NEXT(n)	返回当前集合中第 n 个元素的后一个元素的值，如果该元素是最后一个元素，则返回 null
TRIM(n)	用于从集合尾部删除 n 个元素；如果省略 n，则从集合变量尾部删除一个元素。该方法只适用于嵌套表和 VARRAY
EXTEND(n,m)	用于为集合变量增加 n 个与第 m 个元素相同的值。如果省略 m，则为集合变量增加 n 个值为 null 的元素。该方法只适用于嵌套表和 VARRAY
DELETE(m,n)	用于删除集合中 m～n 之间的所有元素。如果省略 m，则删除集合变量中的第 n 个元素；如果 m 和 n 都省略，则删除集合变量中的所有元素。该方法只适用于嵌套表和 PL/SQL 表

调用集合方法的语法格式如下。

```
collection_name.method_name[(param)]
```

下述代码用于实现任务描述 7.D.8，通过 PL/SQL 表和可变数组演示各集合方法的使用。

【描述 7.D.8】集合方法

```
DECLARE
   /*声明基于 PL/SQL 表类型*/
   TYPE int_table_type IS TABLE OF VARCHAR2(10)
INDEX BY BINARY_INTEGER;
   /*声明基于 VARRAY 类型*/
   TYPE int_array_type IS VARRAY(20) OF NUMBER;
   int_table int_table_type ;
   int_array int_array_type :=int_array_type(1,3,6,7,9);
   num NUMBER;
BEGIN
   int_table(1) :='A';
   int_table(2) :='E';
   int_table(3) :='F';
   int_table(4) :='H';
   /*输出集合变量中元素的个数*/
```

```
    dbms_output.put_line('元素个数：'||int_table.count);
    dbms_output.put_line('第一个元素的值：'||int_table(int_table.first));
    dbms_output.put_line('最后一个元素的值：'||int_table(int_table.last));
dbms_output.put_line(
'下标为 2 的前一个元素的值：'||int_table(int_table.prior(2)));
dbms_output.put_line(
'下标为 2 的后一个元素的值：'||int_table(int_table.next(2)));
    int_table.delete(1);
    dbms_output.put_line('int_table.delete(1)后元素个数：'||int_table.count);
dbms_output.put_line(
'int_table.delete(1)后第一个元素的值：'||int_table(int_table.first));
    dbms_output.put_line('-----------------------------------');
    /*下述代码使用 VARRAY*/
    dbms_output.put_line('元素个数：'||int_array.count);
    dbms_output.put_line('第一个元素的值：'||int_array(int_array.first));
    dbms_output.put_line('最后一个元素的值：'||int_array(int_array.last));
dbms_output.put_line(
'下标为 2 的前一个元素的值：'||int_array(int_array.prior(2)));
dbms_output.put_line(
'下标为 2 的后一个元素的值：'||int_array(int_array.next(2)));
    dbms_output.put_line('int_array 允许的最大元素个数：'||int_array.limit);
    int_array.extend(2);
    dbms_output.put_line('int_array.extend(2)后元素个数：'||int_array.count);
    dbms_output.put_line('最后一个元素的值：'||int_array(int_array.last));
    int_array.trim(1);
    dbms_output.put_line('int_array.trim(1)后元素个数：'||int_array.count);
END;
```

执行结果如下。

```
元素个数：4
第一个元素的值：A
最后一个元素的值：H
下标为 2 的前一个元素的值：A
下标为 2 的后一个元素的值：F
int_table.delete(1)后元素个数：3
int_table.delete(1)后第一个元素的值：E
-----------------------------------
元素个数：5
第一个元素的值：1
最后一个元素的值：9
下标为 2 的前一个元素的值：1
下标为 2 的后一个元素的值：6
```

```
int_array 允许的最大元素个数: 20
int_array.extend(2)后元素个数: 7
最后一个元素的值:
int_array.trim(1)后元素个数: 6
```

注意 在使用集合方法时，需特别注意各个方法的适用类型，如 LIMIT 只适用于 VARRAY，而 DELETE 只适用于嵌套表和 PL/SQL 表。

7.5 运算符与表达式

与其他程序设计语言相同，PL/SQL 有一系列的运算符和表达式语法。

7.5.1 运算符

PL/SQL 中，常用操作符可分为以下几类。

- 算术运算符
- 关系运算符
- 逻辑运算符

1. 算术运算符

常用的算术运算符及其作用如表 7-2 所示。

表 7-2 算术运算符

运算符	作用
+	加号
-	减号
*	乘号
/	除号
**	乘方
:=	赋值号
||	字符（串）连接符
=>	关系号

2. 关系运算符

常用的关系运算符及其作用如表 7-3 所示。

表 7-3 关系运算符

运算符	作用
=	等于
<>,!=,~=,^=	不等于
<	小于

续表

运算符	作用
>	大于
<=	小于等于
>=	大于等于

3. 逻辑运算符

常用的逻辑运算符及其作用如表 7-4 所示。

表 7–4　逻辑运算符

运算符	作用
IS NULL	是否是空值
BETWEEN AND	取值介于两者之间
IN	取值是指定的列表值之一
AND	逻辑与
OR	逻辑或
NOT	逻辑非，取反操作

7.5.2　表达式

在 PL/SQL 编程中，变量赋值是一个值得注意的地方，语法格式如下。

```
variable := expression ;
```

其中，variable 是一个 PL/SQL 变量，expression 是一个 PL/SQL 表达式。

1. NULL 值

在 PL/SQL 编程中，NULL 值在使用时需要注意以下两点。

- 空值加数字仍是空值：NULL + < 数字 > = NULL
- 空值加（连接）字符，结果为字符：NULL || <字符串> = < 字符串 >

2. BOOLEAN

在 PL/SQL 编程中，布尔值只有 TRUE、FALSE 及 NULL 3 个值。如：

```
DECLARE
   flag BOOLEAN;
BEGIN
   flag := FALSE;
   WHILE NOT flag LOOP
       NULL;
   END LOOP;
END;
```

3. 数据库赋值

数据库赋值是通过 SELECT INTO 语句来完成的，每次执行 SELECT INTO 语句就赋值一次，一般要求被赋值的变量与 SELECT 中的列名一一对应。

在使用 SELECT INTO 语句赋值时，不能将 SELECT 语句中的列赋值给布尔变量。

4. 可转换的类型赋值

在 PL/SQL 编程中，经常需要用到下述的数据转换操作。

- CHAR 转换为 NUMBER

使用 TO_NUMBER 函数来完成字符到数字的转换，例如：

```
v_count := TO_NUMBER('20');
```

- NUMBER 转换为 CHAR

使用 TO_CHAR 函数可以实现数字到字符的转换，例如：

```
v_pay := TO_CHAR('3000.79') || '元';
```

- 字符转换为日期

使用 TO_DATE 函数可以实现字符到日期的转换，例如：

```
v_date := TO_DATE('2012.07.03','yyyy.mm.dd');
```

- 日期转换为字符

使用 TO_CHAR 函数可以实现日期到字符的转换，例如：

```
v_now := TO_CHAR(SYSDATE, 'yyyy.mm.dd hh24:mi:ss');
```

7.6 流程控制语句

PL/SQL 不仅可以嵌入 SQL 语句，有完善的数据类型和运算符，而且还支持条件分支语句、CASE 语句、循环语句和顺序语句。

7.6.1 条件分支语句

条件分支语句用于依据条件判断表达式的取值情况选择要执行的操作，PL/SQL 中提供了 3 种条件分支语句：IF-THEN、IF-THEN-ELSE、IF-THEN-ELSIF。

在条件分支语句中，条件判断表达式必须是布尔表达式。

1. IF-THEN

IF-THEN 语句用于执行简单的条件判断。如果布尔表达式返回为 TRUE，则会执行 THEN 后的相应操作；如果布尔表达式返回为 FALSE 或 NULL，则退出条件分支语句。其语法结构如下。

```
IF <布尔表达式> THEN
   PL/SQL 和 SQL 语句
END IF;
```

下述代码演示了 IF-THEN 语句的使用。

```
DECLARE
   v_num1 NUMBER;
   v_num2 NUMBER;
BEGIN
   v_num1 := &n1;
   v_num2 := &n2;
   IF v_num1 > v_num2 THEN
     dbms_output.put_line(v_num1 ||'>'||v_num2);
   END IF;
END;
```

2. IF-THEN-ELSE

IF-THEN-ELSE 是二重条件分支语句。当使用二重条件分支时，如果布尔表达式返回为 TRUE，则会执行 THEN 后的相应操作；如果布尔表达式返回为 FALSE 或 NULL，则执行 ELSE 后的相应操作。其语法结构如下。

```
IF <布尔表达式> THEN
   PL/SQL 和 SQL 语句
ELSE
   其他语句
END IF;
```

下述代码演示了 IF-THEN-ELSE 的使用。

```
DECLARE
   v_num1 NUMBER;
   v_num2 NUMBER;
BEGIN
   v_num1 := &n1;
   v_num2 := &n2;
   IF v_num1 > v_num2 THEN
     dbms_output.put_line(v_num1 ||'>'||v_num2);
   ELSE
     dbms_output.put_line(v_num1 ||'<='||v_num2);
   END IF;
END;
```

3. IF-THEN-ELSIF

IF-THEN-ELSIF 是多重条件分支语句。当使用多重条件分支时，如果第 1 个布尔表达式返回为 TRUE，则会执行第 1 个 THEN 后的操作；如果第 1 个布尔表达式返回为 FALSE 或 NULL，则会判断第 2 个布尔表达式（ELSIF）；如果第 2 个布尔表达式返回为 TRUE，则会执行第 2 个 THEN 后的操作；依此类推，如果所有条件都为 FALSE 或 NULL，则会执行 ELSE 后的操作。其语法结构如下。

```
IF <布尔表达式> THEN
   PL/SQL 和 SQL 语句
ELSIF < 其他布尔表达式> THEN
   其他语句
ELSIF < 其他布尔表达式> THEN
   其他语句
ELSE
   其他语句
END IF;
```

下述代码用于实现任务描述 7.D.9，使用 IF-THEN-ELSIF 实现多重条件分支。

【描述 7.D.9】IF-THEN-ELSIF 多重条件分支

```
DECLARE
   v_empno emp.empno%TYPE :=&empno;
   v_salary emp.sal%TYPE;
   v_comment VARCHAR2(35);
BEGIN
   SELECT sal INTO v_salary FROM emp WHERE empno=v_empno;
   IF v_salary < 2000 THEN
     v_comment:= '员工'||v_empno||'的工资较低';
   ELSIF v_salary < 3500 THEN
     v_comment:= '员工'||v_empno||'的工资适中';
   ELSE
     v_comment:= '员工'||v_empno||'的工资较高';
   END IF;
   dbms_output.put_line(v_comment);
END;
```

在 SQL 工作表中执行上述代码，在弹出的窗口中输入“7902”，执行结果如下。

```
员工 7902 的工资适中
```

注意　ELSIF 不能写成 ELSEIF。

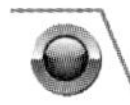

7.6.2　CASE 语句

在 Oracle 11g 中，开发人员可以使用 CASE 语句实现多重分支语句。相对于 IF-THEN-ELSIF，该语句更加简洁，且执行效率更高。其语法结构如下。

```
CASE selector
   WHEN expression1 THEN result1;
   WHEN expression2 THEN result2;
   WHEN expressionN THEN resultN;
    [ELSE resultN+1]
END;
```

其中：

- selector 是条件选择符；
- expression 是指定的条件表达式，其可以是一个具体的值，用于对选择符（selector）进行等值比较，也可以是条件表达式，用于对选择符进行条件比较。

下述代码演示了如何使用 CASE 语句进行等值比较。

```
DECLARE
   v_grade char(1) := UPPER('&grade');
   v_appraisal VARCHAR2(20);
BEGIN
   CASE v_grade
       WHEN 'A' THEN v_appraisal :='相当靠谱';
       WHEN 'B' THEN v_appraisal :='靠谱';
       WHEN 'C' THEN v_appraisal :='比较靠谱';
       ELSE v_appraisal :='不靠谱';
    END CASE;
    dbms_output.put_line('级别为:'||v_grade|| '，评价为:' || v_appraisal);
END;
```

在 SQL 工作表中执行上述代码，在弹出的窗口中输入“A”，执行结果如下。

```
级别为:A，评价为:相当靠谱
```

注意　在编写 CASE 语句时应该带有 ELSE 子句，可以避免抛出 CASE_NOT_FOUND 异常。

下述代码用于实现任务描述 7.D.10，使用 CASE 语句实现多分支条件比较。

【描述 7.D.10】CASE 多分支

```
DECLARE
```

```
    v_grade NUMBER;
    v_appraisal VARCHAR2(20);
BEGIN
    v_grade :=&grade;
    CASE
        WHEN v_grade>90 THEN v_appraisal :='相当靠谱';
        WHEN v_grade>75 THEN v_appraisal :='靠谱';
        WHEN v_grade>60 THEN v_appraisal :='比较靠谱';
        ELSE v_appraisal :='不靠谱';
    END CASE;
    dbms_output.put_line('分数为:'||v_grade|| '，评价为:' || v_appraisal);
END;
```

在 SQL 工作表中执行上述代码，在弹出的窗口中输入“94”，执行结果如下。

```
分数为:94，评价为:相当靠谱
```

7.6.3 循环语句

1. 简单循环

在 PL/SQL 中，可以使用 LOOP 语句实现简单的循环操作。其语法结构如下。

```
LOOP
    PL/SQL 和 SQL 语句
    EXIT WHEN <布尔表达式> /*条件满足，退出循环语句*/
END LOOP;
```

当使用 LOOP 语句进行循环操作时，无论条件是否满足，语句块至少被执行一次，并且当布尔表达式为 TRUE 时会退出循环。

下述代码演示了 LOOP 语句的使用。

```
DECLARE
    v_count NUMBER(2) :=0;
BEGIN
    LOOP
        v_count := v_count + 1;
        dbms_output.put_line('v_count 的当前值为:'||v_count);
        EXIT WHEN v_count =10;
    END LOOP;
END;
```

注意 在编写循环语句时，循环体内至少包含一条 EXIT 语句，这样可以避免陷入死循环。

2. WHILE

WHILE 循环用于根据布尔表达式的返回值确定是否要执行循环体的语句，这种循环以 WHILE…LOOP 开始，以 END LOOP 结束，其语法结构如下。

```
WHILE <布尔表达式> LOOP
   PL/SQL 和 SQL 语句;
END LOOP;
```

在使用 WHILE 语句实现循环时，当布尔表达式返回为 TRUE 时，会执行循环体的语句；当布尔表达式返回为 FALSE 或 NULL 时，会退出循环并执行 END LOOP 后的操作。

下述代码演示了如何使用 WHILE 语句实现循环结构。

```
DECLARE
   v_count NUMBER :=1;
BEGIN
   WHILE v_count<=10 LOOP
       dbms_output.put_line('v_count 的当前值为:'||v_count);
       v_count := v_count+1;
   END LOOP;
END;
```

3. FOR

Oracle 还提供了一种 FOR 循环结构，使用 FOR 循环结构可以不需要定义循环控制变量，Oracle 会隐含定义循环控制变量。其语法结构如下。

```
FOR 循环控制变量 IN [ REVERSE ] 下限 .. 上限 LOOP
   PL/SQL 和 SQL 语句;
END LOOP;
```

在使用 FOR 语句实现循环时，每循环一次，循环变量自动加 1；如果指定关键字 REVERSE，循环变量则自动减 1；跟在 IN REVERSE 后面的用于标注上限和下限的数字必须是从小到大的顺序，而且必须是整数，不能是变量或表达式。在 FOR 语句中可以使用 EXIT 退出循环。

下述代码演示了如何使用 FOR 语句实现循环结构。

```
BEGIN
   FOR i in 1..10 LOOP
      dbms_output.put_line('i 的当前值为: '||i);
   END LOOP;
END;
```

Oracle 允许循环的嵌套，即在一个循环语句中嵌套另一个循环语句，如下述代码所示。

```
DECLARE
```

```
    v_result NUMBER;
BEGIN
    <<outer>>
    FOR i IN 1..10 LOOP
        <<inner>>
        FOR j IN 1..10 LOOP
            v_result := i*j;
            EXIT outer WHEN v_result > 40;
        END LOOP inner;
        dbms_output.put_line('<<inner>>v_result 的当前值为：'||v_result);
    END LOOP outer;
    dbms_output.put_line('<<outer>>v_result 的当前值为：'||v_result);
END;
```

在使用循环嵌套时，通常会使用标号（使用<<标号名>>）标记外层循环和内层循环，通过标号可以在内层循环中使用 EXIT 语句直接退出外层循环。如下述代码的退出语句。

```
EXIT outer WHEN v_result > 40;
```

上述代码中，如果 v_result 的值大于 40，则直接退出外层（<<outer>>）循环。

注意 在使用循环结构时，应该定义循环控制变量，并在循环体内改变循环控制变量的值，以避免进入死循环。

7.6.4 GOTO 语句

除了条件分支语句和循环语句，PL/SQL 还提供了 GOTO 语句。GOTO 语句用于跳转到指定标号处继续执行语句。其语法结构如下。

```
GOTO label;
......
<<label>> /*标号是用<< >>括起来的标识符 */
```

其中，label 是已经定义的标号名。标号后至少要包含一条可执行语句。

```
DECLARE
    v_count NUMBER :=1;
BEGIN
    LOOP
        v_count := v_count+1;
        IF v_count > 10 THEN
            GOTO end_loop;
        END IF;
    END LOOP;
```

```
    <<end_loop>>
    dbms_output.put_line('v_count 的当前值为:'||v_count);
END;
```

注意　使用 GOTO 语句会增加程序的复杂性，降低程序的可读性，一般不建议使用 GOTO 语句。

7.7　异常处理

一个优秀的程序都应该能够正确处理各种出错情况，并尽可能从错误中恢复。Oracle 中使用异常（Exception）和异常处理（Exception Handler）来处理正常执行过程中未预料的事件，以提高程序的健壮性，使程序可以安全正常的运行。

7.7.1　异常简介

在编写 PL/SQL 块时，应该捕捉并处理各种可能出现的异常。如果不捕捉和处理异常，那么 Oracle 会将错误传递到调用环境，整个程序运行自动终止，并且不提示任何错误信息；如果捕捉并处理异常，那么 Oracle 会在 PL/SQL 块内解决运行错误。

在 PL/SQL 中，异常处理部分一般放在 PL/SQL 程序体的后半部，其语法结构为：

```
EXCEPTION
WHEN exception1 THEN
    <对于 exception1 的处理语句 >
WHEN exception2 THEN
    <对于 exception2 的处理语句 >
WHEN OTHERS THEN
    <对于其他异常的处理语句 >
END;
```

其中，OTHERS 部分不是必需的，在进行多异常处理时，异常处理可以按任意次序排列，但 OTHERS 必须放在最后。

如下述代码，演示了对两数相除可能出现的错误的处理。

```
DECLARE
    v_n1 INT:=&n1;
    v_n2 INT:=&n2;
    v_div INT;
BEGIN
    v_div := v_n1/v_n2;
    dbms_output.put_line(v_n1||' / '||v_n2||' = '||v_div);
EXCEPTION
    WHEN ZERO_DIVIDE THEN
```

```
        dbms_output.put_line('除数不能为 0! ');
    WHEN OTHERS THEN
        dbms_output.put_line('出现未知错误! ');
END;
```

对于上述代码，引入异常处理后，能够更加人性化地应对各种可能出现的错误。

7.7.2 异常处理

Oracle 中的异常包括预定义异常、非预定义异常和自定义异常 3 种类型。

- 预定义异常：Oracle 预定义的异常情况大约有 24 个。对这种异常情况的处理，无需在程序中定义，由 Oracle 自动将其引发。
- 非预定义异常：即其他标准的 Oracle 错误。对这种异常情况的处理，需要用户在程序中定义，然后由 Oracle 自动将其引发。
- 自定义异常：程序执行过程中，出现编程人员认为的非正常情况。对这种异常情况的处理，需要用户在程序中定义，然后显式地在程序中将其引发。

1. 预定义异常

预定义异常是指由 PL/SQL 所提供的系统异常。Oracle 为应用开发人员提供了 24 个预定义异常，每个预定义异常对应一个特定的 Oracle 错误，当 PL/SQL 块出现这些 Oracle 错误时，会隐含地触发相应的预定义异常。Oracle 中常用的预定义异常见表 7-5。

表 7-5 常用预定义异常

异常名称	触发条件
CASE_NOT_FOUND	当 CASE 语句的 WHEN 子句没有包含必需条件分支或者 ELSE 子句时，会触发该异常。该异常错误码为：ORA-06592
COLLECTION_IS_NULL	在给嵌套表变量或者 VARRAY 变量赋值之前，必须首先初始化集合变量。如果没有初始化集合变量，则会触发该异常。该异常错误码为：ORA-ORA-06531
CURSOR_ALREADY_OPEN	当在已打开游标上再次执行 OPEN 操作时，会触发该异常。该异常错误码为：ORA-06511
DUP_VAL_ON_INDEX	当在唯一索引所对应的列上键入重复值时，会触发该异常。该异常错误码为：ORA-00001
INVALID_CURSOR	当试图从未打开游标提取数据，或者关闭未打开游标时，会触发该异常。该异常错误码为：ORA-01001
NO_DATA_FOUND	当执行 SELECT INTO 未返回行，或者引用了未初始化的 PL/SQL 表元素时，会触发该异常。该异常错误码为：ORA-01403
ROWTYPE_MISMATCH	当执行赋值操作时，如果变量和游标变量具有不兼容的返回类型，会触发该异常。该异常错误码为：ORA-06504
SELF_IF_NULL	当使用对象类型时，如果在 NULL 实例上调用成员方法则触发该异常。该异常错误码为：ORA-30625

续表

异常名称	触发条件
SUBSCRIPT_BEYOND_COUNT	当使用嵌套表或 VARRAY 元素时，如果下标超出了嵌套表或 VARRAY 元素的范围，会触发该异常。该异常错误码为：ORA-06533
SUBSCRIPT_OUTSIDE_LIMIT	当使用嵌套表或 VARRAY 元素时，如果元素下标为负值，会触发该异常。该异常错误码为：ORA-06532
TOO_MANY_ROWS	当执行 SELECT INTO 语句时，如果返回多行数据，会触发该异常。该异常错误码为：ORA-01422
VALUE_ERROR	当执行赋值操作时，如果变量长度不足以容纳实际数据，会触发该异常。该异常错误码为：ORA-06502
ZERO_DIVIDE	当执行除运算时，如果除数为 0，会触发该异常。该异常错误码为：ORA-01476

对这种预定义异常的处理，只需在 PL/SQL 块的异常处理部分直接引用相应的异常情况名，并对其完成相应的异常错误处理即可。

下述代码用于实现任务描述 7.D.11，基于雇员表（emp）数据，演示 Oracle 对预定义异常的处理。

【描述 7.D.11】预定义异常处理

```
DECLARE
    emp_record emp%ROWTYPE;
BEGIN
    SELECT * INTO emp_record
    FROM emp
    WHERE sal = &p_sal;
    dbms_output.put_line('雇员名：'|| emp_record.ename
    ||',工资：'|| emp_record.sal);
EXCEPTION
    WHEN NO_DATA_FOUND THEN
        dbms_output.put_line('不存在该工资的雇员！');
    WHEN TOO_MANY_ROWS THEN
        dbms_output.put_line('该工资的雇员有多个！');
END;
```

上述代码中，运行期间如果输入 10000（当前值在原始示例表中不存在），会得到如下输出。

```
不存在该工资的雇员！
```

如果输入 3000（当前值在原始示例表中存在多条），输出如下。

```
该工资的雇员有多个！
```

2. 非预定义异常

预定义异常只能用于处理 24 种错误，而在使用 PL/SQL 开发应用程序时还可能会遭遇其他 Oracle 错误。

例如，执行如下语句。

```
DELETE FROM dept WHERE deptno = 10;
```

将会得到如下错误信息。

```
ERROR at line 1:
ORA-02292: integrity constraint (SCOTT.FK_DEPTNO) violated - child record found
```

上述错误的产生是由于试图删除被从表引用的主表数据，违反引用完整性约束条件产生的，其错误编号为 ORA-02292。

对于此类情况，应该分析与预定义异常无关的其他 Oracle 错误，并使用非预定义异常处理这些 Oracle 错误。具体步骤如下。

01 定义异常标识符。在 PL/SQL 块的声明部分定义异常情况。

```
<异常> EXCEPTION;
```

02 使用 EXCEPTION_INIT 语句将定义好的异常情况与标准的 Oracle 错误联系起来。

```
PRAGMA EXCEPTION_INIT(<异常>, <错误代码>);
```

03 捕捉并处理异常。在 PL/SQL 块的异常处理部分对异常做出相应的处理。

下述代码用于实现任务描述 7.D.12，通过约束完整性约束错误，演示 Oracle 对非预定义异常的处理。

【描述 7.D.12】非预定义异常处理

```
DECLARE
    v_deptno dept.deptno%TYPE :=&deptno;
    deptno_remaining EXCEPTION;
    /* -2292 是违反引用完整性约束的错误代码 */
    PRAGMA EXCEPTION_INIT(deptno_remaining, -2292);
BEGIN
    DELETE FROM dept WHERE deptno=v_deptno;
EXCEPTION
    WHEN deptno_remaining THEN
      DBMS_OUTPUT.PUT_LINE('违反数据完整性约束!');
    WHEN OTHERS THEN
      DBMS_OUTPUT.PUT_LINE('其他错误');
END;
```

在 SQL 工作表中执行上述代码，在弹出的窗口中输入“10”，执行结果如下。

```
违反数据完整性约束！
```

3. 自定义异常

在 Oracle 中可以自定义异常，自定义异常一般与具体业务需求相关，而与 Oracle 错误没有任何关联，它是开发人员为特定情况所定义的异常。用户定义的异常错误是通过显式调用 RAISE 语句来触发的，当引发一个异常错误时，控制就转向 EXCEPTION 块，执行异常处理代码。

使用自定义异常的步骤如下。

01 定义异常标识符。为了使用自定义异常，必须在定义部分定义异常标识符。

```
<异常> EXCEPTION;
```

02 触发异常。为了处理与 Oracle 错误无关的异常情况，需要在执行部分出观异常情况时使用 RAISE 语句显式地触发异常。

```
RAISE <异常>
```

03 捕捉并处理异常。为了处理与 Oracle 错误无关的异常情况，需要在异常处理部分使用 WHEN 语句捕捉并处理异常。

下述代码用于实现任务描述 7.D.13，演示 Oracle 对自定义异常的处理。

【描述 7.D.13】自定义异常处理

```
DECLARE
   v_empno emp.empno%TYPE :=&empno;
   /*自定义异常*/
   no_result EXCEPTION;
BEGIN
   UPDATE emp SET sal=sal+100 WHERE empno=v_empno;
   IF SQL%NOTFOUND THEN
     /*抛出异常*/
     RAISE no_result;
   END IF;
EXCEPTION
   WHEN no_result THEN
      DBMS_OUTPUT.PUT_LINE('指定的雇员号不存在!');
   WHEN OTHERS THEN
      DBMS_OUTPUT.PUT_LINE('产生其他错误!');
END;
```

在 SQL 工作表中执行上述代码，在弹出的窗口中输入“1111”，执行结果如下。

```
指定的雇员号不存在！
```

小结

通过本章的学习，学生应该能够学会：

- PL/SQL 块结构由定义部分、执行部分和异常处理部分组成。
- PL/SQL 块结构分为匿名块、命名块、子程序和触发器 4 类。
- 复合数据类型包括记录、表和变长组等类型。
- 运算符包括数值、字符、关系和逻辑 4 种运算符。
- PL/SQL 程序控制语句包括条件语句、CASE 语句和循环语句。
- 异常是一种 PL/SQL 标识符，包括预定义异常、非预定义异常和自定义异常 3 种。

练习

1. 下列关于 PL/SQL 的描述，错误的是____。
   A. 在 PL/SQL 中，变量可以随时使用随时声明
   B. 每一个 PL/SQL 块由 BEGIN 或 DECLARE 开始，以 END 结束
   C. PL/SQL 块中的每一条语句都必须以分号结束
   D. 在 PL/SQL 中只能用 SQL 中的 DML 语句，不能用 DDL 语句
2. 关于变量（常量）的声明，下属语句错误的是____。
   A. v_count NUMBER(6);　B. v_count NUMBER(6):=0;
   C. NUMBER(6) v_count;　D. v_count CONSTANT NUMBER(6) DEFAULT 10;
3. 当执行 SELECT INTO 语句没有返回行时，会触发___异常。
   A. TOO_MANY_ROWS　B. NO_DATA_FOUND
   C. VALUE_ERROR　D. 不会触发任何异常
4. 在 PL/SQL 语句块中，不能嵌入哪些语句____。
   A. SELECT　B. INSERT　C. CREATE TABLE　D. COMMIT
5. 哪几种复合数据类型可以作为表列____。
   A. PL/SQL 表　B. 记录类型　C. 嵌套表　D. VARRAY
6. 关于 PL/SQL 集合类型描述错误的是____。
   A. PL/SQL 表可以理解为键值集合，键是唯一的，用于查找对应的值
   B. 嵌套表的元素个数没有限制，其可以作为表列的数据类型来使用
   C. 嵌套表的下标是从 0 开始编号的
   D. 可变数组可以作为表列的数据类型来使用，该集合的下标从 1 开始
7. 关于如下表达式的描述，错误的是____。
   A. NULL + < 数字> = NULL
   B. NULL || <字符串> = < 字符串>

C. 布尔值只有 TRUE、FALSE 及 NULL 3 个值

D. 在 PL/SQL 中，字符串和日期可以相互自动赋值

8. RAISE 语句应在 PL/SQL 的____部分执行。

A. 声明部分　　B. 执行部分　　C. 异常处理部分　　D. 任何语句中

9. 请描述使用 PL/SQL 的优点。

10. 请简单描述 PL/SQL 的结构。

11. 描述 Oracle 中异常的分类，并分别描述各种类型异常产生的情况。

12. 基于 Scott 用户的雇员表（emp）和部门表（dept）定义 PL/SQL，使用替代变量输入部门名称，打印输出当前部门的员工的信息。

13. 基于 Scott 用户的雇员表（emp），使用替代变量输入雇员号，如果该雇员的工资数大于 10000 元，将工资提高 10%；如果工资数大于 5000 元并小于等于 10000 元，将工资提高 20%；如果工资小于等于 5000 元，将工资提高 30%。

14. 创建一个名为 TEST 的表，TEST 表包含 3 列，column1 数据类型为 NUMBER(2)，column2 数据类型为 CHAR(2)，column3 数据类型为 DATE。使用 3 种循环方式分别向表里插入 10 条数据。column1 的数据为 1、2、…、10，column2 的数据为 a、b、…、j，column3 的数据为当前日期，当前日期 +1（天），当前日期 +2（天）……

第 8 章　PL/SQL 进阶

本章目标

- 掌握游标定义的语法格式、类型、属性及使用
- 掌握参数游标的定义及使用
- 掌握使用复合类型接收游标数据
- 了解存储过程的作用及特点
- 掌握存储过程的创建、维护及调用
- 了解函数的作用及特点
- 掌握函数的创建、调用及维护
- 掌握包体的定义及包组件的调用
- 掌握语句触发器、BEFORE 语句和 ALTER 语句触发器以及行触发器的使用与维护

学习导航

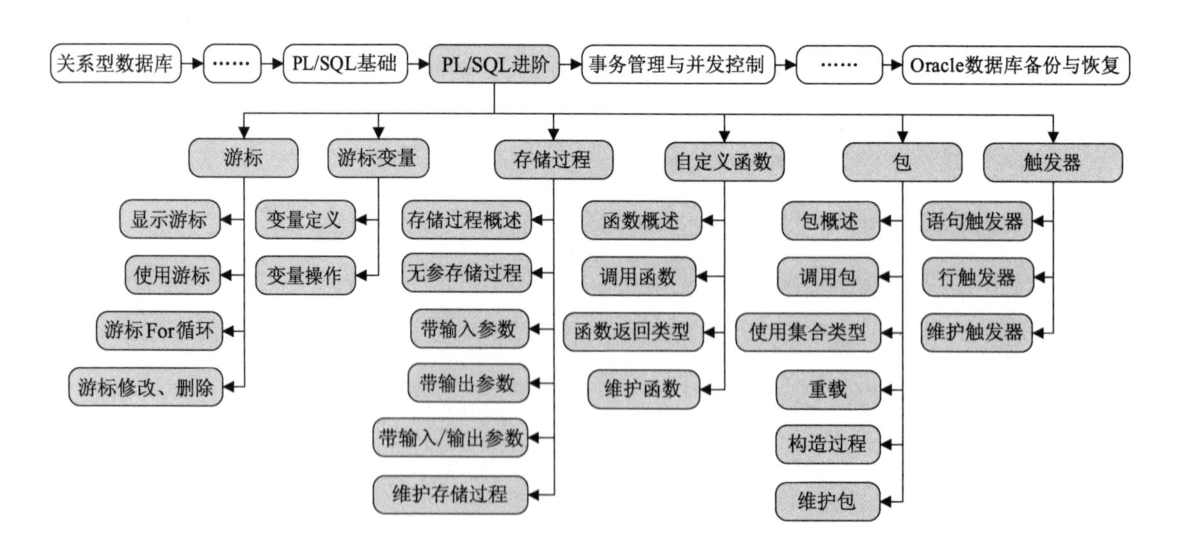

任务描述

【描述 8.D.1】

使用标量变量接收游标数据，并打印部门表的相关信息。

【描述 8.D.2】

使用游标 FOR 循环打印部门表的前 *n* 条数据的信息，*n* 根据用户输入确定。

【描述 8.D.3】

根据用户输入的部门号，对于工资在 1500 元以下的员工将其工资调整为 1500 元。

【描述 8.D.4】

定义 REF CURSOR，根据用户输入的部门号，输出雇员的相关信息。

【描述 8.D.5】

使用标量变量（记录类型）作为输入参数，实现向部门表（dept）增加信息。

【描述 8.D.6】

使用标量变量作为函数的返回类型，根据指定的部门号返回其对应的部门名。

【描述 8.D.7】

定义包规范，分别定义存储过程完成部门信息的添加和删除操作，定义函数实现根据传递的部门号返回部门信息，并实现包体定义。

【描述 8.D.8】

基于部门表（dept）演示集合类型在包、包体中的使用。

【描述 8.D.9】

创建触发器，用于显示基于部门表（dept）的 DML 操作情况。

【描述 8.D.10】

基于部门表（dept）创建行触发器，针对不同的 DML 操作显示数据变化情况。

8.1 游标

当在 PL/SQL 块中执行 SELECT 查询语句和 DML 数据操纵语句时，Oracle 会在内存中分配一个缓冲区，缓冲区中包含了处理过程的必需信息，包括已经处理完的行数、指向被分析行的指针和查询情况下的活动集，即查询语句返回的数据行集。该缓冲区域称为“上下文区”。游标就是指向该缓冲区的句柄或指针。

为了处理 SELECT 语句返回多行数据的情况，在 Oracle 数据库中可以使用游标来处理多行数据，且执行的每个 SQL 语句都有对应的单独的游标。

在 Oracle 中主要有以下两种类型的游标。

- 隐式游标：处理单行 SELECT INTO 和 DML 语句；
- 显式游标：处理 SELECT 语句返回的多行数据。

隐式游标用于描述数据库中执行的 SQL 命令，Oracle 会自动地为 SQL 语句分配一段私有的游标区域。显式游标由开发人员通过程序显示控制，用于从表中取出多行数据，并将多行数据一行一行地进行单独处理。

使用游标，可以对结果集按行、按条件进行数据的提取、修改和删除操作。

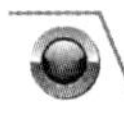

8.1.1 显式游标

1. 处理步骤

显式游标专用于处理 SELECT 语句返回的多行数据，显式游标处理的一般步骤如下。

01 定义游标：用于指定游标所对应的 SELECT 语句，语法格式如下。

```
CURSOR cursor_name[(parameter[, parameter]…)] IS select_statement;
```

其中，游标参数只能为输入参数，其语法格式如下。

```
parameter_name [IN] datatype [{:= | DEFAULT} expression]
```

在指定数据类型时，不能使用长度约束。如 NUMBER(4)、CHAR(10)等都是错误的。

02 打开游标：用于执行游标所对应的 SELECT 语句，将其查询结果放入工作区，并且指针指向工作区的首部，标识游标结果集合。如果游标查询语句中带有 FOR UPDATE 选项，OPEN 语句还将锁定数据库表中游标结果集合对应的数据行，其语法格式如下。

```
OPEN cursor_name[([parameter =>] value[, [parameter =>] value]…)];
```

在向游标传递参数时，可以使用与函数参数相同的传值方法，即位置表示法和名称表示法。

注意 PL/SQL 程序不能用 OPEN 语句重复打开一个游标。

03 提取游标数据：就是检索结果集合中的数据行，放入指定的输出变量中，语法格式如下。

```
FETCH cursor_name INTO {variable_list | record_variable };
```

04 对游标指针指向的记录进行处理。

05 继续处理，直到活动集合中没有记录。

06 关闭游标：当提取和处理完游标结果集合数据后，应及时关闭游标，以释放该游标所占用的系统资源，并使该游标的工作区变成无效，不能再使用 FETCH 语句提取其中的数据。关闭后的游标可以使用 OPEN 语句重新打开。关闭游标的语法格式如下。

```
CLOSE cursor_name;
```

2. 游标属性

当使用显式游标时，需要使用游标属性确定显式游标的执行信息，包括“%ISOPEN”、“%FOUND”、“%NOTFOUND”和“%ROWCOUNT”等 4 种属性。当引用显式游标属性时，需要带有游标名作为前缀（如 dept_cursor%ROWCOUNT）。

- %ISOPEN：该属性用于检测游标是否已经打开。如果游标已经打开，则返回 TRUE，否则返回 FALSE。示例如下。

```
IF NOT dept_cursor%ISOPEN THEN
OPEN dept_cursor;
END IF;
```

- %FOUND：该属性用于检测游标结果集是否存在数据。如果存在数据，则返回 TRUE，否则返回 FALSE。示例如下。

```
LOOP
FETCH dept_cursor INTO v_deptno, v_dname;      --提取数据到变量
EXIT WHEN NOT dept_cursor%FOUND;     --如果未提取到数据，则退出循环
END LOOP;
```

- %NOTFOUND：该属性用于检测游标结果集是否不存在数据。如果不存在数据，则返回 TRUE，否则返回 FALSE。示例如下。

```
LOOP
FETCH dept_cursor INTO v_deptno, v_dname;
EXIT WHEN dept_cursor%NOTFOUND;     --如果未提取到数据，则退出循环
END LOOP;
```

- %ROWCOUNT：该属性用于返回已提取的实际行数。示例如下。

```
LOOP
FETCH dept_cursor INTO v_deptno, v_dname;
EXIT WHEN dept_cursor%NOTEOUND OR dept_cursor%ROWCOUNT = 10;
END LOOP;
```

8.1.2 使用游标

1. 使用标量变量接收数据

当使用标量变量接收游标数据时，必须为 SELECT 列表中的每个列或者表达式提供标量变量，并且数据类型和长度必须匹配。

下述代码用于实现任务描述 8.D.1，使用标量变量接收游标数据，并打印部门表的相关信息。

【描述 8.D.1】使用标量变量接收游标数据

```
DECLARE
   /*声明游标*/
   CURSOR dept_cursor IS
   SELECT deptno, dname FROM dept;
   v_deptno dept.deptno%TYPE;
   v_dname dept.dname%TYPE;
BEGIN
   /*打开游标*/
   OPEN dept_cursor;
   /*循环取值*/
   LOOP
       /*将当前行数据提取到变量中*/
       FETCH dept_cursor INTO v_deptno, v_dname;
       EXIT WHEN dept_cursor%NOTFOUND;--如果未提取到数据，则退出循环
       dbms_output.put_line('部门号：' || v_deptno || '，部门名：' || v_dname);
   END LOOP;
   /*关闭游标*/
   CLOSE dept_cursor;
END;
```

执行结果如下。

```
部门号：10，部门名：ACCOUNTING
部门号：20，部门名：RESEARCH
部门号：30，部门名：SALES
部门号：40，部门名：OPERATIONS
```

2. 使用记录变量接收数据

通过使用 PL/SQL 记录变量，可以简化单行数据的处理。%ROWTYPE 属性不仅可以基于表和视图定义记录变量，而且可以基于游标定义记录变量。

下面代码片段实现如下功能：使用记录变量接收游标数据，并打印部门表的前 3 条数据的信息。

【代码 8-1】使用记录变量接收游标数据

```
DECLARE
   CURSOR dept_cursor IS
   SELECT deptno, dname, loc FROM dept;
   /*声明记录变量*/
   dept_record dept%ROWTYPE;
BEGIN
   OPEN dept_cursor;
   LOOP
       FETCH dept_cursor INTO dept_record;
       /*如果未提取到数据，或已提取的数据总行数大于 3 时，退出循环*/
       EXIT WHEN dept_cursor%NOTFOUND OR dept_cursor%ROWCOUNT > 3;
       dbms_output.put_line('部门号：' || dept_record.deptno || '，部门名：'
         || dept_record.dname|| '，所在地：' || dept_record.loc);
   END LOOP;
   CLOSE dept_cursor;
END;
```

执行结果如下。

```
部门号：10，部门名：ACCOUNTING，所在地：NEW YORK
部门号：20，部门名：RESEARCH，所在地：DALLAS
部门号：30，部门名：SALES，所在地：CHICAGO
```

注意　如果在游标查询语句的选择列表中存在计算列，则必须为这些计算列指定别名后才能通过游标的索引变量来访问这些列数据。

3. 使用集合变量接收数据

通过使用 PL/SQL 集合变量，可以简化多行单列以及多行多列数据的处理。

下面代码片段实现如下功能：使用集合变量接收游标数据，并打印部门表的前 3 条数据的信息。

【代码 8-2】使用集合变量接收游标数据

```
DECLARE
   CURSOR dept_cursor IS
   SELECT deptno, dname, loc FROM dept;
   TYPE dept_table_type IS TABLE OF dept_cursor%ROWTYPE
   INDEX BY BINARY_INTEGER;
   /*声明集合变量*/
   dept_table dept_table_type;
   idx NUMBER;
BEGIN
```

```
    OPEN dept_cursor;
    LOOP
        idx :=dept_cursor%ROWCOUNT + 1;
        /*声明集合变量的元素接收游标数据*/
        FETCH dept_cursor INTO dept_table(idx);
        EXIT WHEN dept_cursor%NOTFOUND OR dept_cursor%ROWCOUNT > 3;
        dbms_output.put_line('部门号: ' || dept_table(idx).deptno || ', 部门名: '
           || dept_table(idx).dname|| ', 所在地: ' || dept_table(idx).loc);
    END LOOP;
    CLOSE dept_cursor;
END;
```

此代码的执行结果同【代码 8-1】。

4. 带参数的游标

Oracle 中，游标在定义及使用时允许带参数。通过使用参数游标，可以根据参数值的不同生成不同的游标结果集。如果使用参数游标，那么在定义游标时需要提供参数，并且在打开游标时提供参数值。

下面代码片段实现如下功能：定义带参数的游标，输出小于给定的部门号的部门相关信息。

【代码 8-3】带参数的游标

```
DECLARE
    /*声明带参数的游标，并指定默认值*/
    CURSOR dept_cursor(dept_no NUMBER DEFAULT 20) IS
    SELECT deptno, dname, loc FROM dept WHERE deptno < dept_no;
    dept_record dept%ROWTYPE;
BEGIN
    /*下述打开方式直接使用默认值*/
    --OPEN dept_cursor;
    /*打开游标时指定参数的值*/
    OPEN dept_cursor(dept_no=>&dept_no);
    LOOP
        FETCH dept_cursor INTO dept_record;
        EXIT WHEN dept_cursor%NOTFOUND OR dept_cursor%ROWCOUNT > 3;
        dbms_output.put_line('部门号: ' || dept_record.deptno || ', 部门名: '
           || dept_record.dname|| ', 所在地: ' || dept_record.loc);
    END LOOP;
    CLOSE dept_cursor;
END;
```

在 SQL 工作表中执行上述代码，在弹出的窗口中输入“40”，执行结果如下。

```
部门号：10，部门名：ACCOUNTING，所在地：NEW YORK
部门号：20，部门名：RESEARCH，所在地：DALLAS
部门号：30，部门名：SALES，所在地：CHICAGO
```

上述代码中，在定义游标 dept_cursor 时，指定了参数 dept_no 并为其设定默认值为 20。因此，在打开游标时，如果不为 dept_no 传入具体的值，dept_no 将采用默认值：20。

注意 游标参数只能是输入参数，在指定数据类型时，不能使用长度约束。如 NUMBER(4)、CHAR(10)等都是错误的。

8.1.3 游标 FOR 循环

当使用常规方式处理显式游标数据时，需要为处理显式游标的每个步骤提供 PL/SQL 代码。为了简化游标处理，PL/SQL 语言提供了游标 FOR 循环语句，自动执行游标的 OPEN、FETCH、CLOSE 语句和循环语句的功能。

当进入循环时，游标 FOR 循环语句自动打开游标，并提取第一行游标数据，当程序处理完当前所提取的数据而进入下一次循环时，游标 FOR 循环语句自动提取下一行数据供程序处理，当提取完结果集合中的所有数据行后结束循环，并自动关闭游标。其语法格式如下。

```
FOR index_variable IN cursor_name[value[, value]…] LOOP
-- 游标数据处理代码
END LOOP;
```

其中，index_variable 为游标 FOR 循环语句隐含声明的索引变量，该变量为记录变量，其结构与游标查询语句返回的结构集合的结构相同。在程序中可以通过引用该索引记录变量元素来读取所提取的游标数据，index_variable 中各元素的名称与游标查询语句选择列表中所制定的列名相同。

下述代码用于实现任务描述 8.D.2，使用游标 FOR 循环打印部门表的前 *n* 条数据的信息，*n* 根据用户输入确定。

【描述 8.D.2】FOR 循环打印

```
DECLARE
  CURSOR dept_cursor IS
  SELECT deptno, dname, loc FROM dept;
BEGIN
  FOR dept_record IN dept_cursor LOOP
     dbms_output.put_line('部门号：' || dept_record.deptno || '，部门名：'
       || dept_record.dname|| '，所在地：' || dept_record.loc);
     EXIT WHEN dept_cursor%NOTFOUND OR dept_cursor%ROWCOUNT = &n;
  END LOOP;
END;
```

在 SQL 工作表中执行上述代码，在弹出的窗口中输入“3”，执行结果如下。

```
部门号：10，部门名：ACCOUNTING，所在地：NEW YORK
部门号：20，部门名：RESEARCH，所在地：DALLAS
部门号：30，部门名：SALES，所在地：CHICAGO
```

如果在游标 FOR 循环中不需要引用游标属性，为了简化 PL/SQL 块，可以直接在 FOR 循环中引用子查询。

如下述代码，在游标 FOR 循环中引用子查询打印部门表的数据信息。

```
BEGIN
  FOR dept_record IN (SELECT deptno, dname, loc FROM dept) LOOP
     dbms_output.put_line('部门号：' || dept_record.deptno || '，部门名：'
       || dept_record.dname|| '，所在地：' || dept_record.loc);
  END LOOP;
END;
```

注意 在游标 FOR 循环语句中，不要在程序中对游标进行人工操作，不要在程序中定义用于控制 FOR 循环的记录。

8.1.4 游标修改和删除操作

通过使用显式游标，不仅可以取得游标结果集的数据，而且可以在游标定位下修改或删除表中指定的数据行。当使用游标更新或删除数据时，定义游标必须带有 FOR UPDATE 子句，以便在打开游标时锁定游标结果集合在表中对应数据行的所有列和部分列；在更新或者删除游标行时，则可在 DELETE 和 UPDATE 语句中使用 WHERE CURRENT OF cursor_name 子句，修改或删除游标结果集合当前行对应的数据库表中的数据行。其语法格式如下。

```
CURSOR cursor_name IS select_statement
FOR UPDATE [OF column_reference] [NOWAIT];
UPDATE table_name SET column = .. WHERE CURRENT OF cursor_name;
DELETE FROM  table_name WHERE CURRENT OF cursor_name;
```

其中，FOR UPDATE 使用当前游标可进行修改和删除操作，OF 子句用于指定被加锁的特定表，NOWAIT 子句用于指定不等待锁。CURRENT OF cursor_name 指示游标所指向的当前行。

1. 使用游标修改数据

下述代码用于实现任务描述 8.D.3，根据用户输入的部门号，对于工资在 1500 元以下的员工将其工资调整为 1500 元。

【描述 8.D.3】使用游标修改数据

```
DECLARE
```

```
    v_deptno emp.deptno%TYPE :=&p_deptno;
    CURSOR emp_cursor IS
    SELECT empno, sal FROM emp WHERE deptno=v_deptno FOR UPDATE NOWAIT;
BEGIN
    FOR emp_record IN emp_cursor LOOP
        IF emp_record.sal < 1500 THEN
            dbms_output.put_line('职工号：'||emp_record.empno
            ||'，工资：'||emp_record.sal);
            UPDATE emp SET sal=1500 WHERE CURRENT OF emp_cursor;
        END IF;
    END LOOP;
    /*显示事务提交*/
    COMMIT;
END;
```

在 SQL 工作表中执行上述代码，在弹出的窗口中输入“10”，执行结果如下。

```
职工号：7934，工资：1300
```

通过上述代码，需要注意以下两点。

- 在 PL/SQL 中，如果进行数据的 DML 操作，需要进行事务的显示提交；
- 当查询语句涉及多张表时，如果不带有 OF 子句，会在多张表上同时加锁，如果只在特定表上加锁，需要带有 OF 子句。

下面代码片段实现如下功能：根据用户输入的部门名，将工资在 1500 元以下的员工的工资调整为 1500 元。

【代码 8-4】使用游标修改数据

```
DECLARE
    v_dname dept.dname%TYPE:='&p_dname';
    CURSOR emp_cursor IS
    SELECT empno, sal,dname
    FROM emp e JOIN dept d ON e.deptno = d.deptno
    FOR UPDATE OF e.deptno;
BEGIN
    FOR emp_record IN emp_cursor LOOP
        IF emp_record.sal < 1500 AND LOWER(emp_record.dname)=LOWER(v_dname)THEN
            dbms_output.put_line('职工号：'||emp_record.empno
            ||'，工资：'||emp_record.sal||'，部门：'||emp_record.dname);
            UPDATE emp SET sal=1500 WHERE CURRENT OF emp_cursor;
        END IF;
    END LOOP;
```

```
   /*显示事务提交*/
  COMMIT;
END;
```

2. 使用游标删除数据

下面代码片段实现如下功能：根据用户输入的部门号，删除工资在1500元以下的员工的信息。

【代码 8-5】使用游标删除数据

```
DECLARE
   v_deptno emp.deptno%TYPE :=&p_deptno;
   CURSOR emp_cursor IS
   SELECT empno, deptno,sal FROM emp  FOR UPDATE NOWAIT;
BEGIN
   FOR emp_record IN emp_cursor LOOP
      IF emp_record.sal < 1500 AND emp_record.deptno = v_deptno THEN
        dbms_output.put_line('职工号：'||emp_record.empno
        ||'，工资：'||emp_record.sal);
        DELETE FROM emp WHERE CURRENT OF emp_cursor;
      END IF;
   END LOOP;
   COMMIT;
END;
```

在 SQL 工作表中执行上述代码，在弹出的窗口中输入“10”，执行结果如下。

```
职工号：7934，工资：1300
```

8.2 游标变量

与游标一样，游标变量也是一个指向多行查询结果集合中当前数据行的指针。但与游标不同的是，游标变量是动态的，而游标是静态的。游标只能与指定的查询相连，即固定指向一个查询的内存处理区域，而游标变量则可与不同的查询语句相连，它可以指向不同查询语句的内存处理区域（但不能同时指向多个内存处理区域，在某一时刻只能与一个查询语句相连），只要这些查询语句的返回类型兼容即可。

8.2.1 游标变量定义

与游标一样，游标变量操作也包括定义、打开、提取和关闭 4 个步骤。

1. 定义 REF CURSOR 类型和游标变量

在 PL/SQL 中，游标变量为一个指针，它属于参照类型，在声明游标变量类型之前必须先定义游标变量类型，其语法格式如下。

```
TYPE ref_type_name IS REFCURSOR [ RETURN return_type];
```

其中：

- ref_type_name 为新定义的游标变量类型名称；
- return_type 为游标变量的返回值类型，它必须为记录变量。

在定义游标变量类型时，可以采用强类型定义和弱类型定义两种。强类型定义必须指定游标变量的返回值类型，而弱类型定义则不说明返回值类型。

如下述代码定义了两个强类型变量和一个弱类型变量。

【代码 8–6】REF CURSOR

```
DECLARE
   TYPE deptrecord IS RECORD(
   deptno dept.deptno%TYPE,
   dname dept.deptno%TYPE,
   loc dept.loc%TYPE
   );
   /*强类型 REF CURSOR*/
   TYPE dept_cursor1 IS REF CURSOR RETURN dept%ROWTYPE;
   TYPE dept_cursor2 IS REF CURSOR RETURN deptrecord;
   /*弱类型 REF CURSOR*/
   TYPE cursor_type IS REF CURSOR;
   /*强类型游标变量*/
   dept_c1 dept_cursor1;
   dept_c2 dept_cursor2;
   /*弱类型游标变量*/
   cursor1 cursor_type;
BEGIN
END;
```

2. 打开游标变量

用于指定游标变量所对应的 SELECT 语句。当打开游标变量时，会执行游标变量所对应的 SELECT 语句，并将数据存放到游标结果集中。其语法格式如下。

```
OPEN cursor_variable_name FOR select_statement;
```

其中，cursor_variable_name 为游标变量。

3. 提取数据

使用 FETCH 语句提取结果集中的数据到指定的 PL/SQL 变量，其语法格式如下。

```
FETCH cursor_variable_name INTO {variable [, variable]…| record_variable};
```

4. 关闭游标变量

使用 CLOSE 语句关闭游标变量，释放游标资源，其语法格式如下。

```
CLOSE cursor_variable_name
```

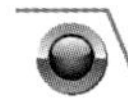

8.2.2 游标变量操作

1. 强类型参照游标

当定义 REF CURSOR 类型时，如果指定 RETURN 子句，在打开游标时，SELECT 语句的返回结果必须与 RETURN 子句指定的记录类型匹配。

下述代码用于实现任务描述 8.D.4，定义 REF CURSOR，根据用户输入的部门号，输出雇员的相关信息。

【描述 8.D.4】强类型参照游标

```
DECLARE
   TYPE emp_job_record IS RECORD(
   empno emp.empno%TYPE,
   ename emp.ename%TYPE,
   job emp.job%TYPE
   );
   TYPE emp_job_refcur_type IS REF CURSOR RETURN emp_job_record;
   emp_ref_cur emp_job_refcur_type ;
   emp_job emp_job_record;
   v_deptno dept.deptno%TYPE:=&p_deptno;
BEGIN
   OPEN emp_ref_cur FOR
   SELECT empno, ename, job FROM emp WHERE deptno=v_deptno ORDER BY deptno;
   FETCH emp_ref_cur INTO emp_job;
   WHILE emp_ref_cur%FOUND LOOP
      dbms_output.put_line(emp_job.empno||': '||emp_job.ename
         ||' is a '||emp_job.job);
      FETCH emp_ref_cur INTO emp_job;
   END LOOP;
END;
```

在 SQL 工作表中执行上述代码，在弹出的窗口中输入“20”，执行结果如下。

```
7369: SMITH is a CLERK
7566: JONES is a MANAGER
7788: SCOTT is a ANALYST
7876: ADAMS is a CLERK
7902: FORD is a ANALYST
```

2. 弱类型参照游标

当定义 REF CURSOR 类型时，如果不指定 RETURN 子句，在打开游标时可以指定任何 SELECT 语句。

如下述代码演示了无返回类型游标变量的用法。

【代码 8-7】弱类型参照游标

```
DECLARE
   TYPE ref_cursor_type IS REF CURSOR;
   ref_cursor ref_cursor_type;
   value1 NUMBER;
   value2 VARCHAR2(200);
BEGIN
   OPEN ref_cursor FOR
   SELECT &col1 col1, &col2 col2 FROM &table_name WHERE &filter;
   FETCH ref_cursor INTO value1,value2;
   WHILE ref_cursor%FOUND LOOP
      dbms_output.put_line('value1:'||value1||',value2:'||value2);
      FETCH ref_cursor INTO value1,value2;
   END LOOP;
END;
```

在 SQL 工作表中执行上述代码，在弹出的窗口中分别输入“empno”、“ename”、“emp”和“sal<1500”，执行结果如下。

```
value1:7369,value2:SMITH
value1:7521,value2:WARD
value1:7654,value2:MARTIN
value1:7876,value2:ADAMS
value1:7900,value2:JAMES
```

8.3　存储过程

子程序就是能够接收参数并被其他程序所调用的命名 PL/SQL 块。常用的 PL/SQL 子程序有过程、函数、包。过程通常用于执行一个操作，而函数用于返回一个结果值，包用于逻辑组合相关的过程和函数，由包规范和包体两部分组成。

8.3.1　存储过程概述

存储过程(Stored Procedure)是一组预存储在数据库中，为了完成某种特定功能的 PL/SQL 语句集。用户通过指定存储过程的名字并给出参数（如果该存储过程带有参数）来执行它。存储过程是数据库中的一个重要对象，任何一个设计良好的数据库应用程序都应该用到存储过程。存储过程具有以下一些优点。

- 使用存储过程体现了标准组件式编程；
- 通过存储过程能够实现较快的执行速度；
- 使用存储过程能够减少网络流量；
- 使用存储过程可加强数据安全性。

在 Oracle 中，通过 CREATE OR REPLACE PROCEDURE 语句创建存储过程。在创建存储过程时，既可以指定过程参数，也可以不提供任何参数。过程参数包括输入参数、输出参数和输入/输出参数 3 种类型，其中输入参数（IN）用于接收调用环境的输入数据；输出参数（OUT）用于将结果数据传递到调用环境；输入/输出参数（INOUT）既能接收输入数据，又能传递结果数据到调用环境。创建存储过程的语法结构如下。

```
CREATE [OR REPLACE] PROCEDURE Procedure_name
[ (argument [ { IN | OUT |IN OUT }] Type,
argument [ { IN | OUT | IN OUT } ] Type ]
{ IS | AS }
<声明部分>
BEGIN
<执行部分>
EXCEPTION
<可选的异常处理程序>
END;
```

其中：

- Procedure_name 指定创建的存储过程的名字；
- argument 指定参数名；
- IN 指明当前参数为输入参数，如果省略，默认为 IN；
- OUT 指示当前参数为输出参数；
- IN OUT 指示当前参数既是输入参数也是输出参数。

同匿名 PL/SQL 块类似，存储过程也有声明部分、执行部分和一个可选的异常处理部分。声明部分通常包含类型、游标、常量、变量、异常和嵌套子程序的声明。这些内容都针对当前的过程有效，也就是说在存储过程退出时声明的这些内容会自动失效。执行部分包含 PL/SQL 处理语句。异常处理部分包含异常处理语句。

8.3.2 无参存储过程

1. 创建无参存储过程

下述代码创建无参存储过程，打印当前登录用户的名字和系统时间。

```
CREATE OR REPLACE PROCEDURE proc_1
IS
BEGIN
    dbms_output.put_line('欢迎你 '||USER);
    dbms_output.put_line('现在是: '||TO_CHAR(sysdate,'YYYY-mm-DD HH24:MM:ss'));
END;
```

2. 调用无参存储过程

调用存储过程时，如果是在 SQL Developer 开发环境中，需要使用 CALL 或 EXECUTE 命令；如果是在 PL/SQL 块中，直接引用存储过程名即可。

当调用存储过程时，如果是无参过程，直接引用过程名，对于 proc_1 在 SQL 工作表中的调用语句如下。

```
exec proc_1;
```

在 PL/SQL 块中的调用语句如下。

```
BEGIN
    proc_1;
END;
```

假如当前是 SCOTT 用户登录，proc_1 的执行结果如下。

```
欢迎你 SCOTT
现在是:2013-03-27 13:03:51
```

注意 如果在当前方案中创建存储过程时，用户必须有 CREATE PROCEDURE 权限。如果在其他方案中创建过程，用户必须有 CREATE ANY PROCEDURE 权限。

8.3.3 带输入参数的存储过程

通过使用输入参数，可以将动态数据传递到存储过程。定义存储过程时，可以使用 IN 关键字显式指定输入参数，也可省略 IN 关键字。

存储过程的输入参数可以为：标量类型、记录类型和集合类型。

1. 使用标量变量作为输入参数

下述代码用于实现任务描述 8.D.5，使用标量变量作为输入参数，实现向部门表（dept）增加信息。

【描述 8.D.5】使用标量变量作为输入参数

```
CREATE OR REPLACE PROCEDURE add_dept(deptno dept.deptno%TYPE,
dname dept.dname%TYPE,loc dept.loc%TYPE)
IS
BEGIN
```

```
    INSERT INTO dept VALUES(deptno,dname,loc);
EXCEPTION
    WHEN DUP_VAL_ON_INDEX THEN
        dbms_output.put_line('主键冲突，重新指定主键值');
END;
```

上述代码中，在过程的执行部分加入了异常处理，以应对主键冲突的情形。

上述存储过程，在 PL/SQL 中的可以使用如下调用语句的任何一种。

```
BEGIN
    add_dept(60,'FINANCE','CHICAGO');
    add_dept(deptno=>70,dname=>'FINANCE',loc=>'CHICAGO');
    add_dept(&deptno,'&dname','&loc');
    COMMIT;
END;
```

上述语句在执行过程中，如果不产生主键冲突将执行通过；如果产生主键冲突，则输出：

```
主键冲突，重新指定主键值
```

注意 在为存储过程指定参数时，只能指定过程参数的类型，不能指定过程参数的长度。

2. 使用记录类型作为输入参数

通过使用记录类型作为输入参数，可以将调用环境或者应用程序的记录数据传递到存储过程中。

下面代码片段实现如下功能：使用记录类型作为输入参数，实现向部门表（dept）增加信息。

【代码 8-8】使用记录类型作为输入参数

```
CREATE OR REPLACE PROCEDURE add_dept2(dept_record dept%ROWTYPE)
IS
BEGIN
    INSERT INTO dept
    VALUES(dept_record.deptno,dept_record.dname,dept_record.loc);
EXCEPTION
    WHEN DUP_VAL_ON_INDEX THEN
        dbms_output.put_line('主键冲突，重新指定主键值');
END;
```

存储过程 add_dept2 在 PL/SQL 中的测试语句如下。

```
DECLARE
    dept_record dept%ROWTYPE;
BEGIN
```

```
    dept_record.deptno := &deptno;
    dept_record.dname := '&dname';
    dept_record.loc := '&loc';
    add_dept2(dept_record);
    COMMIT;
END;
```

3. 使用集合类型作为输入参数

通过使用集合类型作为输入参数，可以将调用环境或者应用程序的集合变量数据传递到存储过程中。如果使用集合变量作为过程参数，那么需要使用自定义的嵌套表类型或者 VARRAY 类型。

下面代码片段实现如下功能：使用集合类型作为输入参数，实现向部门表（dept）增加信息。

【代码 8-9】基于部门 dept 表创建嵌套表类型

```
--基于 deptno 列创建嵌套表类型
CREATE TYPE deptno_table_type IS TABLE OF NUMBER(2);
--基于 dname 列创建嵌套表类型
CREATE TYPE dname_table_type IS TABLE OF VARCHAR2(20);
--基于 loc 列创建嵌套表类型
CREATE TYPE loc_table_type IS TABLE OF VARCHAR2(20);
```

【代码 8-10】基于嵌套表类型创建存储过程

```
CREATE OR REPLACE PROCEDURE add_dept3(deptno_table deptno_table_type,
dname_table dname_table_type,loc_table loc_table_type)
IS
BEGIN
    FOR i IN 1..deptno_table.COUNT LOOP
        INSERT INTO dept
        VALUES(deptno_table(i),dname_table(i),loc_table(i));
    END LOOP;
EXCEPTION
    WHEN DUP_VAL_ON_INDEX THEN
        dbms_output.put_line('主键冲突，重新指定主键值');
    /*由于使用集合下标进行对应值添加操作，可能下标越界*/
    WHEN SUBSCRIPT_BEYOND_COUNT THEN
        dbms_output.put_line('部分集合的元素值不够');
END;
```

为方便，在 PL/SQL 中使用部门表的原始数据测试存储过程 add_dept3。

【代码 8-11】测试

```
DECLARE
    deptno_table deptno_table_type;
    dname_table dname_table_type;
    loc_table loc_table_type;
BEGIN
    /*使用 BULK COLLECT 进行批量操作*/
    SELECT * BULK COLLECT INTO deptno_table,dname_table,loc_table
    FROM dept;
    FOR i IN 1..deptno_table.COUNT LOOP
        /*为防止主键约束冲突，取出的键值加 1*/
        deptno_table(i) := deptno_table(i)+1;
    END LOOP;
    /*调用存储过程*/
    add_dept3(deptno_table,dname_table,loc_table);
END;
```

注意 在测试存储过程 add_dept3 的代码中引入了 BULK COLLECT 语句，具体使用可参考实践 5 的知识拓展部分。

8.3.4 带输出参数的存储过程

通过在过程中使用输出参数，可以将处理结果返回到应用程序或调用环境。在过程中定义输出参数时，需要 OUT 关键字修饰参数。

存储过程的输出参数可以为：标量类型、记录类型和集合类型。

1. 使用标量变量作为输出参数

下面代码片段实现如下功能：使用标量变量作为输出参数，根据输入的部门号，输出当前部门的信息。

【代码 8-12】使用标量变量作为输出参数

```
CREATE OR REPLACE PROCEDURE get_dept(p_deptno dept.deptno%TYPE,
dname OUT dept.dname%TYPE,loc OUT dept.loc%TYPE)
IS
BEGIN
    SELECT dname,loc INTO dname,loc
    FROM dept WHERE deptno = p_deptno;
EXCEPTION
    WHEN NO_DATA_FOUND THEN
        dbms_output.put_line('不存在该部门！');
END;
```

上述代码中，在过程的执行部分加入了异常处理，以处理指定的部门号不存在的情况。

当调用带有输出参数的过程时，需要使用变量接收输出参数的数据值。下述代码演示了存储过程 get_dept 的调用方法。

【代码 8-13】调用存储过程 get_dept

```
DECLARE
    v_deptno dept.deptno%TYPE;
    v_dname dept.dname%TYPE;
    v_loc dept.loc%TYPE;
BEGIN
    v_deptno :=&p_deptno;
    get_dept(v_deptno,v_dname,v_loc);
    dbms_output.put_line('部门号：'||v_deptno||'，部门名：'||v_dname||'位置：
'||v_loc);
END;
```

在 SQL 工作表中执行上述代码，在弹出的窗口中输入“10”，执行结果如下。

```
部门号：10，部门名：ACCOUNTING 位置：NEW YORK
```

2. 使用记录类型作为输出参数

通过使用记录类型作为输出参数，可以将记录类型结果数据返回到调用环境或应用程序。

下面代码片段实现如下功能：使用记录类型作为输出参数，根据输入的部门号，输出当前部门的信息。

【代码 8-14】使用记录类型作为输出参数

```
CREATE OR REPLACE PROCEDURE get_dept2(p_deptno dept.deptno%TYPE,dept_record OUT
dept%ROWTYPE)
IS
BEGIN
    SELECT * INTO dept_record
    FROM dept WHERE deptno = p_deptno;
EXCEPTION
    WHEN NO_DATA_FOUND THEN
        dbms_output.put_line('不存在该部门！');
END;
```

在 PL/SQL 中调用存储过程 get_dept2 的测试代码如下所示。

【代码 8-15】调用存储过程 get_dept2

```
DECLARE
    v_deptno dept.deptno%TYPE;
    /*声明记录类型变量接收返回值*/
```

```
    dept_record dept%ROWTYPE;
BEGIN
    v_deptno :=&p_deptno;
    get_dept2(v_deptno,dept_record);
    dbms_output.put_line('部门号：'||dept_record.deptno
    ||'，部门名：'||dept_record.dname||'位置：'||dept_record.loc);
END;
```

执行结果与调用存储过程 get_dept 的结果一样。

3. 使用集合类型作为输出参数

通过使用集合类型作为输出参数，可以将多行数据返回到调用环境或应用程序中。如果使用集合变量作为过程参数，那么需要使用自定义的嵌套表类型或者 VARRAY 类型。

下面代码片段实现如下功能：使用集合类型作为输出参数，根据输入的位置返回当前位置的部门信息。

【代码 8-16】使用集合类型作为输出参数

```
CREATE OR REPLACE PROCEDURE get_dept3(p_loc dept.loc%TYPE,
deptno_table OUT deptno_table_type,dname_table OUT dname_table_type)
IS
BEGIN
    SELECT deptno,dname BULK COLLECT INTO deptno_table,dname_table
    FROM dept WHERE LOWER(loc) = p_loc;
EXCEPTION
    WHEN NO_DATA_FOUND THEN
        dbms_output.put_line('不存在该部门！');
END;
```

在 PL/SQL 中调用存储过程 get_dept3 的测试代码如下所示。

【代码 8-17】调用存储过程 get_dept3

```
DECLARE
    v_loc dept.loc%TYPE;
    deptno_table deptno_table_type;
    dname_table dname_table_type;
BEGIN
    v_loc :=LOWER('&p_loc');
    get_dept3(v_loc,deptno_table,dname_table);
    dbms_output.put_line('在'||v_loc||'的部门有：');
    FOR i IN 1..deptno_table.COUNT LOOP
        dbms_output.put_line('部门号：'||deptno_table(i)||
          ',部门名：'||dname_table(i));
```

```
    END LOOP;
END;
```

在 SQL 工作表中执行上述代码，在弹出的窗口中输入“chicago”，执行结果如下。

```
在 chicago 的部门有:
部门号: 50,部门名: FINANCE
部门号: 30,部门名: SALES
```

 8.3.5 带输入/输出参数的存储过程

通过在存储过程中使用输入/输出参数，可以在调用存储过程时输入数据到过程，在执行结束后返回结果数据到调用环境或应用程序。当定义输入/输出参数时，需要指定参数模式为 IN OUT。

下述代码通过定义带输入/输出参数的过程，计算并返回所输入两个数的和与差。

【代码 8-18】定义带输入/输出参数的存储过程 add_sub

```
CREATE OR REPLACE PROCEDURE add_sub(n1 IN OUT NUMBER,n2 IN OUT NUMBER)
IS
BEGIN
    /*使用 n1 返回两数的和*/
    n1 := n1+n2;
    /*使用 n2 返回两数的差*/
    n2 := n1-2*n2;
END;
```

在 PL/SQL 中调用存储过程 add_sub 的测试代码如下所示。

【代码 8-19】调用存储过程 add_sub

```
DECLARE
    num1 NUMBER:=&num1;
    num2 NUMBER:=&num2;
BEGIN
    add_sub(num1,num2);
    dbms_output.put_line('和: '||num1||', 差'||num2);
END;
```

在 SQL 工作表中执行上述代码，在弹出的窗口中分别输入“30”和“10”，执行结果如下。

```
和: 30, 差-10
```

8.3.6 维护存储过程

1. 删除存储过程

当存储过程不再需要时，可以使用 DROP PROCEDURE 语句删除指定的过程。

例如，下述代码将删除存储过程 add_sub。

```
DROP PROCEDURE add_sub;
```

2. 重新编译存储过程

当表结构发生变化时，Oracle 会将基于该表的存储过程转变为 INVALID 状态。为了避免过程运行出错，应该重新编译处于 INVALID 状态的过程。使用 ALTER PROCEDURE 命令可以重新编译过程。

例如，下述代码将重新编译过程 get_dept3。

```
ALTER PROCEDURE get_dept3 COMPILE;
```

3. 确定过程状态

为了确定处于 INVALID 状态的对象，可以查询数据字典 USER_OBJECTS。

例如，下述代码将查询处于 INVALID 状态的过程信息。

```
SELECT * FROM user_objects
WHERE status = 'INVALID' AND object_type = 'PROCEDURE';
```

4. 查看过程文本

通过查询数据字典 USER_SOURCE，可以取得当前用户所拥有的子程序名称及其创建文本。例如，下述代码将查询 get_dept3 的创建文本。

```
SELECT text FROM user_source
WHERE name = UPPER('get_dept3') AND type = 'PROCEDURE';
```

8.4 自定义函数

在 Oracle 中，函数是子过程的一种。如果应用经常需要返回特定数据，则可以考虑通过创建函数实现。

8.4.1 函数概述

函数是一个能够计算结果值的子程序，函数除了有一个 RETURN 子句之外，其他结构跟过程非常类似。函数和存储过程的区别如表 8-1 所示。

表 8–1　过程和函数的区别

过程	函数
程序头部不需要描述返回类型	程序头部必须描述返回类型
可执行部分不需要 RETURN 语句	可执行部分必须包含 RETURN 语句
可以不返回值，也可以返回多个值	至少要返回一个值
不可以在 SQL 中调用	有的可以在 SQL 中调用
处理的数据量较大时速度快	处理的数据量较大时速度不如过程

在 Oracle 中，通过 CREATE OR REPLACE FUNCTION 语句创建函数。在创建函数时，既可以指定函数参数，也可以不提供任何参数。函数参数包括输入参数、输出参数和输入/输出参数 3 种类型。

- 输入参数（IN）用于接收调用环境的输入数据；
- 输出参数（OUT）用于将结果数据传递到调用环境；
- 输入/输出参数（IN OUT）既能接收输入数据，又能传递结果数据到调用环境中。

创建函数的语法结构如下。

```
CREATE [OR REPLACE] FUNCTION function_name
[ (argument [ { IN | OUT |IN OUT }] type,
argument [ { IN | OUT | IN OUT } ] type ]
RETURN type
{ IS | AS }
<声明部分>
BEGIN
<执行部分>
EXCEPTION
<可选的异常处理程序>
END;
```

其中：

- function_name 指定创建的函数的名字；
- RETURN type 指示当前函数返回数据的数据类型；
- 同存储过程类似，函数也有声明部分、执行部分和一个可选的异常处理部分，但是函数在执行部分至少包含一条 RETURN 语句。

注意　Oracle 中的函数必须提供返回值，如果子程序没有返回值，那么不应该把它定义成函数，而应该定义成过程。

8.4.2 调用函数

1. 创建函数

下述代码创建无参函数，返回当前登录用户的名字和系统时间。

【代码 8-20】创建无参函数

```
CREATE OR REPLACE FUNCTION func1
RETURN VARCHAR2
IS
BEGIN
    RETURN '欢迎你 '||USER||', 现在是: '||TO_CHAR(sysdate,'YYYY-mm-DD HH24:MM:ss');
END;
```

2. 调用函数

由于有返回值，所以函数一般在 PL/SQL 块中调用。当调用函数时，如果是无参函数，直接引用函数名即可。

【代码 8-21】调用函数

```
BEGIN
    dbms_output.put_line(func1);
END;
```

执行结果如下。

```
欢迎你 SCOTT, 现在是: 2013-03-27 13:55:09
```

注意 如果在当前方案中创建函数，用户必须有 CREATE FUNCTION 权限；如果在其他方案中创建函数，用户必须有 CREATE ANY FUNCTION 权限。

8.4.3 函数返回类型

在函数的定义过程中，可以指定函数参数：输入（IN）、输出（OUT）和输入/输出（IN OUT）参数，函数参数的使用方式与过程参数完全一致，允许的参数类型有：标量类型、记录类型和集合类型。

需要特殊说明的是，函数的返回类型也可以为：标量类型、记录类型和集合类型。

1. 使用标量变量作为返回类型

下述代码用于实现任务描述 8.D.6，使用标量变量作为函数的返回类型，根据指定的部门号返回其对应的部门名。

【描述 8.D.6】使用标量变量作为返回类型

```
CREATE OR REPLACE FUNCTION get_dname(p_deptno dept.deptno%TYPE)
```

```
RETURN VARCHAR2
IS
v_dname dept.dname%TYPE;
BEGIN
    SELECT dname INTO v_dname FROM dept WHERE deptno = p_deptno;
    RETURN v_dname;
EXCEPTION
    WHEN NO_DATA_FOUND THEN
        RAISE_APPLICATION_ERROR(-20003,'指定的部门不存在');
END;
```

上述代码中，在函数的执行部分加入了异常处理，以处理数据不存在的情况。

【代码 8-22】测试函数

```
BEGIN
    dbms_output.put_line('部门名：'||get_dname(10));
END;
```

执行结果如下。

```
部门名：ACCOUNTING
```

注意　RAISE_APPLICATION_ERROR 的使用可参照实践 5 的知识拓展部分。

2. 使用记录类型作为返回类型

通过使用记录类型作为函数返回类型，可以将记录类型结果数据返回到调用环境或应用程序。

下面代码片段实现如下功能：使用记录类型作为函数返回类型，根据指定的部门号返回其对应的部门信息。

【代码 8-23】使用记录类型作为返回类型

```
CREATE OR REPLACE FUNCTION get_dept_info(p_deptno dept.deptno%TYPE)
/*指定返回类型为记录类型*/
RETURN dept%ROWTYPE
IS
dept_record dept%ROWTYPE;
BEGIN
    SELECT * INTO dept_record FROM dept WHERE deptno = p_deptno;
    /*返回记录值*/
    RETURN dept_record;
EXCEPTION
    WHEN NO_DATA_FOUND THEN
        RAISE_APPLICATION_ERROR(-20003,'指定的部门不存在');
END;
```

【代码 8-24】调用函数 get_dept_info

```
DECLARE
    dept_record dept%ROWTYPE;
BEGIN
    /*使用记录变量接收返回的记录值*/
    dept_record := get_dept_info(&deptno);
    dbms_output.put_line('部门号：'||dept_record.deptno||'部门名：'
    ||dept_record.dname||'位置：'||dept_record.loc);
END;
```

在 SQL 工作表中执行上述代码，在弹出的窗口中输入“10”，执行结果如下。

```
部门号：10 部门名：ACCOUNTING 位置：NEW YORK
```

3. 使用集合类型作为返回类型

通过使用集合类型作为函数返回类型，可以将多行数据返回到调用环境或应用程序中。如果使用集合类型作为返回类型，需要使用自定义的嵌套表类型或者 VARRAY 类型。

下面代码片段实现如下功能：使用集合类型作为返回类型，根据输入的位置返回当前位置的部门名。

【代码 8-25】使用集合类型作为返回类型

```
CREATE OR REPLACE FUNCTION get_dept_name(p_loc dept.loc%TYPE)
/*指定返回类型为集合类型*/
RETURN dname_table_type
IS
dname_table dname_table_type;
BEGIN
    SELECT dname BULK COLLECT INTO dname_table FROM dept WHERE loc = UPPER(p_loc);
    /*返回集合变量*/
    RETURN dname_table;
EXCEPTION
    WHEN NO_DATA_FOUND THEN
        RAISE_APPLICATION_ERROR(-20003,'指定的部门不存在');
END;
```

【代码 8-26】调用 get_dept_name

```
DECLARE
    dname_table dname_table_type;
BEGIN
    /*使用集合变量接收返回值*/
    dname_table := get_dept_name('&loc');
    FOR i IN 1..dname_table.COUNT LOOP
```

```
        dbms_output.put_line('部门名：'||dname_table(i));
    END LOOP;
END;
```

输出结果如下。

```
部门名：FINANCE
部门名：SALES
```

8.4.4　维护函数

1. 删除函数

当函数不再需要时，可以使用 DROP FUNCTION 语句删除指定的函数。

例如，下述代码将删除函数 func1。

```
DROP FUNCTION func1;
```

2. 重新编译函数

当表结构发生变化时，Oracle 会将基于该表的函数转变为 INVALID 状态。为了避免函数运行出错，应该重新编译处于 INVALID 状态的函数。使用 ALTER FUNCTION 命令可以重新编译函数。

例如，下述代码将重新编译函数 get_dept_name。

```
ALTER FUNCTION get_dept_name COMPILE;
```

3. 确定函数状态

为了确定处于 INVALID 状态的对象，可以查询数据字典 USER_OBJECTS。

例如，下述代码将查询处于 INVALID 状态的函数信息。

```
SELECT * FROM user_objects
WHERE status = 'INVALID' AND object_type = 'FUNCTION';
```

4. 查看函数文本

通过查询数据字典 USER_SOURCE，可以取得当前用户所拥有的子程序名称及其创建文本。例如，下述代码将查询函数 get_dept_name 的创建文本。

```
SELECT text FROM user_source
WHERE name = UPPER('get_dept_name') AND type = 'FUNCTION';
```

8.5　包

在 Oracle 中，包是一组相关过程、函数、变量、常量和游标等 PL/SQL 程序设计元素的组合，它具有面向对象程序设计语言的特点，是对这些 PL/SQL 程序单元的封装。包类似于

C++和 Java 语言中的类，其中变量相当于类中的成员变量，过程和函数相当于类方法。把相关的模块归类成为包，可使开发人员利用面向对象的方法进行存储过程的开发，从而提高系统性能。

在 PL/SQL 程序设计中，使用包不仅可以使程序设计模块化，对外隐藏包内所使用的信息（通过使用私有变量），而且可以提高程序的执行效率。因为，当程序首次调用包内函数或过程时，Oracle 将整个包调入内存，当再次访问包内元素时，Oracle 直接从内存中读取，而不需要进行磁盘 I/O 操作，从而提高程序执行效率。

8.5.1 包概述

与类相同，包中的程序元素也分为公有元素和私有元素两种，这两种元素的区别是它们允许访问的程序范围不同，即它们的作用域不同。公有元素不仅可以被包中的函数、过程所调用，也可以被包外的 PL/SQL 程序访问，而私有元素只能被包内的函数和过程所访问。

包由两个分开的部分组成。

- 包定义（PACKAGE）：包定义部分声明包内数据类型、变量、常量、游标、子程序和异常错误处理等元素，这些元素为包的公有元素；
- 包体（PACKAGE BODY）：包体则是包定义部分的具体实现，它定义了包定义部分所声明的游标和子程序，在包体中还可以声明包的私有元素。

在 PL/SQL 中，包定义和包体是分开编译的，并作为两个分开的对象存放在数据库字典中。

1. 包定义

包定义规范了包的公有组件，包括常量、变量、游标、自定义类型、过程和函数等。包的公有组件不仅可以在包内引用，而且可以由其他应用程序或者 PL/SQL 块直接引用。包定义的语法格式如下。

```
CREATE [OR REPLAC] PACKAGE package_name
{IS | AS}
<定义公有常量、变量、类型、游标>
<定义公有过程和函数>
END [package_name];
```

其中：

- package_name 用于指定包名；
- IS 或 AS 开始部分用于定义公有组件。

注意 当在包定义中规范过程和函数时，只能包含过程头或者函数头。

2. 包体

包体用于实现包定义所规范的公有过程和函数。包体不仅可用于实现公有过程和函数，而且可以定义包的私有组件（变量、常量、游标、类型、过程和函数）。包的私有组件只能在该包内引用，而不能由其他应用程序或者 PL/SQL 块引用。创建包体的语法格式如下。

```
CREATE [OR REPLACE] PACKAGE BODY package_name
{IS | AS}
<定义私有常量、变量、类型、游标、过程和函数>
<实现公有过程和函数>
END [package_name];
```

其中：

- package_name 用于指定包体名；
- IS 或 AS 开始部分用于实现包规范的公有过程和公有函数，并定义私有组件。

需特别注意，包体名称必须与包定义名称相同，在包体定义公有子程序时，它们必须与包定义中所声明子程序的格式完全一致。

注意　如果在当前方案中创建包（包体），用户必须有 CREATE PACKAGE（BODY）权限；如果在其他方案中创建包（包体），用户必须有 CREATE ANY PACKAGE（BODY）权限。

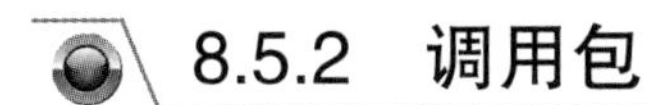

8.5.2　调用包

1. 定义包

下述代码用于实现任务描述 8.D.7，定义包规范，分别定义存储过程完成部门信息的添加和删除操作，定义函数实现根据传递的部门号返回部门信息。

【描述 8.D.7】定义包 dept_pack

```
CREATE OR REPLACE PACKAGE dept_pack
IS
    v_num INT;
    /*向部门表中添加数据，使用记录类型作为过程的参数*/
    PROCEDURE add_dept(dept_record dept%ROWTYPE);
    /*从部门表中移除指定的部门信息*/
    PROCEDURE del_dept(p_deptno NUMBER);
    /*从部门表中查询并返回指定的部门信息*/
    FUNCTION get_dept(p_deptno NUMBER)
    RETURN dept%ROWTYPE;
END dept_pack;
```

上述包规范的声明中，定义了一个整型变量、两个存储过程和一个函数。

2. 定义包体

创建包体时，需实现其所对应的包规范定义的公有子程序。

下面代码片段实现了包体定义功能。

【代码 8-27】定义 dept_pack 包体

```
CREATE OR REPLACE PACKAGE BODY dept_pack
IS
 /*check_dept 是包体的私有子程序*/
 FUNCTION check_dept(p_deptno dept.deptno%TYPE)
 RETURN BOOLEAN
 IS
 v_count INT;
 BEGIN
   SELECT COUNT(*) INTO v_count FROM dept WHERE deptno = p_deptno;
   IF v_count >0 THEN
     RETURN TRUE;
   ELSE
     RETURN FALSE;
   END IF;
 END check_dept;
 /*实现 add_dept 过程*/
 PROCEDURE add_dept(dept_record dept%ROWTYPE)
 IS
 BEGIN
  IF check_dept(dept_record.deptno) = FALSE THEN
    INSERT INTO dept
    VALUES(dept_record.deptno, dept_record.dname,UPPER(dept_record.loc));
    dbms_output.put_line('添加成功！');
  ELSE
    dbms_output.put_line('添加失败：部门编号冲突！');
  END IF;
 END add_dept;
 /*实现 del_dept 过程*/
 PROCEDURE del_dept(p_deptno NUMBER)
 IS
 BEGIN
  IF check_dept(p_deptno) = TRUE THEN
    DELETE FROM dept WHERE deptno=p_deptno;
    dbms_output.put_line('删除成功！');
  ELSE
    dbms_output.put_line('删除失败：指定的部门不存在！');
  END IF;
 EXCEPTION
  WHEN OTHERS THEN
```

```
    dbms_output.put_line('删除出错:'||SQLCODE||'----'||SQLERRM);
 END del_dept;
 /*实现 get_dept 函数*/
 FUNCTION get_dept(p_deptno NUMBER)
 RETURN dept%ROWTYPE
 IS
 dept_record dept%ROWTYPE;
 no_result EXCEPTION;
 BEGIN
  IF check_dept(p_deptno) = TRUE THEN
    SELECT * INTO dept_record FROM dept WHERE deptno=p_deptno;
    RETURN dept_record;
  ELSE
    RAISE no_result;
  END IF;
 EXCEPTION
  WHEN no_result THEN
    RAISE_APPLICATION_ERROR(-20099,'查询的部门不存在');
  WHEN OTHERS THEN
    /*输出错误编码和消息*/
    --dbms_output.put_line(SQLCODE||'----'||SQLERRM);
    RAISE_APPLICATION_ERROR(-20100,'查询出错');
 END get_dept;
END dept_pack;
```

在包体的定义过程中，新增了一个私有函数 check_dept，用于在执行 add_dept、del_dept 和 get_dept 子程序时，通过 check_dept 函数检查数据是否存在。

3. 调用包

当在其他应用程序或 PL/SQL 语句块中调用包的变量、函数或存储过程等公有元素时，需在公有元素之前加包名。格式如下。

```
包名.公有元素名
```

下述代码调用任务描述 8.D.7 中的 dept_pack 包。

【代码 8-28】调用包 dept_pack

```
DECLARE
 dept_record dept%ROWTYPE;
BEGIN
 /*访问公有变量*/
 dept_pack.v_num := 10;
 /*增加数据*/
```

```
 dept_record.deptno := &add_deptno;
 dept_record.dname := &dname;
 dept_record.loc := &loc;
 dept_pack.add_dept(dept_record);
 /*删除数据*/
 dept_record.deptno := &del_deptno;
 dept_pack.del_dept(dept_record.deptno);
 /*查询数据*/
 dept_record.deptno := &query_deptno;
 dept_record := dept_pack.get_dept(dept_record.deptno);
 dbms_output.put_line(dept_record.deptno||','||dept_record.dname
    ||','||dept_record.loc);
COMMIT;
END;
```

在 SQL 工作表中执行上述代码，在弹出的多个窗口中分别输入“70”、“Administration”、“Shanghai”、“70”和“10”，执行结果如下。

```
添加成功!
删除成功!
10,ACCOUNTING,NEW YORK
```

8.5.3 使用集合类型

通过使用集合变量作为输入参数，可以将调用环境或者应用程序的集合变量数据（或者数组数据）传递到包的公有过程中。通过使用集合类型作为返回类型，可以将多行数据返回到调用环境或者应用程序中。

下述代码用于实现任务描述 8.D.8，基于部门表（dept）演示集合类型在包、包体中的使用。

【描述 8.D.8】定义包 dept_pack2

```
CREATE OR REPLACE PACKAGE dept_pack2
IS
    /*定义基于记录类型的嵌套表*/
    TYPE dept_table_type IS TABLE OF dept%ROWTYPE;
    /*获取所有部门的信息*/
    FUNCTION get_dept RETURN dept_table_type;
END dept_pack2;
```

【代码 8-29】定义 dept_pack2 包体

```
CREATE OR REPLACE PACKAGE BODY dept_pack2
IS
```

```
 /*实现 get_dept 函数*/
 FUNCTION get_dept
 RETURN dept_table_type
 IS
 dept_table dept_table_type;
 BEGIN
   SELECT * BULK COLLECT INTO dept_table FROM dept;
   RETURN dept_table;
 END get_dept;
END dept_pack2;
```

在 PL/SQL 中调用 dept_pack2 的测试代码如下所示。

【代码 8-30】调用 dept_pack2 包

```
DECLARE
  dept_table dept_pack2.dept_table_type;
  /*注意：下述声明是错误的*/
  --TYPE dept_table_type IS TABLE OF dept%ROWTYPE;
  --dept_table dept_table_type;
BEGIN
  dept_table := dept_pack2.get_dept;
  FOR i IN 1..dept_table.COUNT LOOP
      dbms_output.put_line('部门号：'||dept_table(i).deptno
         ||'，部门名：'||dept_table(i).dname||'，位置：'||dept_table(i).loc);
  END LOOP;
END;
```

执行结果如下。

```
部门号：10，部门名：ACCOUNTING，位置：NEW YORK
部门号：20，部门名：RESEARCH，位置：DALLAS
部门号：30，部门名：SALES，位置：CHICAGO
部门号：40，部门名：OPERATIONS，位置：BOSTON
```

上述测试代码中，即使类型 dept_pack2.dept_table_type 本质上是“TYPE dept_table_type IS TABLE OF dept%ROWTYPE”，在声明用于接收 dept_pack2.get_dept 函数返回值的变量 dept_table 时，也必须使用包类型 dept_pack2.dept_table_type 进行声明，否则将出现类型不匹配的错误。

8.5.4 重载

在 PL/SQL 包定义过程中，允许在包内定义多个同名子程序，但要在参数格式（参数个数、参数类型、参数顺序）上存在不同，这样可以根据不同的参数格式调用不同功能的同名子程序，这种特性称为“重载”（overload）。下述代码中的函数在同一个包中定义是合法的。

```
CREATE OR REPLACE PACKAGE overload_demo
IS
    FUNCTION func1 RETURN number;
    /*下述函数定义与第一个函数定义冲突*/
    --FUNCTION func1 RETURN varchar2;
    FUNCTION func1(n1 number) RETURN number;
    FUNCTION func1(n1 varchar2) RETURN number;
    FUNCTION func1(n1 number,n2 varchar2) RETURN number;
    FUNCTION func1(n1 varchar2,n2 number) RETURN number;
END overload_demo;
```

注意　子程序重载的唯一参考前提是参数格式，返回类型不同不能决定重载。

引入重载的特性，可以将包 dept_pack 和包 dept_pack2 的定义合并如下。

```
CREATE OR REPLACE PACKAGE dept_pack3
IS
    v_num INT;
    /*向部门表中添加数据，使用记录类型作为过程的参数*/
    PROCEDURE add_dept(dept_record dept%ROWTYPE);
    /*从部门表中移除指定的部门信息*/
    PROCEDURE del_dept(p_deptno NUMBER);
    /*从部门表中查询并返回指定的部门信息*/
    FUNCTION get_dept(p_deptno NUMBER)
    RETURN dept%ROWTYPE;
    /*定义基于记录类型的嵌套表*/
    TYPE dept_table_type IS TABLE OF dept%ROWTYPE;
    /*获取所有部门的信息*/
    FUNCTION get_dept RETURN dept_table_type;
END dept_pack;
```

包体定义可以简单合并。

8.5.5　构造过程

在对包体进行定义时，可以指定构造过程用于初始化包公有变量，它类似于高级语言的构造函数（如 C++语言）或者构造方法（如 Java 语言）。包的构造过程没有任何名称，它是在实现了包的其他过程和函数之后，以 BEGIN 开始、以 END 结束的部分。

当在会话内第一次调用包的公有组件时，会自动执行其构造过程，并且在同一会话内构造过程只会被执行一次。

下述代码将使用构造过程对 dept_pack 中的 v_num 进行初始化。

```
CREATE OR REPLACE PACKAGE BODY dept_pack
IS
 /*子过程定义部分省略*/
 /*构造过程*/
BEGIN
 v_num :=5;
END dept_pack;
```

通过如下 PL/SQL 测试语句可以确认，v_num 的值已被初始化为 5。

```
BEGIN
  dbms_output.put_line(dept_pack.v_num);
END;
```

8.5.6　维护包

1. 删除包

当不再需要包时，可以使用 DROP PACKAGE BODY 语句删除包体，使用 DROP PACKAGE 删除包体及包定义。

例如，下述代码将删除包 dept_pack 的包体及包定义。

```
DROP PACKAGE dept_pack;
```

2. 重新编译包

当表结构发生变化时，Oracle 会将基于该表的包转变为 INVALID 状态。为了避免包运行出错，应该重新编译处于 INVALID 状态的包。使用 ALTER PACKAGE 命令可以重新编译包。

例如，下述代码将重新编译包 dept_pack。

```
ALTER PACKAGE dept_pack COMPILE;
```

3. 确定包状态

为了确定处于 INVALID 状态的包，可以查询数据字典 USER_OBJECTS。

例如，下述代码将查询处于 INVALID 状态的包信息。

```
SELECT * FROM user_objects
WHERE status = 'INVALID' AND object_type = 'PACKAGE BODY';
```

4. 查看包文本

通过查询数据字典 USER_SOURCE，可以取得当前用户所拥有的包名称及其创建文本。

例如，下述代码将查询包 dept_pack 的创建文本。

```
SELECT text FROM user_source
WHERE name = UPPER('dept_pack') AND type = 'PACKAGE BODY';
```

8.6 触发器

触发器（Trigger）定义与数据库有关的某个事件发生时数据库将要执行的操作。触发器存放在数据库内，触发器内的代码称为“触发体”（Trigger Body），由 PL/SQL 块构成。当触发器所依赖的特定事件产生时，将自动调用该触发器并执行触发体，其执行过程是隐式的、对用户透明的。

在 Oracle 中，使用触发器的优势在于如下几点。

- 强制实施复杂的业务规则，允许/限制对表的修改；
- 自动生成派生列，比如自增字段；
- 可用来补充声明的参照完整性，强制数据一致性；
- 提供审计和日志记录；
- 防止无效的事务处理；
- 启用复杂的业务逻辑。

在 Oracle 中，触发器分为以下几类。

- 语句触发器：在执行 DML（INSERT、DELETE、UPDATE）操作时，将激活该类触发器；
- 行触发器：在执行 DML 操作时，每作用一行被触发一次；
- INSTEAD OF 触发器：该触发器是仅基于在视图上进行 DML 操作所创建的触发器；
- 事件触发器：该类触发器基于 Oracle 系统事件或客户事件建立并触发，如执行 DDL 命令、数据库的启动与关闭等。

创建触发器的一般语法格式如下。

```
CREATE [OR REPLACE] TRIGGER trigger_name
{BEFORE | AFTER }
{INSERT | DELETE | UPDATE [OF column [, column …]]}
[REFERENCING {OLD [AS] old | NEW [AS] new| PARENT as parent}]
ON table_name
[FOR EACH ROW ]
[WHEN condition]
trigger_body;
```

其中：

- BEFORE 指出触发器的触发时序为前触发方式，前触发是在执行触发事件之前触发当前的触发器；
- AFTER 指出触发器的触发时序为后触发方式，后触发是在执行触发事件之后触发当前触发器；

- INSERT、DELETE 和 UPDATE 指定构成触发器事件的数据操纵类型，UPDATE 还可以指定列的列表；
- REFERENCING，在行触发器中用于指定引用新、旧数据的引用名称，默认情况下分别为 OLD 和 NEW；
- FOR EACH ROW 选项说明触发器为行触发器；
- WHEN 子句说明触发约束条件，condition 为一个逻辑表达式。WHEN 子句指定的触发约束条件只能用在 BEFORE 和 AFTER 行触发器中，不能用在 INSTEAD OF 行触发器和其他类型的触发器中。

8.6.1　语句触发器

语句触发器是指基于 DML 操作所建立的触发器。在建立了 DML 触发器之后，如果执行了相关的 DML 语句，那么 Oracle 会隐含地执行触发器代码。语句触发器是语句级别的，触发体内不能展示数据的变化。

1. BEFORE 触发器

下述代码创建了基于部门表（dept）的 DML 操作创建 BEFORE 语句触发器。

```
CREATE OR REPLACE TRIGGER trg_dept
BEFORE INSERT OR UPDATE OR DELETE ON dept
BEGIN
  dbms_output.put_line(TO_CHAR(sysdate,'YYYY-mm-DD hh24:Mi:ss ')
    ||'对 dept 表进行了 DML 操作');
END;
```

在 SQL 工作表中执行如下测试。

```
delete from dept where deptno >50;
```

输出结果如下。

```
2010-04-10 13:47:01 对 dept 表进行了 DML 操作
```

2. 触发器条件谓词

Oracle 提供 3 个条件谓词 INSERTING、UPDATING 和 DELETING 用于判断在 DML 操作中触发的具体事件。谓词的使用依据如下。

- INSERTING：如果触发语句是 INSERT 语句，则为 TRUE，否则为 FALSE；
- UPDATING：如果触发语句是 UPDATE 语句，则为 TRUE，否则为 FALSE；
- DELETING：如果触发语句是 DELETE 语句，则为 TRUE，否则为 FALSE。

下述代码用于实现任务描述 8.D.9，创建触发器，用于显示基于部门表（dept）的 DML 操作情况。

【描述 8.D.9】创建触发器

```
CREATE OR REPLACE TRIGGER trg_dept
BEFORE INSERT OR UPDATE OR DELETE ON dept
DECLARE
  v_now VARCHAR2(30);
BEGIN
  v_now := TO_CHAR(sysdate,'YYYY-mm-DD hh24:Mi:ss ');
  CASE
    WHEN INSERTING THEN
         dbms_output.put_line(v_now||'对 dept 表进行了 insert 操作');
    WHEN UPDATING THEN
         dbms_output.put_line(v_now||'对 dept 表进行了 update 操作');
    WHEN DELETING THEN
         dbms_output.put_line(v_now||'对 dept 表进行了 delete 操作');
  END CASE;
END;
```

分别在部门表（dept）上执行添加、修改、删除操作，将得到如下输出。

```
2013-03-27 14:04:11 对 dept 表进行了 insert 操作
2013-03-27 14:04:12 对 dept 表进行了 update 操作
2013-03-27 14:04:15 对 dept 表进行了 delete 操作
```

8.6.2 行触发器

行触发器和语句触发器的区别表现在：行触发器要求当一个 DML 语句操作影响数据库中的多行数据时，对于其中的每个数据行，只要它们符合触发约束条件，均激活一次触发器；而语句触发器将整个语句操作作为触发事件，当它符合约束条件时，激活一次触发器。当省略 FOR EACH ROW 选项时，BEFORE 和 AFTER 触发器为语句触发器。

行触发器是基于行级别的，触发体内可以记录列数据的变化。当触发器被触发时，要使用被插入、更新或删除的记录中的列值，默认情况下，可以使用伪记录:NEW 引用访问操作完成后列的值（新值），通过:OLD 引用访问操作完成前列的值（旧值）。:NEW 和:OLD 引用所封装的数据在不同操作中的有效性可参照表 8-2。

表 8–2 :NEW 和:OLD 的有效性

引用名	INSERT	UPDATE	DELETE
:OLD	NULL	有效	有效
:NEW	有效	有效	NULL

1. BEFORE 行触发器

BEFORE 行触发器会在对每行数据操作前被触发。

下述代码用于实现任务描述 8.D.10，基于部门表（dept）创建行触发器，针对不同的 DML 操作显示数据变化情况。

【描述 8.D.10】BEFORE 行触发器

```
CREATE OR REPLACE TRIGGER trg_dept_before
BEFORE INSERT OR UPDATE OR DELETE ON dept
FOR EACH ROW
DECLARE
   v_now VARCHAR2(30);
BEGIN
  v_now := TO_CHAR(sysdate,'YYYY-mm-DD hh24:Mi:ss ');
  CASE
   WHEN INSERTING THEN
        dbms_output.put_line(v_now||'对 dept 表进行了 insert 操作');
        dbms_output.put_line('添加数据: '||:new.deptno
           ||','||:new.dname||','||:new.loc);
    WHEN UPDATING THEN
        dbms_output.put_line(v_now||'对 dept 表进行了 update 操作');
        dbms_output.put_line('修改前数据: '||:old.deptno
           ||','||:old.dname||','||:old.loc);
        dbms_output.put_line('修改后数据: '||:new.deptno
           ||','||:new.dname||','||:new.loc);
    WHEN DELETING THEN
        dbms_output.put_line(v_now||'对 dept 表进行了 delete 操作');
        dbms_output.put_line('删除数据: '||:old.deptno
           ||','||:old.dname||','||:old.loc);
  END CASE;
END;
```

触发器创建完毕后执行如下语句。

```
INSERT INTO dept VALUES(70,'SALES','qingdao');
```

输出结果如下。

```
2013-03-27 15:27:32 对 dept 表进行了 insert 操作
添加数据: 70,SALES,qingdao
```

执行如下语句。

```
UPDATE dept SET loc='tianjin' WHERE deptno=70;
```

输出结果如下。

```
2013-03-27 15:28:07 对 dept 表进行了 update 操作
修改前数据：70,SALES,qingdao
修改后数据：70,SALES,tianjin
```

执行如下语句。

```
DELETE FROM dept WHERE deptno=70;
```

输出结果如下。

```
2013-03-27 15:28:32 对 dept 表进行了 delete 操作
删除数据：70,SALES,tianjin
```

基于 BEFORE 行触发器，在向基于序列生成键值的表格插入数据时，可将序列值的获取放入触发体内完成。假如职雇员表（emp）的雇员编号基于下述序列生成。

```
CREATE SEQUENCE seq_emp
INCREMENT BY 1 START WITH 7000 MAXVALUE 9999 NOCYCLE;
```

在向雇员表添加数据时，为能自动生成雇员编号，可创建如下触发器，在向表中插入具体数据前，首先获取最新的雇员编号值并指派给:NEW 引用。

```
CREATE OR REPLACE TRIGGER trg_emp_before
BEFORE INSERT ON emp
FOR EACH ROW
BEGIN
  SELECT seq_emp.nextval INTO :new.empno FROM DUAL;
END;
```

现在执行数据添加操作无须引用序列，只需提供任意整型值即可。

```
INSERT INTO emp(empno,ename)
VALUES(1,'Tester');
```

执行完毕，通过查询可以验证，新增加的雇员的编号为 7000。

2. AFTER 行触发器

基于 Oracle 的数据库审计只能监视用户的操作，不能记录数据变化。为了记录数据变化，可以使用 AFTER 行触发器。

下面代码片段实现如下功能：基于部门表（dept）创建行触发器，记录部门表的数据变化。

【代码 8-31】创建针对部门表的日志记录表 dept_log

```
CREATE TABLE dept_log(
uname VARCHAR2(40),--用户
oper_time DATE,--操作时间
```

```
oper_type VARCHAR2(10),--操作类别
info VARCHAR2(100)—操作内容)
```

为部门表创建 AFTER 行触发器，代码如下所示。

【代码 8-32】AFTER 行触发器

```
CREATE OR REPLACE TRIGGER trg_dept_delete
AFTER INSERT OR DELETE ON dept
FOR EACH ROW
DECLARE
v_info VARCHAR2(100);
BEGIN
 CASE
 WHEN INSERTING THEN
   v_info := :new.deptno||','||:new.dname||','||:new.loc;
   INSERT INTO dept_log VALUES(user,sysdate,'insert',v_info);
 WHEN DELETING THEN
   v_info := :old.deptno||','||:old.dname||','||:old.loc;
   INSERT INTO dept_log VALUES(user,sysdate,'delete',v_info);
 END CASE;
END;
```

分别执行如下两条 DML 语句。

```
INSERT INTO dept VALUES(70,'SALES','qingdao');
DELETE FROM dept WHERE deptno=70;
```

执行完毕，通过查询可以验证两条 DML 操作均被记录。

3. UPDATE OF 限制

对于 UPDATE 操作的触发器，可以使用 OF 子句限制触发条件，即只有属于 OF 指定的列对应表的列数据被修改时，才会激活触发器。

下面代码片段实现如下功能：为保证数据完整性，创建触发器限制雇员工资的调整，只允许提高，不能降低。

【代码 8-33】UPDATE OF 限制触发器

```
CREATE OR REPLACE TRIGGER trg_emp_update
BEFORE UPDATE OF sal ON emp
FOR EACH ROW
BEGIN
  IF :new.sal < :old.sal THEN
    dbms_output.put_line('职工工资不能降低');
    raise_application_error(-20009,'职工工资不能降低');
```

```
  END IF;
END;
```

执行如下 UPDATE 语句。

```
--将激活 trg_emp_update 触发器
UPDATE emp SET sal = 600 WHERE empno = 7369;
--不激活 trg_emp_update 触发器
UPDATE emp SET comm = 60 WHERE empno = 7369;
```

在执行第 1 条 UPDATE 语句时，由于指定的新值（600）小于原始数据（800），会提示如下错误信息，修改失败。使用触发器，保证了数据的完整性。

```
ERROR at line 1:
ORA-20009: 职工工资不能降低
ORA-06512: at "SCOTT.TRG_EMP_UPDATE", line 4
ORA-04088: error during execution of trigger 'SCOTT.TRG_EMP_UPDATE'
```

4. WHEN 限制

当使用行触发器时，默认情况下会在每个被作用行上执行一次触发器代码。可以使用 WHEN 子句对触发条件加以限制，只有满足 condition 指定的条件的行才会被触发。

下面代码片段实现如下功能：基于部门表（dept）创建行触发器，只记录部门号在 0～50 之间的部门的数据变化。

【代码 8–34】WHEN 限制触发器

```
CREATE OR REPLACE TRIGGER trg_dept_delete
AFTER INSERT OR DELETE ON dept
FOR EACH ROW
WHEN(new.deptno>0 AND new.deptno <50)
DECLARE
v_info VARCHAR2(100);
BEGIN
  CASE
  WHEN INSERTING THEN
    v_info := :new.deptno||','||:new.dname||','||:new.loc;
    INSERT INTO dept_log VALUES(user,sysdate,'insert',v_info);
  WHEN DELETING THEN
    v_info := :old.deptno||','||:old.dname||','||:old.loc;
    INSERT INTO dept_log VALUES(user,sysdate,'delete',v_info);
  END CASE;
END;
```

分别执行如下两条 DML 语句。

```
INSERT INTO dept VALUES(70,'SALES','qingdao');
INSERT INTO dept VALUES(44,'SALES','qingdao');
```

执行完毕，通过查询可以验证，由于使用 WHEN 进行了触发条件限制，只有第 2 条数据添加操作被记录。

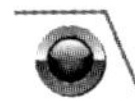

8.6.3　维护触发器

1. 触发器的使能

Oracle 中，触发器有两种状态。

- ENABLE：当满足触发条件时，处于 ENABLE 状态的触发器 TRIGGER 将被触发。
- DISABLE：即使满足触发条件时，处于 DISABLE 状态的触发器也不会被触发。

可以使用 ALTER TRIGGER 控制触发器的状态转换，其语法格式如下。

```
ALTER TIGGER trigger_name [DISABLE | ENABLE ];
```

例如：

```
ALTER TRIGGER trg_dept_delete DISABLE;
```

ALTER TRIGGER 语句一次只能改变一个触发器的状态，如果需要改变与指定表相关的所有触发器的使能状态，可以使用 ALTER TABLE 语句，其语法格式如下。

```
ALTER TABLE table_name {ENABLE|DISABLE} ALL TRIGGERS;
```

如，使表 dept 上的所有触发器失效的语句如下。

```
ALTER TABLE dept DISABLE ALL TRIGGERS;
```

2. 重编译触发器

如果在触发器内调用其他函数或过程，当这些函数或过程被删除或修改后，触发器的状态将被标识为无效。为防止触发器执行失效，可以调用 ALTER TRIGGER 语句重新编译已经创建的触发器，其语法格式如下。

```
ALTER TRIGGER  trigger_name COMPILE;
```

例如：

```
ALTER TRIGGER trg_dept_delete COMPILE;
```

3. 删除触发器

如果触发器不再使用，可以调用 DROP TRIGGER 语句删除触发器，其语法格式如下。

```
DROP TRIGGER trigger_name;
```

例如：

```
DROP TRIGGER trg_dept_delete;
```

4. 显示触发器信息

通过数据字典视图 USER_TRIGGERS，可以显示当前用户所包含的触发器信息。下述代码将显示当前用户所包含的触发器信息。

```
SELECT * FROM USER_TRIGGERS
```

5. 触发器使用限制

触发器是一种特殊的 PL/SQL 子程序，其创建及使用需遵循一定的限制。

- CREATE TRIGGER 语句文本的字符长度不能超过 32KB；
- 触发体内的 SELECT 语句只能是 SELECT INTO 语句，或者为定义游标所使用的 SELECT 语句；
- 触发器中不能使用数据库事务控制语句；
- 由触发器所调用的过程或函数也不能使用数据库事务控制语句；
- 触发器中不能使用 LONG、LONG RAW 类型；
- 触发器内可以参照 LOB 类型列的列值，但不能通过:NEW 修改 LOB 列中的数据。

小结

通过本章的学习，学生应该能够学会：

- PL/SQL 包含隐式游标和显式游标两种类型。
- 可以使用控制语句和游标属性控制游标的访问。
- 可以使用复合数据类型接收游标数据。
- 可以使用 FOR 循环处理游标数据。
- 游标可以带参数。
- 存储过程是指用于执行特定操作的 PL/SQL 块。
- 过程参数允许输入参数、输出参数和输入/输出参数。
- 过程参数类型可以是：标量类型、记录类型和集合类型。
- 在 SQL *Plus 中调用存储过程需要使用 CALL 或 EXECUTE 命令。
- 使用函数可以简化客户应用的开发和维护，而且可以提高应用程序的运行性能。
- 函数在参数的定义及使用上与过程类似。
- 建立函数时，必须指定 RETURN 子句，并且执行部分至少包含一条 RETURN 语句。
- 函数不仅可以在 PL/SQL 块内调用也可以在 SQL 语句中调用。
- 包用于与逻辑组合相关的自定义类型、常量、变量、游标、过程和函数。

- 包规范用于定义包的功能组件。
- 包体用于实现包规范所定义的公有过程和函数。
- DML 触发器是基于 DML 操作所建立的触发器。
- DML 触发器分为语句触发器和行触发器。
- DML 语句触发器不能记录数据变化。
- 可以建立 BEFORE 语句触发器和 AFTER 语句触发器。
- 可以通过 ALTER TRIGGER 控制触发器的使能状态。

练习

1. 有关游标的论述，正确的是____。
   A. 隐式游标属性%FOUND 代表操作成功
   B. 显式游标的名称为 SQL
   C. 隐式游标也能返回多行的查询结果
   D. 可以为 UPDATE 语句定义一个显式游标
2. 下述关于游标的属性描述错误的是____。
   A. %ISOPEN 用于检测游标是否已经打开
   B. %FOUND 用于检测游标结果集是否存在数据
   C. %NOTFOUND 用于检测游标结果集是否不存在数据
   D. %ROWCOUNT 用于返回游标打开的总行数
3. 下述关于游标的描述，错误的是____。
   A. 使用游标，可以对结果集按行、按条件进行数据的提取
   B. Oracle 的游标可以接收输入参数
   C. 使用游标，不可以对结果集按行、按条件进行数据修改和删除操作
   D. 游标在使用完毕后需要关闭
4. 下列有关存储过程的特点说法错误的是____。
   A. 存储过程不能将值传回调用的主程序
   B. 存储过程是一个命名的模块
   C. 编译的存储过程存放在数据库中
   D. 一个存储过程可以调用另一个存储过程
5. 包中不能包含的元素是____。
   A. 存储过程　　B. 函数　　C. 游标　　D. 表
6. 对如下函数：

```
CREATE OR REPLACE FUNCTION
fun_hello RETURN VARCHAR2 IS
BEGIN
```

```
  RETURN '今天是' || TO_CHAR(SYSDATE,'DAY');
END;
```

不正确的函数调用语句是____。

A. EXECUTE fun_hello()

B. SELECT fun_hello from dual

C. EXECUTE fun_hello

D. BEGIN

```
fun_hello;
END;
```

7. 关于存储过程的描述错误的是____。

A. 存储过程既可以带输入参数也可以带输出参数

B. 存储过程可以接收标量输入参数和输出参数

C. 存储过程可以接收记录类型输入参数和输出参数

D. 集合类型不能作为参数传入存储过程

8. 以下哪种程序单元必须返回数据____。

A. 过程　　B. 函数　　C. 包　　D. 触发器

9. 下述关于包的描述错误的是____。

A. 包定义部分声明包内数据类型、变量、常量、游标、子程序和异常错误处理等元素，这些元素为包的公有元素

B. 包体则是包定义部分的具体实现，它定义了包定义部分所声明的游标和子程序，在包体中还可以声明包的私有元素

C. 包体是对包中定义的规范的具体实现

D. 包体中可以不必实现包定义中所声明的所有规范

10. 下列有关触发器和存储过程的描述，正确的是____。

A. 两者都可以传递参数

B. 两者都可以被其他程序调用

C. 两种模块中都可以包含数据库事务语句

D. 两者创建的系统权限不同

11. 假定在一个表上同时定义了行级和语句级触发器，在一次触发中，下列说法正确的是____。

A. 语句级触发器只执行一次

B. 语句级触发器先于行级触发器执行

C. 行级触发器先于语句级触发器执行

D. 行级触发器对表的每一行都会执行一次

12. 有关触发器的伪记录，下列说法正确的是____。

A. INSERT 事件触发器中，可以使用:OLD 伪记录

B. DELETE 事件触发器中，可以使用:OLD 伪记录

C. UPDATE 事件触发器中，可以使用:NEW 伪记录

D. UPDATE 事件触发器中，可以使用:OLD 伪记录

13. 下述关于触发器的描述错误的是____。

A. BEFORE 触发器是在执行触发事件之前触发的触发器

B. AFTER 触发器是在执行触发事件之后触发的触发器

C. FOR EACH ROW 选项说明触发器为行触发器

D. 伪记录既可以在行触发器中引用也可以在表触发器中引用

14. 下述关于触发器使用的描述，错误的是____。

A. 触发器中不能使用数据库事务控制语句

B. 由触发器所调用的过程或函数也不能使用数据库事务控制语句

C. CREATE TRIGGER 语句可以定义任意长度的复杂文本

D. 触发体内的 SELECT 语句只能是 SELECT INTO 语句，或者为定义游标所使用的 SELECT 语句

15. 当建立 DML 触发器时，为了审计数据变化，应该建立哪种类型的触发器____。

A. BEFORE 语句触发器　　B. BEFORE 行触发器

C. AFTER 语句触发器　　D. AFTER 行触发器

16. 当在复杂视图上执行 UPDATE 操作时，应该建立以下哪种触发器____。

A. BEFORE 语句触发器　　B. AFTER 语句触发器

C. BEFORE 行触发器　　D. AFTER 行触发器

17. 请使用伪码描述显式游标的处理步骤。

18. 编写一游标以检查所指定雇员的薪水是否在有效范围内。不同职位的薪水范围为：

Clerk	1500-2500
Salesman	2501-3500
Manager	3501-4500
Others	4501 and above

如果薪水在此范围内，则显示消息“<雇员名> Salary is OK”，否则更新薪水为该范围内的最小值。

19. 基于 Scott 用户的雇员表（emp）的部门表（dept），按照部门分组打印各部门的名称、总人数、平均工资，并分别打印当前部门的人员信息（雇员名、入职日期、职位、工资）。

20. 请描述使用存储过程的优点。

21. 请描述存储过程和函数的区别。

22. 创建员工表和部门表，脚本如下。

```
create table emp (emp_id number(5), emp_name varchar2(20), emp_salary number(4),job
```

```
varchar2(20), dept_id number(3));
create table dept (dept_id number(3), dept_name varchar2(20), loc varchar2(20));
```

1）编写一个数据包，它有两个函数和两个过程以操作“emp”表。该数据包要执行的任务为：插入一个新雇员，删除一个现有雇员，显示指定雇员的整体薪水，显示指定雇员所在的部门名称。

2）编写一个函数以检查所指定雇员的薪水是否在有效范围内。不同职位的薪水范围为：

Clerk　1500-2500

Salesman　2501-3500

Manager　3501-4500

Others　4501 and above

如果薪水在此范围内，则显示消息“Salary is OK”，否则更新薪水为该范围内的最小值。

23. 针对 Scott 用户的雇员表（emp），建立日志表，并定义触发器追踪薪水的变动情况，需记录变动时间、操作人、变动前后的值。

24. 创建员工表和部门表，脚本如下。

```
create table emp (emp_id number(5), emp_name varchar2(20), emp_salary number(4),job
varchar2(20), dept_id number(3));
create table dept (dept_id number(3), dept_name varchar2(20), loc varchar2(20));
```

1）编写一个数据库触发器，当任何时候某个部门从“dept”中删除时，该触发器将从“emp”表中删除该部门的所有雇员。

2）当更新部门表的部门 ID 时，需同时更新员工表的部门 ID。

第 9 章　事务管理与并发控制

本章目标

- 理解事务的概念
- 熟悉事务的特性及应用范围
- 掌握事务控制的基本语句及功能
- 掌握 Oracle 中事务的实现及应用
- 了解并发访问带来的问题
- 理解锁、锁定和锁定协议的相关概念
- 理解活锁与死锁的概念
- 理解锁的粒度
- 掌握 Oracle 中的锁的分类及特点
- 掌握通过 SQL *Plus 检测与解决锁争用

学习导航

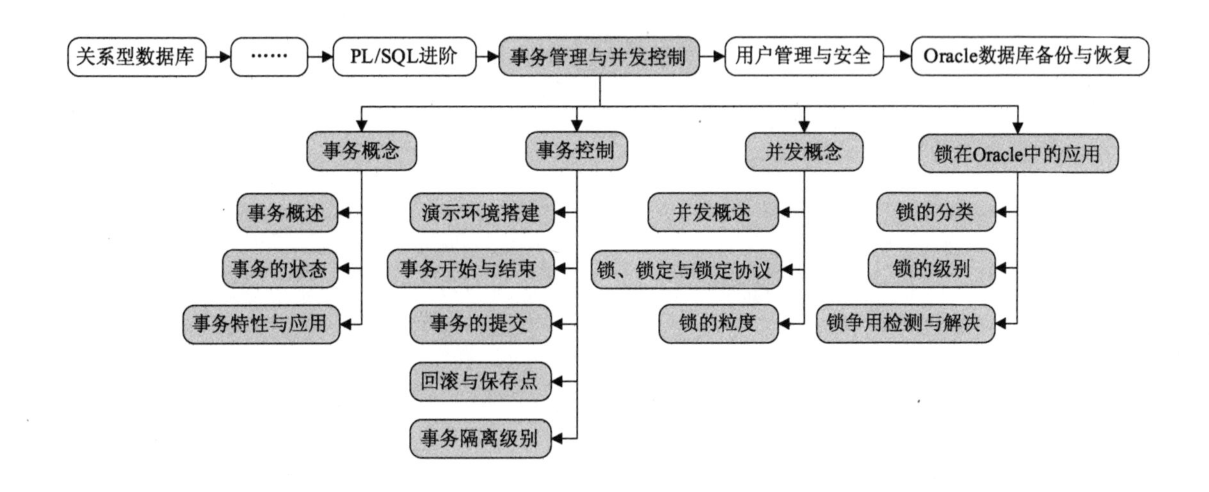

任务描述

【描述 9.D.1】

搭建一个简易的银行系统数据库，用于作为事务演示的环境。

【描述 9.D.2】

基于用户信息表（userinfo），向该表插入一条数据，并使用 COMMIT 语句提交事务。

【描述 9.D.3】

基于用户信息表（userinfo），向该表插入一条数据，并使用 ROLLBACK 语句回滚事务。

【描述 9.D.4】

基于银行卡信息表（cardinfo），演示保存点的创建和回滚保存点。

【描述 9.D.5】

在 Oracle 中通过 SQL *Plus 来实现锁的争用，使用 SQL Developer 检测锁争用问题。

【描述 9.D.6】

在 Oracle 中，通过 OEM 检测锁的争用问题。

9.1 事务的概念

在实际应用中，站在顾客的角度看，从自己的支票账户到客户的储蓄账户的资金转账是一次操作，而在数据库系统中这是由几个数据库操作组成的。资金从自己的支票账户支出而未转入客户的储蓄账户的情况是不可接受的。显然，这就要求对应的数据库操作要么全都发生，要么全都不发生。在数据库系统中，可以通过事务来实现上述数据库操作的完整性。

9.1.1 事务概述

事务（Transaction）是访问并可能操作各种数据项的一个数据库操作序列，这些操作要么全部执行，要么全部不执行，是一个不可分割的工作单位。事务由事务开始与事务结束之间执行的全部数据库操作组成。

事务具有以下性质。

- 原子性（Atomicity）：事务中的全部操作在数据库中是不可分割的，要么全部完成，要么均不执行；
- 一致性（Consistency）：几个并行执行的事务，其执行结果必须与按某一顺序串行执行的结果相一致；
- 隔离性（Isolation）：事务的执行不受其他事务的干扰，事务执行的中间结果对其他事务必须是透明的；
- 持久性（Durability）：对于任意已提交事务，系统必须保证该事务对数据库的改变不被丢失，即使数据库出现故障。

事务运用以下两个操作进行数据访问。

- read(X)：从数据库把数据项 X 传送到挂靠 read 操作的事务的缓冲区；
- write(X)：从执行 write 的事务的局部缓冲区把数据项 X 传回数据库。

在实际数据库系统中，write 操作不一定立即更新磁盘上的数据，write 操作的结果可以临时存储在内存中，以后再写到磁盘上。

9.1.2 事务的状态

在不出现意外故障的情况下，事务中的所有数据库操作应该都成功完成。但是，实际上事务并非总能顺利完成，这种情况称为“中止事务”。数据库系统的恢复机制负责维护管理中止事务。如果要确保事务的原子性，中止事务时必须确保对数据库的状态不造成影响。因此在中止事务时，事务对数据库所做过的任何改变必须撤销，这个撤销的过程称为“事务回滚”。而当事务中的数据库操作全部成功完成执行时，就称为“事务提交”。一旦事务提交，则在该事务中进行的所有数据更改均会成为数据库中的永久组成部分，不能通过任何方式来撤销其对数据库造成的影响。

为了确保数据库中数据的正确性，事务必须处于以下状态之一。

- 活动状态（Active）：事务在执行时的状态；
- 部分提交状态（Partially Committed）：事务中最后一条语句执行后的状态；
- 失败状态（Failed）：事务不能正常执行时的状态；
- 中止状态（Aborted）：事务回滚并且数据库已恢复到事务开始执行前的状态；
- 提交状态：（Committed）：事务成功完成后的状态。

事务状态之间的转换如图 9-1 所示。只有在事务已进入提交状态后，才能说事务已提交。与此类似，仅当事务已进入中止状态后，才能说事务已停止。提交状态或中止状态的事务称为已决事务，其余状态的事务称为未决事务。

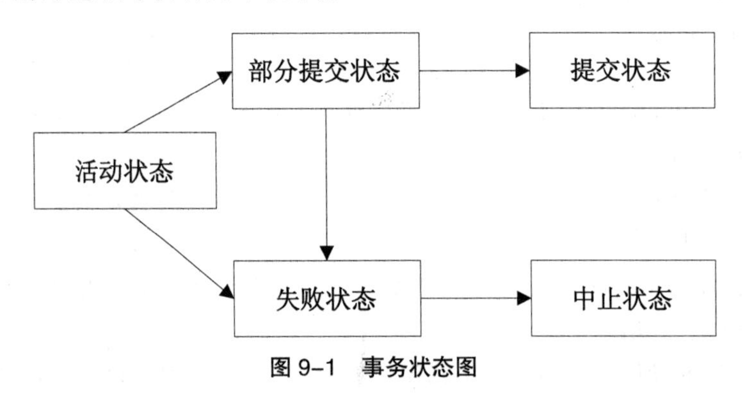

图 9-1　事务状态图

通过图 9-1 可以看出，事务从活动状态开始，当事务完成它的最后一条语句后，进入部分提交状态。此刻，事务已经完成执行，但由于实际输出可能仍临时驻留在内存中，一个硬件故障可能阻止其成功完成，因此，事务仍有可能中止。接下来数据库系统将往磁盘上写信息，确保即使出现故障事务所做更新也能在数据库系统重启后重新创建，而当最后一条这样的信息写完后事务将进入提交状态。

当系统判定事务不能继续正常执行后（由于硬件或逻辑错误），事务将进入失败状态。这种事务必须回滚，这样事务就进入中止状态。这时，系统有两种选择。

- 重启事务（Restart）：仅当引起事务中止的是硬件错误或不是由事务的内部逻辑产生的软件错误时才会重启事务，重启事务可以看成一个新事务。
- 杀死事务（Kill）：通常是由于事务的内部逻辑错误、输入错误或所需数据在数据库中没有找到时才会杀死事务，只有重写应用程序才能改正。

9.1.3　事务的特性与应用

为了保证数据完整性，要求数据库系统维护事务的原子性、一致性、隔离性、持久性，这些特性通常称为事务的 ACID 特性，ACID 缩写来自 4 个特性的首写英文字母。

为了加深对 ACID 特性及其必要性的理解，以一个简化的银行系统为例，这个系统包括几个账户和访问、更新这些账户的一组事务。这里假设数据库永久驻留在磁盘上，而数据库的某些部分临时驻留在内存中。

定义一个事务 T_i，该事务包含从账户 A 转账 50 美元到账户 B 的操作，该事务具体定义如下。

```
Ti: read(A);
    A:=A-50;
    write(A);
    read(B);
    B:=B+50;
    write(B);
```

通过该事务逐个分析事务的 ACID 特性。

■ **一致性**

一致性要求事务的执行不改变账户 A 与 B 之和。如果没有一致性要求，金额可能会被事务凭空创造或销毁，如在执行完 write(A)操作后，系统出现故障，此时 A 账户扣除了 50 美元，而 B 账户中并没有增加 50 美元。如果数据库在事务执行前是一致的，那么事务执行后仍将保持一致性。

■ **原子性**

假设事务 T_i 执行前，账户 A 和账户 B 分别有 1000 美元和 2000 美元。再假设在事务 Ti 执行时，系统出现故障，导致 T_i 的执行没有成功完成。而故障发生在 write(A)操作执行之后，write(B)操作执行之前。在这种情况下，数据库反映出的是账户 A 有 950 美元，而账户 B 有 2000 美元。这次故障导致系统销毁了 50 美元。

这时，由于系统故障，系统的状态不再反映数据库本应该描述的现实世界的真实状态，这种状态被称为不一致状态。必须保证这种不一致状态在数据库系统中是不存在的。但是需要注意的是，系统必然会在某一时刻处于不一致状态。即使事务 T_i 能成功执行完成，仍然存在某一时刻账户 A 金额是 950 美元而账户 B 金额是 2000 美元，这显然是一个不一致状态。但这一状态最终会被账户 A 的金额是 950 美元且账户 B 的金额是 2050 美元这个一致的状态代替。这样，如果一个事务或者不开始，或者保证完成，那么这样的不一致状态除了在事务执行过程中，在其他时刻都是不可见的。这就是需要原子性的原因：如果具有原子性，某个事务的所有动作要么在数据库中全部反映，要么全部不反映。

■ **持久性**

一旦事务成功完成执行，那么发起事务的用户应该被告知资金转账已经成功，系统就必须保证任何系统故障都不会引起与这次转账相关的数据的丢失，并且保证该事务对数据库所做的所有更新都是永久的，即使事务执行完成后出现系统故障。

■ **隔离性**

即使每个事务都能确保一致性和原子性，但是如果几个事务并发执行，它们的操作还是可能会以某种人们所不希望的方式交叉执行，这也会导致不一致的数据状态。

例如，在账户 A 至账户 B 转账事务执行过程中，当账户 A 中总金额已被减去转账额并已写回账户 A，而账户 B 中总金额被加上转账额后还未写回账户 B 时，数据库暂时是不一致的。这时如果另一个并发运行的事务在这个中间时刻读取账户 A 和账户 B 的值并计算 A+B，它将会得到不一致的值。此外，如果第 2 个事务基于它读取的不一致值对账户 A 和账户 B 进行更新，即使两个事务都完成后，数据库仍可能处于不一致状态。

一种避免事务并发执行而产生问题的途径是串行地执行事务，即一个接一个执行。但是这种串行操作效率非常低下。事务的隔离性确保事务并发执行后的系统状态与这些事务以某种次序一个接一个地串行执行后的状态是等价的。

 9.2 事务控制

 9.2.1 搭建事务演示环境

为便于演示和说明事务控制，首先构建一个简易银行数据库系统，为这个数据库系统设计了用户信息表（userinfo）和银行卡信息表（cardinfo），用户信息表的表结构如表 9-1 所示。

表 9-1 用户信息表（userinfo）的表结构

字段名	说明	
customerid	顾客编号	主键
customername	开户名	必填
pid	身份证号	必填 18 位
telephone	联系电话	必填 11 位
address	居住地址	可选

银行卡信息表的表结构如表 9-2 所示。

表 9-2 银行卡信息表（cardinfo）的表结构

字段名称	说明	
cardid	卡号	必填 16 位
curtype	货币种类	必填 默认为 RMB
savingtype	存款类型	必填 0：活期；1：定期；2：定活两便
opendate	开户日期	必填 默认系统日期
openmoney	开户金额	必填
balance	余额	必填
password	密码	必填 6 位 默认 000000
isreportloss	是否挂失	必填 默认 N
customerid	顾客编号	必填 外键

下述代码用于实现任务描述 9.D.1，搭建一个简易的银行系统数据库作为事务演示环境。

【描述 9.D.1】创建 userinfo 和 cardinfo 表

```
create table USERINFO(
    CUSTOMERID   NUMBER(10) not null,
    CUSTOMERNAME VARCHAR2(16) not null,
    PID          VARCHAR2(18) not null,
    TELEPHONE    VARCHAR2(11) not null,
    ADDRESS      VARCHAR2(200));
alter table USERINFO
    add primary key (CUSTOMERID);
create table CARDINFO(
    CARDID       VARCHAR2(16) not null,
    CURTYPE      CHAR(3) default 'RMB' not null,
    SAVINGTYPE   CHAR(3) not null,
    OPENDATE     DATE default sysdate,
    OPENMONEY    FLOAT not null,
    BALANCE      FLOAT not null,
    PASS         VARCHAR2(6) default 000000 not null,
    OSREPORTLOSS CHAR(1) default 'N' not null,
    CUTOMERID    NUMBER(10) not null);
alter table CARDINFO
    add primary key (CARDID);
alter table CARDINFO
    add foreign key (CUTOMERID)
    references USERINFO (CUSTOMERID);
```

然后分别对两个表插入测试数据，对应的代码如下所示。

【代码 9-1】插入测试数据

```
-- 插入用户信息
insert into userinfo
values(1,'JAMES','371122197903177811','13791816703','青岛市某路某号');
insert into userinfo
values(2,'SMITH','371122197903177812','13791816705','青岛市某路 1 号');
insert into userinfo
values(3,'ALLEN','371122197903177813','13791816706','青岛市某路 2 号');
insert into userinfo
values(4,'KING','371122197903177814','13791816707','青岛市某路 3 号');
-- 插入信用卡信息
insert into cardinfo
values('6221662204017111','RMB','0',sysdate,10000,10000,'123456','N',1);
insert into cardinfo
values('6221662204314114','RMB','0',sysdate,20000,10000,'123456','N',2);
```

```
insert into cardinfo
values('6221662224017412','RMB','0',sysdate,30000,20000,'123456','N',3);
insert into cardinfo
values('6221662204117136','RMB','0',sysdate,40000,30000,'123456','N',4);
```

上述代码执行完毕后，可通过查询语句进行数据查看。

【代码 9-2】查询 userInfo 表

```
SELECT customeid,customername,pid FROM userinfo;
```

执行上述代码后，结果如图 9-2 所示。

CUSTOMERID	CUSTOMERNAME	PID
1	JAMES	371122197903177811
2	SMITH	371122197903177812
3	ALLEN	371122197903177813
4	KING	371122197903177814

图 9-2 查询 userinfo 表

【代码 9-3】查询 cardInfo 表

```
SELECT cardid ,curtype curtype,savingtype FROM cardinfo;
```

结果如图 9-3 所示。

CARDID	CURTYPE	SAVINGTYPE
6221662204017111	RMB	0
6221662204314114	RMB	0
6221662224017412	RMB	0
6221662204117136	RMB	0

图 9-3 查询 cardinfo 表

9.2.2 事务的开始与结束

Oracle 中不需要使用专门的语句来显式地表示事务的开始。事务会在修改数据的第 1 条语句处隐式地开始。在 Oracle 中也可以使用 SET TRANSACTION 或 DBMS_TRANSACTION 语句来显式地开始一个事务。

在 Oracle 中执行 SQL 语句时，一定要显式地使用 COMMIT 或者 ROLLBACK 语句来结束事务。如果正常退出 SQL Developer 时，没有使用 COMMIT 或者 ROLLBACK 语句结束事务，则 SQL Developer 会认为用户希望提交前面所做的工作，并提供选择界面，让用户完成退出前的选择。

显示开始事务的语法格式如下。

```
SET TRANSACTION {READ ONLY | USE ROLLBACK SEGMENT segment}
```

下面代码表示显式开始事务，完成后显式地进行提交。

```
set transaction read only;
select customername,telephone,address from userinfo;
commit;
```

其中 SET TRANSACTION READ ONLY 允许锁定一个记录集直到事务结束。

9.2.3　事务的提交

在之前的内容中介绍过，在 Oracle 中，事务有显式提交和隐式提交两种方式，但在实际使用时建议使用 COMMIT 语句来显式提交事务。

COMMIT 语句的语法格式如下。

```
COMMIT [WORK]
[COMMENT 'text'| FORCE 'text' [, integer]];
```

其中，COMMIT 或者 COMMIT WORK 语句都可以用来提交事务。COMMIT 语句还可以扩展用于分布式事务中。在这些扩展中，允许增加一些有意义的注释作为 COMMIT 的解释。

下述代码用于实现任务描述 9.D.2，基于用户信息表（userinfo），向该表插入一条数据，并使用 COMMIT 语句提交事务。

【描述 9.D.2】事务提交

首先，向用户信息表中插入一条数据，对应的代码如下。

```
INSERT INTO userinfo VALUES(5,'MARTIN','371122197903177810','13791816708','青岛市某路 4 号');
```

然后，使用 COMMIT 语句进行事务提交，对应的代码如下。

```
COMMIT;
```

事务提交后，关闭 SQL Developer，再重新打开，并在 SQL 工作表中执行查询语句进行数据查看，查询代码如下。

```
SELECT customerid,pid FROM userinfo ORDER BY customerid DESC;
```

查询结果如图 9-4 所示。

CUSTOMERID	CUSTOMERNAME	PID	TELEPHONE	ADDRESS
1	JAMES	371122197903177811	13791816703	青岛市某路某号
2	SMITH	371122197903177812	13791816705	青岛市某路1号
3	ALLEN	371122197903177813	13791816706	青岛市某路2号
4	KING	371122197903177814	13791816707	青岛市某路3号
5	MARTIN	371122197903177810	13791816708	青岛市某路4号

图 9–4　查询 userinfo 表

如图 9-4 所示，新插入的数据永久地保存到了数据库中。

9.2.4 事务的回滚与保存点

为了便于演示事务的回滚及后续的并发操作的过程，接下来将使用 Oracle 11g 自带的 SQL *Plus 进行演示。

注意 关于 SQL *Plus 的使用方法参见实践 1.G.3。

在 Oracle 中，回滚事务使用的是 ROLLBACK 语句。ROLLBACK 语句的语法格式如下。

```
ROLLBACK [WORK]
[TO [SAVEPOINT] savepoint
|FORCE 'text' ]
```

直接使用 ROLLBACK 或 ROLLBACK WORK 语句都可以回滚事务，撤销上次正常提交后的所有操作。其中，SAVEPOINT 表示允许在事务中创建一个“标记点”，以便只撤销整个事务过程中的部分操作，在一个事务中可以有多个 SAVEPOINT。

下述代码用于实现任务描述 9.D.3，基于用户信息表（userinfo），向该表插入一条数据，并使用 ROLLBACK 语句回滚事务。

【描述 9.D.3】事务回滚

首先，向用户信息表中插入一条数据，对应的代码如下。

```
INSERT INTO userinfo VALUES(6,'WARD','371122197903177816','13791816709','青岛市某路5号');
```

然后执行查询语句，可以查看插入语句执行后表中的数据信息，对应的代码如下。

```
SELECT customerid FROM userinfo;
```

最后调用 ROLLBACK 语句进行事务回滚，对应的代码如下。

```
ROLLBACK;
```

事务回滚后，可通过查询语句进行数据查看，通过结果将看到，事务回滚后撤销了之前的插入操作。

整个任务描述在 SQL *Plus 中的执行过程如下所示。

```
INSERT INTO userinfo VALUES(6,'WARD','371122197903177816','13791816709','青岛市某路5号');
SELECT customerid FROM userinfo;
CUSTOMERID
----------
         1
```

```
        2
        3
        4
        6
SQL>ROLLBACK;
回退已完成。
SQL>SELECT customerid FROM userinfo;
CUSTOMERID
----------
        1
        2
        3
        4
```

Oracle 中允许在当前事务中创建一个保存点，在 Oracle 中创建一个保存点的语法格式如下。

```
SAVEPOINT savepoint_name;
```

如果需要将系统回滚到保存点时的状态，只需执行如下语句即可。

```
ROLLBACK TO savepoint_name;
```

并且，在执行上面的回滚语句后，保存点之前的语句将会得到确认。

下述代码用于实现任务描述 9.D.4，基于银行卡信息表（cardinfo），演示保存点的创建和回滚保存点。

【描述 9.D.4】事务回滚到保存点

首先执行查询语句，查看卡号为“6221662204017111”的银行卡信息，对应的代码如下。

```
SQL>SELECT cardid,balance FROM cardinfo WHERE cardid='6221662204017111';
```

然后更新语句来更改该银行卡中的余额，在更新语句执行后设置保存点，对应的代码如下。

```
UPDATE cardinfo SET balance=15000 WHERE cardid='6221662204017111';
SAVEPOINT sp_update;
```

然后执行删除语句，将该银行卡的信息从数据表中删除，删除该银行卡之后，再对该银行卡执行更新操作，最后再次执行查询语句，查询该卡号对应的银行卡信息，对应的代码如下。

```
DELETE FROM cardinfo WHERE cardid='6221662204017111';
UPDATE cardinfo SET balance=15000 WHERE cardid='6221662204017111';
```

```
SELECT cardid,balance FROM cardinfo WHERE cardid='6221662204017111';
```

最后，执行回滚到保存点的命令，回滚完成后，调用 COMMIT 语句进行事务提交，对应的代码如下。

```
ROLLBACK TO SAVEPOINT sp_update;
COMMIT;
```

提交完成后，可通过查询语句查看该银行卡中最终的余额信息。

整个任务描述在 SQL *Plus 中的执行过程如下所示。

```
SQL>SELECT cardid,balance FROM cardinfo WHERE cardid='6221662204017111';
CARDID              BALANCE
---------------- ----------
6221662204017111      10000
SQL>UPDATE cardinfo SET balance=15000 WHERE cardid='6221662204017111';
已更新 1 行。
SQL>SAVEPOINT sp_update;
保存点已创建。
SQL>DELETE FROM cardinfo WHERE cardid='6221662204017111';
已删除 1 行。
SQL>UPDATE cardinfo SET balance=15000 WHERE cardid='6221662204017111';
已更新 0 行。
SQL>SELECT cardid,balance FROM cardinfo WHERE cardid='6221662204017111';
未选定行。
SQL>ROLLBACK TO SAVEPOINT sp_update;
回退已完成。
SQL>COMMIT;
提交完成。
SQL>SELECT cardid,balance FROM cardinfo WHERE cardid='6221662204017111';
CARDID              BALANCE
---------------- ----------
6221662204017111      15000
```

通过执行结果可以看出，当回退到保存点时，保存点之前的操作将会被正确执行。

9.2.5 事务隔离级别

对于并发运行的多个事务，当这些事务操作数据库中相同的数据时，如果没有采取必要的隔离机制，就会导致各种并发问题，这些并发问题主要可以归纳为以下几类。

■ 更新丢失（Lost Update）

当两个事务同时更新同一数据时，由于某一事务的撤销，导致另一事务对数据的修改也失效了，这种现象称为“更新丢失”。

■　脏读（Dirty Read）

一个事务读取到了另一个事务还没有提交但已经更改过的数据。在这种情况下数据可能不是一致性的，这种现象称为“脏读”。

■　不可重复读（Non-Repeatableread）

当一个事务读取了某些数据后，另一个事务修改了这些数据并进行了提交。这样当该事务再次读取这些数据时，发现这些数据已经被修改了，这种现象称为“不可重复读”。

■　幻读（Phantom Read）

同一查询在同一事务中多次进行，由于其他事务所做的插入操作，导致每次查询返回不同的结果集，这种现象称为“幻读”。幻读严格来说可以算是“不可重复读”的一种。但幻读指的是在第 2 次读取时，一些新数据被添加进来，而“不可重复读”指的是相同数据的减少或更新，而不是增加。

为了避免这些并发问题的出现，以保证数据的完整性和一致性，必须实现事务的隔离性。隔离性是事务的 4 个特性之一。在隔离状态执行事务，使它们好像是系统在给定时间内执行的唯一操作。如果在相同的时间内有两个事务在运行，而执行的功能又相关，事务的隔离性将确保每一事务在系统中认为只有该事务在使用系统。

事务的隔离级别用来定义事务与事务之间的隔离程度。隔离级别与并发性是互为矛盾的，隔离程度越高，数据库的并发性越差；隔离程度越低，数据库的并发性越好。

因为事务之间隔离级别的存在，对于具有相同输入、相同执行流程的事务可能会产生不同的执行结果，这取决于所使用的隔离级别。

ANSI/ISO SQL92 标准定义了一些数据库操作的隔离级别。

■　序列化级别（serializable）

在此隔离级别下，所有事务相互之间都是完全隔离的。换言之，系统内所有事务看起来都是一个接一个执行的，不能并发执行。这是事务隔离的最高级别，事务之间完全隔离。

■　可重复读（repeatable read）

在此隔离级别下，所有被 SELECT 语句读取的数据记录都不能被修改。

■　读已提交（read committed）

在此隔离级别下，读取数据的事务允许其他事务继续访问其正在读取的数据，但是未提交写事务将会禁止其他事务访问其正在写的数据。

■　读未提交（read uncommitted）

在此隔离级别下，如果一个事务已经开始写数据，则不允许其他事务同时进行写操作，但允许其他事务读取其正在写的数据。这是事务隔离的最低级别，一个事务可能看到其他事务未提交的修改。

隔离级别及其对应的可能出现或不可能出现的现象如表 9-3 所示。

表 9–3　事务比较

隔离级别	更新丢失	脏读	不可重复读	幻读
读未提交	N	Y	Y	Y

续表

隔离级别	更新丢失	脏读	不可重复读	幻读
读已提交	N	N	Y	Y
可重复读	N	N	N	Y
序列化	N	N	N	N

对于不同的 DBMS，具体应用的隔离级别可能不同。Oracle 提供了 SQL92 标准中的 read committed 和 serializable，同时提供了非 SQL92 标准的 read-only。

- read committed

这是 Oracle 默认的事务隔离级别。事务中的每一条语句都遵从语句级的读一致性。保证不会脏读，但可能出现不可重复读和幻读。

- serializable

serializable 就是使事务看起来像是一个接着一个地顺序地执行。仅仅能看见在本事务开始前由其他事务提交的更改和在本事务中所做的更改。保证不会出现脏读、不可重复读和幻读。

- read-only

遵从事务级的读一致性，仅仅能看见在本事务开始前由其他事务提交的更改。不允许在本事务中进行 DML 操作。read only 是 serializable 的子集。它们都避免了脏读、不可重复读和幻读。区别是在 read only 中是只读，而在 serializable 中可以进行 DML 操作。

隔离级别确定后，对于这些隔离级别可以直接应用在一个事务上，也可以应用于整个会话中。

设置一个事务的隔离级别的代码如下。

```
SET TRANSACTION ISOLATION LEVEL READ COMMITTED;
SET TRANSACTION ISOLATION LEVEL SERIALIZABLE;
SET TRANSACTION READ ONLY;
```

设置整个会话的隔离级别的代码如下。

```
ALTER SESSION SET ISOLATION LEVEL SERIALIZABLE;
ALTER SESSION SET ISOLATION LEVEL READ COMMITTED;
```

9.3 并发的概念

在一般的数据库应用中，不太可能出现同一时刻有且只有一个事务在操作数据库的情况，对于大多数数据库应用来说，往往都会出现两个或两个以上事务试图修改数据库中的同一个数据的情况，这种情况就被称为事务的并发。

这些并发的事务之间可能会发生访问冲突，这就需要一个合适的、能自动解决事务对数据的并发访问所带来的问题的机制，这种机制就是并发控制。并发控制机制是数据库管理系统所必需的，同时也是衡量数据库系统性能的重要标志之一。

并发控制与锁是两个紧密联系的概念，并发控制是以事务为单位的，它使用锁来防止一个事务修改另一个还没有完成的事务中的数据。

9.3.1　并发概述

数据库是一个共享的数据资源，为了提高使用的效率，几乎所有的数据库都是多用户的，即允许多个用户并发地操作数据库中的数据，例如，火车订票数据库系统、银行储蓄数据库系统等。在这样的多用户系统中，同一时刻并行运行的事务可能多达数百个甚至更多。如果对这种并发访问不加以控制，将可能会破坏数据的一致性，出现如丢失修改、脏读和不可重复读之类的问题。

下面以一个火车售票系统为例，来讲解在多事务并发执行的情况下，可能会带来哪些问题。

例如，如表 9-4 所示，考虑火车订票系统中的一个操作序列。

- 甲售票点（T_1 事务）读出某趟列车的车票余额 A，此时为 26 张。
- 乙售票点（T_2 事务）读出同一趟列车的车票余额 A，此时也为 26 张。
- 甲售票点卖出 4 张车票，将车票余额 A 修改成 22 张，写回数据库。
- 乙售票点卖出 2 张车票，将车票余额 A 修改成 24 张，写回数据库。

实际上甲、乙两个售票点共卖出 6 张车票，可数据库中最后显得仅仅是卖出了 2 张车票。显然，这是由于并发访问所造成的。在上面这种操作序列下，乙售票点的修改结果覆盖了甲售票点的修改结果，所以导致了这个错误。

所以上述操作可以总结为，两个事务 T_1 和 T_2 读取同一个数据，并分别进行修改，T_1 先提交了修改结果，则 T_2 提交的修改结果覆盖了 T_1 提交的修改结果，从而导致 T_1 的修改结果丢失。

下面再来看如表 9-4 所示的火车订票系统中的一个操作序列。

- 甲售票点（T_1 事务）读出某趟列车的车票余额 A，此时为 26 张。甲售票点卖出 6 张车票，将车票余额 A 修改成 20 张，写回数据库。
- 乙售票点（T_2 事务）读出同一趟列车的车票余额 A，此时为 20 张。
- 甲售票点（T_1 事务）撤销了之前的操作，即恢复到卖出 6 张车票之前的状态。

实际上，最终甲售票点显示 26 张车票，而乙售票点却显示 20 张车票。显然，这是由于并发访问所造成的。在上面这种操作序列下，甲售票点没有卖出车票，可由于乙售票点读取了甲售票点的一个过渡性数据，所以导致了这个错误。

所以上述操作可以总结为：事务 T_1 更改某一数据，并写入数据库，在事务 T_2 读取同一数据后，事务 T_1 由于某种原因被撤销，此时 T_1 更改过的数据恢复原来的值，使 T_2 读取到的值与数据库中的值不相同，得到的只是操作过程中的一个过渡性的不再需要的脏的数据。

最后再来看如表 9-4 所示的火车订票系统中的另一个操作序列。

- 甲售票点（T_1事务）读出某趟列车的车票余额 A，此时为 26 张。
- 乙售票点（T_2事务）读出同一趟列车的车票余额 A，此时也为 26 张。乙售票点卖出 6 张车票，将车票余额 A 修改成 20 张，写回数据库。
- 甲售票点（T_1事务）再次读出同一趟列车的车票余额 A，此时为 20 张。

这样，甲售票点两次读取的数据不一致。显然，这也是由于并发访问所造成的。在上面这种操作序列下，甲售票点两次读取数据的过程中，乙售票点修改了甲售票点要读取的数据，所以导致了这个错误。

所以上述操作可以总结为：事务 T_1 读取某一数据之后，事务 T_2 对其进行更改，使 T_1 再次读取该数据时，读取的结果与上次不同。

并发访问带来的问题如表 9-4 所示。

表 9-4　并发访问带来的 3 个问题

丢失修改		脏读		不可重复读	
T_1	T_2	T_1	T_2	T_1	T_2
读 A=26		读 A=26 做 A=A−6 写回 A=20		读 A=26	
	读 A=26		读 A=20		读 A=26 做 A=A−6 写回 A=20
做 A=A−4 写回 A=22		撤销		读 A=20	
	做 A=A−2 写回 A=24 （数据库中最后为 24）	（A 恢复为 26）	（A 为 20，与数据库中的 26 不相同）		

注意　上述问题中的不可重复读、脏读等问题并非就是错误，在某些应用中不是不可以接受的。例如，有些应用所涉及的数据量很大，读到一些脏数据、多读到几行或少读到几行对应用本身并没多大影响。为了减少系统开销，可以降低要求。

9.3.2　锁、锁定和锁定协议

锁在生活中随处可见，有锁房间的锁，有锁抽屉的锁。虽然这些锁锁住的东西不同，但都是为了防止其他人查看、使用、拿走被锁住的东西。同样，为了保护存放在数据库中的数据，防止非法读取或是解决并发访问问题，数据库中也采用了锁机制。

1. 锁与锁定

锁与锁定是实现并发控制的非常重要的技术。锁是多个用户能够同时操纵同一个数据源而不会出现数据不一致现象的重要保障，是防止其他事务访问指定的资源控制、实现并发控制的一种主要手段。如果一个数据库对象被添加了锁，则此数据库对象就有了一定的访问限制，也就是说对此数据库对象进行了锁定操作。所谓锁定是数据库用来同步多个用户对同一个数据库对象访问的一种机制。通过锁定可以阻止其他事务造成的负面影响，当事务不再依赖锁定的数据资源时，可以将锁释放。

锁定的基本流程如图 9-5 所示。

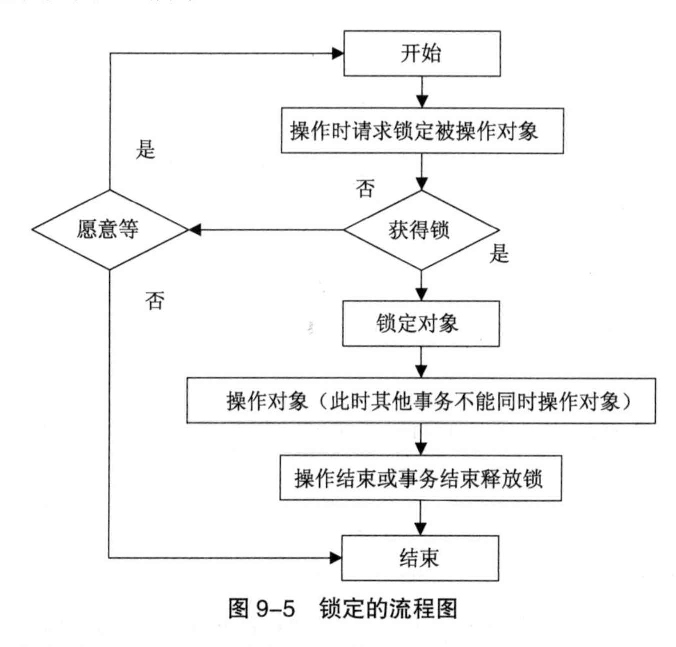

图 9–5 锁定的流程图

一般来说，锁的持有和释放是由事务的开始和结束决定的。

不同的数据库操作可能对应不同的锁，锁有两种最基本、最简单的类型：独占锁（eXclusive lock，即 X 锁）和共享锁（Share lock，即 S 锁）。

■ 独占锁

独占锁是对锁定的资源只允许进行锁定操作的事务使用的，独占锁又称为写锁，表示如果某事务在数据库对象 A 上加了独占锁，则只允许该事务对 A 进行操作，其他任何事务都不能对 A 进行操作或者加锁，直到该事务释放 A 上的独占锁为止。这就确保不会同时有多个事务对同一数据库对象进行操作。

■ 共享锁

共享锁是指对不更改或不更新数据的读取操作的事务使用的，共享锁又称为“读锁”，它是非独占的，允许多个并发事务读取其锁定的数据库对象。如果某个事务在数据库对象 A 上加了共享锁，则只允许该事务读取 A 但不能更改 A。其他任何事务也可以同时对 A 进行读取操作，但不能更改 A，这样就确保了多个事务可以对保护的数据库对象同时进行读操作，但不能同时进行写操作。

这两种锁及其锁定过程如图 9-6 所示，该图中显示了不同的锁的作用，以及相互之间的相容规则。

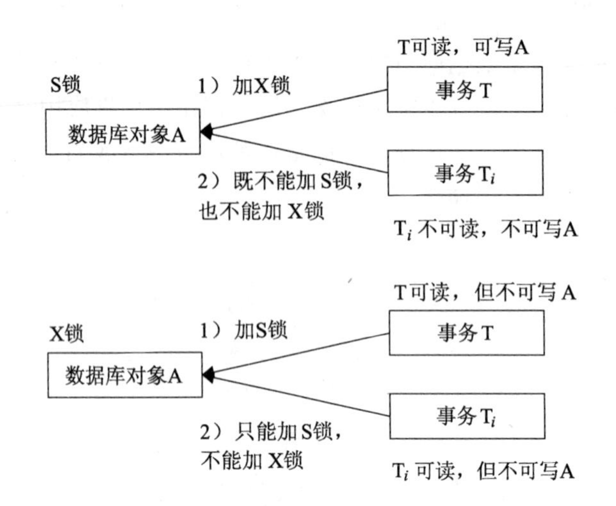

图 9–6　独占锁和共享锁锁定的示意图

锁除了对数据库操作进行限制外，锁也可以对其他锁进行限制，独占锁与共享锁的相容规则如表 9-5 所示。

表 9–5　排他锁与共享锁的相容规则（NL 表示还没有加锁）

对已加锁进行锁操作	NL	共享锁	独占锁
共享锁	可以	可以	不可以
独占锁	可以	不可以	不可以

通过表 9-5 可以看出，当事务对数据库对象进行锁定的锁是共享锁时，另外的事务不可以获得对该数据库对象的独占锁，但可以获得对该数据库对象的共享锁，所以独占锁比共享锁的强度要大。

2. 锁定协议

当运用独占锁和共享锁对数据库对象进行锁定时，还需要遵守一些规则，例如，何时申请独占锁或共享锁、锁定的时间、何时释放锁等，这些规则统称为“锁定协议”。对锁定方式规定不同的规则，就形成了各种不同的锁定协议，锁定协议主要分为如下 3 个级别。

■　一级锁定协议

事务在修改数据库对象 A 之前，必须先对其加独占锁，并直到事务结束时才释放该独占锁，如果事务仅仅是读取 A，则不需要加任何锁。

一级锁定协议可以防止丢失修改，并保证事务是可恢复的。使用一级锁定协议可以解决丢失修改问题，但不能防止脏读、不可重复读的问题。

在一级锁定协议中，如果仅仅是读数据并不对其进行修改，是不需要加锁的。

■　二级锁定协议

二级锁定协议是在一级锁定协议的基础上进一步规定：事务在读取 A 之前必须加共享锁，读完后立即释放共享锁。

二级锁定协议可以进一步防止脏读的问题，它在事务读取 A 之前必须加共享锁，但读完后立即释放共享锁，所以在整个事务中还不能防止可能出现的不可重复读的问题。

■　三级锁定协议

三级锁定协议是在二级锁定协议的基础上进一步规定：事务在读取 A 之前必须加共享锁，直到事务结束后才释放共享锁。三级锁定协议可以进一步防止不可重复读的问题。

上述 3 种锁定协议何时申请独占锁或共享锁、持锁的时间或何时释放锁，以及能防止什么并发访问的问题等全部总结在表 9-6 中。

表 9–6　不同级别的锁定协议及其作用

申请的锁及其作用 锁定协议	修改时申请独占锁		读取时申请共享锁		作用		
	操作结束释放	事务结束释放	操作结束释放	事务结束释放	不丢失修改	不脏读	可重复读
一级锁定协议		是			是		
二级锁定协议		是	是		是	是	
三级锁定协议		是		是	是	是	是

3.　活锁与死锁

由于某个事务锁定了数据库对象，其他事务就有可能因为得不到所需的数据库对象，从而产生等待，这种等待的极端情况就是活锁与死锁。

■　活锁

在多个事务并发执行的过程中，可能会存在某个有机会获得锁的事务却永远也没有得到锁，这种现象称为活锁。

活锁的例子如表 9-7 所示，该表中的活锁操作表示如果事务 T_1 锁定了数据库对象 A，事务 T_2 又请求已被 T_1 锁定的 A，但失败而需要等待，此时事务 T_3 也请求已被 T_1 锁定的 A，同样失败而需要等待。当 T_1 释放 A 上的锁时，系统批准了 T_3 的请求，使得 T_2 依然等待，此时事务 T_4 请求已被 T_3 锁定的 A，就会失败而需要等待。当 T_3 释放 A 上的锁时，系统批准了 T_4 的请求，使得 T_2 依然等待，如此循环下去，这就有可能使 T_2 总是在等待而无法锁定 A，但总还是有锁定 A 的希望的。

只需要采用先来先服务的策略便可解决活锁问题。这就是说当多个事务请求锁定同一个数据库对象时，系统应该按请求锁定的先后次序对这些事务进行排队。一旦释放数据库对象上的锁，就批准请求队列中的下一个事务的请求，使其锁定数据库对象，以便完成数据库操作，从而及时结束事务。

表 9–7　活锁的例子

T_1	T_2	T_3	T_4
Lock A 成功			
	Lock A 失败 等待		
	等待	Lock A 失败 等待	

续表

T_1	T_2	T_3	T_4
Unlock A	等待	等待	
	等待	Lock A 成功	
	等待		Lock A 失败 等待
	等待	Unlock A	等待
	等待		Lock A 成功

■ 死锁

在多个事务并发执行的过程中，还会出现另外一种现象，即多个并发事务处于相互等待的状态，其中的每一个事务都在等待它们中的另一个事务解除锁定，这样才可以继续执行下去，但任何一个事务都没有释放自己已获得的锁，也就无法获得其他事务已拥有的锁，所以只好相互等待下去。因此产生死锁的原因是两个或多个事务都锁定了一些数据库对象，然后又都需要锁定对方的数据库对象失败而需要等待所造成的。

死锁的例子如表 9-8 所示。如果事务 T_1 锁定了数据库对象 A_1，事务 T_2 锁定了数据库对象 A_2，然后 T_1 又请求已被 T_2 锁定的 A_2，但失败而需要等待，此时事务 T_2 又请求已被 T_1 锁定的 A_1，也失败而需要等待，这就出现了 T_1 在等待 T_2，而 T_2 又在等待 T_1 的局面，使 T_1 和 T_2 这两个事务永远不可能执行结束了。

表 9-8　死锁的例子

T_1	T_2
Lock A_1 成功	
	Lock A_2 成功
Lock A_2 失败 等待	
等待	Lock A_1 失败 等待
等待	等待
等待	等待
等待	等待
等待	等待

4. 死锁的预防

死锁在数据库中应该尽量避免出现，所以需要对死锁进行预防。在数据库中预防死锁的方法主要有如下两种。

■ 一次锁定法

该方法要求每个事务必须一次将所有要使用的数据库对象全部锁定，否则就不继续执行。在之前表 9-8 中的例子中，如果事务 T_1 一次就将数据库对象 A_1、A_2 全部都锁定的话，T_1 就会执行下去。T_2 开始是等待的，但在 T_1 执行完毕释放锁之后，T_2 就可以锁定 A_1、A_2，也就可以执行下去了。

一次锁定法虽然可以防止死锁，但也存在一些问题。例如，一次就锁定某个事务以后才会用到的数据库对象，这样势必扩大了当前的锁定范围，从而降低了系统的并发程度。此外，数据库中的对象是不断变化的，某些事务所需的条件也是不断变化的，原来不需要锁定的对象，在执行的过程中很可能就需要锁定了，所以很难事先就精确地估计出每个事务一次性需要锁定的对象。

■ 顺序锁定法

顺序锁定法要求预先对数据库对象规定一个锁定的顺序，所有事务都按这个顺序来实行锁定。在之前表 9-8 中的例子中，规定锁定顺序是 A_1、A_2，事务 T_1 和 T_2 都按此顺序锁定，即 T_2 也必须首先锁定 A_1。当 T_2 请求锁定 A_1 时，由于 A_1 被 T_1 锁定，所以 T_2 只能等待，当 T_1 释放 A_1 和 A_2 上的锁后，T_2 就可以锁定 A_1，也就可以执行下去了。

顺序锁定法虽然可以防止死锁，但也存在一些问题。例如，要锁定的数据库对象可能比较多而且还不断变化，所以要维护一个严格的锁定顺序非常困难，并且代价很高。此外，在执行的过程中很可能需要调整需要锁定的对象，但很难调整已经规划好的锁定的顺序。

5. 诊断与解除死锁

通过前面内容的介绍可见，数据库管理系统中对死锁的预防的各种方法都存在严重的弊端。因此，数据库管理系统在解决死锁的问题时广泛采用的是先诊断然后再解除的方法。

数据库系统中诊断死锁的方法一般分为以下两种。

■ 超时法

如果一个事务的等待时间超过了规定的时限，就认为发生了死锁。超时法实现简单，但其不足也很明显。一是有可能误判死锁，当事务因为其他原因使得等待时间超过时限，系统会误认为发生了死锁；二是时限若设置得太长，死锁发生后不能及时发现。

■ 等待图法

该方法是用离散数学的图论来诊断死锁的方法。事务的等待图是一个有向图 $G=(T,U)$。T 为数据库系统中正在运行的各个事务的节点的集合，U 为有向边的集合，每条边表示事务等待的情况。如果 T_1 事务等待 T_2 事务，则在 T_1、T_2 节点之间就有一条从 T_1 指向 T_2 的有向边。事务等待图动态地反映了当前的各个事务之间的等待情况。

数据库管理系统中的并发控制子系统周期性地检测事务等待图。如果发现图中存在回路，则表示系统中出现了死锁，就会给予提示，并设法解除该死锁。

9.3.3 锁的粒度

数据库系统在运行时可能需要很多的锁，不同锁的作用范围、影响到的数据量大小也不一样。例如，一个记录上的共享锁，只作用于该记录；而一个表上的共享锁，相当于为表中的所有记录都加上共享锁。可以使用锁的粒度（Lock Granularity）来说明锁的作用范围。依据数据库的结构层次，可以将锁的粒度从高到低依次划分为：数据库、表、记录、列。

锁的粒度与系统的并发度和并发控制的开销密切相关。一般来说，锁定在较小的粒度（例如行）可以提高并发度，但开销较高，因为如果锁定了许多行，则需要持有更多的锁。锁定在较大的粒度（例如表）会降低了并发度，因为锁定整个表限制了其他事务对表中任意部分的访问。但其开销较低，因为需要维护的锁较少。

事务到底使用哪种级别上的锁定，应当根据事务要处理的数据量来决定。例如，一个事务只是更改表中的一条记录，使用记录级别的锁定将是比较好的选择；而如果一个事务需要更改表中大部分，甚至整个表中的数据，那么使用表级别上的锁定会比较好。

在一个商业化的数据库管理系统中，往往同时支持多种锁定粒度供事务选择，这种锁定方法就被称为“多粒度锁定”。要理解多粒度锁定首先就要了解多粒度树的概念。如图 9-7 所示是一个四级的多粒度树。该树的根节点是整个数据库，表示最大的粒度；叶节点是列，表示最小的粒度。

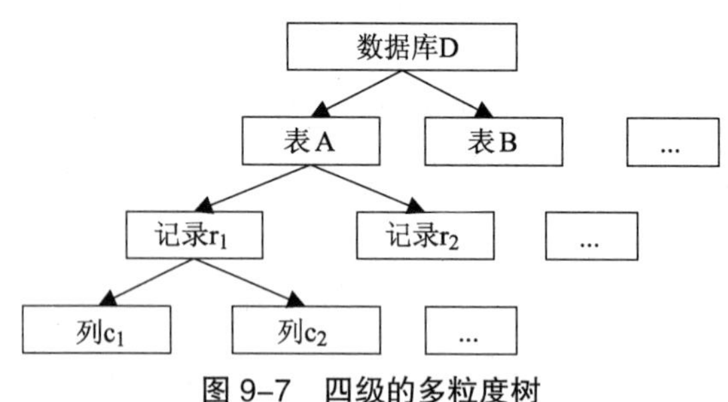

图 9-7　四级的多粒度树

从之前介绍的内容可知，选择锁定粒度时应该同时考虑并发度与开销两个因素，以求最优的效果。一般地，需要处理同一个表中大量记录的事务可以以表为锁定粒度；需要处理多个表中的大量记录的事务可以以数据库为锁定粒度；如果只需要处理某个表中少量记录的事务，则可以以行作为锁定粒度。

9.4　锁在 Oracle 中的应用

Oracle 数据库支持多个用户同时与数据库进行交互，所以也需要对并发访问进行控制。在 Oracle 中也是利用锁机制来防止各个并发事务之间的相互影响，从而保证数据的一致性和完整性。

在大多数情况下，锁对于开发人员来说是透明的，即不用显式地指定锁的分类、级别、类型或模式。例如，当更改记录时，Oracle 会自动地对相关的记录加相应的锁，当执行一个 PL/SQL 会话时，该会话就会自动地处于被锁定的状态，允许其他用户执行它，但不允许其他用户采用任何方式更改它。当然，Oracle 也允许用户使用 Lock Table 语句显式地对被锁定的对象加指定模式的锁。

9.4.1　Oracle 中锁的分类

Oracle 中的锁按照操作可以划分为两种：DDL 锁（字典锁）和 DML 锁（数据锁）。

1. DDL 锁

当用户发布 DDL 语句时会在涉及的对象上加 DDL 锁。由于 DDL 语句会更改数据字典，所以该锁也被称为“字典锁”。它能防止在用 DML 语句操作数据库表时，对表进行删除或对表的结构进行更改。

DDL 锁可以分为“排他 DDL 锁”、“共享 DDL 锁”和“分析锁”3 种。

- **排他 DDL 锁，**是创建、修改、删除一个数据库对象的 DDL 语句获得操作对象的排他锁。如使用 ALTER TABLE 语句时，为了维护数据的完成性、一致性、合法性，该事务获得一排他 DDL 锁。
- **共享 DDL 锁，**是需在数据库对象之间建立相互依赖关系的 DDL 语句通常需共享获得 DDL 锁。如创建一个包，该包中的过程与函数引用了不同的数据库表，当编译此包时，该事务就获得了引用表的共享 DDL 锁。
- **分析锁，**是一种独特的 DDL 锁类型，Oracle 使用它追踪共享池对象及它所引用数据库对象之间的依赖关系。当一个事务修改或删除了共享池持有分析锁的数据库对象时，Oracle 使共享池中的对象作废，下次再引用这条 SQL 或 PL/SQL 语句时，Oracle 将重新分析编译此语句。

DDL 锁的类型与特征如表 9-9 所示。

表 9-9 DDL 锁的类型与特征

类型	加锁条件或原因	特征
共享 DDL 锁	当发布 AUDIT、GRANT、REVOKE、COMMENT、CREATE PROCEDURE、CREATE FUNCTION、CREATE PACKAGE 等建立对象依赖关系的 DDL 语句时	在 DDL 语句执行期间，该 DDL 锁一直保持，直到发生一个隐式的提交
排他 DDL 锁	当发布 CREATE TABLE、ALTER TABLE、DROP TABLE、DELETE FROM TABLE、TRUNCATE TABLE 等涉及表结构的 DDL 语句时	假如一个用户对表结构进行操作，另一个用户就不能在该表上同时执行修改表结构的操作
分析锁	SQL 共享池里的语句或 PL/SQL 对象具有一个用于它所引用的每一个对象的锁	用来保护 SQL 共享池里的各个语句或 PL/SQL 对象

DDL 锁很少会在系统中引起争用，因为它们的保持时间都非常短暂。但 DDL 锁的存在却不容忽视，尤其是在申请排他 DDL 锁时。

2. DML 锁

当用户发布如 INSERT、UPDATE、DELETE 等 DML 语句时，会对涉及的对象加 DML 锁。由于 DML 语句涉及的是数据操作，所以该锁也被称为“数据锁”。

DML 锁能防止多个事务并发访问数据时，对数据的一致性和完整性的破坏。它能够保证一个表中的指定数据，一次只被一个事务更改。前一个事务在表中的指定数据上所加的 DML 锁，会阻塞后一个事务，使之被迫等待。当前一个事务提交时，事务结束并释放该事务的锁，被阻塞的事务才能继续运行，此时被阻塞的事务又会在指定的数据上加自己的锁定。

注意 对于使用了 DML 锁的事务，如果它回滚到一个特定的 SAVEPOINT 处，则该 SAVEPOINT 之前的锁不会释放，而之后的锁则被释放。

下面代码片段实现如下功能：执行了两个 UPDATE 语句，它们之间有一个 SAVEPOINT 语句。在回滚到该 SAVEPOINT 之前，每个 UPDATE 语句都获得一个锁；在回滚到该 SAVEPOINT 之后，第 2 个 UPDATE 语句的锁被释放了，而第 1 个 UPDATE 语句的锁还保持着。

【代码 9-4】数据锁

```
SQL> conn scott/Orcl123456;
已连接。
SQL> update dept set dname='RESEARCH' where deptno=20;
已更新一行。
SQL> savepoint sp1;
保存点已创建。
SQL> update salgrade set losal=700 where grade=1;
已更新一行。
SQL> rollback to savepoint sp1;
回滚已完成。
/*先不进行 commit 操作，等待下面会话进行 update dept……时然后再 commit，看看锁效果*/
SQL> commit;
提交完成。
```

然后打开另一个会话，登录数据库，运行过程如下。

```
SQL> conn scott/Orcl123456;
Connected.
SQL> update salgrade set losal=700 where grade=1;
1 row updated.
/*当会话 1 进行 commit 操作时，下面更新操作才可以正常进行，否则一直等待*/
SQL> update dept set dname='RESEARCH' where deptno
1 row updated.
```

根据锁定的粒度和程度，DML 锁又可以分为行锁和表锁。

- 行锁：当事务执行数据库插入、更新、删除操作时，该事务自动获得操作表中操作行的排他锁。
- 表级锁：当事务获得行锁后，此事务也将自动获得该行的表锁（共享锁），以防止其他事务执行 DDL 语句影响记录行的更新。事务也可以在进行过程中获得共享锁或排他锁，只有当事务显示使用 LOCK TABLE 语句显式地定义一个排他锁时，事务才会获得表上的排他锁，也可使用 LOCK TABLE 显式地定义一个表级的共享锁。

当一个事务在一个表上加了某种模式的 DML 锁之后，另一个事务在该表上所能执行的 DML 操作会受到限制，这些限制如表 9-10 所示。

表 9–10　锁的模式及其获得方式、允许的并发操作

模式	获得方式	允许的并发操作			
		查询	插入	更改	删除
行共享锁	用 LOCK TABLE 语句设置，或当发布 SELECT…FOR UPDATE 语句时	可以	可以	可以	在其他行上可以
行独占锁	用 LOCK TABLE 语句设置，或当发布 INSERT、UPDATE、DELETE、MERGE 语句时	可以	可以	在其他行上可以	在其他行上可以
表共享锁	用 LOCK TABLE 语句设置，或当 Oracle 应用参照完整性时，或当发布 CREATE INDEX 语句时	可以	不可以	不可以	不可以
共享行独占	用 LOCK TABLE 语句设置，或当 Oracle 应用参照完整性时	可以	可以	不可以	不可以
表独占锁	用 LOCK TABLE 语句设置或当发布 DROP TABLE 语句时	不可以	不可以	不可以	不可以

使用者可以从 Oracle 的安装目录中的%ORACLE_HOME%\RDBMS\ADMIN 子目录中的 dbmslock.sql 脚本中找到如表 9-11 所示的 DML 锁的模式的相容规则。

表 9–11　DML 锁的模式的相容规则

	NL	**SS**	**SX**	**S**	**SSX**	**X**
NL	Y	Y	Y	Y	Y	Y
SS	Y	Y	Y	Y	Y	N
SX	Y	Y	Y	N	N	N
S	Y	Y	N	Y	N	N
SSX	Y	Y	N	N	N	N
X	Y	N	N	N	N	N

其中：第 1 列表示一个事务保持的锁，第 1 行表示另一个事务想获得的锁，Y 表示可以，N 表示不可以。例如，如果一个表上具有 SX 锁，则还能再在该表上加 SS、SX 锁，但不能再加 S、SSX、X 锁。

9.4.2　Oracle 中锁的级别

在 Oracle 中可以在数据库、数据表、数据表中的行这 3 个数据对象上使用锁，但不支持对数据表中的列使用锁。

1. 数据库级别的锁

对数据库进行锁定操作有两种方法，分别是将数据库设置成受限方式和将数据库更改成只读方式。

将数据库设置成受限方式可以禁止在数据库中产生新的会话和新的事务。其目的主要是希望在数据库打开期间，在没有其他用户会话干扰的情况下完成对数据库的维护操作。将数据库设置成受限方式，既可以在数据库关闭后设置，也可以在数据库打开时设置。

将数据库更改成只读方式，则在数据库中只能进行数据查询操作而不允许对数据进行任何 DML 操作，这样也能起到锁定数据库的作用。

下面是将数据库更改成只读方式的示例代码。

【代码 9-5】将数据库更改成只读

```
conn sys/Orcl123456 as sysdba;
shutdown immediate;
startup mount;
alter database open read only;
```

在上述代码中，首先以 sysdba 身份连接数据库，然后关闭 Oracle 实例，接着再重新启动 Oracle 实例，最后将数据库按只读方式打开，操作结果如图 9-8 所示。

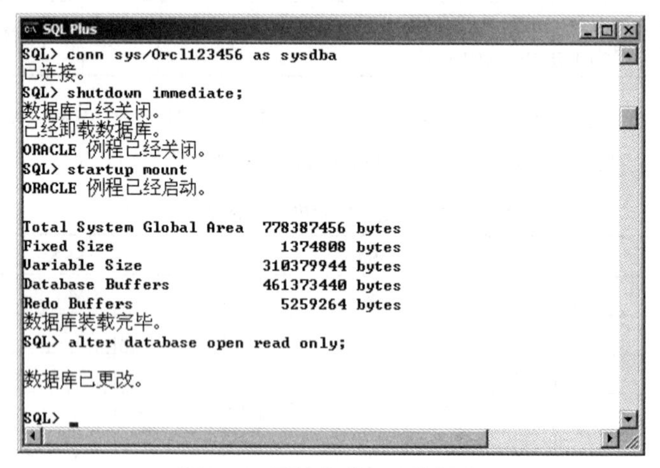

图 9-8　只读方式打开数据库

接下来，在命令行处，执行以下删除代码，代码如下。

```
delete from emp;
```

结果如图 9-9 所示。

图 9-9　只读方式下删除数据

通过执行结果可以看出，在只读方式下，不能执行更改数据操作，但可以查询数据库中的对象。

2. 表级别的锁

当发布一个 INSERT、UPDATE、DELETE、SELECT...FOR UPDATE 语句时，都会自动在被操作的表上加表级别的锁，此外也可以使用 LOCK TABLE 语句专门设置一个表级别的锁。表级别的锁用于还没提交或回滚事务之前，防止其他用户对表的结构进行更改。

例如，当事务 A 发出了更新数据表 employees 中 employee_id 为 100 的行的 SQL 语句，但是事务 A 还没有提交之前，另外一个事务 B 执行删除该表的语句，由于事务 A 还没有提交，因此该事务还没有结束，其他事务还不能删除该表，否则事务 A 就无法正常结束。为了阻止事务 B 的删除操作，较为最直观的方法就是，在执行删除表的命令之前，先依次检查 employees 表里的每一行，查看每一条数据行的头部是否存在锁定标记，如果是，则说明当前正有事务在更新该表，删除表的操作必须等待。

显然，这种方式会引起很大的性能问题，Oracle 不会采用这种方式。实际上，在对 employees 表的数据进行更新时，不仅会在数据行的头部记录行级锁，而且还会在表的级别上添加一个表级锁。那么当事务 B 要删除表时，发现 employees 表上具有一个表级锁，于是将进行等待。

通过这种在表级别上添加锁定的方式，就能够比较容易并且高效地（因为不需要扫描表里的每一行记录来判断在表上是否有 DML 事务）对锁定进行管理了。

3. 行级别的锁

对于 Oracle 数据库来说，行级别的锁是 Oracle 中支持的最低级别的锁，而且行级锁只有独占锁定模式，没有共享锁定模式。

当发布一个 INSERT、UPDATE、DELETE、SELECT…FOR UPDATE 语句时，都会自动在被操作的行上加行级别的锁。行级别的锁被用于还没提交或回滚事务之前，防止其他用户对正在操作的行的数据进行更改。

9.4.3 Oracle 中的锁争用的检测与解决

在 Oracle 中，锁争用的检测和解决可以通过两种方式，一种是通过 SQL Developer，另一种是通过 OEM。

1. 通过 SQL *Plus 检测与解决锁争用

在 Oracle 的会话中，sys 用户可以通过查询与锁相关的视图来查看锁的信息，了解阻塞会话与被阻塞会话的 sid、serial#、用户名及其所使用的 DML 操作语句等内容。

在演示之前，由于之前把数据库的状态修改为只读状态（见【代码 9-5】），所以需要把数据库的状态修改为原来的状态，即读写状态，操作如图 9-10 所示。

下述代码用于实现任务描述 9.D.5，在 Oracle 中通过 SQL *Plus 来实现锁的争用，使用 SQL Developer 检测锁争用问题。

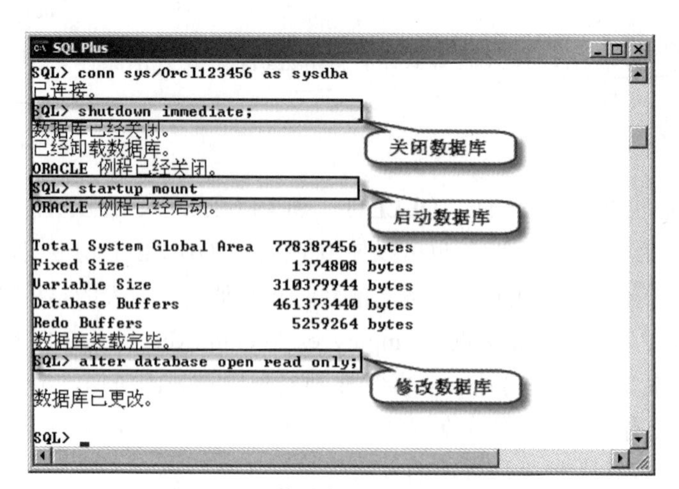

图 9–10　修改数据库为读写状态

【描述 9.D.5】检测锁及其会话操作

首先在 SQL *Plus 中执行两个会话，这两个会话登录的用户都为 Scott 用户，并对同一资源（数据行）进行操作，使之产生资源争用，其中一会话处于阻塞状态，产生阻塞的会话和被阻塞的会话如图 9-11 所示。

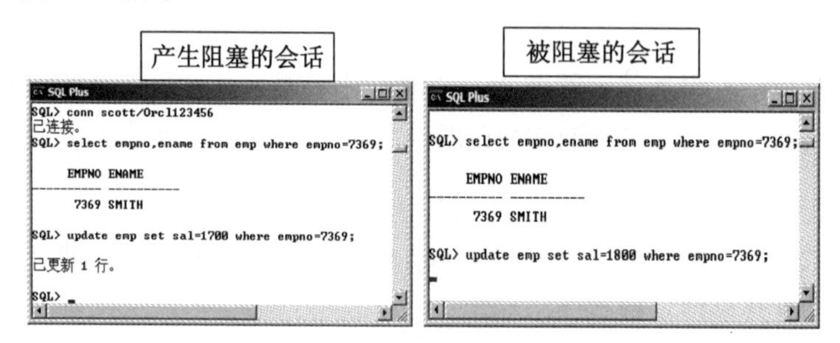

图 9–11　阻塞与被阻塞的会话

然后使用 sys 用户登录。在 SQL Developer 中检测锁及其会话的操作代码如下所示。

```
select
  '阻塞会话('||sb.sid||','||sb.serial#||'-'||sb.username||')-'||qb.sql_text
blockers,
  '被阻塞会话('||sw.sid||','||sw.serial#||'-'||sw.username||')-'||qw.sql_text
waiters from
  v$lock lb,v$lock lw,v$session sb,v$session sw,v$sql qb,v$sql qw
  where lb.sid=sb.sid
  and lw.sid= sw.sid
  and sb.prev_sql_addr = qb.address
  and sw.sql_address = qw.address
  and lb.id1 = lw.id1
  and sb.lockwait is null
  and sw.lockwait is not null
  and lb.block=1;
```

将上述代码在 SQL 工作表中执行，结果如图 9-12 所示。

BLOCKERS	WAITERS
阻塞会话(9,18-SCOTT)-update emp set sal = 1600 where empno=7369	被阻塞会话(138,219-SCOTT)-update emp set sal=1800 where empno=7369

图 9–12　锁的争用信息

通过检测锁的信息，当发现有了已经阻塞其他会话的会话后，可以通知相应的用户执行 COMMIT 语句或 ROLLBACK 语句，使事务结束，释放所加的锁。执行结果如下所示。

```
SQL> commit;
提交完成。
```

还可以使用 ALTER SYSTEM KILL SESSION 'sid, serial#' 语句来杀死会话，强行解决锁争用，具体代码如下所示。

```
CONNECT sys/Orcl123456 AS sysdba
ALTER SYSTEM KILL SESSION '9, 18';
```

执行该语句之后，阻塞会话就会被杀死，它所锁定的资源就会被释放，它的事务就会被回滚，被阻塞的会话就会向下执行，执行结果如下所示。

```
SQL> update emp set sal=1800 where empno=7369;
已更新一行。
```

注意　在被杀死的会话中无论是使用 COMMIT 语句还是 ROLLBACK 语句，都会出现“ORA-00028: 您的会话已被终止”的提示，并且需要重新登录才能操作数据库。

2. 通过 OEM 检测与解决锁争用

在 Oracle 中，也可以通过 OEM 来查询锁的相关信息，然后解决锁争用。

下述代码用于实现任务描述 9.D.6，在 Oracle 中通过 OEM 来检测锁争用问题。

【描述 9.D.6】检测锁争用

在浏览器地址栏中输入 https://localhost:1158/em 就会进入登录界面，如图 9-13 所示。

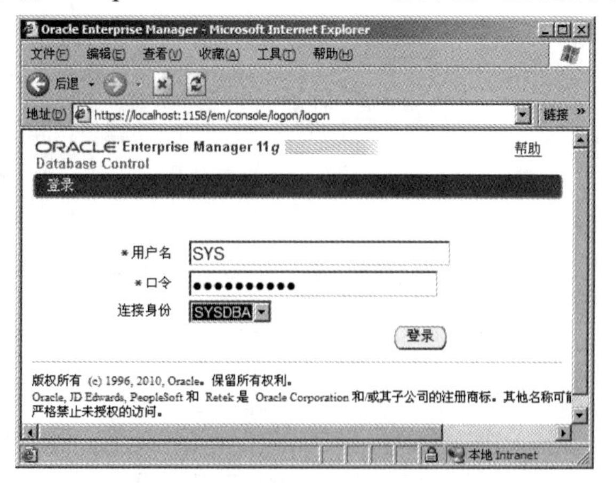

图 9–13　EM 登录界面

注意 由于 Oracle 服务器安装在本机，所以 IP 使用 localhost，Web 服务器端口默认 1158。

首先以 sys 用户并以 sysdba 身份登录 OEM，进入“主目录”页面，在该页面中单击“性能”超链接，进入“性能”属性页面，然后单击“性能”属性页面中“其他监视链接”标题下的“实例锁”超链接，将进入“实例锁”页面。在如图 9-14 所示的该页面的“查看”下拉列表中，选择一种要查看的锁的范围，就会显示这个范围的锁。

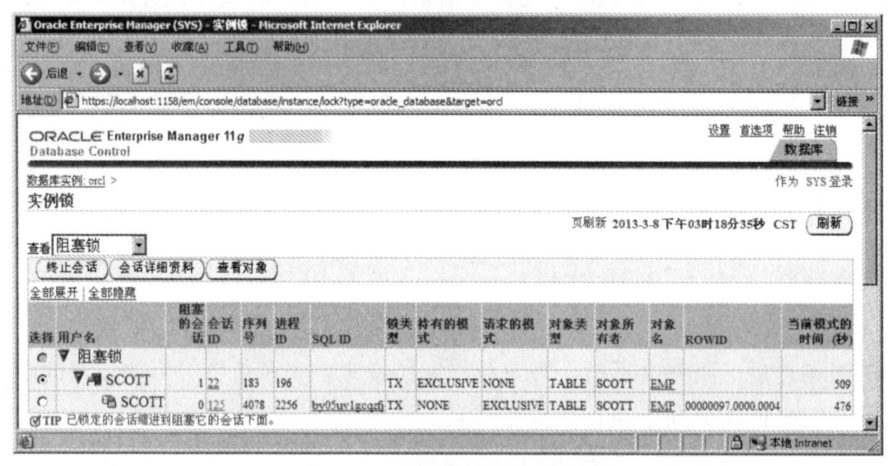

图 9–14 阻塞锁的详细信息

在该页面中可以查看数据库中当前用户的锁的详细信息，包括用户名、有关锁的会话标识号、锁的类型、锁的模式、被锁定的对象、从获得锁到现在所过的时间等。单击该页面中的“刷新”按钮，将会显示此时此刻数据库中所包含的锁的信息。在“会话 ID”列中，单击某个会话标识号，将出现如图 9-15 所示的“会话详细资料”页面。

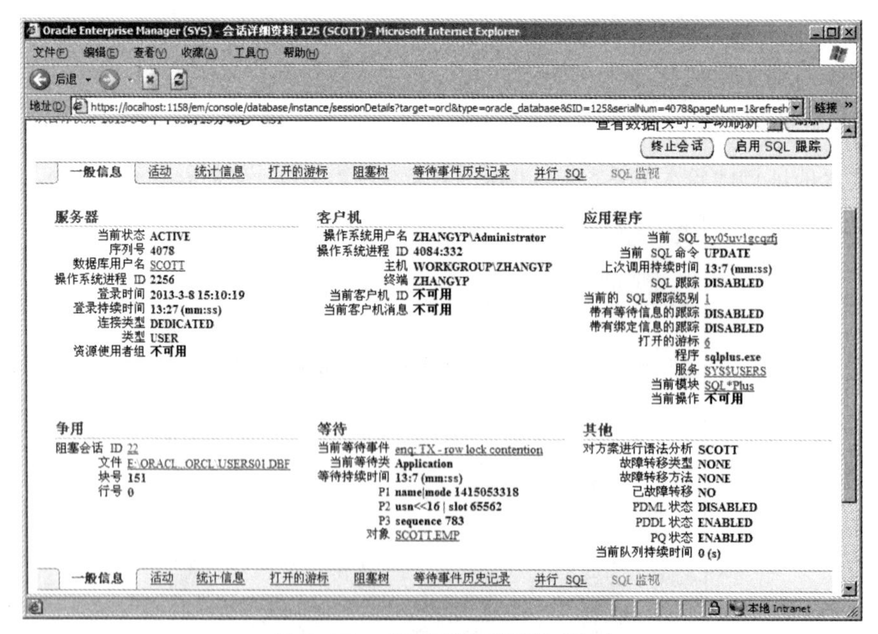

图 9–15 “会话详细资料”页面

查看会话详细资料后，返回“实例锁”页面。在该页面的“SQL 散列值”（SQL/ID）列中，选择某个散列值，将进入如图 9-16 所示的“SQL 详细资料”页面。

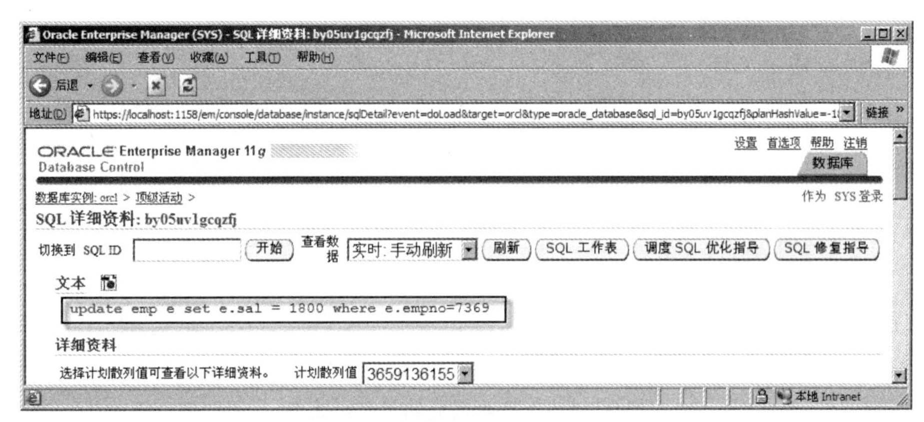

图 9–16　“SQL 详细资料”页面

查看 SQL 详细资料后，返回“实例锁”页面。在该页面的“选择”列中，选择一个要中断的会话（如阻塞者会话），单击“中断会话”按钮，将进入如图 9-17 所示的“确认”页面。

图 9–17　是否确实要中断此会话的确认页面

单击该页面中的“显示 SQL”按钮，将显示如图 9-18 所示的“显示 SQL”页面。在该页面中显示了在数据库中杀死该会话所使用的 SQL 语句。

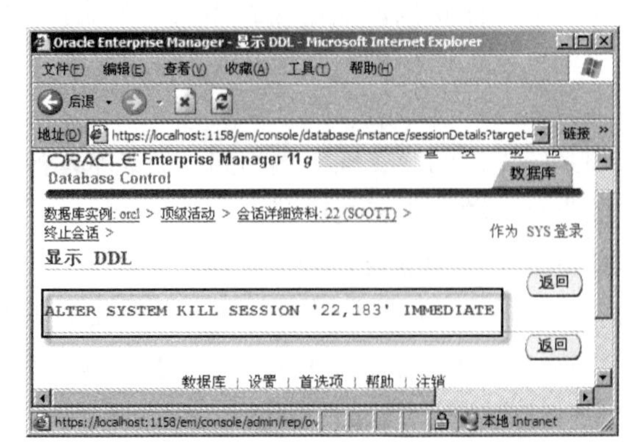

图 9–18　“显示 SQL”页显示杀死该会话所对应的 SQL 语句

返回“确认”页面后，在该页面中单击“是”按钮，将开始杀死该会话，最后返回“实例锁”页面。如果成功，将会显示“当前不存在此类型的锁”信息，如图 9-19 所示。

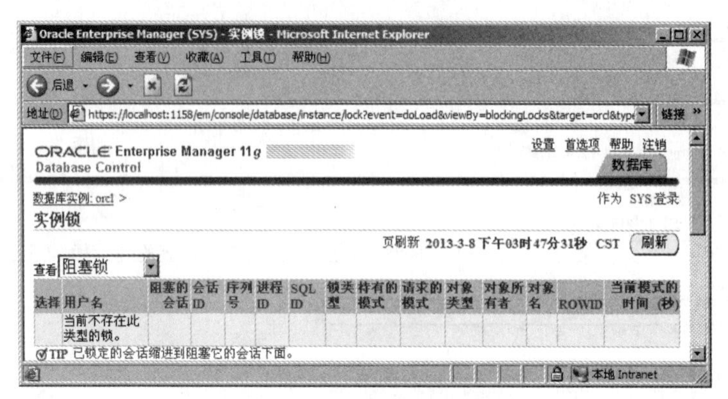

图 9–19 杀死会话后的阻塞锁页面

此时，在数据库中已经没有产生阻塞的锁了。这说明阻塞会话已经被回滚，不再锁定对象。

注意 通过上述两种方法对锁的争用进行了解决。在实际应用中，锁争用或死锁的出现不一定能够及时检测出来，因此在分析有关资源共享的具体业务中需更加留心。

小结

通过本章的学习，学生应该能够掌握：

- 事务是用户定义的数据库操作序列。
- 事务的基本操作包括事务开始、事务读写、事务结束和事务提交。
- 事务特性包括原子性、一致性、隔离性和持久性，简称 ACID。
- 事务开始前可以通过语句设置当前事务的执行属性，如是否可读、是否可写、隔离级别等。
- 并发的事务之间可能会发生访问冲突，这就需要一个能自动解决事务对数据的并发访问所带来的问题的机制，这种机制就是并发控制。
- 锁技术可以有效地解决并行操作的一致性问题。
- 不同的数据库管理系统提供的锁实现不尽相同，但是基本原理和技术是相同的。
- 锁有两种最基本的类型：独占锁和共享锁。
- 锁定的粒度与系统的并发度和并发控制的开销密切相关。一般来讲，锁定的粒度越大，需要锁定的对象就越少，可选择性就越小，并发度就越小，开销就越小；反之，锁定的粒度越小，需要锁定的对象就越多，可选择性就越大，并发度就越大，开销就越大。
- 在多个事务并发执行的过程中可能出现死锁，可以使用一次锁定法或顺序锁定法预防死锁，使用超时法或等待图法来解除死锁。

- Oracle 中的锁按照操作可以划分为 DDL 锁（字典锁）和 DML 锁（数据锁）。
- Oracle 数据库锁的级别有数据库级锁、表级锁、行级锁。
- 可以通过 SQL *Plus 和 OEM 检测 Oracle 中的死锁问题。

练习

1. 事务有多个性质，其中不包括_____。
   A. 一致性　　B. 唯一性　　C. 原子性　　D. 隔离性
2. 事务的持久性是指_____。
   A. 事务中包括的所有操作要么都做，要么都不做
   B. 事务一旦提交，对数据库的改变是永久的
   C. 一个事务内部的操作及使用的数据对并发的其他事物是隔离的
   D. 事务必须是使数据库从一个一致性状态变到另一个一致性状态
3. 一个事务中所有对数据库的操作是一个不可分割的操作序列，这称为事务的_____。
   A. 原子性　　B. 一致性　　C. 隔离性　　D. 持久性
4. 当一个用户修改了表的数据，那么_____。
   A. 第 2 个用户立即能够看到数据的变化
   B. 第 2 个用户必须执行 ROLLBACK 命令后才能看到数据的变化
   C. 第 2 个用户必须执行 COMMIT 命令才能看到数据的变化
   D. 第 2 个用户因为会话不同，暂时不能看到数据的变化
5. 对于 ROLLBACK 命令，以下说法正确的是_____。
   A. 撤销刚刚进行的数据修改操作
   B. 撤销本次登录以来的所有的数据修改
   C. 撤销到上次执行提交或回退操作的点
   D. 撤销上一个 COMMIT 命令
6. 数据库的并发操作可能带来的问题包括______。
   A. 丢失更新　　B. 数据独立性会提高
   C. 非法用户的使用　　D. 增加数据冗余度
7. T_1、T_2 两个事务的并发操作顺序如下所示。
   1）T_1 读 A=20
   2）T_2 读 A=20
   3）T_1 中 A=A−10
   4）T_1 写回 A=10
   5）T_2 中 A=A−5
   6）T_2 写回 A=15

该操作序列属于______。

A. 不存在问题　　B. 丢失修改　　C. 读脏数据　　D. 不可重复读

8. T_1、T_2两个事务的并发操作顺序如下所示。

1）T_1读 A=20

2）T_1中 A=A−10

3）T_1写回 A=10

4）T_2读 A=10

5）T_1中执行 ROLLBACK

6）恢复 A=20

该操作序列属于______。

A. 不存在问题　　B. 丢失修改　　C. 读脏数据　　D. 不可重复读

9. 事务具有以下性质_____、_____、_____和_____。

10. 事务的提交和回滚语句分别是_____和_____。

11. ANSI/ISO SQL92 标准定义的数据库操作的隔离级别包括_______、_______、_______和_______。

12. 常用的死锁预防的两种方法是______和______。

13. 数据库的并发操作会带来 3 类问题，分别是：___________、不一致分析问题和_________。

14. Oracle 中的锁按照操作可以划分为两种：______和______。

15. 根据锁定的粒度和程度，DML 锁又可以分为______和______。

16. 在 Oracle 中，死锁的检测和解决可以通过两种方式，一种是通过______，另一种是通过______。

17. 如果事务 T 对数据对象 D 加了 S 锁，则在 T 释放 D 上的 S 锁以前，其他事务只能对 D 加______锁而不能加______锁。

18. 试述事务的概念及事务的特性。

19. 在数据库中为什么要并发控制？

20. 并发操作可能会产生哪类数据不一致？用什么方法可以避免？

21. 什么是锁？

22. 什么是锁定协议？

23. 什么是死锁、活锁？

24. 防止死锁的方法及死锁的解决办法有哪些？

25. Oracle 中有哪两种检测死锁的方法？

第 10 章　用户管理与安全

本章目标

- 了解计算机 3 类安全性问题
- 了解数据库安全性的概念及安全控制的机制
- 了解 Oracle 11g 的安全机制
- 掌握使用 Oracle 实现权限管理
- 掌握使用 Oracle 实现角色管理
- 掌握使用 Oracle 实现用户管理

学习导航

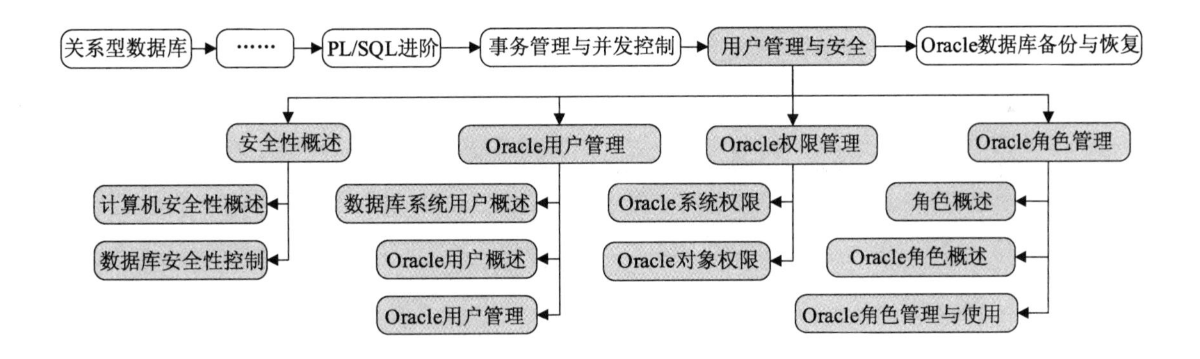

任务描述

【描述 10.D.1】

在 Oracle 数据库中，通过 SQL Developer 实现用户的创建、删除、属性更改以及查询用户会话信息等操作。

【描述 10.D.2】

在 Oracle 数据库中，分别实现系统权限的分配、查询和收回操作。

【描述 10.D.3】

在 Oracle 数据库中，实现角色的创建、授权和删除操作。

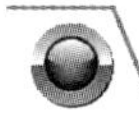

10.1　安全性概述

如果从字面上理解，数据库安全性的含义是非常广泛的，诸如防火、防盗、防震、防掉电等，这些措施对于数据库的安全固然重要，但本章所讨论的数据安全性是指在数据库管理系统的控制之下保护数据库中的数据，以防止不合法的使用所造成的数据泄露、更改或破坏。系统安全保护措施是否能有效保护数据是数据库系统的主要指标之一。

不单单数据库系统具有安全性问题，所有计算机系统都面临同样的安全性问题。只是因为数据库系统中存储大量数据，并且这些数据经常被许多用户直接共享，从而使安全性问题显得尤为突出。

数据库的安全性与包括操作系统、网络系统在内的计算机系统的安全性是紧密联系的。在讨论数据库系统安全性之前，首先讨论计算机系统的安全性的一般问题。

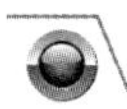

10.1.1　计算机安全性概述

1. 计算机系统 3 类安全性问题

计算机安全这个通用术语所涉及的领域比较广泛。国际标准化组织为“计算机安全”给出的定义如下：“为数据处理系统建立和采取的技术的和管理的安全保护，保护计算机硬件、软件数据不因偶然和恶意的原因而遭到破坏、更改和泄露。”

计算机安全除了涉及计算机系统本身的技术问题之外，还涉及诸如管理、安全、法律等问题。计算机系统的安全性问题概括起来可分为 3 大类，即政策法律类、管理安全类和技术安全类。

- 政策法律

安全的基石是社会法律与法规，这部分用于建立一套安全管理标准和方法，即通过建立与信息安全相关的法律、法规，使不法分子慑于法律的威严，不敢轻举妄动。

- 技术安全

各网络使用机构和单位应建立相关的信息安全管理办法，加强内部管理，建立审计和跟踪体系，提高整体信息安全意识。

- 管理安全

一流的安全技术是信息安全的根本保障，用户对自身面临的威胁进行风险评估，决定其需要的安全服务种类，选择相应的安全机制，然后集成先进的安全技术。采用具有一定安全性的硬件、软件的实现对计算机系统及其所存储的数据进行安全保护，使计算机系统受攻击时仍能保证系统正常运行，保证系统内的数据不丢失、不泄露。

2. 可信计算机系统评测标准

为降低进而消除外在因素对系统的安全攻击，尤其是弥补原有系统在安全保护方面的缺陷，需要在计算机安全技术方面建立一套可信标准。在目前各国所引用或制定的一系列安全标准中，最重要的当推 1985 年美国国防部正式颁布的《DoD 可信计算机系统评估标准》（简称 TCSEC 或 DoD85，又称“橘皮书”）。

制定这个标准的主要目的是：提供一种标准，使用户可以对其计算机系统内敏感信息安全操作的可信程度做评估，并给计算机行业的制造商提供一种可遵循的指导规则，使其产品能够更好地满足敏感应用的安全需求。

1991 年 4 月美国 NCSC（国家计算机安全中心）颁布了《可信计算机系统评估标准关于可信数据库系统的解释》（简称 TDI，又称“紫皮书”）。TDI 将 TCSEC 扩展到数据库管理系统，在其中定义了数据库管理系统的设计与实现中需满足和用以进行安全性级别评估的标准。

TDI 与 TCSEC 一样，从以下 4 个方面来描述安全性级别划分的指标：安全策略、责任、保证和文档，而每个方面又细分为若干项。

根据计算机系统对上述各项指标的支持情况，TCSEC（TDI）将系统划分为 4 组 7 个等级，按系统可靠或可信程度逐渐增高，依次是 D、C（C1，C2）、B（B1，B2，B3）、A（A1）。在 TCSEC 中建立的安全级别之间具有一种向下兼容的关系，即较高安全性级别提供的安全保护要包含较低级别的所有保护要求，同时提供更多或更完善的保护能力。

下面，简略对各个等级进行介绍。

■ D 级

D 级是最低级别。保留 D 级的目的是为了将一切不符合更高标准的系统，统统归于 D 组。如 DOS 就是操作系统中安全标准为 D 的典型例子。它具有操作系统的基本功能，如文件系统、进程调度等，但在安全性方面几乎没有什么专门的机制来保障。

■ C1 级

只提供了非常初级的自主安全保护。能够实现对用户和数据的分离，进行自主存取控制，保护或限制用户权限的传播。现有的商业化应用系统往往稍做改进即可满足该级别的要求。

■ C2 级

实际是安全产品的最低档次，提供受控的存取保护，即将 C1 级进一步细化，以个人身份注册负责，并实施审计和资源隔离。很多商业产品已得到该级别的认证。

■ B1 级

标记安全保护。对系统的数据加以标记，并对标记的主体和客体实施强制存取控制以及审计等安全机制。B1 级能够较好地满足大型企业或一般政府部门对于数据的安全需求，这一级别的产品才认为是真正意义上的安全产品。

■ B2 级

结构化保护。建立形式化的安全策略模型并对系统内的所有主体和客体实施自主存取控制和强制存取控制。从最新资料看，经过认证的 B2 级以上的安全系统非常稀少。

■ B3 级

安全域。该级必须满足访问监控器的要求，审计跟踪能力更强，并提供系统恢复过程。

■ A1 级

验证设计，即提供 B3 级保护的同时给出系统的形式化设计说明和验证以确信各安全保护真正实现。

 10.1.2　数据库安全性控制

数据库安全性控制是指要尽可能地杜绝所有可能的数据库非法访问。每种数据库管理系统都会提供一些安全性控制方法供数据库管理员选用，常用的有以下几种方法。

1. 用户标识与鉴别

数据库系统不允许一个未经授权的用户对数据库进行操作。用户标识和鉴别是系统提供的最外层的安全保护措施。数据库用户在数据库管理系统注册时，每个用户都有一个用户标识符。但一般说来，用户标识符是用户公开的标识，它不足以成为鉴别用户身份的凭证。为了鉴别用户身份，一般采用以下几种方法。

- 利用只有用户知道的信息鉴别用户；
- 利用只有用户具有的物品鉴别用户；
- 利用用户的个人特征鉴别用户。

目前，几乎所有的商业化数据库管理系统都是采用口令识别用户的。口令识别这种控制机制的优点是简单并易掌握。目前对其攻击主要有尝试猜测、假冒登录和搜索系统口令表等 3 种方法。

2. 授权

授权是指对用户存取权限的规定和限制。在数据库管理系统中，用户存取权限指的是不同的用户对于不同数据对象所允许执行的操作权限，每个用户只能访问其有权存取的数据并执行有权进行的操作。存取权限由两个要素组成：数据对象和操作类型。对一个用户进行授权就是定义这个用户可以在哪些数据对象上进行哪些类型的操作。

授权分为“系统特权”和“对象特权”两种。

- 系统特权由数据库管理员授予某些数据库用户，只有得到系统特权，才能成为数据库用户。
- 对象特权是授予数据库用户对某些数据对象进行某些操作的特权，它既可由数据库管理员授予，也可由数据对象的创建者授予。

衡量授权机制的一个重要指标就是授权粒度，即可以定义的数据对象的范围。在关系数据库中，授权粒度包括关系、记录或属性。一般说来，授权定义中粒度越细，授权子系统就越灵活。如表 10-1 所示是一个授权粒度较粗的表，只对整个关系授权，其中 USER1 拥有对关系 A 的所有权限，USER2 拥有对关系 B 的 SELECT 权限和对关系 C 的 UPDATE 权限，USER3 则拥有对关系 C 的 INSERT 权限。

表 10–1　授权粒度较粗的授权表

用户标识	数据对象	访问特权
USER1	关系 A	ALL
USER2	关系 B	SELECT

续表

用户标识	数据对象	访问特权
USER2	关系 C	UPDATE
USER3	关系 C	INSERT

而表 10-2 的授权精确到关系的某一属性，授权粒度较为精细，其中 USER2 只能查询关系 B 的 ID 列和关系 C 的 NAME 列。

表 10–2　授权粒度较细的授权表

用户标识	数据对象	访问特权
USER1	关系 A	ALL
USER2	列 B.ID	SELECT
USER2	列 C.NAME	UPDATE
USER3	关系 C	INSERT

衡量授权机制的另一个重要指标是允许的登记项的范围。表 10-1 和表 10-2 的授权表中的授权只涉及关系或列的名字，不涉及具体的值，这种系统不必访问具体数据本身就可实现的控制称为“值独立”控制。而表 10-3 中的授权表不但可以对列授权，还可通过存取谓词提供与具体数值有关的授权，即可以对关系中的一组满足特定条件的记录授权。表 10-3 中的 USER1 只能对关系 A 的 ID 值>5000 的记录进行操作。对于与数据值有关的授权，可以通过另一种措施——视图定义与查询修改来保护数据库的安全。

表 10–3　包含登记项的授权表

用户标识	数据对象	访问特权	存取谓词
USER1	关系 A	ALL	ID>5000
USER2	列 B.ID	SELECT	
USER2	列 C.NAME	UPDATE	
USER3	关系 C	INSERT	

3.　用户存取权限控制

用户存取权限指的是不同用户对于不同的数据对象允许执行的操作权限。数据库安全最重要的一点就是确保只授权给有资格的用户访问数据库的权限，同时令所有未被授权的人员无法访问数据，这主要通过数据库系统的存取控制机制实现。

存取控制机制主要包括两个部分。

- 定义用户权限，并将用户权限登记到数据字典中。在数据库系统中，每个用户只能访问其有权存取的数据并执行有权使用的操作。系统通过适当的语言定义用户权限，这些定义经过编译后存放在数据字典中，被称为“授权规则”或“安全规则”。
- 合法权限检查，当用户发出存取数据库的操作请求后，DBMS 查找数据字典，根据安全规则进行合法权限检查，若用户的操作已经超出了定义的权限，系统将拒绝进行此操作。

目前的数据库管理系统一般都支持自主存取控制（DAC）。在自主存取控制中，用户对于不同的数据对象有不同的存取权限，不同的用户对同一对象也有不同的权限，而且用户还可以将其拥有的存取权限转授给其他用户，虽然这种授权可以有效地控制其他用户对敏感数据的存取，但由于用户对数据的存取权限是“自主”的，仍可能存在数据的“无意泄露”。

强制存取控制（MAC）是指系统为保证更高程度的安全性，按照 TDI/TCSEC 标准中安全策略的要求，所采取的强制存取检查手段。在强制存取控制机制中，数据库管理系统所管理的全部实体被分为主体和客体两大类。对于主体和客体，数据库管理系统为它们每个实例（值）指派一个敏感度标记。主体的敏感度标记称为“许可证级别”，客体的敏感度标记称为“密级”。数据库中的每一个数据对象被标以一定的密级，每一个用户也被授予一个级别的许可证，强制存取控制机制就是通过对比主体和客体的敏感度标记，最终确定是否能够存取客体，只有合法许可证的用户才可以操纵数据，从而提供更高级别的安全性。

在 TCSEC 中建立的安全级别之间具有一种向下兼容的关系，即较高安全性级别提供的安全保护要包含较低级别的所有保护，同时提供更多或更完善的保护能力，因此在实现强制存取控制时要首先实现自主存取控制，即自主存取控制与强制存取控制共同构成数据库管理系统的安全机制，如图 10-1 所示。

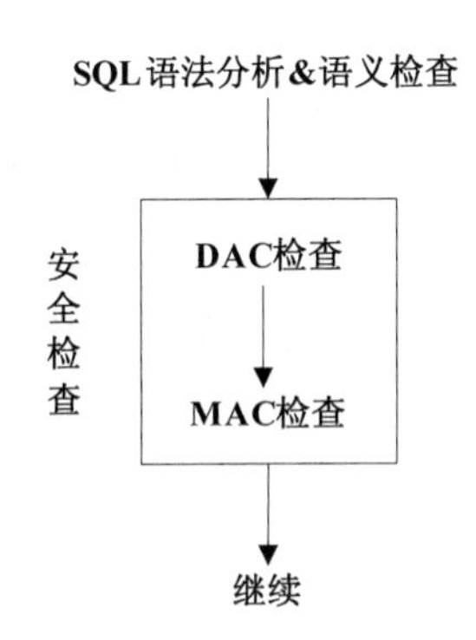

图 10-1　DAC+MAC 安全检查示意图

4.　视图定义与查询修改

在本章之前的内容中曾经提到过，与数据值有关的授权可以通过视图定义与查询修改来保护数据库的安全。为不同的用户定义不同的视图，可以限制各个用户的访问范围。通过视图机制把要保密的数据对无权存取这些数据的用户隐藏起来，可以自动地对数据提供一定程度的安全保护，且实现了数据库的逻辑独立性。但这种安全保护往往不够精细，达不到应用系统的要求，实际应用中常将视图机制与授权机制结合起来使用，首先用视图机制屏蔽一部分保密数据，然后在视图上进一步进行授权。

5.　数据加密

数据加密是保护数据在存储和传递过程中不被窃取或修改的有效手段。加密的基本思想是根据一定的算法将原始数据（明文）加密成不可直接识别的格式（密文），数据以密文的形式存储和传输。数据加密后，对不知道解密算法的人，即使通过非法手段访问到数据，也只是一些无法辨认的二进制代码。目前，数据加密技术有两种 ISO 标准。

- 数据加密标准（DES）。DES 使用 64 位（实际为 56 位密钥，8 位校验）密钥，把 64 位二进制数据加密成 64 位密文数据。DES 算法是公开的，其保密性仅取决于对密钥的保密。DES 的复杂结构至今还没有人找到快捷的破译方法。
- 公开密钥数据加密标准。它的主要特点是：加密和解密使用不同的密钥，每个用户保存一对密钥，即公开密钥和秘密密钥，公开密钥用作加密密钥，秘密密钥用作解密密钥。该标准中最著名的是 RSA 公司的 RSA 体制。

6. 安全审计

安全审计是一种监视措施，对于某些高度敏感的保密数据，系统跟踪记录有关这些数据的访问活动，并将跟踪的结果记录在一个审计日志中，根据这些数据可对潜在的窃密企图进行事后分析和调查。审计功能是 DBMS 达到 C2 级以上安全级别必不可少的指标，这是数据库系统的最后一道防线。主要有两种审计方式，即用户审计和系统审计。

- 用户审计。DBMS 的审计系统记下所有对表或视图进行访问的企图（包括成功或不成功的）及每次操作的用户名、时间、操作代码等信息。这些信息一般都被记录在数据字典（系统表）之中，利用这些信息用户可以进行审计分析。
- 系统审计。由系统管理员进行，其审计内容主要是系统一级命令以及数据库对象的使用情况。

注意 安全审计通常是很费时间和空间的，所以 DBMS 往往将其视为可选特征，一般主要用于安全性要求较高的部门。

10.2 Oracle 中的用户管理

10.2.1 数据库系统用户概述

数据库管理员和最终用户是配置、管理和使用数据库系统的主要人员。不同人员群组的工作范围和职责有所不同。

1. 系统管理员（DBA）

数据库的系统管理员是一个非常重要的角色，数据库系统的效率和正常运行，很大程度上依赖于系统管理员所做的工作。系统管理员可以是一个或多个人，具有比较高的权限，全面管理、监督和配置数据库系统。其具体的工作主要包括以下几个方面。

- **参与决定数据库中的信息内容和结构**。DBA 要参与数据库设计的全部过程，和系统分析员、应用程序员、最终用户密切合作，确定数据库中要存放哪些信息，结构如何设计。
- **参与确定数据库存储结构和存取策略**。DBA 要根据最终用户的要求和具体情况，决定数据库中数据的存储结构和存取策略等，以最大程度地提高系统的性能和存储空间的利用率。

- **定义数据的安全性要求和完整性约束**。DBA 负责建立数据库系统的用户，为不同的用户设定详细的存取权限、数据的保密级别和完整性约束条件，保证数据库的安全性和完整性。
- **监控数据库的使用和运行**。在数据库系统运行的过程中，DBA 要随时监控系统的运行情况，及时处理运行过程中出现的各种问题。如果系统发生软硬件故障，DBA 要在最短的时间内进行分析、排查，保证系统的畅通。另外，DBA 要采用一定的备份策略，定期进行数据转储，并及时跟踪和维护系统日志等。如果数据库遭到损坏，DBA 必须尽快将数据库恢复到正确状态，使前台的日常业务逻辑不至于受到大的影响。
- **负责数据库的结构重组和性能改进**。数据库系统在运行一段时间后，随着数据量的不断增加，系统的效率会有所降低。DBA 要在系统运行期间及时跟踪系统的处理效率、空间利用率等指标，并进行记录和分析，根据系统的软硬件环境以及个人的工作经验，对数据库进行整理和重组，以提高系统的性能。但注意整理和重组的过程不能影响最终用户对系统的正常使用。

2. 最终用户

最终用户即最终使用数据库系统的人员。最终用户不直接操作数据库，但可以通过应用程序界面进行交互，间接存取数据。

最终用户一般分为以下 3 类。

- **偶然用户**：这些用户不经常访问数据库，每次访问可能只着重于某些特定的数据库信息。这些用户一般是企业或单位的高中级管理人员。
- **简单用户**：数据库中的绝大多数最终用户都是简单用户。这些用户通过使用应用程序界面存取数据库，操作可能是查询、插入或修改数据库记录。例如，ERP 系统中的仓库管理员就属于此类用户。
- **复杂用户**：复杂用户包括一些具有特殊技术背景的最终用户。这些用户一般都比较熟悉数据库管理系统的功能和结构，也比较熟悉具体的需求，可以直接使用数据库语言访问数据库，利用数据库接口编写自定义的应用程序等。

10.2.2　Oracle 用户概述

Oracle 用户是 Oracle 数据库的使用者和管理者，Oracle 数据库通过设置用户及其安全属性来控制对数据库的访问和操作。用户管理是 Oracle 数据库安全管理的核心和基础。Oracle 中的用户拥有数据库中的对象，如表、索引等。另外，用户被授予特定的系统权限，以允许在数据库中执行特定的操作。

许多属性与用户相关联。首先是用户的密码，它用来保护用户的账户，在用户登录时会需要用到。另外一个与用户相关联的属性是用户的默认表空间。该空间在创建用户时定义，并可以随需要而改变。若创建用户没有显式地指明默认表空间，则以 USERS 作为默认表空间。

为了能够在给定的表空间中创建对象，用户必须在表空间中建立足够的磁盘限额，或拥有 UNLIMITED TABLESPACE 的系统权限，后者允许使用数据库内所有表空间中的无限空间。

创建用户账户时可以分配给用户一个资源文件，以后如果需要，也可以将用户分配给一个资源文件。资源文件控制许多属性，如在一段特定时间后，强制改变密码的属性，还支持使用强密码。

创建账户时可以注销某个用户的密码，或者可以以后修改账户来注销用户的密码，这将迫使用户改变密码后才能再次登录进入数据库。也可以随意地对用户账户上锁。如果用户不需要再访问某些账户，这些账户通常就会被锁定。

10.2.3 Oracle 用户管理

Oracle 中使用 CREATE USER 命令创建一个用户，使用 ALTER USER 命令来修改用户属性，使用 DROP USER 命令来删除用户。

1. 创建用户

在使用 CREATE USER 命令创建用户时，指定的用户名最多可以长达 30 个字符，但不可以是 Oracle 中的保留字。此外，需要注意的是在使用 CREATE USER 命令时需要拥有 CREATE USER 系统权限。

CREATE USER 命令语法格式如下。

```
CREATE USER username IDENTIFIED
[BY password]|
[EXETERNALLY [AS 'certificate_DN|Kerberos_principal_name']]|
[GLOBALLY [AS 'directory_DN']]
[DEFAULT TABLESPACE tablespace]
[TEMPORARY TABLESPACE tablespace|tablespace_group_name]
[QUOTA n K|M|UNLIMITED ON tablespace]
[PROFILE profile_name]
[PASSWORD EXPIRE]
[ACCOUNT LOCK | UNLOCK]
```

其中：

- username：用户名，在数据库中用户名必须是唯一的。
- IDENTIFIED：用于指明用户身份认证方式。
- BY password：指定用户采用的数据库认证方式，password 为用户口令。在 Oracle 11g 中，默认情况下，口令大小写敏感。Oracle 建议口令由大小写字母、数字混合组成，总长度大于等于 8 个字符。

- EXETERNALLY：指定用户采用外部身份认证，如操作系统认证或第三方认证。
- AS 'certificate_DN'：指定用户只采用 SSL 外部身份认证。
- AS 'Kerberos_principal_name'：指定用户只采用 kerberos 外部身份认证。
- GLOBALLY AS 'directory_DN'：用户名由 Oracle 安全域中心服务器验证，DN 名字表示用户的外部名。
- DEFAULT TABLESPACE tablespace：用于设置用户的默认表空间。
- TEMPORARY TABLESPACE tablespace：用于设置用户的默认临时表空间。
- QUOTA：用户可以使用的表空间的配额。n 为整数，K 表示 K 个字节，M 表示 M 个字节，UNLIMITED 表示无限制。
- PROFILE：用于为用户指定概要文件。默认值为 DEFAULT，采用系统默认的概要文件。
- PASSWORD EXPIRE：立即将口令设成过期状态，用户再登录前必须修改口令。
- ACCOUNT LOCK：用于设置用户初始状态为锁定，默认为不锁定。
- ACCOUNT UNLOCK：用于设置用户初始状态为不锁定或解除用户的锁定状态。

注意 对于数据库用户身份认证的方式，本书仅涉及数据库的身份认证，即通过口令进行的用户的登录。对于外部身份认证和全局身份认证，请读者查询相关资料加以了解。

下述代码用于实现任务描述 10.D.1，在 Oracle 数据库中，通过在 SQL 工作表中执行创建用户的命令来实现新用户的创建。

【描述 10.D.1】创建新用户

现在要求创建一个名为“myuser”的用户，密码为“123456”，该用户默认的表空间为“users”，临时表空间为“temp”，此外，该用户在表空间“users”上的空间配额没有限制，并且默认状态为非锁定状态。使用 sys 用户登录 SQL Developer，在 SQL 工作表中输入以下代码。

```
CREATE USER myuser
IDENTIFIED BY 123456
DEFAULT TABLESPACE users
TEMPORARY TABLESPACE temp
QUOTA UNLIMITED ON users
ACCOUNT UNLOCK;
```

上述代码执行后，结果如下。

```
user MYUSER 已创建。
```

从结果可以得知，新用户已经创建。

读者也可以通过 SQL Developer 图形化界面的方式来创建新用户，这对于初学者来说较为方便。

下述步骤用于实现任务描述 10.D.1，在 Oracle 数据库中，通过 SQL Developer 图形化界面的方式实现新用户的创建。

01 在左侧的“连接”选项卡中，展开新建的连接“sys_orcl”，然后在“sys_orcl”连接中找到“其他用户”选项，右键单击“其他用户”，弹出如图 10-2 所示的菜单。

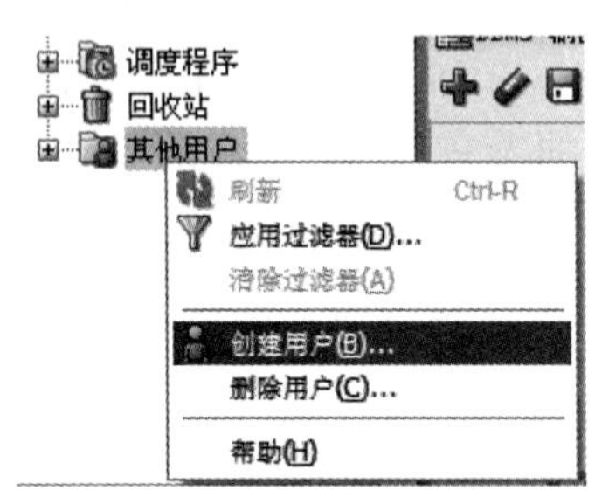

图 10-2 “其他用户”快捷菜单

02 选择“创建用户”命令，弹出“创建/编辑用户”窗口，如图 10-3 所示。

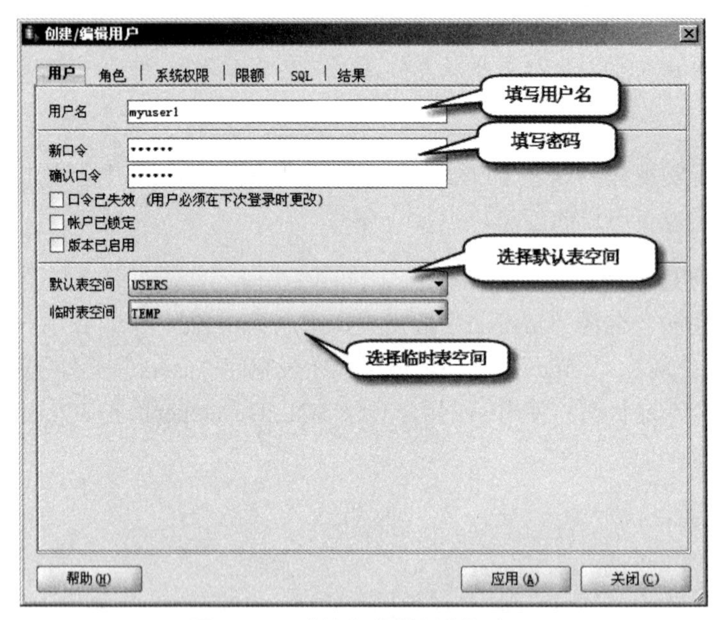

图 10-3 “创建/编辑用户”窗口

03 为了便于区分之前创建的用户“myuser”，所以此处设置用户名的值为“myuser1”、新口令的值为“123456”，并选择默认表空间的值为“USERS”，临时表空间的值为“TEMP”。

04 单击右下角的“应用”按钮，并单击“关闭”按钮，则用户创建完毕。可以展开“其他用户”查看，如图 10-4 所示。

注意 仅创建了用户对象，如果没有分配相应的权限，该用户还不能正常使用，分配权限的方式参见 10.3.2 节。

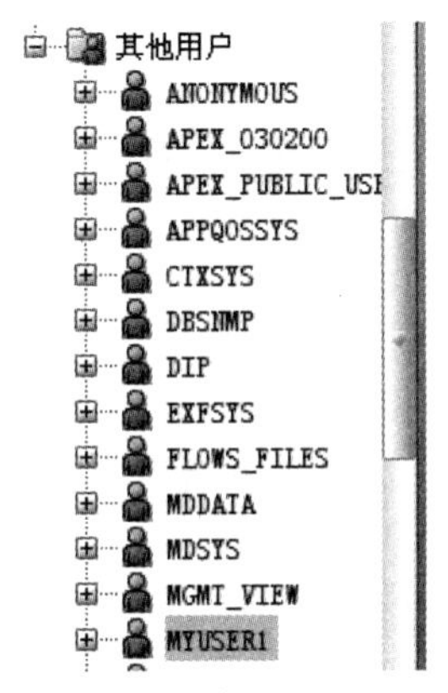

图 10-4　新用户 myuser1

2. 修改用户

更改用户属性可以使用 ALTER USER 命令，该命令可以完成以下工作。

- 更改用户密码；
- 更改用户的临时或默认表空间；
- 更改一个现存的磁盘限额或分配一个新磁盘限额；
- 更改用户的资源文件分配；
- 更改用户的默认角色；
- 将用户密码注销；
- 为用户账户上锁或解锁。

ALTER USER 命令语法格式如下。

```
ALTER USER username [IDENTIFIED]
[BY password]|
[EXETERNALLY [AS 'certificate_DN|Kerberos_principal_name']]|
[GLOBALLY [AS 'directory_DN']]
[DEFAULT TABLESPACE tablespace]
[TEMPORARY TABLESPACE tablespace|tablespace_group_name]
[QUOTA n K|M|UNLIMITED ON tablespace]
[PROFILE profile_name]
[DEFAULT ROLE [role_list]|[ALL [EXCEPT role_list]]|NONE]
[PASSWORD EXPIRE]
[ACCOUNT LOCK | UNLOCK]
```

ALTER USER 语句与 CREATE USER 语句的参数基本相同，不同之处在于 ALTER USER 语句中多了 DEFAULT ROLE 选项，该选项为用户指定默认角色。

其中：

- role_list：表示角色列表；

- ALL：表示所有角色；
- EXCEPT role_list：表示除了 role_list 列表中的角色之外的其他所有角色；
- NONE：表示没有默认角色。

此外，使用 ALTER USER 命令更改用户属性，必须拥有 ALTER USER 系统权限。但是任何用户都可以修改自己的密码而不需要具有 ALTER USER 的系统权限。

下述代码用于在 Oracle 数据库中实现用户属性的更改。

【代码 10-1】修改用户属性

接下来对 myuser 用户进行属性更改，例如，将 myuser 用户的密码更改为“Orc123456”，并锁定账户，同时更改用户在 USERS 表空间的磁盘限额为 50MB。具体代码如下。

```
ALTER USER myuser IDENTIFIED BY Orcl23456;
ALTER USER myuser ACCOUNT LOCK;
ALTER USER myuser QUOTA 50M ON USERS;
```

执行结果如下所示。

```
user MYUSER 已变更。
user MYUSER 已变更。
user MYUSER 已变更。
```

从结果可以得知，新用户的属性已经修改。

注意 可以通过 SQL Developer 图形化界面的方式修改用户的属性，例如展开“其他用户”找到“MYUSER”项并右键单击，在弹出的菜单中选择“编辑用户”命令，会出现和图 10-3 一样的窗口，直接在该图所示的窗口中输入新的口令或者修改其他选项就可以修改该用户的属性。

3. 删除用户

删除一个用户时，系统先删除该用户所有的模式对象，然后从数据字典中删除用户及对应模式的定义。不能删除当前正在连接的数据库的用户。如果要删除的用户当前正在连接数据库，可以先终止该用户的会话，然后再删除该用户。

在 Oracle 中使用 DROP USER 语句删除数据库用户，其中，执行该语句的用户需要具有 DROP USER 系统权限。DROP USER 语句的基本语法如下。

```
DROP USER username [CASCADE]
```

如果用户拥有数据库对象，则必须在 DROP USER 语句中使用 CASCADE 选项删除用户，Oracle 先删除用户的所有模式对象，然后再删除该用户。如果其他数据库对象（如存储过程、函数等）引用了该用户的数据库对象，则这些数据库对象（依赖对象）将被标志为失效（INVALID）状态。

下述代码用于在 Oracle 数据库中实现对用户 myuser 的删除。

【代码 10-2】删除用户

```
DROP USER myuser CASCADE;
```

执行结果如下所示。

```
user MYUSER 已删除。
```

从结果可以得知，新用户已经被删除。

注意　可以通过 SQL Developer 图形化界面的方式删除用户，例如，通过 sys 用户登录后，展开“其他用户”找到“MYUSER”项并右键单击，在弹出的菜单中选择“删除用户”命令就可以删除该用户。

10.3　Oracle 中的权限管理

Oracle 是多用户系统，它允许多用户共享系统资源。为了保证数据库系统的安全，Oracle 数据库管理系统配置了良好的安全机制。

Oracle 中权限是预先定义好的执行某种 SQL 语句或访问其他用户的数据库对象的能力。在 Oracle 数据库中是利用权限来进行安全管理的。

Oracle 数据库的第一层安全体系就是建立相应的权限分级。权限是用户对一项功能的执行权力。在 Oracle 中，根据系统管理方式的不同，将权限分为“系统权限”与“对象权限”两类。

- 系统权限是指在数据库级别上执行某种操作的权限或针对某一类对象执行某种操作的权限。如 CREATE SESSION 权限、CREATE ANY TABLE 权限。
- 对象权限是指用户对具体的数据库对象所拥有的权限，如对表 emp 的插入、删除、修改或查询的权限等。

10.3.1　Oracle 系统权限

数据库系统权限是允许用户执行特定的命令集，指在系统级控制数据库的存取和使用的机制，即执行某种 SQL 语句的能力。例如，是否能启动、停止数据库，是否能修改数据库参数，是否能连接到数据库，是否能创建、删除、更改方案对象等。它一般是针对某一类方案对象或非方案对象的某种操作的全局性能力。

在 Oracle 数据库中，授予系统权限使用 GRANT 语句，其语法格式如下。

```
GRANT system_privilege_list | [ALL PRIVILEGES]
TO user_list | role_list | PUBLIC [WITH ADMIN OPTION]
```

其中：

- system_privilege_list：系统权限列表，以逗号分隔；
- ALL PRIVILEGES：所有系统权限；
- user_list：用户列表，以逗号分隔；
- role_list：角色列表，以逗号分隔；
- PUBLIC：给 PUBLIC 用户组授权，即对数据库中所有用户授权；
- WITH ADMIN OPTION：允许系统权限接收者再把此权限授予其他用户。

此外在 Oracle 系统中，数据库管理员可以使用 REVOKE 语句回收用户、角色或 PUBLIC 用户组获得的用户权限。REVOKE 语句的语法格式如下。

```
REVOKE sys_priv_list | [ALL PRIVILEGES]
FROM user_list | role_list | PUBLIC;
```

所有的系统权限可以从 user_sys_privs 表中查询，查询语句如下。

```
SELECT * FROM user_sys_privs;
```

在给用户授予系统权限时，有一个特殊的用户 PUBLIC，它代表所有的 Oracle 系统用户。例如，给系统中的所有用户授予连接权限的代码如下。

```
GRANT CREATE SESSION TO public
```

每种系统权限都为用户提供了执行某一种或某一类系统级的数据库操作的权力。数据字典视图 system_privilege_map 中包括了 Oracle 数据库中定义的所有系统权限。通过查询该视图可以了解系统权限的信息。

注意 系统权限的详细分类及描述参见实践 6 知识拓展第 1 部分。

下述步骤用于实现任务描述 10.D.2，在 Oracle 数据库中，实现系统权限的分配、查询和收回操作。

【描述 10.D.2】实现系统权限的分配、查询和收回操作

1）分配系统权限并查询

现在为描述 10.D.1 中通过 SQL 工作表创建的用户“myuser”进行系统权限的分配，由于“myuser”在前面的操作中已经删除，为了便于演示，读者需要按照【描述 10.D.1】的步骤进行用户的创建，此处不再赘述。首先为其授予登录权限，在 SQL 工作表中执行下述代码。

```
GRANT CREATE SESSION TO myuser;
```

然后再为其授予创建表的权限，具体代码如下。

```
GRANT CREATE TABLE TO myuser;
```

系统权限的分配执行结果如下所示。

```
Grant 成功。
Grant 成功。
```

然后以“myuser”用户的身份登录，并在 SQL 工作表中查询 myuser 用户所具有的权限，代码如下。

```
SELECT * FROM session_privs;
```

执行后，用户 myuser 所具有的系统权限如图 10-5 所示。

PRIVILEGE
CREATE SESSION
ALTER SESSION
CREATE TABLE

图 10–5　用户 myuser 的系统权限

2）回收系统权限

最后，将分配给用户的系统权限收回，以 sys 用户身份登录，在 SQL 工作表中执行如下代码。

```
REVOKE CREATE TABLE FROM myuser;
REVOKE CREATE SESSION FROM myuser;
```

执行结果如下。

```
REVOKE 成功。
REVOKE 成功。
```

然后在“myuser”用户下的 SQL 工作表中查询 myuser 用户所具有的权限，代码如下。

```
SELECT * FROM session_privs;
```

执行后，用户 myuser 所具有的系统权限如图 10-6 所示。

PRIVILEGE
ALTER SESSION

图 10–6　用户 myuser 的系统权限

注意　在上述操作中，如果 myuser 的连接已经断开，再重新连接时，则无法新建连接，因为已经没有了 CREATE SESSION 的权限，只所以能够在 myuser 用户下的 SQL 工作表中进行权限的查询，是因为之前打开的连接没有关闭掉。

与使用图形化界面的方式创建用户相同，也可以通过图形化界面的方式进行系统权限的分配。

下述步骤用于实现任务描述 10.D.2，在 Oracle 数据库中，通过 SQL Developer 图形化界面的方式实现系统权限的分配、查看、收回操作。

01 在左侧的“连接”选项卡中，展开新建的连接“sys_orcl”，然后在“sys_orcl”连接中，找到“其他用户”选项，并展开。

02 展开“其他用户”，找到“MYUSER”用户，右键单击弹出如图 10-7 所示的菜单。

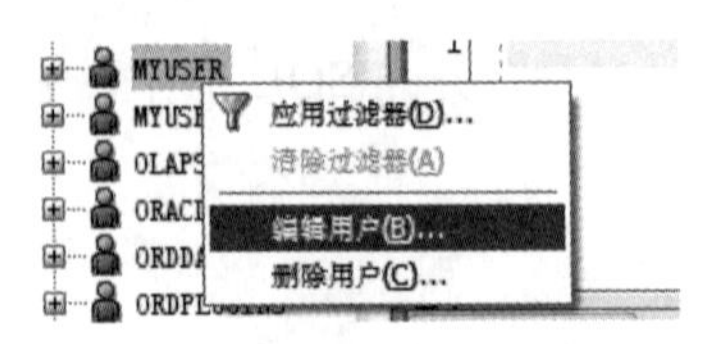

图 10-7 “MYUSER”快捷菜单

03 选择“编辑用户”命令，出现“创建/编辑用户”窗口，切换到“系统权限”选项卡，如图 10-8 所示。

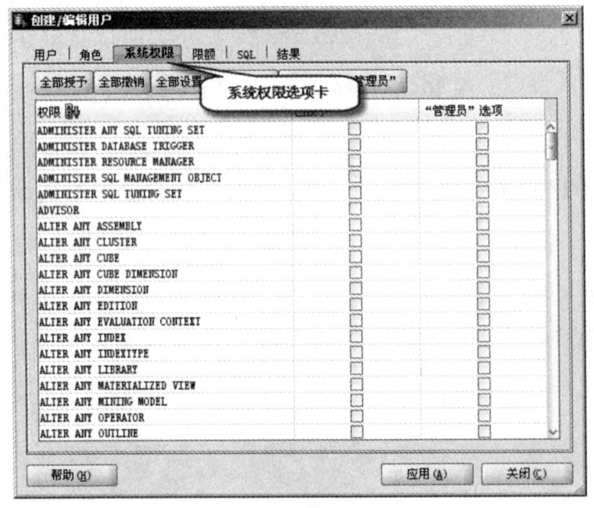

图 10-8 “创建/编辑用户”窗口

04 然后为其进行系统权限的分配，首先为其授予登录权限，单击“系统权限”选项卡，并选中“CREATE SESSION”权限，如图 10-9 所示。

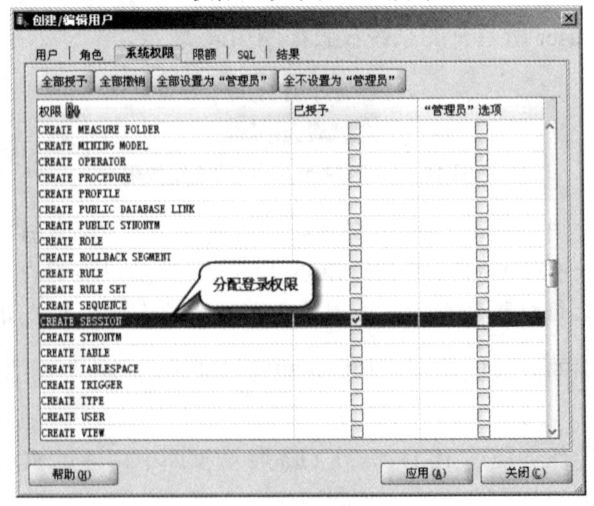

图 10-9 分配登录权限

05 然后再为其授予创建表的权限和使用表空间的权限，在如图 10-9 所示的界面中分别选中“CREATE TABLE”和“UNLIMITED TABLESPACE”权限即可。

06 权限分配结束后，单击如图 10-9 所示窗口的右下角“应用”按钮，并单击“关闭”按钮，则用户系统权限的分配就会完成。

注意 *在上述操作中，如果需要回收用户的系统权限，只需要在如图 10-9 所示的界面中取消“勾选”相应的复选框即可。*

10.3.2 Oracle 对象权限

数据库对象权限使得用户能够对各个对象进行某些操作，指在对象级控制数据库的存取和使用的机制，即访问其他用户的方案对象的能力。例如，用户可以存取哪个用户的方案中的哪个对象，是否能对该对象进行查询、插入、更新等。对象权限一般是针对其他用户的某个特定的方案对象的某种操作的局部性能力，DELETE 权限允许用户删除表或视图的行，SELECT 权限允许用户通过 SELECT 语句从表、视图、序列或快照中查询信息。

Oracle 数据库的对象主要是指：表、索引、视图、序列、同义词、过程、函数、包、触发器等。

创建对象的用户拥有该对象的所有对象权限，不需要再额外进行授予。所以，对象权限的设置实际上是为对象的所有者给其他用户提供操作该对象的某种权力的一种方法。

Oracle 数据库中总共有如表 10-4 所示的 9 种不同的对象权限。

表 10-4 Oracle 的 9 种对象权限

权限	更改	删除	运行	索引	插入	读	引用	选择	更新
Directory	no	no	no	no	no	yes	no	no	no
Function	no	no	yes	no	no	no	no	no	no
Procedure	no	no	yes	no	no	no	no	no	no
Package	no	no	yes	no	no	no	no	no	no
DB Object	no	no	yes	no	no	no	no	no	no
Library	no	no	yes	no	no	no	no	no	no
Operation	no	no	yes	no	no	no	no	no	no
Sequence	yes	no	no	no	no	no	no	no	no
Table	yes	yes	no	yes	yes	no	yes	yes	yes
Type	no	no	yes	no	no	no	no	no	no
View	no	yes	no	no	yes	no	no	yes	yes

其中：

- 更改（ALTER）对象权限保证在相关的表上执行 ALTER TABLE 或 LOCK TABLE 语句。该权限可以重命名表、添加列、删除列、更改数据类型和列的长度，以及把表转换成一个分区表。
- 删除（DELETE）对象权限允许在授权对象上执行 DELETE 语句，以便从表或者视图中删除行。该权限还允许被授权者锁定相应的表。

- 运行（EXECUTE）对象权限允许被授权者使用相关的数据库对象并且调用其方法。
- 索引（INDEX）对象权限允许被授权者在相关的表上创建索引或者锁定该表。
- 插入（INSERT）对象权限允许被授权者在相关的表或视图中创建行。
- 读（READ）对象权限允许被授权者读取指定目录中的 BFILE，该权限只能在目录上授予。
- 引用（REFERENCE）对象权限允许被授权者创建引用该表的参照完整性约束，被授权者可以锁定该表。
- 选择（SELECT）对象权限允许被授权者读取表或者视图的内容，并在表或者视图上执行 SELECT 语句。该权限只能授予整个表，不能授予表中的列。
- 更新（UPDATE）对象权限允许被授权者更改表或者视图中的数据值。
- 所有(ALL)权限对于可以具有多项权限的对象，可以授予或者撤销专门的全新 ALL。对于表而言，ALL 中包含了 SELECT、INSERT、UPDATE、DELETE、INDEX、ALTER 和 REFERENCE，所以在表上授予 ALL 权限时要注意，因为可能并不想授予 INDEX、ALTER 和 REFERENCE 权限。

授予对象权限的语句的格式如下。

```
GRANT SELECT ON tablename TO public ;
GRANT SELECT ON tablename TO username;
GRANT ALL ON tablename TO username;
```

撤销对象权限的语句的格式如下。

```
REVOKE SELECT ON tablename FROM public ;
REVOKE SELECT ON tablename FROM username;
REVOKE ALL ON tablename FROM username;
```

用户的对象权限可以从表 user_tab_privs 中查询获得，查询语句如下。

```
SELECT * FROM user_tab_privs;
```

特殊权限 ALL 代表所有的对象权限，可以被授予或撤销。如 TABLE 的 ALL 权限就包括：SELECT、INSERT、UPDATE 和 DELETE，还有 INDEX、ALTER 和 REFERENCE。

10.4 Oracle 中的角色管理

10.4.1 角色概述

假设有如图 10-10 所示的企业应用环境，企业内存在多个不同部门，每个部门内员工需要不同权限，所有部门经理具有相同权限，此时需要对每个部门经理进行相同的权限设置。

随着相同或类似权限用户的增加，系统用户权限管理与维护难度非常大。在数据库系统用户增多、需求更复杂的情况下，传统的 DAC 和 MAC 已经不能满足许多企业或组织的安全需求，基于角色的访问控制（RBAC）便明显地显示出其优越性。

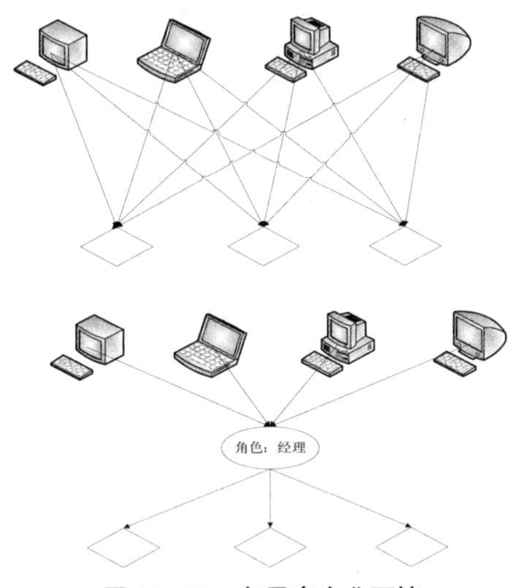

图 10-10　多用户企业环境

RBAC 中包含 3 个实体，即用户（user）、角色（role）和权限（authority）。它通过角色将用户和存取权限逻辑分离，根据用户在组织中的不同工作岗位或职位设置角色，授予角色相应的存取权限，再为用户分配角色。用户与角色、角色与权限之间都是 *n*:*n* 的关系，如图 10-11 所示。

图 10-11　RBAC 原理图

在 RBAC 模式中，最重要的概念就是角色。角色是一组权限的集合，将角色赋给一个用户，这个用户就拥有了这个角色的所有权限。

10.4.2　Oracle 中的角色概述

Oracle 的角色就是一组权限的集合，这些权限包括系统权限与对象权限。Oracle 可以用角色来简化权限管理。

Oracle 数据库系统预先定义了 CONNECT、RESOURCE、DBA、EXP_FULL_DATABASE 等角色。通过查询 sys.dba_sys_privs 可以了解每种角色拥有的权限。

这些预定义的权限详细说明如下。

- CONNECT、RESOURCE、DBA 这些预定义角色主要是用于数据库管理。Oracle 建议用户自己设计数据库管理和安全的权限规划，而不要简单地使用这些预定角色。其中 CONNECT 具有创建表、视图、序列等权限，RESOURCE 具有创建过程、触发器、表、序列等权限，DBA 具有全部系统权限。

- DELETE_GATALOG_ROLE、EXECUTE_CATALOG_ROLE、SELECT_CATLOG_ROLE 这些角色主要用于访问数据字典视图和包。
- EXP_FULL_DATABASE、IMP_FULL_DATABASE 这两个角色用于数据导入/导出时使用。
- AQ_USER_ROLE、AQ_ADMINISTRATOR_ROLE 这两个角色用于实现 Oracle 高级查询功能。
- SNMPAGENT 用于使用 Oracle 中的工具 oracle enterprise manager 和 Intelligent Agent。
- RECOVERY_CATALOG_OWNER 用于创建拥有恢复库的用户。
- HS_ADMIN_ROLE 当 DBA 使用 Oracle 的 heterogeneous 服务时，需要使用此角色访问数据字典。

10.4.3 Oracle 中的角色管理与使用

1. 创建角色

使用角色之前，首先要创建角色。使用 SQL 命令 CREATE ROLE 可以创建一个角色，其语法具体格式定义如下。

```
CREATE ROLE 角色名称
[ NOT IDENTIFIED
| IDENTIFIED { BY 密码 | USING [模式.] 包 | EXTREMELY | GLOBALLY}
];
```

其中：

- 角色的名称不得与数据库已有的用户名相同，以免发生冲突；
- NOT IDENTIFIED 选项表示无须认证即可使用该角色；
- IDENTIFIED 选项表示用户必须在执行获得角色指定的认证方法之后才能获得该角色的使用权。

注意 与账号类似，角色也需要得到认证后才能使用。

角色认证大体分为以下 4 种。

- BY 密码：创建的是本地角色，用户通过输入正确的密码获得认证。
- USING[模式.]包：创建的是应用程序角色，这种角色是指应用程序通过授权包获得认证的。如果不指定模式，系统会认为是当前用户模式。
- EXTREMELY：创建的是外部角色，一个外部用户必须在通过某种外部的服务之后才能使用此角色。
- GLOBALLY：创建的是全局角色，一个全局用户必须通过企业目录服务后才可使用此角色。

2. 给角色授予权限

■ 给角色授予系统权限或其他已有角色的 SQL 命令的语法格式如下。

```
GRANT 系统权限 1 | 已有角色 1 [,系统权限 2 | 已有角色 2,…]
TO 角色 1 [,角色 2,…]
[WITH ADMIN OPTION];
```

如果授予角色 ADMIN 选项，那么被授予者可以授权、更改或删除这个角色，并且能向其他用户和角色授予这个角色。为了防止系统中的安全漏洞，为其他角色授予带有管理权的系统权限和角色是不明智的。

■ 给角色授予对象权限的 SQL 命令的语法格式如下。

```
GRANT {对象权限 [,对象系统权限 2,…] | ALL [PRIVILEGES]}
    ON {[模式名.]数据库对象 [(列名 1[,列名 2,…])|DIRECTORY 目录名称]}
TO {角色 1[,角色 2,…]}
[WITH HIERARCHY OPTION];
```

3. 从角色中撤销已授予的权限或角色

从某个角色撤销已授予的系统权限和其他已有角色的命令的语法格式如下。

```
REVOKE { 系统权限 1 [,系统权限 2,…] | ALL [PRIVILEGES] | 角色 1 [,角色 2]}
FROM 角色 1,[角色 2,…];
```

4. 删除一个角色

删除一个角色使用 DROP 命令，其语法格式如下。

```
DROP ROLE role_name;
```

5. 将角色授予用户或其他角色

在创建完角色并为角色分配了适当的权限后，就可以将角色授予用户或其他角色了。为了将角色授予用户，可以使用如下的 GRANT 命令。

```
GRANT 角色 1[,角色 2,…] TO {用户 1[,用户 2,…] | PUBLIC}
[WITH ADMIN OPTION];
```

PUBLIC 选项表示将角色授予数据库的所有用户。

6. 启用和禁用角色

一旦用户被授予某个角色之后，将拥有该角色包含的一切权限。但用户并不是任何时候都需要这个角色的，有时出于系统安全的考虑，也希望让拥有某个角色的用户在某些时候能暂时不能使用该角色。这可以通过有选择地启用和禁用角色来实现。启用和禁用角色可以使用 SQL 命令的 SET ROLE 操作，其具体命令的语法格式如下。

```
SET ROLE
    {角色 1 [INDENTIFIED BY 密码] [,角色 2 [INDENTIFIED BY 密码] …
```

```
| ALL [EXCPT 角色1[,角色2,…]] | NONE};
```

下述代码用于实现任务描述 10.D.3，在 Oracle 数据库中，实现角色的创建、授权和删除操作。

【描述 10.D.3】实现角色创建、授权和删除操作

首先在系统中创建角色 myrole，创建角色的具体代码如下。

```
CREATE ROLE myrole;
```

然后为该角色授予系统权限，具体代码如下。

```
GRANT CREATE SESSION TO myrole;
GRANT CREATE TABLE TO myrole;
```

为角色授予系统权限的执行结果如下所示。

```
GRANT CREATE SESSION TO myrole;
Grant 成功。
GRANT CREATE TABLE TO myrole;
Grant 成功。
```

接下来，为该角色授予对 scott.emp 表的查询和更新权限，具体代码如下。

```
GRANT SELECT,UPDATE ON scott.emp TO myrole;
```

为角色授予对象权限的执行结果如下所示。

```
GRANT SELECT, UPDATE ON scott.emp TO myrole;
Grant 成功
```

还可以从角色中撤销已授予的权限，例如下面代码表示撤销了已经授予给该角色的系统权限。

```
REVOKE CREATE SESSION FROM myrole;
REVOKE CREATE TABLE FROM myrole;
```

撤销已授予的权限的执行结果如下所示。

```
REVOKE CREATE SESSION FROM myrole;
Revoke 成功。
REVOKE CREATE TABLE FROM myrole;
Revoke 成功。
```

最后删除该角色，具体代码如下。

```
DROP ROLE myrole;
```

删除角色后的执行结果如下所示。

```
DROP ROLE myrole;
Role 删除。
```

注意 为用户分配角色的图形化操作与分配权限的方式类似，读者可以自己试验，此处不再赘述。

小结

通过本章的学习，学生应该能够学会：

- 数据库安全性是指保护数据库以防止不合法的使用所造成的数据泄露、更改或破坏。
- 计算机系统的安全性分为技术安全类、管理安全类和政策法律类 3 大类。
- Oracle 安全措施主要有用户标识和鉴定、授权和检查机制、审计技术 3 大类。
- 数据库安全性所关心的主要是 DBMS 的存取控制机制。
- 审计功能把用户对数据库的所有操作自动记录下来放入审计日志中。
- Oracle 数据库的权限分为系统权限和对象权限。
- 角色是用于简化权限管理的一种必不可少的解决方案。
- 用户是数据库留给人们进行操作的接口。
- Oracle 中用户和方案是相互联系的。

练习

1. 以下不是 TDI 描述安全性级别划分指标的是________。

   A. 安全策略　　B. 法律规章　　C. 保证　　D. 文档

2. 下列哪个不是 Oracle 数据库系统预先定义的角色________。

   A. CONNECT　　B. RESOURCE　　C. DBA　　D. sysdba

3. 在 SQL 语言中，为了数据库的安全性，设置了对数据的存取进行控制的语句，对用户授权使用________语句。

4. 计算机系统的安全性问题概括起来可分为 3 大类，即政策法律类、________和________。

5. 在 Oracle 数据库中是利用权限来进行安全管理的，这些权限分为________和________两种。

6. Oracle 中使用____________命令可以创建一个用户，使用____________命令来修改用户属性，使用____________命令来删除用户。

7. Oracle 中的最终用户一般分为________、________和________3 类。

8. 在基于角色的访问控制中包含 3 个实体，即________、________和________。
9. 计算机系统安全分为几类，分别是什么？
10. TCSEC（TDI）将系统划分为几组几个等级？简述每个等级。
11. 存取控制机制主要包括几个部分？并简述每部分。
12. DAC 和 MAC 分别代表什么含义？
13. Oracle 中将权限分为哪两类？
14. 简述 Oracle 中系统权限的主要作用。
15. 简述 Oracle 中对象权限的主要作用。
16. 试举 3 个 Oracle 预定义的角色，并说明角色的权限及用途。
17. DBA 的主要工作是什么？
18. 如何创建一个新角色 student？
19. 给新创建的 student 角色授予 CONNECT、RESOURCE 权限。
20. 授予 student 对 scott.dept、scott.emp 表的 CRUD 操作权限。
21. 创建一个用户 test 并修改 test 用户在 USERS 表空间的磁盘限额为 500MB，同时授予 test 用户 student 角色的权限，强制 test 用户下次登录修改密码。

第 11 章　Oracle 数据库备份与恢复

本章目标

- 了解数据库恢复原理
- 了解数据库的故障种类及恢复策略
- 了解 Oracle 数据库的备份和恢复
- 掌握 Oracle 闪回技术的基本概念
- 掌握使用闪回查询及参数的配置
- 掌握闪回版本查询及数据的恢复
- 掌握闪回事务查询及数据的恢复

学习导航

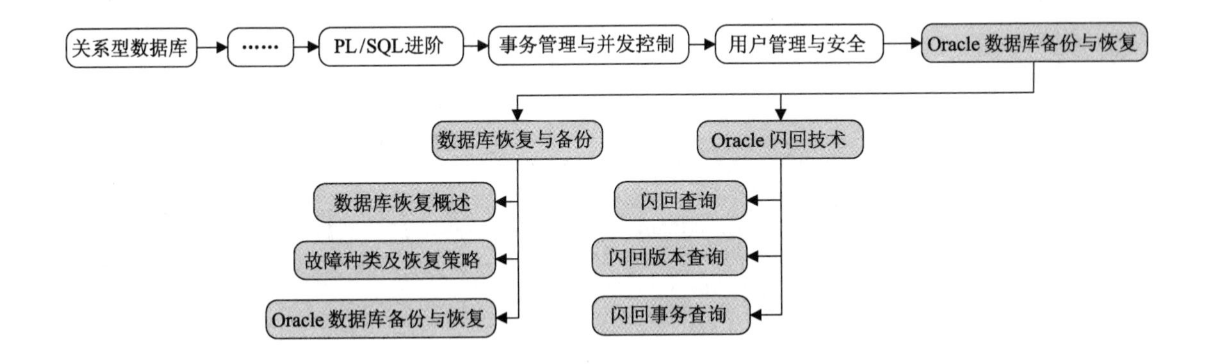

任务描述

【描述 11.D.1】

通过命令查看、设置数据库中与撤销表空间相关的参数信息。

【描述 11.D.2】

演示基于 AS OF TIMESTAMP 和 AS OF SCN 的闪回查询和数据恢复操作的步骤。

【描述 11.D.3】

演示基于闪回版本查询和数据恢复操作的步骤。

【描述 11.D.4】

演示基于闪回事务查询和数据恢复操作的步骤。

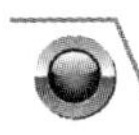

11.1　数据库恢复与备份

11.1.1　数据库恢复概述

尽管数据库系统采取了各种保护措施来防止数据库的一致性、安全性和完整性遭到破坏，但是计算机系统中硬件的故障、软件的错误、操作者的失误以及来自外部的恶意破坏仍是不可避免的，这些故障轻则造成正在运行的事务非正常中断，从而影响数据库中数据的正确性，重则破坏数据库，使数据库中的数据全部或部分丢失，因此数据库管理系统必须具有把数据库从错误状态恢复到某一已知的正确状态的功能，这就是数据库恢复技术。

数据库恢复是由数据库恢复子系统负责的，它是数据管理系统的一个重要组成部分。数据库系统所采用的恢复技术是否行之有效，不仅对系统的可靠性起着决定性作用，而且对系统的运行效率也有很大影响，是衡量系统性能优劣的重要指标。

数据库恢复的基本原理是基于冗余数据。冗余数据是指在一个数据集合中重复的数据。数据库中任何一部分被破坏的或不正确的数据可以根据存储在系统别处的冗余数据来重建。

数据库恢复机制涉及两个关键问题，一个是如何建立冗余数据，另一个是如何利用这些冗余数据实施数据库恢复。

建立冗余数据最常用的技术是数据转储和登记日志文件。在一个数据库系统中，这两种方法经常联合使用。

1. 数据转储

数据转储是数据库恢复中经常采用的技术。所谓转储即将整个数据复制到磁带或另一个磁盘上保存起来的过程。这些备用的数据文本称为后备副本或后援副本。

当数据库遭到破坏后，可以将后备副本重新装入，但重装后备副本只能将数据库恢复到转储时的状态，要想恢复到故障发生时的状态，必须重新运行转储以后的所有更新事务。

转储是十分耗费时间和资源的，不应当频繁进行，应该根据数据库使用情况确定一个适当的转储周期。转储又可分为静态转储和动态转储。

■　**静态转储**

静态转储是在系统中运行事务时进行的转储操作，即转储操作开始的时刻数据处于一致性状态，而转储期间不允许对数据库进行任何的存取、移动活动。显然，静态转储得到的一定是一个数据一致性的副本。

静态转储简单，但转储必须等待正在运行的用户事务结束才能进行，同样新事务必须等待转储结束才能执行。显然，这样将会降低数据库的可用性。

■　**动态转储**

动态转储是指转储期间允许对数据库进行存取或修改，即转储和用户事务可以并发执行。

动态转储可克服静态转储的缺点，它不用等待正在运行的用户事务结束，也不会影响新事务的运行。但是，转储结束时后备副本上的数据并不能保证正确有效。为此，必须把转储期间各事务对数据库的修改活动登记下来，建立日志文件。这样，后备副本加上日志文件就能把数据恢复到某一时刻的正确状态。

转储还可以按照转储数据的不同分为海量转储和增量转储两种方式。海量转储是指每次转储全部数据库。增量转储则指每次只转储上次转储后更新过的数据。从恢复的角度看，使用海量转储得到的后备副本进行恢复一般说会更方便些。但如果数据库很大，事务处理又十分频繁，则增量转储方式更实用、更有效。

海量转储和增量转储都可以在动态和静态两种状态下进行，因此数据转储最终可以分为：动态海量转储、动态增量转储、静态海量转储和静态增量转储 4 种类型。

2. 登记日志文件

■ 日志文件

日志文件是用来记录事务对数据库的更新操作的文件。日志文件在数据库恢复中起着非常重要的作用，可以用来进行事务故障恢复和系统故障恢复，并协助后备副本进行介质故障恢复。

不同数据库系统采用的日志文件格式并不完全一样。概括起来日志文件主要有两种格式：以记录为单位的日志文件和以数据块为单位的日志文件。

对于以记录为单位的日志文件，日志文件中需要登记的内容包括：各个事务的开始标记、各个事务的结束标记和各个事务的所有更新操作。

这里每个事务的开始标记、每个事务的结束标记和每个更新操作均作为日志文件中的一个日志记录。每个日志记录的内容主要包括：

- 事务标识（标明是哪个事务）；
- 操作类型（插入、删除或修改）；
- 操作对象（记录内部标识）；
- 更新前数据的旧值（对插入操作而言，此项为空值）；
- 更新后数据的新值（对删除操作而言，此项为空值）。

对于以数据块为单位的日志文件，日志记录的内容包括事务标识和被更新的数据块。由于将更新前的整个块和更新后的整个块都放入日志文件中，操作类型和操作对象等信息就不必放入日志记录中。

■ 登记日志文件

为保证数据库是可恢复的，登记日志文件时必须遵循两条原则。

- 登记的次序严格按并发事务执行的时间次序；
- 必须先写日志文件，后写数据库。

把数据修改写到数据库中和把表示这个修改的日志记录到日志文件中，是两个不同的操作。有可能在这两个操作之间发生故障，即这两个写操作只完成了一个。如果先写了数据库修改，而在运行记录中没有登记这个修改，则以后就无法恢复这个修改了。如果先写日志，

但没有修改数据库，按日志文件恢复时只不过多执行了一次不必要的无效操作，并不会影响数据库的正确性。所以为了安全，一定要先写日志文件，即首先把日志记录到日志文件中，然后写数据库的修改。这就是“先写日志文件”的原则。

11.1.2　故障种类及恢复策略

1.数据库故障种类

数据库系统中可能发生各种各样的故障，这些故障大致可以分为以下几类。

■　**事务内部的故障**

事务内部的故障有的是可预期的，是可以通过事务应用程序本身发现的，例如，银行转账事务，这个事务把一笔金额从一个账户 A 转给另一个账户 B。在这个过程中应该把账户 A 减少的金额增加到账户 B 上，这个事务所包括的两个更新操作要么全部完成，要么全部不完成，否则就会使数据库处于不一致状态。若由于账户 A 金额不足，则对账户 A 的更新操作将失败，事务程序应该发现并让事务回滚，撤销已做的修改，恢复数据库到正确状态。

事务内部更多的故障是非预期的，是不能由事务应用程序处理的。例如，运算溢出、因并发事务发生死锁而被选中撤销的事务、违反了某些完整性限制的操作等。所以这里所指的事务故障仅指这类非预期的不能由事务应用程序处理的故障。

由于事务内部故障意外的发生，事务没有达到预期的终点，因此数据库可能处于不正确的状态。恢复程序要在不影响其他事务正常运行的情况下，强行回滚该事务，即撤销该事务已经做出的所有对数据库的修改，使得该事务好像根本没有执行过一样。

■　**系统故障**

系统故障是指由于某些事件的发生，造成了系统停止运转，使得系统需要重新启动或系统损坏。例如，特定类型的硬件错误、操作系统故障、DBMS 代码错误、突然停电等。这类故障影响正在运行的所有事务，但不破坏数据库。

在这种情况下，内存中的数据，尤其是数据库缓冲区中的数据将全部丢失，所有运行着的事务都将非正常终止。发生系统故障时，一些尚未完成的事务的结果可能已被送入物理数据库，从而造成数据库处于不正确的状态。为保证数据一致性，需要清除这些事务对数据库的所有修改。数据库系统的恢复子系统必须在系统重新启动时让所有非正常终止的事务回滚。

另一方面，发生系统故障时，有些已完成的事务可能有一部分甚至全部留在缓冲区，尚未写回磁盘上的物理数据库中，系统故障使得这些事务对数据库的修改部分可能全部丢失，这也会使数据库处于不一致状态，因此应将这些事务已提交的结果重新写入数据库。所以系统重新启动后，恢复子系统除需要撤销所有未完成的事务外，还需要重做所有已提交但未真正写入磁盘数据库的事务，以将数据库真正恢复到一致状态。

■　**介质故障**

系统故障通常称为软故障，而介质故障则称为硬故障。硬故障是指由于磁盘损坏、磁头碰撞、瞬时强磁场干扰等原因所造成的外存故障。这类故障将破坏数据库或部分数据库，并影响正在存取这部分数据的所有事务。这类故障较之前两类故障发生的可能性小得多，但破坏性最大。

■ **计算机病毒**

计算机病毒属于人为的故障或破坏，是一种恶意计算机程序。计算机病毒已成为计算机系统的主要威胁，自然也是数据库系统的主要威胁。数据库一旦被计算机病毒破坏，仍要用恢复技术对数据库加以恢复。

通过对上述各种故障的讲解可以看出，它们对数据库的影响有两种可能性：一是数据库本身被破坏；二是数据库没有破坏，但是数据库中的数据可能不正确。

2. 故障恢复策略

当系统运行过程中发生故障时，利用数据库后备副本和日志文件可以将数据库恢复到故障前的某个一致性状态，根据故障类型的不同，恢复的策略和方法也不一样。

■ **事务故障的恢复**

事务故障是指事务在运行至正常终止点前被终止，这时恢复子系统可以利用日志文件撤销此事务已对数据库进行的修改。事务故障的恢复是由系统自动完成的，因此对用户是透明的。事务故障的恢复的具体实现步骤如下。

01 反向扫描文件日志（即从后向前扫描日志文件），查找该事务的更新操作。

02 对该事务的更新操作执行逆操作。即将日志记录中“更新前的值”写入数据库。这样，如果记录中是插入操作，则相当于做删除操作；若记录中为删除操作，则做插入操作；若是修改操作，则相当于用修改前的值代替修改后的值。

03 继续反向扫描日志文件，查找该事务的其他更新操作，并做同样处理。

04 如此处理下去，直至读到此事务的开始标记，事务故障恢复完成。

■ **系统故障的恢复**

系统故障造成数据库不一致状态的原因有两个：一是未完成事务对数据库的更新可能已写入数据库，二是已提交事务对数据库的更新可能还留在缓冲区没有来得及写入数据库。因此恢复操作就是要撤销故障发生时未完成的事务，重做已完成的事务。

系统故障的恢复是由系统在重新启动时自动完成的，无须用户干预。其具体实现步骤如下。

01 正向扫描日志文件（即从头扫描日志文件），找出故障发生前已经提交的事务，将其事务标识记入重做队列。同时找出故障发生时尚未完成的事务，将其事务标识记入撤销队列。

02 对撤销队列中的各个事务进行撤销处理。进行撤销处理的方法是，反向扫描日志文件，对每个撤销事务更新操作执行逆操作，即将日志记录中“更新前的值”写入数据库。

03 对重做队列中的各个事务进行重做处理。

■ **介质故障的恢复**

发生介质故障后，磁盘上的物理数据和日志文件被破坏，这是最严重的一种故障，恢复方法是重装数据库，然后重做已完成的事务。具体实现步骤如下。

01 装入最新的数据库副本，还需要同时装入转储开始时刻的日志文件副本，利用恢复系统故障的方法，将数据库恢复到一致性状态。

02 装入相应的日志文件副本（转储结束时刻的日志文件副本），重做已完成的事务。即首先扫描日志文件，找出故障发生时已提交的事务的标识，将其记入重做队列。然后正向扫描日志文件，对重做队列中的所有事务进行重做处理。即将日志记录中“更新后的值”写入数据库。

这样可以将数据库恢复到故障前某一时刻的一致性状态。

11.1.3　Oracle 数据库的备份与恢复

Oracle 数据库有 3 种标准的备份方法：导出/导入、热备份和冷备份。其中，导入/导出备份是一种逻辑备份，冷备份和热备份都是物理备份。

1. 导出/导入（Export/Import）

利用 Export 可将数据从数据库中提取出来，利用 Import 则可将提取出来的数据送回到 Oracle 数据库中去。

■ **简单导出数据**

Oracle 支持 3 种方式的导出。

- 表方式（T 方式），将指定表的数据导出。

```
exp scott/Orcl123456 buffer=64000 file=c:\scott.dmp owner=scott tables=(emp)
```

- 用户方式（U 方式），将指定用户的所有对象及数据导出。

```
exp scott/Orcl123456 buffer=64000 file=c:\scott.dmp owner=scott
```

- 全库方式（Full 方式），将数据库中的所有对象导出。

```
exp system/Orcl123456 buffer=64000 file=c:\full.dmp full=y
```

■ **增量导出**

增量导出是一种常用的数据备份方法，它只能对整个数据库来实施，并且必须通过 SYSTEM 身份来进行导出操作。在进行此种导出时，导出文件名默认为“export.dmp”，如果不希望使用导出文件的默认名，则必须在命令行中指定要导出的文件名。

增量导出包括 3 种类型。

- “完全”增量导出

即备份整个数据库，示例代码如下。

```
exp system/Orcl123456 inctype=complete file=040731.dmp
```

- “增量型”增量导出

备份上一次备份后改变的数据，示例代码如下。

```
exp system/Orcl123456 inctype=incremental file=040731.dmp
```

- “累积型”增量导出

累积型导出方式是导出自上次“完全”导出之后数据库中变化了的信息。示例代码如下。

```
exp system/Orcl123456 inctype=cumulative file=040731.dmp
```

数据库管理员可以排定一个备份日程表，用数据导出的 3 个不同方式合理高效地完成对数据库的备份工作。

例如，数据库的备份任务可以做如下安排。

- 星期一：完全备份（A）；
- 星期二：增量导出（B）；
- 星期三：增量导出（C）；
- 星期四：增量导出（D）；
- 星期五：累积导出（E）；
- 星期六：增量导出（F）；
- 星期日：增量导出（G）。

如果在星期日，数据库遭到意外破坏，数据库管理员可按如下步骤来恢复数据库。

用命令 CREATE DATABASE 重新生成数据库结构。

创建一个足够大的附加回滚。

完全增量导入 A，命令如下。

```
imp system/Orcl123456 inctype=RESTORE FULL=y FILE=A
```

累积增量导入 E，命令如下。

```
imp system/Orcl123456 inctype=RESTORE FULL=Y FILE=E
```

最近增量导入 F，命令如下。

```
imp system/Orcl123456 inctype=RESTORE FULL=Y FILE=F
```

2. 冷备份

冷备份发生在数据库已经正常关闭的情况下，当正常关闭时会提供给用户一个完整的数据库。实际上，冷备份是将关键性文件复制到另外的位置。对于备份 Oracle 信息而言，冷备份是最快和最安全的方法。

冷备份的优点如下。

- 非常快速的备份方法（只需复制文件）；
- 容易归档（简单复制即可）；
- 容易恢复到某个时间点上（只需将文件再复制回去）；
- 能与归档方法相结合，做数据库“最佳状态”的恢复；
- 低度维护，高度安全。

但冷备份也有如下缺点。

- 单独使用时，只能提供到“某一时间点上”的恢复。
- 在实施备份的全过程中，数据库必须要做备份而不能做其他工作。也就是说，在冷备份过程中，数据库必须是关闭状态。
- 若磁盘空间有限，只能复制到磁带等其他外部存储设备上，速度会很慢。
- 不能按表或按用户恢复。

如果可能的话，应将信息备份到磁盘上，然后启动数据库并将备份的信息复制到磁带上。冷备份中必须复制的文件包括：

- 所有数据文件；
- 所有控制文件；
- 所有联机 REDO LOG 文件；
- Init.ora 文件。

值得注意的是，使用冷备份必须在数据库关闭的情况下进行，当数据库处于打开状态时，执行数据库文件系统备份是无效的。

下面是制作冷备份的例子，其具体操作步骤如下。

01 关闭数据库，以 sys 用户登录 SQL *Plus，并执行如下命令。

```
SQL>shutdown normal;
```

用复制命令备份全部的时间文件、重做日志文件、控制文件、初始化参数文件，命令如下所示。

```
SQL>cp <file> <backup directory>;
```

02 重启 Oracle 数据库，命令如下所示。

```
SQL>startup mount;
SQL>alter database open;
```

3. 热备份

热备份是在数据库运行的情况下，采用归档日志模式的方式备份数据库的方法。所以，如果有之前的一个冷备份而且又有现在的热备份文件，当发生问题时，就可以利用这些资料恢复更多的信息。

热备份的优点如下。

- 可在表空间或数据库文件级备份，备份的时间短；
- 备份时数据库仍可使用；
- 可达到秒级恢复（恢复到某一时间点上）；
- 可对几乎所有数据库实体做恢复；
- 恢复是快速的，大多数情况下是在数据库工作时恢复。

但热备份也有如下缺点。

- 不能出错，否则后果严重；
- 若热备份不成功，所得结果不可用于时间点的恢复；
- 因难于维护，所以要特别小心，不允许“以失败告终”。

热备份要求数据库在归档日志模式下进行操作，并需要大量的空间。一旦数据库运行在归档日志模式状态下，就可以进行备份了。热备份的命令文件由 3 部分组成：表空间的备份文件、归档日志文件和备份控制文件。

注意 热备份的相关制作步骤，请读者查询相关资料进行了解，本书不做介绍。

11.2 Oracle 闪回技术

Oracle 数据库闪回（Flashback）技术是数据库恢复技术的进步，从根本上改变了数据逻辑错误的恢复机制，采用闪回技术，避免了对数据库进行修复、恢复的操作过程，可以直接通过 SQL 语句实现数据的恢复，从而提高了数据库恢复的效率。

闪回技术与数据库恢复技术有以下区别。

- 数据库恢复基于具体的数据文件的恢复，前提是该数据文件已经进行备份，此外，数据库恢复基于备份的时间点，所以数据可以恢复到备份至完整归档的任何一个时刻；闪回则基于闪回日志（Flashback log）文件进行数据恢复，此外，由于闪回日志文件在存储时效依赖于 db_flashback_retention_target 参数的配置，所以闪回也依赖于该参数的具体时间配置（默认 24 小时）。
- 数据库恢复应用重做（redo）记录，所以恢复期间也会对开发者本来不关心的数据进行修补，而闪回技术可以只针对开发者关心的数据进行修补。
- 数据库恢复可以恢复数据文件物理损坏或者日志物理损坏，而闪回由于基于闪回日志文件，所以只能处理由于用户的错误造成逻辑操作的失误，如删除了表，删除了用户等。

由以上区别可知，闪回技术是 Oracle 数据库备份与恢复的重要补充，可以简单、高效地恢复由于用户误操作等逻辑错误而导致的数据丢失，此外可以查询过去特定时间段内表中数据的变化情况。

闪回从 Oracle 9i 开始引入，但是仅仅局限于用户误操作了表中的数据。如果表被删除（drop）或截断（truncate），或误操作的时间太久，就没办法使用闪回了。

在 Oracle 10g 中，闪回技术得到进一步发展，除了支持闪回查询外，还支持闪回版本查询、闪回事务查询、闪回表、闪回删除和闪回数据库等特性。

在 Oracle 11g 中，闪回技术得到了进一步的增强和改进，引入了闪回数据归档特性，它允许一个 Oracle DBA 维护一个记录，在指定时间范围内对所有表的改变情况进行记录。

利用 Oracle 数据库的闪回特性，主要可以完成以下工作。

- 查询数据库过去某一时刻的状态；
- 查询反映过去一段时间内数据变化情况的元数据；
- 将表中数据或将删除的表恢复到过去的某一个时刻的状态；
- 自动跟踪、存档数据变化信息；
- 回滚事务及其依赖事务的操作。

在 Oracle 11g 数据库中，闪回技术主要包括下列 7 种特性，如表 11-1 所示。

表 11–1　闪回技术特性

名称	说明
闪回查询	查询过去某个时间点或某个 SCN 值时表中的数据信息
闪回版本查询	查询过去某个时间段或某个 SCN 段内表中数据的变化情况
闪回事务查询	查看某个事务或所有事务在过去一段时间对数据进行的修改
闪回表	将表恢复到过去的某个时间点或某个 SCN 值时的状态
闪回删除	将已经删除的表及其关联对象恢复到删除前的状态
闪回数据库	将数据库恢复到过去某个时间点或某个 SCN 值时的状态
闪回数据归档	它允许一个 Oracle 数据库管理员维护一个记录，在指定时间范围内对所有表的改变情况进行记录

此外，还要注意以下几点。

- 使用闪回查询、闪回版本查询、闪回事务查询和闪回表等特性，需要配置数据库的撤销表空间；
- 使用闪回删除特性需要配置 Oracle 数据库的“回收站”；
- 使用闪回数据库特性，需要配置快速恢复区；
- 使用闪回数据库归档特性，需要配置一个或多个闪回数据归档区。

注意　限于篇幅原因，本章只讲解闪回查询、闪回版本查询、闪回事务查询的应用，读者可以通过查询相关资料了解 Oracle 11g 的数据库闪回的其他特性。

11.2.1 闪回查询

闪回查询主要是利用数据库撤销表空间中存放的回滚信息，根据指定的过去某一时刻或SCN值，返回当时已经提交的数据快照。

利用闪回查询可以实现下列功能。

- 返回当前已经丢失或被误操作的数据在操作之前的快照。例如，如果误删或更新了数据，并且已经进行了提交，利用闪回查询可以返回操作之前数据的快照。
- 可以进行当前数据与之前特定时刻的数据库快照的比较。例如，可以生成一个当前数据与昨天数据之间变化的报表，得到两者数据的交集、并集等信息。
- 检查过去某一时刻事务操作的结果。例如，检查过去某个时刻的用户的积分情况。

1. 参数配置

为了使用闪回查询功能，需要启动数据库撤销表空间来管理回滚信息。与撤销表空间相关的参数包括以下几个。

- UNDO_MANAGEMENT：指定回滚段的管理方式，如果设置为AUTO，则采用撤销表空间自动管理回滚信息。
- UNDO_TABLESPACE：指定用于回滚信息自动管理的撤销表空间名。
- UNDO_RETENTION：指定回滚信息的最短保留时间，在该时间段内回滚信息不被覆盖。

下述代码用于实现任务描述11.D.1，在SQL *Plus环境中，通过show命令查看上述参数的默认设置情况。

【描述11.D.1】使用show命令查看参数设置

```
SQL> conn sys/Orcl123456 as sysdba;
已连接。
SQL> show parameter undo
NAME                                 TYPE        VALUE
------------------------------------ ----------- ----------
undo_management                      string      AUTO
undo_retention                       integer     900
undo_tablespace                      string      UNDOTBS1
```

其中，undo_retention 参数值默认为900秒，说明回滚信息在撤销表空间中至少保留900秒，超过900秒后，如果空间不够用，将覆盖之前的回滚信息。如果要将回滚信息保留更长的时间，则撤销表空间需要具有足够大的存储空间。

Oracle建议将undo_retention设置为86400秒，即24小时。这样利用闪回查询可以查询过去24小时内的数据快照。

可以通过 alter 命令对 undo_retention 参数进行修改，代码如下。

```
SQL> alter system set undo_retention=86400;
系统已更改。
```

由于 undo_retention 参数无法保证没有过期的回滚信息不会被覆盖，所以还需要启用撤销表空间的 RETENTION GUARANTEE 特性，保证只有过期的回滚信息才会被覆盖，代码如下。

```
SQL> alter tablespace undotbs1 retention guarantee;
表空间已更改。
```

2. 闪回查询

闪回查询可以返回过去某个时间点已经提交事务操作的结果。作为其读取一致性模型的一部分，Oracle 可以显示已经提交给数据库的数据。用户可以查询事务提交前已存在的数据。如果不小心提交了一个错误的操作，如 UPDATE 或 DELETE 操作，那么可以使用闪回查询功能查看提交前存在的数据。可以使用闪回查询的结果还原数据。

注意 为了使用闪回查询的某些功能，必须拥有对 DBMS_FLASHBACK 程序包的 EXECUTE 权限。大多数用户并不需要对该程序包拥有权限。

闪回查询的语法格式如下。

```
SELECT column_name[,…]  FROM table_name
[AS OF SCN|TIMESTAMP expression]  [WHERE condition];
```

其中，AS OF 子句用于指定过去的某个时刻或 SCN 值。

■ 基于 AS OF TIMESTAMP 的闪回查询

下述步骤用于实现任务描述 11.D.2，基于 AS OF TIMESTAMP 演示闪回查询及恢复操作。

【描述 11.D.2】基于 AS OF TIMESTAMP 演示闪回查询及恢复操作

01 打开时间开关，用以显示 SQL 语句执行的时间，代码如下。

```
SQL> set time on;
13:08:07 SQL>
```

02 显示员工号为“7369”的员工的工资。

```
13:08:07 SQL> select empno,sal from emp where empno = 7369;
     EMPNO        SAL
---------- ----------
      7369       1600
```

03 接下来，对员工的工资进行修改，过程如下。

```
13:12:03 SQL> update emp set sal = 2000 where empno=7369;
```

```
已更新一行。
13:13:59 SQL> commit; -- 事务 1
提交完成。
13:14:31 SQL> update emp set sal = 2500 where empno=7369;
已更新一行。
13:14:56 SQL> update emp set sal = 3000 where empno=7369;
已更新一行。
13:15:02 SQL> commit; --事务 2
提交完成。
13:15:11 SQL> update emp set sal = 3500 where empno=7369;
已更新一行。
13:15:20 SQL> commit; --事务 3
提交完成。
```

04 查询员工号为“7369”的员工的当前工资。

```
13:15:22 SQL> select empno,sal from emp where empno=7369;
    EMPNO        SAL
---------- ----------
7369       3500
```

05 查询员工号为“7369”的员工一个小时前的工资。

```
13:17:47 SQL> select empno,sal from emp as of timestamp sysdate-1/24 where empno
=7369;
    EMPNO        SAL
---------- ----------
     7369       1600
```

06 查询第 1 个事务已经提交，第 2 个事务还没提交时的员工号为“7369”的工资。

由于第 1 个事务已经提交，第 2 个事务还没提交的时间点可以为“2013-3-11 13:13:59”到“2013-3-11 13:15:02”之间的任意一个时间点，所以代码如下所示。

```
13:31:51 SQL> select empno,sal from emp as of timestamp to_timestamp('2013-03-11
 13:14:00','yyyy-MM-DD HH24:MI:SS') where empno=7369;

    EMPNO        SAL
---------- ----------
     7369       1600
```

07 查询第 2 个事务已经提交，第 3 个事务还没有提交时的员工号为“7369”的工资。

由于第 2 个事务已经提交，第 3 个事务还没提交的时间点可以为“2013-3-11 13:15:02”到“2013-3-11 13:15:20”之间的任意一个时间点，所以代码如下所示。

```
13:32:37 SQL> select empno,sal from emp as of timestamp to_timestamp('2013-03-11
 13:15:10','yyyy-MM-DD HH24:MI:SS') where empno=7369;

     EMPNO        SAL
---------- ----------
      7369       2000
```

08 接下来，通过闪回查询，将数据恢复到时间点为“2013-03-11 13:15:10”时刻的状态，即第 2 个事务提交，第 3 个事务未提交的状态。代码如下所示。

```
13:37:47 SQL> update emp set sal=(select sal from emp as of timestamp to_timesta
mp('2013-03-11 13:15:10','yyyy-MM-DD HH24:MI:SS') where empno=7369) where empno=
7369;
已更新一行。
13:41:45 SQL> commit;
提交完成。
13:42:00 SQL> select empno,sal from emp where empno=7369;
     EMPNO        SAL
---------- ----------
      7369       2000
```

由上述结果可知，已将数据恢复到第 2 个事务提交，第 3 个事务未提交的状态。

■ 基于 AS OF SCN 的闪回查询

如果需要对多个有相互外键约束的主从表进行恢复，使用 AS OF TIMESTAMP 方式可能会由于时间点的不统一而造成数据恢复失败，而使用 AS OF SCN 方式则能够确保约束的一致性。

下述步骤用于实现任务描述 11.D.2，基于 AS OF SCN 演示闪回查询及恢复操作。

【代码 11-1】基于 AS OF SCN 演示闪回查询及恢复操作。

01 查询当前数据库的 SCN，代码如下。

```
15:00:01 SQL> conn sys/Orcl123456 as sysdba;
已连接。
15:05:23 SQL> select current_scn from v$database;
CURRENT_SCN
-----------
    1500270
```

02 查询员工号为“7499”的员工的工资。

```
15:09:27 SQL> select empno,sal from scott.emp where empno=7499;
     EMPNO        SAL
---------- ----------
      7499       1600
```

03 接下来，对员工的工资进行修改，过程如下。

```
15:11:05 SQL> update scott.emp set sal=3000 where empno=7499;
已更新一行。
15:11:59 SQL> commit; -- 事务 1
提交完成。
15:12:02 SQL> update scott.emp set sal=3500 where empno=7499;
已更新一行。
15:12:12 SQL> commit; -- 事务 2
提交完成。
```

04 查询员工号为“7499”的员工的工资，代码如下。

```
15:12:15 SQL> select empno,sal from scott.emp where empno=7499;
     EMPNO        SAL
---------- ----------
      7499       3500
```

05 查询当前的 SCN 值，代码如下。

```
15:14:10 SQL> select current_scn from v$database;
CURRENT_SCN
-----------
    1500868
```

06 查询第 1 个事务提交之前的员工号为“7499”的员工的工资，代码如下。

```
15:16:10 SQL> select empno,sal from scott.emp as of scn 1500270 where empno=7499;
     EMPNO        SAL
---------- ----------
      7499       1600
```

注意 使用 SCN 查询比 TIMESTAMP 更加精确，事实上，Oracle 在内部使用的都是 SCN，即使指定的是 AS OF TIMESTAMP，Oracle 也会将其转换为 SCN。

系统时间与 SCN 之间的对应关系可以通过查询 sys 用户下的 SMON_SCN_TIME 表获得，例如：

```
15:27:50 SQL> select scn,to_char(time_dp,'yyyy-MM-DD HH24:MI:SS') time_dp from
sys.smon_scn_time order by  scn asc;
       SCN TIME_DP
---------- -------------------
   1499299 2013-03-11 06:53:09
   1499552 2013-03-11 06:57:05
   1500115 2013-03-11 07:02:58
   1500343 2013-03-11 07:07:07
```

```
  1500687 2013-03-11 07:13:15
  1501138 2013-03-11 07:17:05
```

07 接下来，通过闪回查询，将数据恢复到第 1 个事务提交前的状态，由于第 1 个事务提交前的 SCN 值为“1500270”，恢复的代码如下所示。

```
15:37:23 SQL> update  scott.emp set sal=(select sal from scott.emp as of scn 150
0270 where empno=7499) where empno=7499;
已更新 1 行。
15:38:35 SQL> select empno,sal from scott.emp where empno=7499;
     EMPNO        SAL
---------- ----------
      7499       1600
```

如上述代码所示，通过 SCN 值，员工号为“7499”的员工的工资恢复到了 1600 元。

11.2.2　闪回版本查询

利用闪回版本查询，可以查看一行记录在一段时间内的变化情况，即一行记录的多个提交的版本信息，从而可以实现数据的行级恢复。

在闪回版本查询中，返回的行数据中可以包括与已提交事务相关的伪列，通过这些伪列可以了解数据库中的哪一个事务在何时对该行数据进行了何种操作。

闪回版本查询的基本语法如下。

```
SELECT column_name[,…] FROM table_name
[VERSIONS BETWEEN SCN|TIMESTAMP
MINVALUE|expression AND MAXVALUE|expression]
[AS OF SCN|TIMESTAMP expression]
WHERE condition;
```

其中：

- VERSIONS BETWEEN：用于指定闪回版本查询时查询的时间段或 SCN 段；
- AS OF：用于指定闪回查询时查询的时间点或 SCN。

在闪回版本查询的目标列中，可以使用下列几个伪列返回版本信息。

- VERSIONS_STARTTIME：基于时间的版本有效范围的下界；
- VERSIONS_STARTSCN：基于 SCN 的版本有效范围的下界；
- VERSIONS_ENDTIME：基于时间的版本有效范围的上界；
- VERSIONS_ENDSCN：基于 SCN 的版本有效范围的上界；
- VERSIONS_XID：操作的事务 ID；
- VERSIONS_OPERATION：执行操作的类型，I 表示 INSERT，D 表示 DELETE，U 表示 UPDATE。

在闪回版本查询中，行的有效版本是指从 VERSIONS_STARTTIME 或 VERSIONS_STARTSCN 开始，到 VERSIONS_ENDTIME 或 VERSIONS_ENDSCN（不包括结束点）结束之间的任意版本，即 VERSIONS_START<=t<VERSIONS_ENDSCN。

下述步骤用于实现任务描述 11.D.3，演示基于闪回版本查询及数据恢复操作步骤。

【描述 11.D.3】基于闪回版本查询及数据恢复操作

01 对员工号为“7521”的员工的工资修改如下。

```
16:41:31 SQL> update scott.emp set sal=3000 where empno=7521;
已更新一行。
16:41:50 SQL> update scott.emp set sal=3500 where empno=7521;
已更新一行。
16:41:55 SQL> update scott.emp set sal=4000 where empno=7521;
已更新一行。
16:42:02 SQL> commit;
提交完成。
16:42:16 SQL> update scott.emp set sal=5000 where empno=7521;
已更新一行。
16:42:24 SQL> commit;
提交完成。
```

02 基于 VERSIONS BETWEEN TIMESTAMP 的闪回版本查询。以员工号为“7521”的查询为例，代码如下。

```
SELECT  versions_xid  XID  ,versions_starttime  starttime  ,versions_endtime
endtime,versions_operation operation ,sal FROM
scott.emp versions between timestamp minvalue and maxvalue where empno=7521 order
by starttime;
```

查询结果如图 11-1 所示。

XID	STARTTIME	ENDTIME	OPERATION	SAL
(null)	(null)	11-3月 -13 04.42.13...	(null)	1250
04000E003A030000	11-3月 -13 04.42.13.000000000 下午	11-3月 -13 04.42.25...	U	4000
010013002A030000	11-3月 -13 04.42.25.000000000 下午	(null)	U	5000

图 11-1 查询结果

注意 为了便于读者对查询结果观察得更加直观，对于复杂的查询本书使用 SQL Developer 进行截图。

此外，也可以使用基于 VERSIONS BETWEEN SCN 的闪回版本查询。同样以员工号为“7521”的查询为例，代码如下。

```
SELECT versions_xid XID ,versions_startscn  startscn ,versions_endscn endscn,
versions_operation operation ,sal FROM
scott.emp VERSIONS BETWEEN scn MINVALUE AND MAXVALUE WHERE empno=7521 ORDER BY
```

```
startscn;
```

查询结果如图 11-2 所示。

XID	STARTSCN	ENDSCN	OPERATION	SAL
(null)	(null)	1507389	(null)	1250
04000E003A030000	1507389	1507397	U	4000
010013002A030000	1507397	(null)	U	5000

图 11-2　查询结果

03 查询当前员工号为“7521”的员工工资。

```
17:07:50 SQL> select empno,sal from scott.emp where empno=7521;
    EMPNO        SAL
---------- ----------
      7521       5000
```

04 如果需要，可以将数据恢复到过去某个 SCN 值的状态。例如，将数据恢复到第 1 个事务提交后，第 2 个事务提交前的状态，由图 11-2 可知，第 1 个事务之前对应的 SCN 为“1507389”，恢复的代码如下。

```
17:16:51 SQL> update scott.emp set sal=(select sal from scott.emp as of scn 1507
389 where empno = 7521) where empno=7521;
已更新 1 行。
17:18:04 SQL> select empno,sal from scott.emp where empno=7521;
    EMPNO        SAL
---------- ----------
      7521       4000
```

注意　上述示例中，如果恢复到第 1 个事务提交之前的数据状态，这时候设定的值是小于 1507389 的任何值，读者可以自行测试一下。

11.2.3　闪回事务查询

闪回事务查询可以返回在一个特定事务中执行的历史数据及与事务相关的元数据，或返回在一个时间段内所有事务的操作结果及事务的元数据，因此，闪回事务查询提供了一种查看事务级数据变化的方法。

在 Oracle 11g 中，为了记录事务操作的详细信息，需要启动数据库的日志追加功能，这样，将来就可以通过闪回事务查询了解事务的详细操作信息，包括操作类型。

启动数据库的日志追加功能的代码，如下所示。

```
15:39:00 SQL> alter database add supplemental log data;
数据库已更改。
```

此外，闪回事务查询时要查询静态数据字典视图 FLASHBACK_TRANSACTION_QUERY，该视图的结构为：

```
16:00:11 SQL> desc flashback_transaction_query;
 名称                                    类型                 解释
 ------------------------------------- -------- ---------------------------


 XID                                   RAW(8)               事务标识
 START_SCN                             NUMBER               事务开始 SCN
 START_TIMESTAMP                       DATE                 事务开始时间
 COMMIT_SCN                            NUMBER               事务提交的 SCN，若没提交则为 NULL
 COMMIT_TIMESTAMP                      DATE                 事务提交时间，若没提交则为 NULL
 LOGON_USER                            VARCHAR2(30)         执行事务的用户名
 UNDO_CHANGE#                          NUMBER               撤销的 SCN
 OPERATION                             VARCHAR2(32)         事务指定的前滚操作
 TABLE_NAME                            VARCHAR2(256)        表名
 TABLE_OWNER                           VARCHAR2(32)         表所有者
 ROW_ID                                VARCHAR2(19)         行的唯一标识
 UNDO_SQL                              VARCHAR2(4000)       撤销该事务的 SQL 语句
```

通过 FLASHBACK_TRANSACTION_QUERY 视图，可以查看撤销表空间中存储的事务信息。

通常情况下，将闪回事务查询与闪回版本查询相结合，先利用闪回版本查询获取事务 ID 及事务操作结果，然后利用事务 ID 查询事务的详细操作信息。

下述步骤用于实现任务描述 11.D.4，演示基于闪回事务查询及数据恢复操作的步骤。

【描述 11.D.4】基于闪回事务查询及数据恢复操作

01 在 scott 用户中的 emp 表中插入员工编号为“7940”的一条记录，代码如下。

```
17:18:08 SQL> Insert into SCOTT.EMP (EMPNO,ENAME,JOB,SAL,DEPTNO) values (7940,'z
hangsan','CLERK',2300,10);
已创建一行。
17:32:50 SQL> commit;
提交完成。
```

02 在操作过程中，误删了员工号为“7940”的员工信息的数据，代码如下。

```
17:33:20 SQL> delete from scott.emp where empno = 7940;
已删除一行。
17:35:34 SQL> commit;
提交完成。
```

03 此后，一个新事务又插入了一条员工号为“7940”的员工信息，不过数据与之前的不同，代码如下。

```
17:35:37 SQL> Insert into SCOTT.EMP (EMPNO,ENAME,JOB,SAL,DEPTNO) values (7940,'l
isi','CLERK',2500,10);
已创建一行。
17:37:06 SQL> commit;
提交完成。
```

04 这时，Oracle DBA 发现应用错误，需要进行问题诊断，可以通过闪回版本查询 emp 表中的员工号为“7940”的员工信息的变更情况，代码如下。

```
SELECT versions_xid XID ,versions_startscn  startscn ,versions_endscn endscn,
versions_operation operation ,ename,sal FROM
scott.emp VERSIONS BETWEEN scn MINVALUE AND MAXVALUE WHERE empno=7940 ORDER BY
startscn;
```

查询结果如图 11-3 所示。

XID	STARTSCN	ENDSCN	OPERATION	ENAME	SAL
0A000A003F030000	1511054	1511234	I	zhangsan	2300
040001003D030000	1511234	(null)	D	zhangsan	2300
08001D0032040000	1511310	(null)	I	lisi	2500

图 11-3　查询结果

如图 11-3 所示，该版本查询结果是按事务的开始时间进行降序排列的，第 1 条记录表示 emp 表创建时插入工号为“7940”的记录的事务；第 2 条记录表示用户误操作删除员工号为“7940”的记录的事务；第 3 条记录表示重新插入员工号为“7940”的新记录的事务。查询结果的每条记录对应行数据的一个版本信息，即一个事务的操作结果。通过闪回版本查询，可以知道编号为“040001003D030000”的删除事务进行了不正确的操作，可以通过闪回事务查询，审计该事务中进行的各种操作，代码如下。

```
select  xid,start_scn,commit_scn,operation,logon_user,undo_sql  from  flashback_
transaction_query where xid = hextoraw('040001003D030000');
```

05 如果要撤销删除的误操作，可以执行相应的 UNDO_SQL 语句。

```
insert into "SCOTT"."EMP"("EMPNO","ENAME","JOB","MGR","HIREDATE","SAL","COMM",
"DEPTNO") values ('7940','zhangsan','CLERK',NULL,NULL,'2300',NULL,'10');
```

小结

通过本章的学习，学生应该能够掌握：

- 数据恢复的基本单位是事务。
- 可能发生的故障大致分为：事务故障、系统故障、介质故障。

■ 数据恢复的基本策略是：转存数据库、日志文件等。
■ 闪回查询主要是利用数据库撤销表空间中存放的回滚信息，根据指定的过去某一时刻或 SCN 值，返回当时已经提交的数据快照。
■ 利用闪回版本查询，可以查看一行记录在一段时间内的变化情况，即一行记录的多个提交的版本信息，从而可以实现数据的行级恢复。
■ 闪回事务查询可以返回在一个特定事务中执行的历史数据及与事务相关的元数据，或返回在一个时间段内所有事务的操作结果及事务的元数据。

练习

1. 系统在运行过程中，由于某种硬件故障，使存储在外存上的数据部分损失或全部损失，这种情况称为_______。
2. 数据库系统中可能发生各种各样的故障，这些故障大致可以分为_____、_____、_____和_____。
3. Oracle 数据库有 3 种标准的备份方法，分别是：导出/导入、_____和_____。
4. 数据库运行中可能产生的故障有哪几类？
5. 数据库恢复的基本技术有哪些？
6. 数据库转储的意义是什么？试比较各种转储方法。
7. 什么是日志文件？为什么要设立日志文件？
8. Oracle 数据库的标准备份方式有几种？
9. 用 exp/imp 备份与恢复 scott 用户的 emp、dept 表的语句。
10. 用 exp/imp 备份与恢复 scott 用户所有表的语句。
11. Oracle 增量导出的类型及用法。
12. Oracle 闪回的概念是什么？主要包括哪几种类型？
13. 什么是闪回查询？它主要基于几种方式？

实践篇

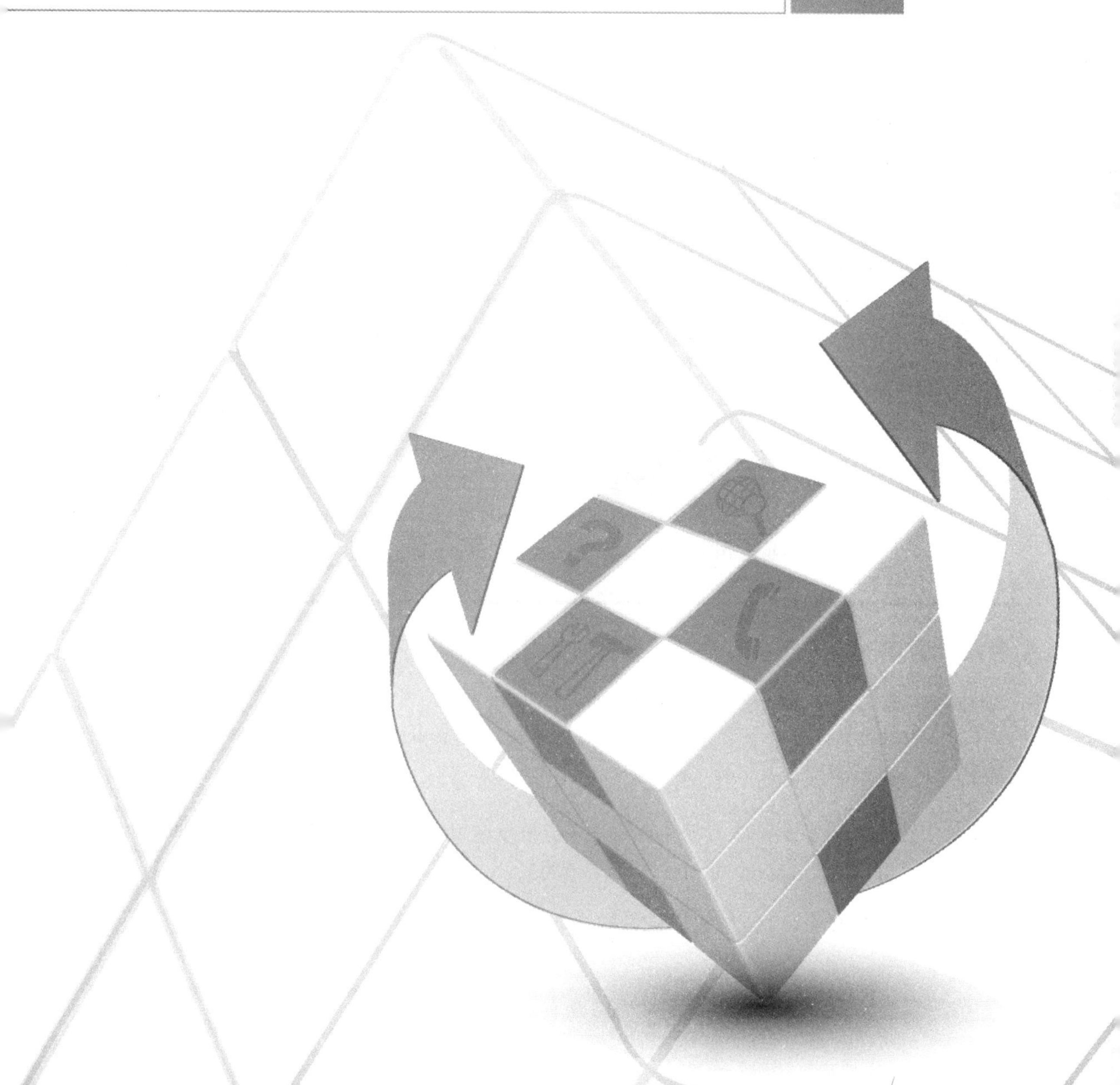

实践 1　Oracle 11g 数据库系统

实践指导

实践 1.G.1

在 Windows XP 操作系统下安装 Oracle 11g 数据库服务器，并使用 Oracle Enterprise Manager 验证安装是否成功。

分析

1. Oracle 11g 数据库服务器可以在 Windows、Linux 和 Solaris 等多种不同的操作系统中安装和运行。
2. Oracle 提供的 OUI（Oracle Universal Installer，Oracle 通用安装工具）是基于 Java 技术的图形界面安装工具，利用它可以完成在不同操作系统上的安装。

安装 Oracle 11g 的基本需求，如表 1.1 所示。

表 1.1　安装 Oracle 的基本需求

需求	指标
操作系统	Windows NT 、Windows 2000 Server 、Windows Server 2003、Windows XP
CPU	建议 550MHz 以上
内存（RAM）	建议 1GB 以上
硬盘	NTFS 格式，典型安装需要 5.364GB，高级安装需要 4.904GB，建议 8GB 以上
网络协议	TCP/IP、Named Pipes
虚拟内存	建议适当增加虚拟内存以加快安装速度，建议为 RAM 的 2 倍
分辨率	最小为 1024×768 像素
浏览器	IE 6 及以上

参考解决方案

1. 下载 Oracle

Oracle 支持各种主流操作系统，其官方网站上提供了各个操作系统平台相应的 Oracle 产品软件，包括数据库、开发工具、中间件、应用服务器等。

注意　从 Oracle 官方网站上下载的软件只能用于学习，如果需要使软件用于商业用途，则请联系 Oracle 公司相关人员进行购买。

下面简要介绍 Oracle 11g 数据库软件的下载方法。

01 在 IE 地址栏中输入下面的网址。

```
http://www.oracle.com/technetwork/indexes/downloads/index.html
```

进入 Oracle 官方网站进行下载。在 Downloads 选项卡的 Database 栏目中选择需要的数据库产品，如图 1.1 所示。

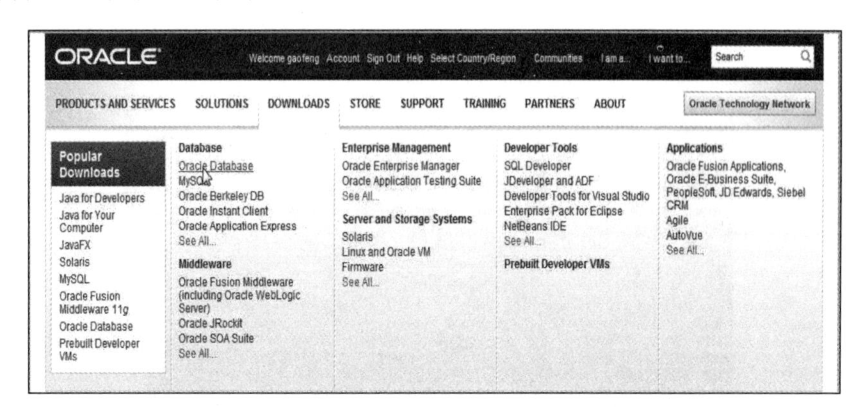

图 1.1

02 单击“Oracle Database”超链接，进入如图 1.2 所示的界面。

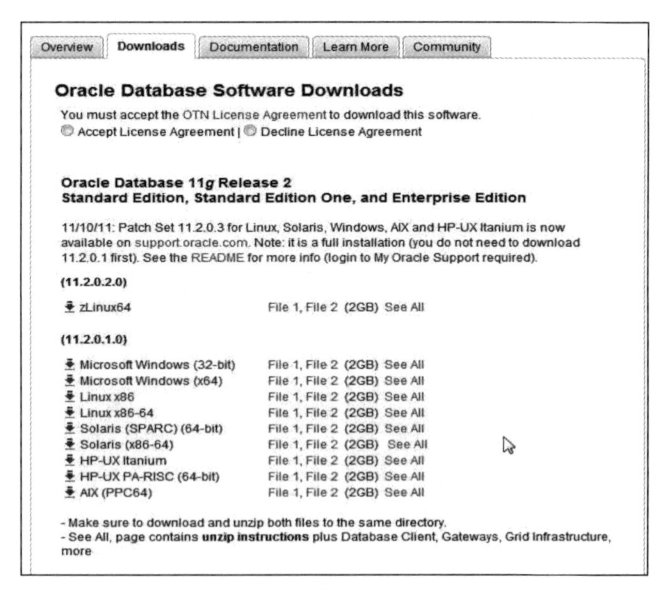

图 1.2

在图 1.2 界面的上方有一个“OTN License Agreement”数据库产品下载许可协议的选项，只有选中“Accept License Agreement”单选项才可以从数据产品列表中选择需要的 Oracle 11g 数据库产品的相应版本。

注意　截至本书出版时，Oracle 官方网站提供的最新下载版本为 11.2.0.1.0 版本。

03 选择需要的 Oracle 数据库产品，如 Microsoft Windows（32 b），分别单击“File1”和

“File2”进行数据库软件下载。

注意 如果此时用户没有登录，则会出现登录界面提示登录。如果没有账号，则需要先注册再登录。

2. 安装 Oracle 11g 服务器

01 双击“setup.exe”文件，启动 OUI，OUI 首先进行系统软硬件的先决条件的检查，并输出检查结果，如图 1.3 所示。

图 1.3

02 操作系统的软硬件符合条件后，进入“配置安全更新”界面，如图 1.4 所示。

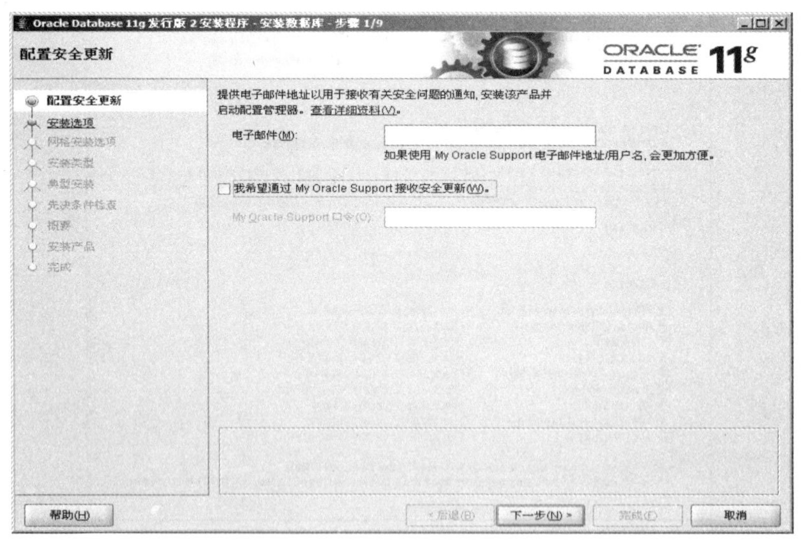

图 1.4

03 取消选中“我希望通过 My Oracle Support 接收安全更新”复选框，单击“下一步”按钮时，会弹出“未指定电子邮件地址”对话框，如图 1.5 所示，单击“是”按钮，进入“选择安装选项”界面，如图 1.6 所示。

04 选中“创建和配置数据库”单选项，单击“下一步”按钮进入“系统类”界面，如图 1.7 所示。

05 选中“服务器类”单选项，单击“下一步”按钮，进入“网络安装选项”界面，如图 1.8 所示。

Oracle Database 11g 发行版 2 安装程序 - 安装数据库 - 步骤 1/9
配置安全更新
ORACLE DATABASE 11g
配置安全更新
安装选项
网格安装选项
安装类型
典型安装
先决条件检查
概要
安装产品
完成
提供电子邮件地址以用于接收有关安全问题的通知, 安装该产品并启动配置管理器。查看详细资料(V)。
电子邮件(M):
如果使用 My Oracle Support 电子邮件地址/用户名, 会更加方便。
未指定电子邮件地址
尚未提供电子邮件地址。
是否不希望收到有关配置中的严重安全问题的通知?
是(Y)
否(N)
帮助(H)
< 后退(B)
下一步(N) >
完成(F)
取消

图 1.5

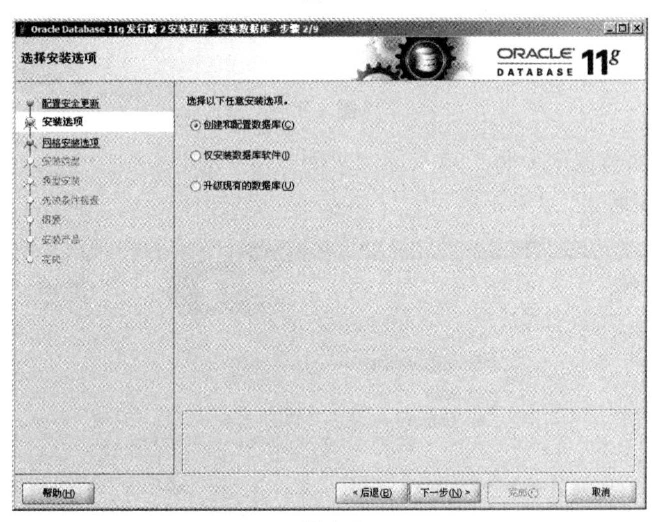
Oracle Database 11g 发行版 2 安装程序 - 安装数据库 - 步骤 2/9
选择安装选项
ORACLE DATABASE 11g
配置安全更新
安装选项
网格安装选项
安装类型
典型安装
先决条件检查
概要
安装产品
完成
选择以下任意安装选项。
创建和配置数据库(C)
仅安装数据库软件(I)
升级现有的数据库(U)
帮助(H)
< 后退(B)
下一步(N) >
完成(F)
取消

图 1.6

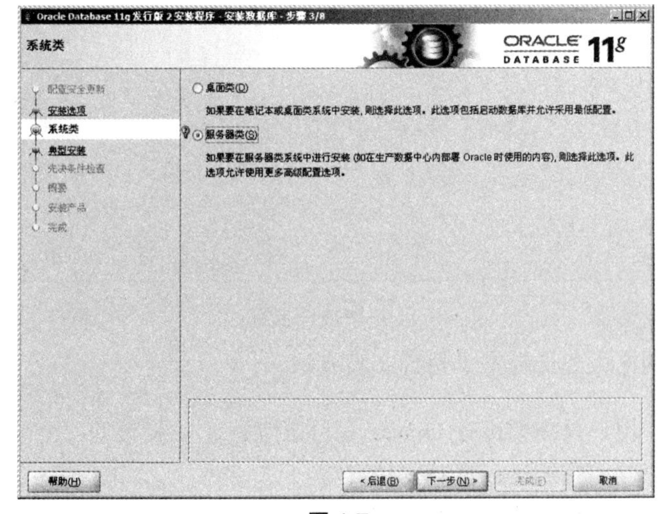
Oracle Database 11g 发行版 2 安装程序 - 安装数据库 - 步骤 3/8
系统类
ORACLE DATABASE 11g
配置安全更新
安装选项
系统类
典型安装
先决条件检查
概要
安装产品
完成
桌面类(D)
如果要在笔记本或桌面类系统中安装, 则选择此选项。此选项包括启动数据库并允许采用最低配置。
服务器类(S)
如果要在服务器类系统中进行安装 (如在生产数据中心内部署 Oracle 时使用的内容), 则选择此选项。此选项允许使用更多高级配置选项。
帮助(H)
< 后退(B)
下一步(N) >
完成(F)
取消

图 1.7

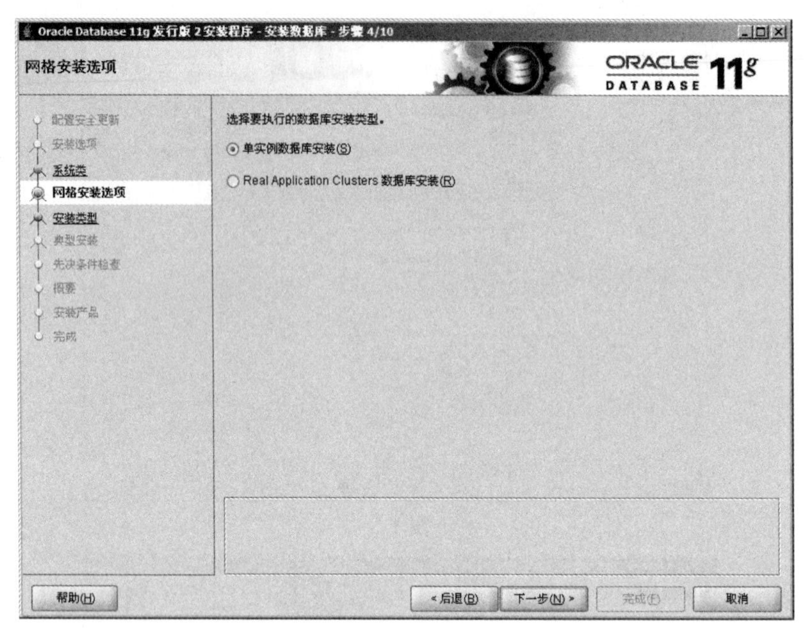

图 1.8

06 选中“单实例数据库安装”单选项，单击“下一步”按钮，进入“选择安装类型”界面，如图 1.9 所示。

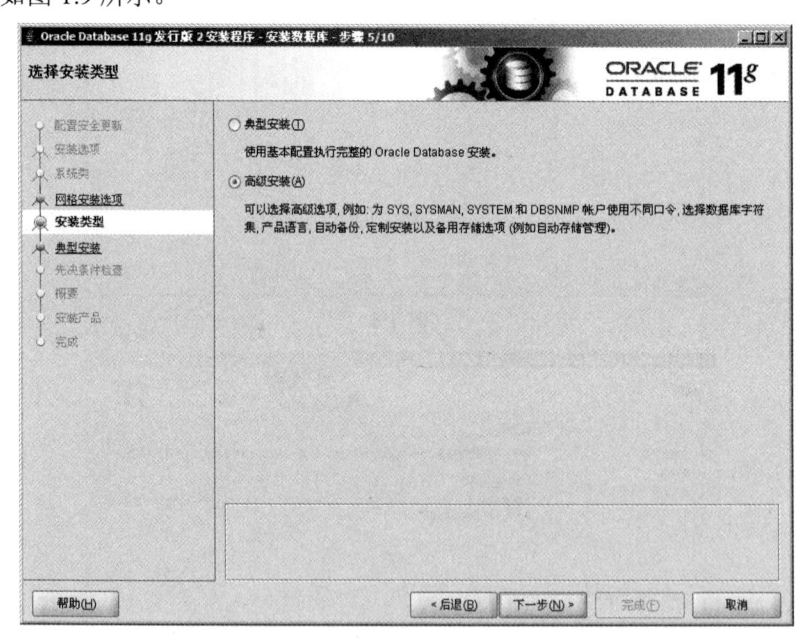

图 1.9

Oracle 11g 数据库服务器提供了两种安装方法。

- 典型安装：用户只需要进行 Oracle 主目录位置、安装类型、全局数据库名及数据库密码等设置，由系统进行自动安装。
- 高级安装：用户可以为不同数据库账户设置不同密码、选择数据库字符集、产品语言等选项，可以根据用户的需要进行定制选择、配置安装服务器。

07 选中“高级安装”单选项后，单击“下一步”按钮，进入“选择产品语言”界面，如图 1.10 所示。

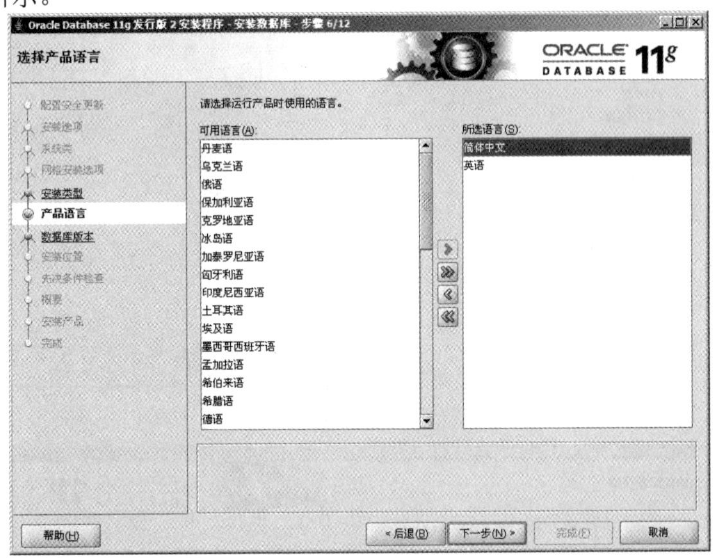

图 1.10

08 选择完语言类型后，单击“下一步”按钮，进入“选择数据库版本”界面，如图 1.11 所示。

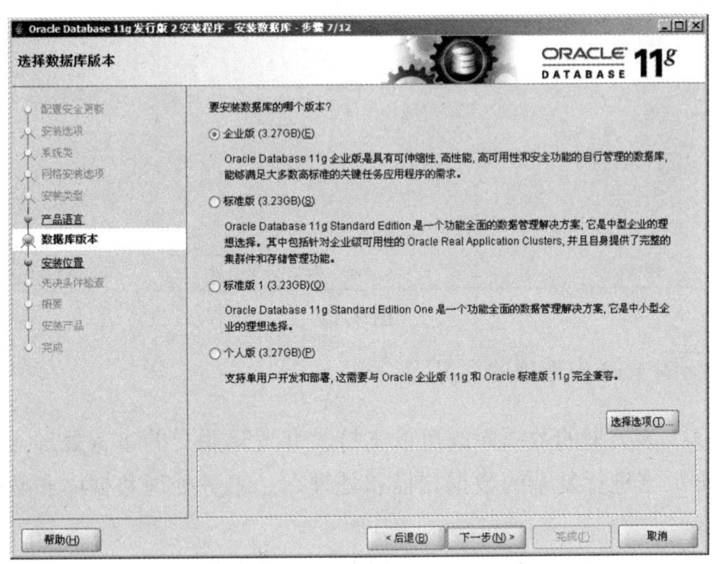

图 1.11

09 选中“企业版”单选项后，单击“下一步”按钮，进入“指定安装位置”界面，如图 1.12 所示。

10 设置好“Oracle 基目录”和“软件位置”后，单击“下一步”按钮，进入“选择配置类型”界面，如图 1.13 所示。

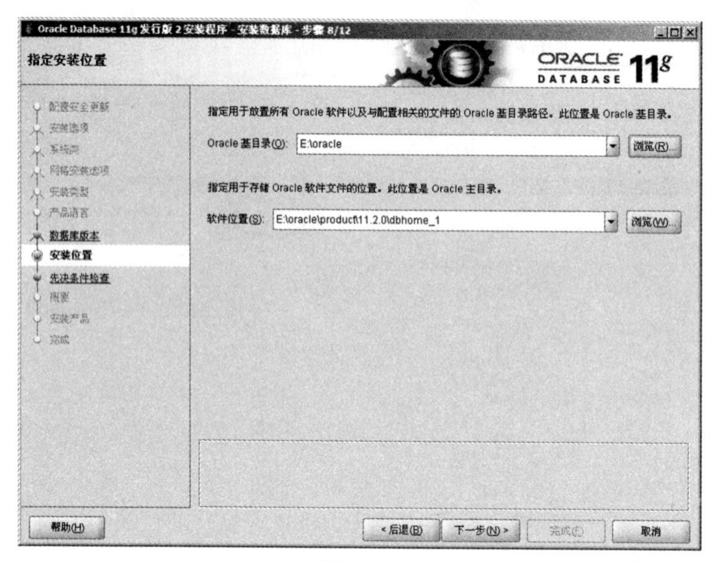

图 1.12

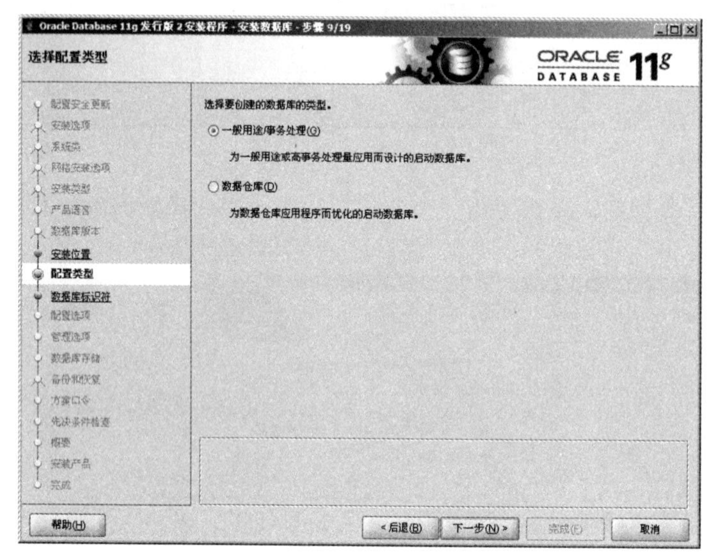

图 1.13

下面简要介绍图 1.13 中选项的含义。

- 一般用途：该类型的数据库既可以支持大并发量用户的事务处理，又可以快速地对大量历史数据进行复杂的数据扫描和处理，是事务处理数据库和数据仓库配置的折中方案。
- 事务处理：该类型的数据库主要针对具有大并发用户的连接，并且用户主要执行简单事务处理的应用环境。
- 数据仓库：数据仓库是在数据库已经大量存在的情况下，为了进一步挖掘数据资源，为了决策需要而产生的，它并不是所谓的“大型数据库”，如果需要对大量历史数据进行快速访问、分析和复杂查询，数据仓库类型配置是最佳选择。

11 选中“一般用途/事务处理”单选项后，单击“下一步”按钮，进入“指定数据库标识符”界面，如图 1.14 所示。

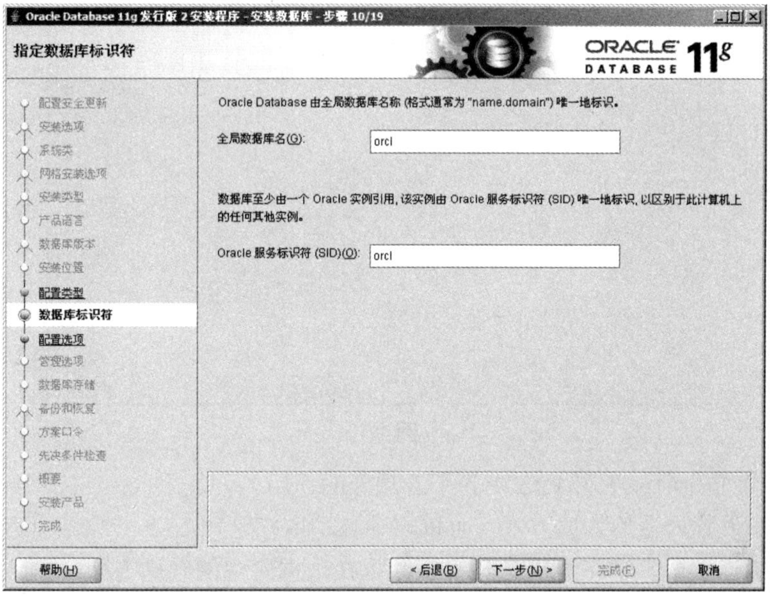

图 1.14

如图 1.14 所示，在安装数据库时，通常要指定全局数据库名和 Oracle 服务标识符，分别介绍如下。

- 全局数据库名。它由数据库名与数据库服务器所在的域名组成，格式为“数据库名.网络域名”，用来唯一标识一个网络数据库，主要用于分布式数据库系统中。例如，上海的数据库可以命名为“orcl.shanghai.dong-he.cn”，青岛的数据库可以命名为“orcl.qingdao.dong-he.cn”，虽然全局数据库名都为“orcl”，但由于其所在域名不同，因此在网络中可以区分。数据库名可以由字母、数字、下画线和$符号组成，且必须以字母开头，长度不超过 30 个字符。在单实例环境下，可以不设置域名，域名长度不能超过 128 个字符。
- Oracle 服务标识符（SID）。它是一个 Oracle 实例的唯一名称标识，长度不超过 12 个字符。SID 主要用于在 DBA 操作以及与操作系统交互中，从操作系统的角度访问实例名，必须通过 ORACLE_SID，它在注册表中也存在。例如，系统安装成功后，可以在“HEKY_LOCAL_MACHINE\SOFTWARE\ORACLE\KEY_OraDb11g_home1”下面看到 ORACLE_SID 的值为“orcl”。此外，也可以查看 Oracle 的服务名，其格式一般为“OracleServiceSID”，系统安装成功后，可以看到 Oracle 的服务全名为“OracleServiceOrcl”。

12 设置完全局数据库名和 Oracle 服务标识符 SID 后，单击“下一步”按钮，进入“指定配置选项”界面，如图 1.15 所示。

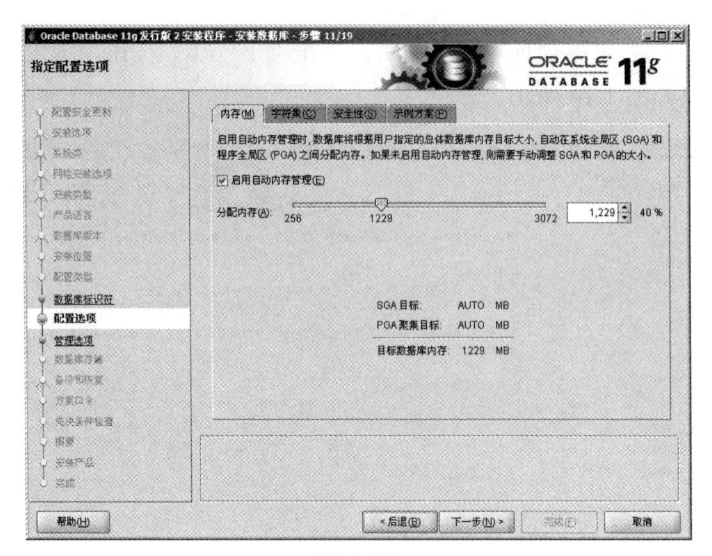

图 1.15

下面分别简要介绍一下图 1.15 中各个选项卡的作用。

- 内存：设置内存的管理方式，可以启动自动内存管理。
- 字符集：数据库字符集决定了字符数据在数据库中的存储方式，默认为操作系统语言字符集。
- 安全性：默认启动数据库审计和使用新的默认口令文件。
- 示例方案：创建带样本方案或不带样本方案的启动程序数据库。如果选中“具有示例方案的数据库”，OUI 会在数据库中创建 HR、OE、SH 等示例方案。

注意 默认情况下，不用做其他设置，直接单击“下一步”按钮，如果需要示例方案，则在“示例方案”选项卡中选中“具有示例方案的数据库”。

13 单击“下一步”按钮，进入“指定管理选项”界面，如图 1.16 所示。

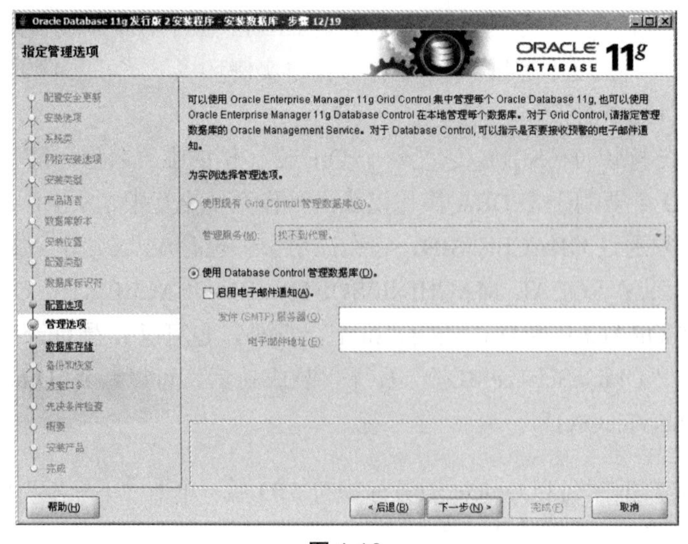

图 1.16

图 1.16 中各选项的含义如下。

- “使用现有 Grid Control 管理数据库”：只有安装了 Oracle 管理档案库、Oracle 管理服务和代理服务，并且当安装程序自动检测到代理服务时，该选项才有效。需要指定对数据库进行集中管理的管理服务。
- “使用 Database Control 管理数据库”：该选项对数据库进行本地管理。可以选中“启用电子邮件通知”复选框，当数据库发生问题时，Oracle 会将错误信息发送到指定的电子邮箱中。

14 选中“使用 Database Control 管理数据库”单选项后，单击“下一步”按钮，进入“指定数据库存储选项”界面，设置数据库的存储机制，如图 1.17 所示。

图 1.17

15 选中“文件系统”单选项，指定数据库文件存储位置后，单击“下一步”按钮，进入“指定恢复选项”界面，选择是否启动数据库的自动备份功能，如图 1.18 所示。

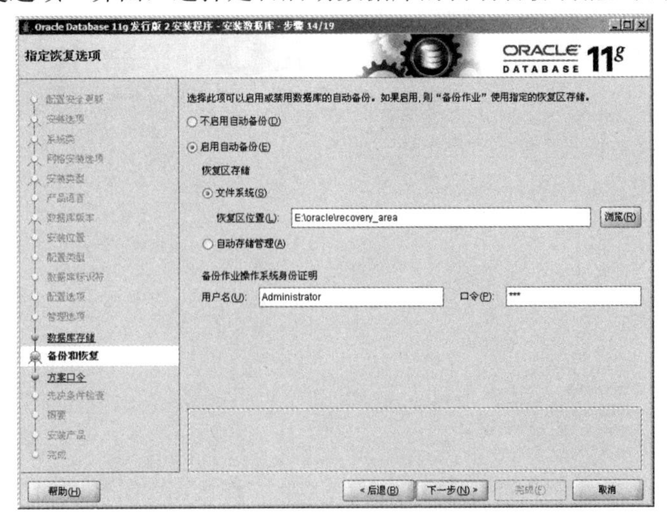

图 1.18

如果选中“启用自动备份”单选项，则系统会创建一个备份作业，使用 RDRM（Oracle Database Recovery Manager）工具对数据库进行周期备份，第一次进行完全备份，以后进行增量备份。利用该自动备份，系统可以将数据库恢复到 24 小时内的任何状态。同时需要指定存放备份信息的恢复区的位置，最后需要设置“备份作业操作系统身份证明”的操作系统用户名和口令。

16 单击“下一步”按钮，进入“指定方案口令”界面，如图 1.19 所示的 4 个数据库预定义的账户（SYS、SYSTEM、SYSMAN 和 DBSNMP）口令可以不同，也可以相同。

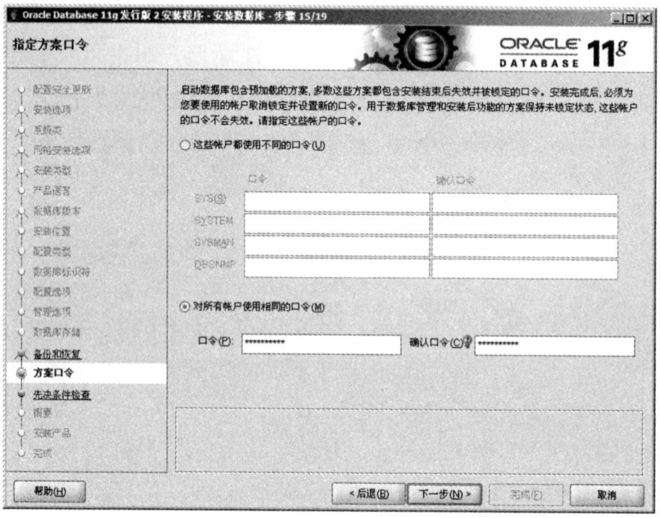

图 1.19

注意 本例中，由于不是商业使用，为了便于管理，故设定相同口令。此外，口令不能以数字开头，不能使用 Oracle 保留字。建议由大小写字母、数字混合组成，总长度大于等于 8 个字符，区分大小写，例如，本例中的密码为“Orcl123456”。

17 单击“下一步”按钮，进入“执行先决条件检查”界面，如图 1.20 所示。

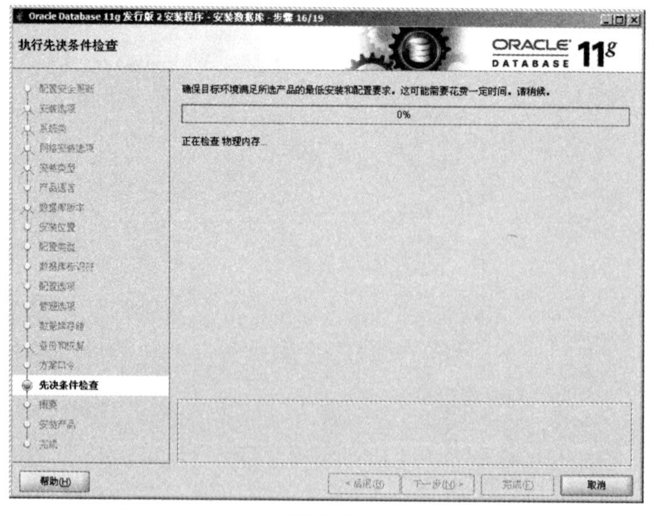

图 1.20

18　选中“全部忽略”复选框，单击“下一步”按钮，如图 1.21 所示，之后进入“概要”界面。

图 1.21

19　单击“完成”按钮，如图 1.22 所示，之后进入“安装产品”界面。

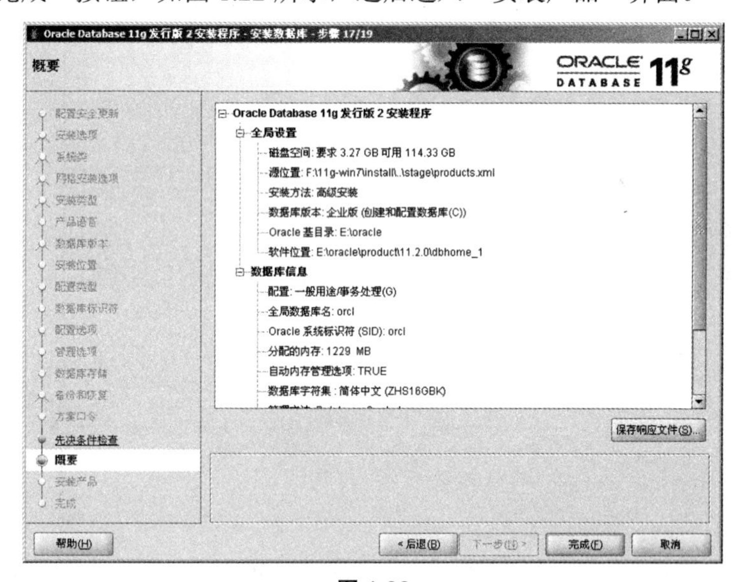

图 1.22

20　在产品安装过程中，会创建一个数据库，如图 1.23 所示。

21　数据库产品安装完成后，如图 1.24 所示，单击“关闭”按钮，完成对 Oracle 11g 数据库服务器的安装。

图 1.24 提示了几个 Oracle 应用程序的网页地址，以便将来使用它们进行数据库管理。例如：

```
https://localhost:1158/em
```

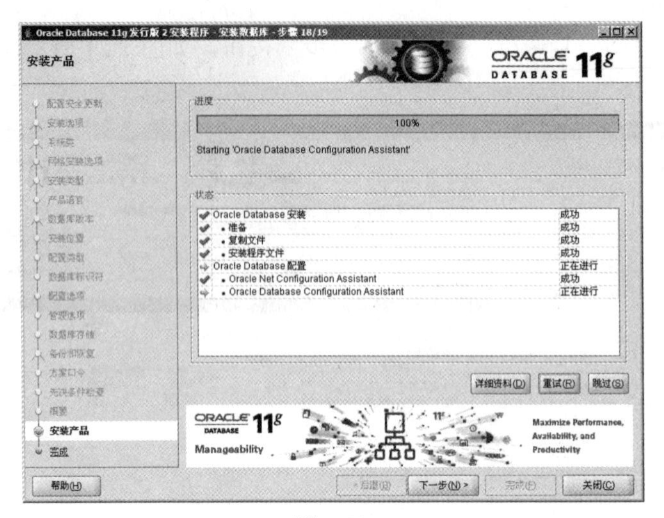

图 1.23

图 1.24

这些 URL 地址的端口还被记录在：

```
%oralce_home%\product\11.2.0\dbhome_1\install.1.0\db_1\install\portlist.ini
```

文件中。

3. 验证安装结果

选择“开始→程序”菜单，可以看到 Oracle 11g 的程序组，如图 1.25 所示。

图 1.25

4. 使用 Oracle Enterprise Manager

Oracle Enterprise Manager 是基于 B/S 结构的 Oracle 管理平台，可通过网页形式轻松完成数据库的管理。启动 IE 浏览器，在地址栏中输入“https://localhost:1158/em”后，按回车键，会出现 OEM 的登录界面，如图 1.26 所示。

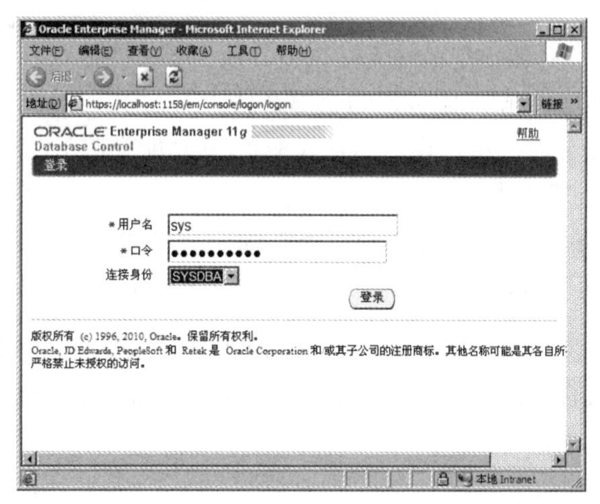

图 1.26

在其中输入相应的用户名“sys”、口令“orcl123456”、连接身份“sysdba”后，单击“登录”按钮，就会出现如图 1.27 所示的“主目录”属性页。

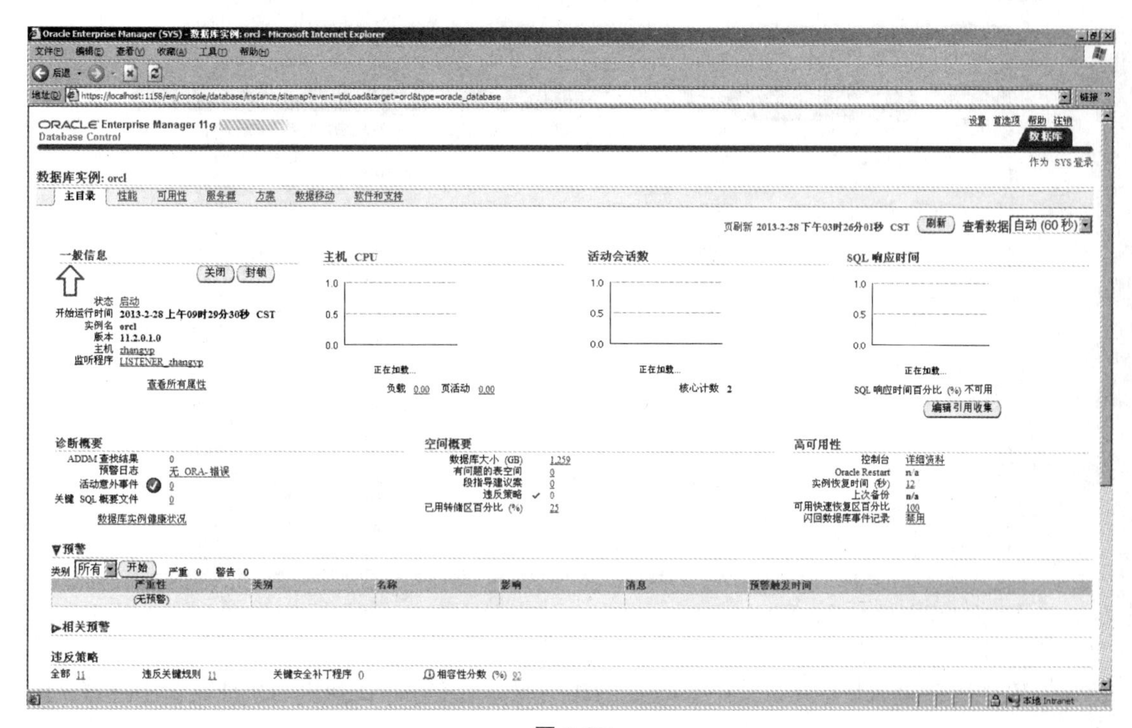

图 1.27

通过此属性页，可以完成 Oracle 数据库的性能管理、数据库管理和维护等工作。

实践 1.G.2

在 Windows XP 操作系统下卸载 Oracle 11g 服务器端应用程序。

分析

1. 如果 Oracle 数据库服务器出现故障无法恢复，或由于某些特殊原因需要卸载数据库服务器产品，这时需要卸载数据库服务器的全部产品。
2. Oracle 客户端是基于分布式结构设计的管理工具，其功能类似于实践 1.G.1 中介绍的 Oracle Enterprise Manager，其整体更加直观。
3. 通常情况下，Oracle 客户端与服务器端不在同一个机器上，如果需要在客户机上安装 PL/SQL Developer 等工具，则需要在客户机上首先安装 Oracle 客户端。

注意 如果不想安装 Oracle 客户端而实现 PL/SQL Developer 远程访问 Oracle 服务器端时，需要从 Oracle 官方网站上下载 “Oracle Instantclient Basic package” 压缩包，并进行相关配置。

参考解决方案

01 安装完 Oracle 11g 后，打开“开始→设置→控制面板→管理工具→服务”选项，查看 Oracle 的所有服务，如图 1.28 所示。

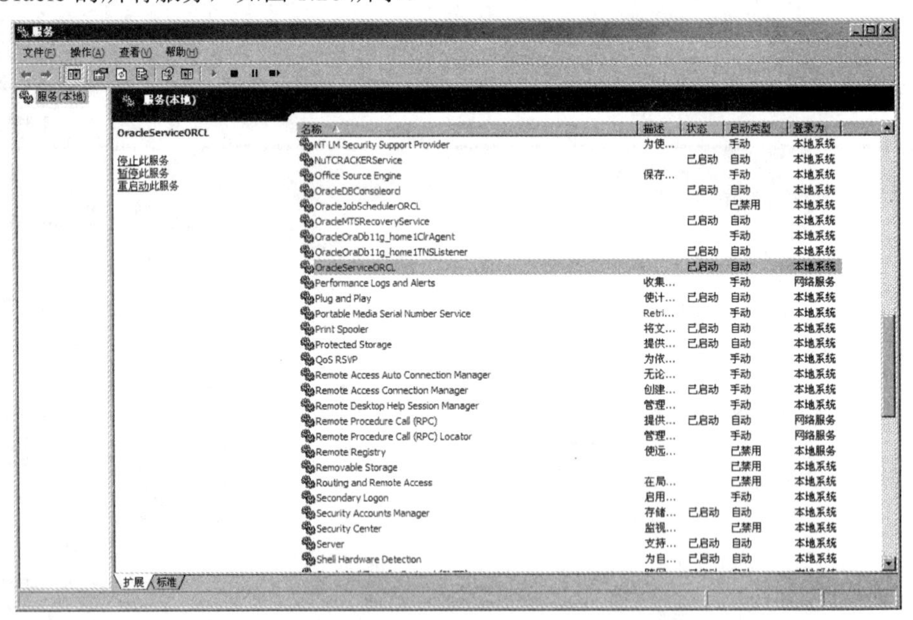

图 1.28

02 停止所有 Oracle 服务。选中 Oracle 的相关服务后右击，在弹出的快捷菜单中选择“停止”命令即可。

03 卸载 Oracle 11g 数据库服务器组件。选择“开始→程序→Oracle - OraDb11g_home1

→Oracle 安装产品→Universal Installer”菜单选项，在弹出的欢迎使用界面中单击“卸载产品”按钮，出现卸载组件选择对话框。选择所有 Oracle 组件，然后单击“删除”按钮，如图 1.29 所示。

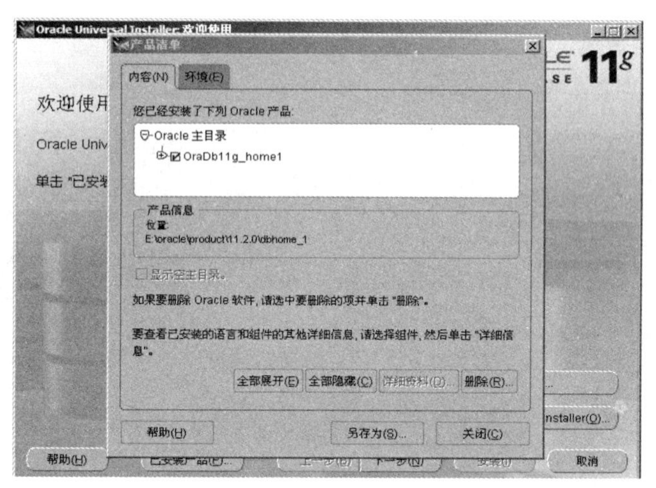

图 1.29

04 清除注册表。运行 regedit，选择“HKEY_LOCAL_MACHINE\SOFTWARE\ORACLE”，删除该入口；选择“HKEY_LOCAL_MACHINE\SYSTEM\CurrentControlSet\Services”，滚动这个列表，删除所有以“Oracle”开头的入口项。

05 删除环境变量中 PATH 和 CLASSPATH 中包含 Oracle 的值。

06 重新启动计算机系统。

07 最后删除 Oracle 安装目录及其子目录，此时 Oracle 已彻底删除。

注意 从 Oracle 11g 的 11.2.0.1 版本开始，Oracle 提供了一个用于卸载数据库产品的工具 deinstall，它位于“%oralce_home%\product\11.2.0\dbhome_1\deinstall”路径下，单击 deinstall.bat 文件，运行该工具可以完全卸载 Oracle 产品。

实践 1.G.3

在 Oracle 11g 中，启动和登录 SQL *Plus，体验 SQL *Plus 的功能。

分析

1. Oracle 11g 中默认安装了 SQL *Plus 工具，可以通过“程序→Oracle - OraDb11g_home1→应用程序开发→SQL Plus”打开 SQL *Plus 登录窗口。
2. 登录 SQL *Plus 后，通过输入简单的 SQL 语句体验 SQL *Plus 的功能。

参考解决方案

SQL *Plus 是 Oracle 提供的 SQL 及 PL/SQL 命令操作工具，是 Oracle 数据库服务器最主要的接口，它提供了一个功能强大且易于使用的查询、定义和控制数据的环境。SQL *Plus

提供了 Oracle SQL 和 PL/SQL 的完整实现，以及一组丰富的扩展功能。Oracle 数据库优秀的可伸缩性结合 SQL *Plus 的关系对象技术，允许使用 Oracle 的集成系统解决方案开发复杂的数据类型和对象。

1. SQL *Plus 启动与登录

SQL *Plus 打开位置如图 1.30 所示。

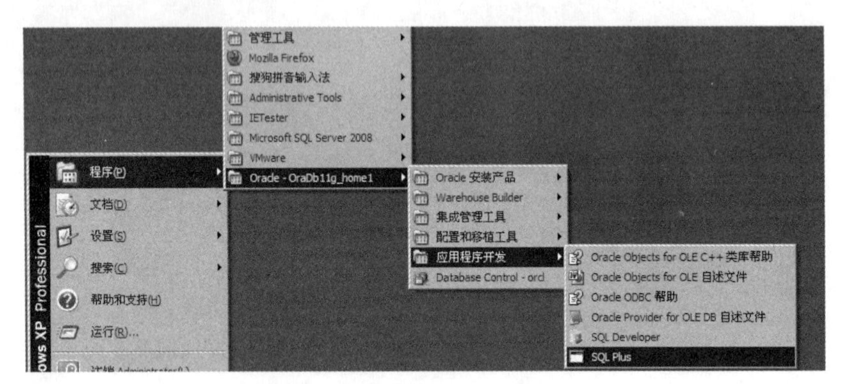

图 1.30

SQL *Plus 的界面如图 1.31 所示。

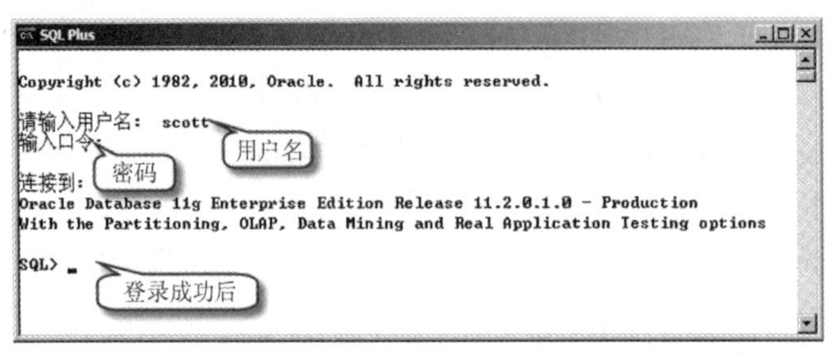

图 1.31

注意 在进入 SQL *Plus 后，输入密码时，密码是完全隐藏的。

2. SQL *Plus 应用

在 SQL *Plus 中可以输入 3 种命令。

- SQL 命令：对数据库的信息进行操作；
- PL/SQL 程序块：对数据库的信息进行操作；
- SQL PLUS 命令：格式化查询结果，设置运行选项，编辑和存储 SQL 命令和 PL/SQL 命令。

此时，即可按指定的命令进行相应操作。

登录到 SQL *Plus 工具后，执行如下操作，体验 SQL *Plus 的功能。

```
SQL> conn scott/Orcl123456;
已连接。
SQL> select table_name from user_tables;
```

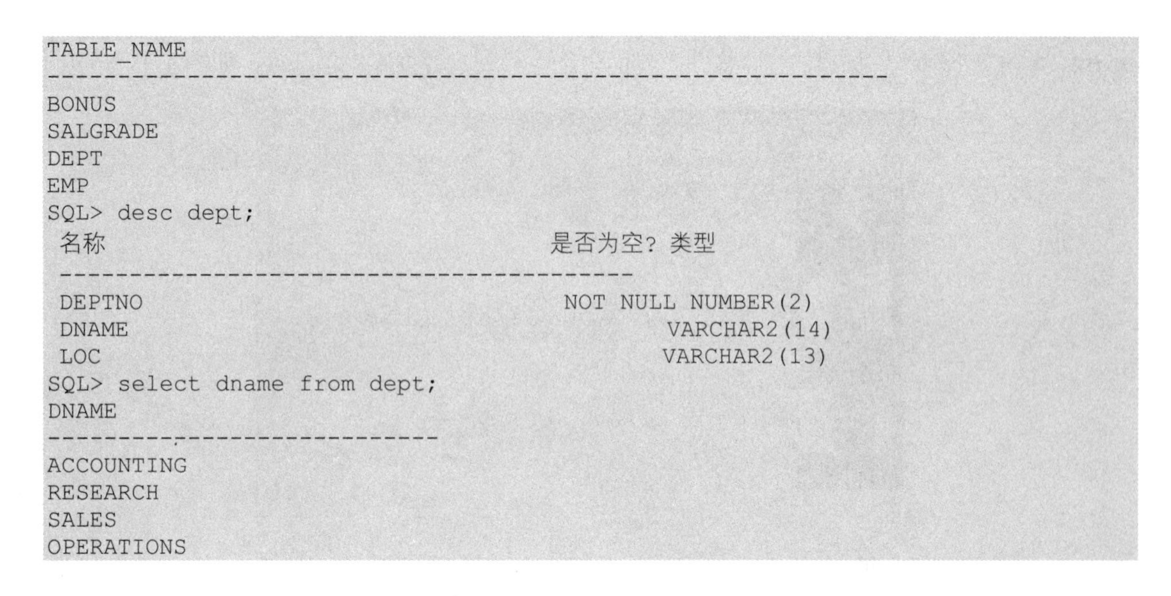

```
TABLE_NAME
------------------------------------------------------------
BONUS
SALGRADE
DEPT
EMP
SQL> desc dept;
 名称                                      是否为空? 类型
 -----------------------------------------
 DEPTNO                                    NOT NULL NUMBER(2)
 DNAME                                              VARCHAR2(14)
 LOC                                                VARCHAR2(13)
SQL> select dname from dept;
DNAME
----------------------------
ACCOUNTING
RESEARCH
SALES
OPERATIONS
```

注意　读者可以参见本书附录 A：常用 SQL *Plus 命令，了解 SQL *Plus 的更多用法。

知识拓展

数据库配置助手（DBCA）

DBCA（Database Configuration Assistant）是基于 Java 的工具，主要用来创建、删除 Oracle 数据库。当安装 Oracle 数据库应用时，或在安装完 Oracle 数据库应用的操作系统中作为独立的工具，都可以运行。它提供了一个图形用户界面，按步骤指导数据库的创建及删除过程。启动 DBCA 之后，就可以通过图形界面进行数据库各项参数的配置，下面对几个重要步骤进行说明。

01 执行“开始→程序→Oracle-OraDb11g_home1→配置和移植工具→Database Configuration Assistant”菜单选项，出现“Database Configuration Assistant：欢迎使用”对话框，如图 1.32 所示。

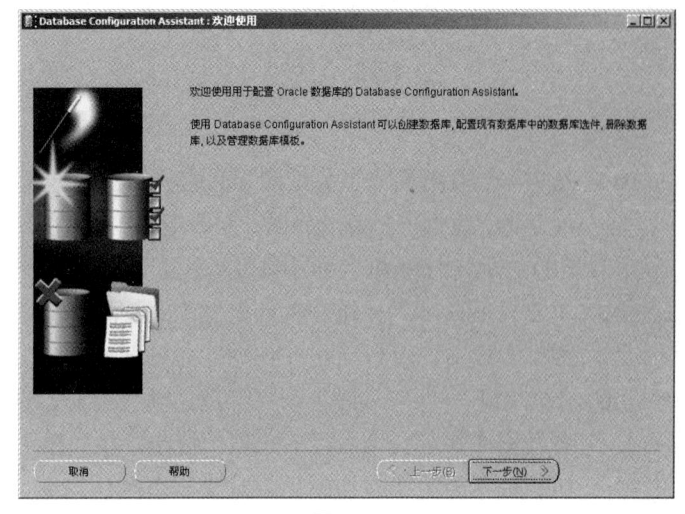

图 1.32

02 单击“下一步”按钮，在“操作”界面中选中“创建数据库”单选项，如图 1.33 所示。

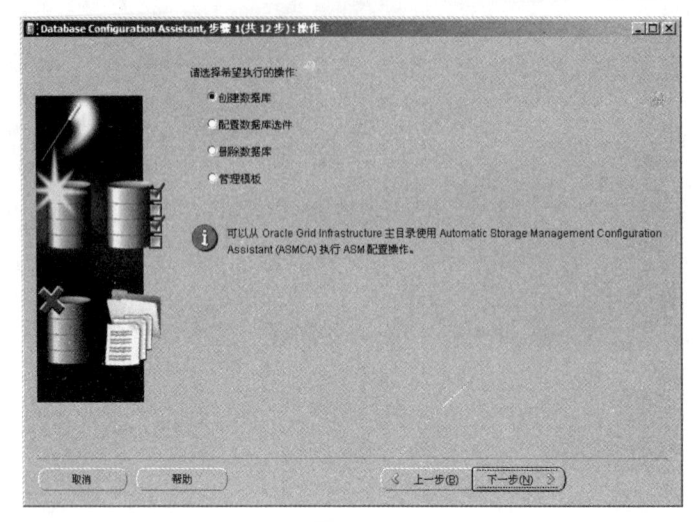

图 1.33

03 单击“下一步”按钮，出现如图 1.34 所示的界面。

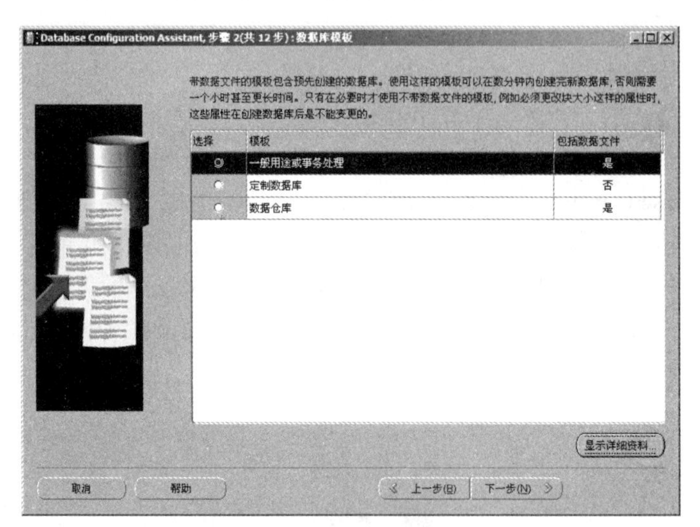

图 1.34

04 选中“一般用途或事务处理”单选项创建数据库，单击“下一步”按钮，进入如图 1.35 所示的“数据库标识”界面，需要定义一个数据库名称（demo.school）和 SID（demo），SID 在同一计算机上不能重复，用于唯一标识一个实例。

05 单击“下一步”按钮，进入如图 1.36 所示界面。

在该界面中，可以启用在数据库服务器安装部分的备份作业。

06 单击“下一步”按钮进入“管理选项”界面，选择默认配置使用 Enterprise Manger 配置数据库即可。单击“下一步”按钮，在如图 1.37 所示的“数据库身份证明”界面中可以简单地为所有初始用户定义一个默认口令（demo）。

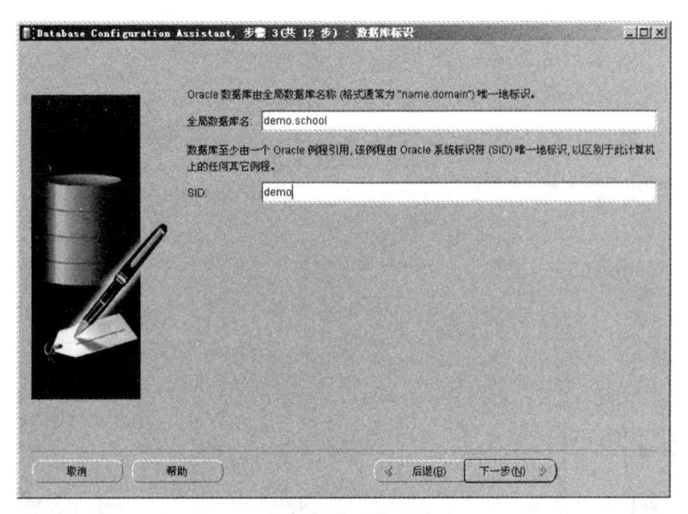

图 1.35

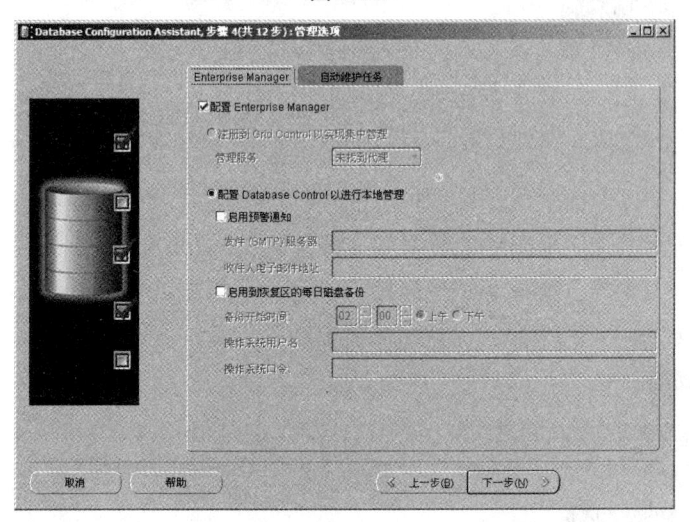

图 1.36

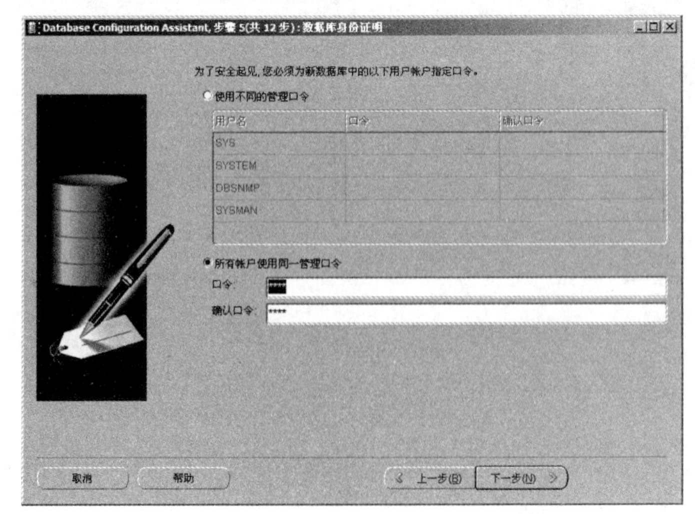

图 1.37

07 单击“下一步”按钮，进入“存储选项”界面，该界面用于选择数据库的存储机制，通常选择文件系统存储。单击“下一步”按钮，进入如图 1.38 所示的指定“数据库文件所在位置”界面，可以指定希望存储数据库文件的位置和方式。

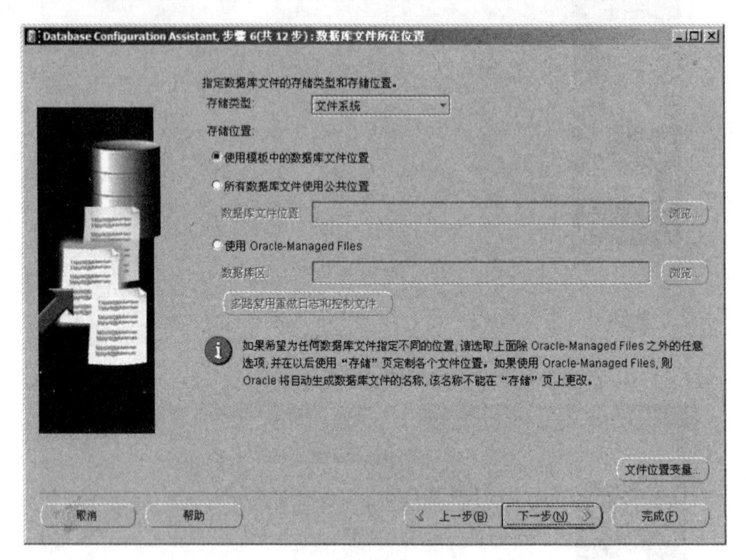

图 1.38

08 选择默认配置“使用模板中的数据库文件位置”。单击“下一步”按钮，进入如图 1.39 所示的“恢复配置”界面，该界面用于指定快速恢复区（Flash Recovery Area），这是 Oracle 11g 的一个新特性，用于简化用户的备份管理，同时还可以在这个界面上选择是否启动数据库的归档模式。

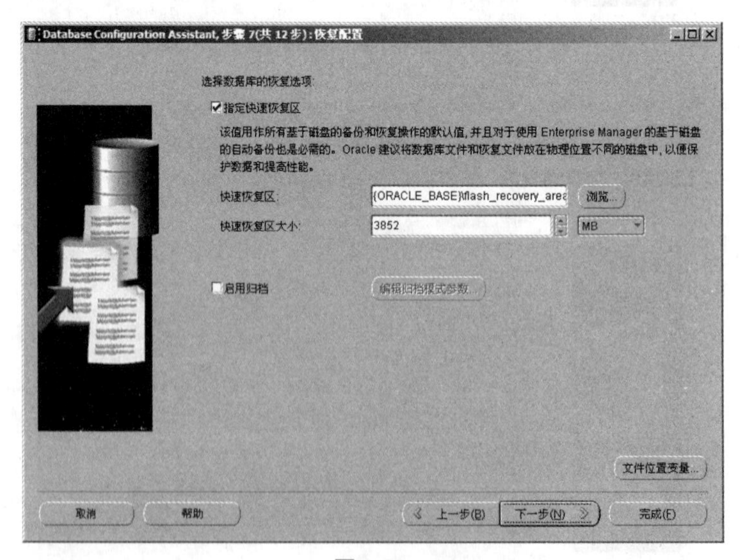

图 1.39

09 选择默认配置。单击“下一步”按钮，出现“数据库内容”界面，如图 1.40 所示，在“示例方案”选项卡中选中“示例方案”复选框。

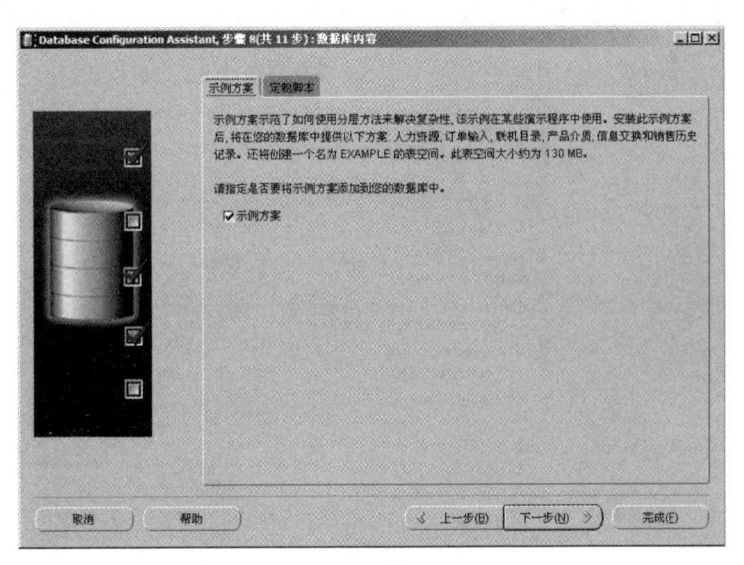

图 1.40

10 单击“下一步”按钮，出现“初始化参数”界面，如图 1.41 所示，可以调整内存、字符集等。可以按照需要进行调整，通常选择默认设置即可。

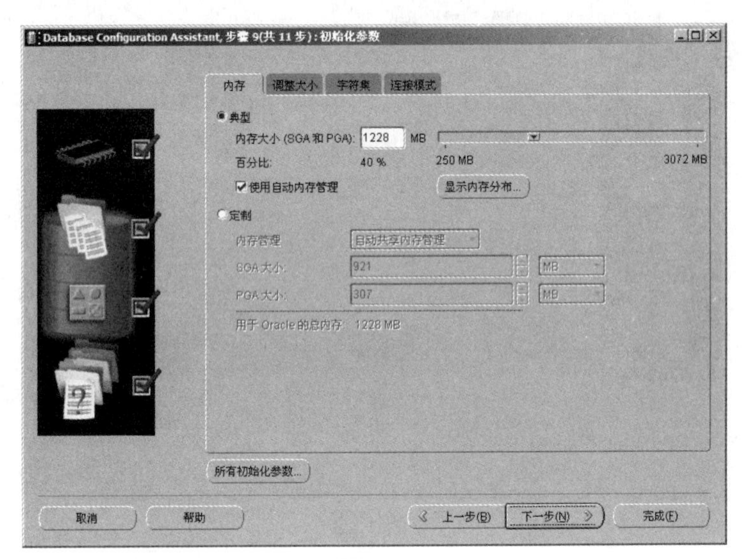

图 1.41

11 单击“下一步”按钮，在弹出的“数据库存储”界面中，可以了解控制文件、数据文件、重做日志文件的信息。如图 1.42 所示。

12 单击“下一步”按钮，弹出如图 1.43 所示的窗口。

单击“完成”按钮可以创建数据库。数据库创建完毕后可通过管理工具 Oracle Net Configuration Assistant 建立管理平台与新建数据库的连接，然后可通过管理平台进行数据库管理和维护。

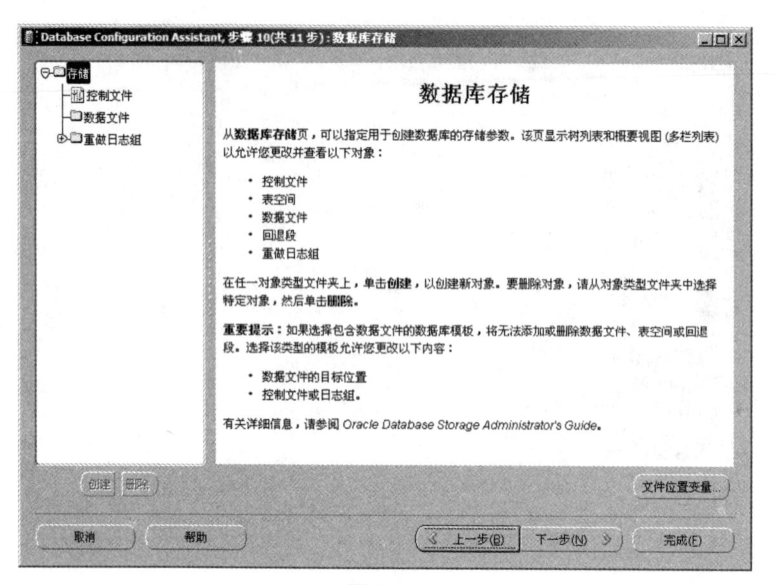

图 1.42

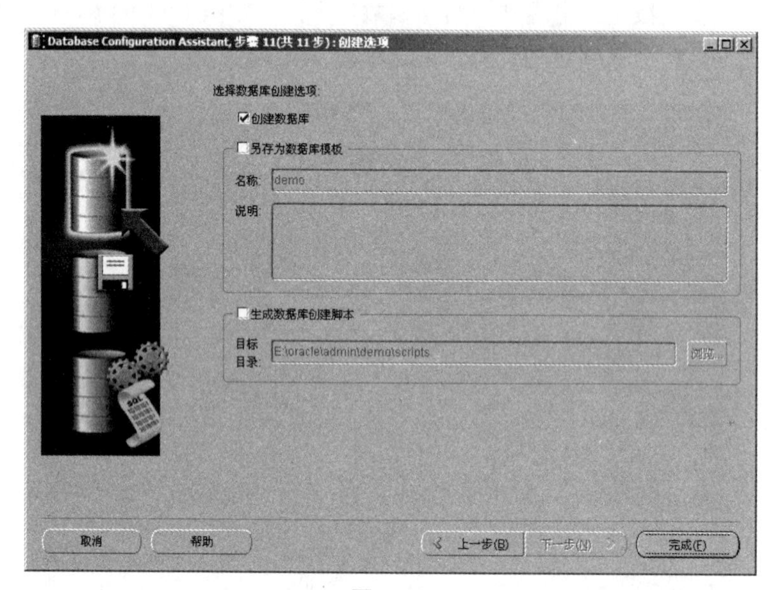

图 1.43

拓展练习

练习 1.E.1

通过 Oracle Net Configuration Assistant 配置到 demo 数据库的访问，并使用 Oracle Enterprise Manager Console 登录访问。

练习 1.E.2

通过 DBCA 完成 demo 数据库的删除。

练习 1.E.3

通过查阅相关资料及参考书，操作并熟悉 Oracle 的各种管理工具。

实践 2　数据库表对象

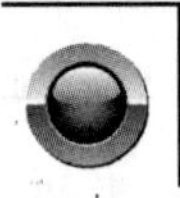

实践指导

实践 2.G.1

进行应用系统设计开发，首先要了解用户的需求，并书写用户需求规格说明书。在用户需求规格说明书得到用户的确认和认可后，可以进入设计阶段。针对数据库应用系统来讲，在设计阶段有一个重要的任务就是完成用户数据库系统中相应表结构的设计，画出 E-R 图，再产生相应的数据库表。

1. 背景

在本次实践中实现学生选课信息系统的数据库结构的创建，学生选课信息系统是一个非常通用的高校选课信息系统。很多高校都需要拥有自己的学生选课信息系统，以便对本学校学生的基本信息和选课情况进行管理。

2. 需求

为了完成学生选课信息的管理，需要实现学生选课信息系统的数据库设计。

3. 功能描述

学生选课信息系统包括学生基本信息管理、课程信息管理、班级信息管理、选课信息管理、教师基本信息管理、教师授课信息管理，详细信息描述如下。

1）学生基本信息包括学生编号、姓名、年龄、性别、年级、家庭住址等；
2）教师基本信息包括教师编号、姓名、年龄等；
3）课程基本信息包括课程编号、课程名、课程学分等；
4）授课信息包括教师编号、课程编号等；
5）选课信息包括学生编号、课程编号、教师编号、成绩等；
6）班级信息包括班级编号、系名称、年级、班级名称等。

各实体之间的关系如下。

- 一个学生只能属于一个班级，一个班级有多个学生，即学生与班级为一对多关系。
- 一个学生可以选多门课程，一门课程可以被多个学生选，即学生与课程为多对多关系。此外，学生在选择某门课程时，同时应该确定教授该门课程的教师，所以一条选课记录可以由学生编号、课程编号、教师编号确定。
- 一个教师可以教授多门课，一门课程可以由多个教师教授，即教师与课程为多对多关系，一条授课记录可以由教师编号、课程编号确定。

通过与系统所涉及的业务人员交流，书写完用户需求规格说明书并得到客户确认和认可后，就可以转入设计阶段，在设计阶段要完成 E-R 图及数据库表的设计工作。根据系统要求，实现学生选课信息系统的 E-R 图设计。

分析

1. 通过题目进行业务实体的分析，得知此模块中共有 4 个实体：教师、班级、学生和课程。
2. 分析业务实体之间的关系，并消除业务实体的数据冗余。从题目中可以分析得出学生和课程、教师和课程、班级和学生之间存在着实体关联。
3. 教师与课程的关系可以通过教师授课表（t_tc），学生和课程的关系可以由选课信息表（t_sc）确定。
4. 实现学生选课信息系统的 E-R 图。

参考解决方案

1. 找出业务涉及的主要业务实体

通过题目分析，此模块中共有 4 个实体：教师、班级、学生和课程。

2. 分析业务实体，找出能标识业务实体的主键

在数据库设计中，一般通过非业务主键的设置，来唯一标识实体，其中，非业务主键是指无实际业务意义但可以唯一标识实体的主键。例如，身份证号对于学生实体而言是唯一的，若把身份证号作为主键，假如身份证升级了，由原来的 16 位数变为 18 位数，那么之前与之相关的所有关联表的外键都要做调整。所以在数据库设计中，建议使用非业务主键。

3. 分析业务实体之间的关系，并消除业务实体的数据冗余

从题目分析学生和课程、教师和课程、班级和学生之间存在实体关联关系，由于学生和课程之间是多对多关系，所以需要创建中间表，即学生选课表（t_sc），来确定学生与课程的关系；课程和教师是多对多关系，需要创建中间表，即教师授课表（t_tc），来确定教师与课程之间的关联关系。

4. 规范化

经过对前 3 步分析的实体及实体之间的关系，已经可以应用于实际的开发过程。在实际设计过程中，对于第三范式通常会有选择地进行应用，会从业务处理的方便性、业务处理的效率等方面考虑，允许部分的设计违反第三范式的要求。例如，班级信息中允许直接存储系信息，学生选课表中存储课程名称，教师授课表中存储课程名称等。经过以上几步分析的设计，可以建立如图 2.1 所示的 E-R 图表。

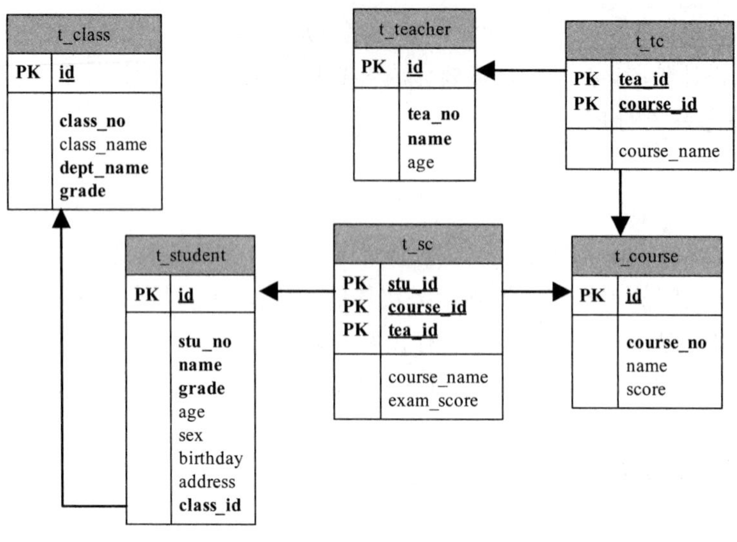

图 2.1

实践 2.G.2

根据实践 2.G.1 中创建的 E-R 图，分析并创建与实体对应的表格结构。

分析

1. 企业版 Visio 工具可以根据 E-R 图连接到数据库自动创建出 E-R 图所有描述的表。
2. 可以手工编写 SQL 语句，并保存为 SQL 文件，在 SQL Developer 中运行该文件，创建出表结构（在本案例中使用此方法）。在本案例中仅以表格形式展示关系表结构及约束，如表 2.1 至表 2.6 所示。

参考解决方案

表 2.1　班级信息表

表名：t_class		
字段	类型	说明
id	NUMBER(10)	非业务主键（与业务无关的主键）
class_no	VARCHAR2(5)	班级编号（唯一性约束） 编号规则：1～2 位为专业，3～4 位代表年份，5 位为班级号
class_name	VARCHAR2(40)	班级名称不能为空
dept_name	VARCHAR2(20)	系名称不能为空
grade	VARCHAR2(4)	年级不能为空

表 2.2　课程信息表

表名：t_course		
字段	类型	说明
id	NUMBER(10)	非业务主键

续表

表名：t_course		
字段	类型	说明
course_no	VARCHAR2(5)	课程编号（唯一性约束） 编号规则：1～2 位为专业，3～5 位为课程号
name	VARCHAR2(60)	课程名称不能为空
score	NUMBER(2)	课程学分不能为空

表 2.3 教师信息表

表名：t_teacher		
字段	类型	说明
id	NUMBER(10)	非业务主键
tea_no	VARCHAR2(5)	教师编号（唯一性约束） 编号规则：1～2 位为专业，3～5 位教师号
name	VARCHAR2(12)	教师姓名不能为空
age	NUMBER(2)	年龄不能为空

表 2.4 学生信息表

表名：t_student		
字段	类型	说明
id	NUMBER(10)	非业务主键
stu_no	VARCHAR2(5)	学生编号（唯一性约束） 编号：1～2 为年份，3～5 位为学号
name	VARCHAR2(12)	姓名不能为空
grade	VARCHAR(4)	年级
age	NUMBER(2)	年龄不能为空
sex	VARCHAR(4)	性别不能为空，默认为：男
birthday	DATE	生日不能为空
address	VARCHAR2(100)	住址不能为空
class_id	NUMBER(10)	所属班级 ID，外键

表 2.5 学生选课信息表

表名：t_sc		
字段	类型	说明
stu_id	NUMBER(10)	学生外键（ 联合主键 ）
course_id	NUMBER(10)	课程外键（ 联合主键）
tea_id	NUMBER(10)	教师外键（ 联合主键）
course_name	VARCHAR(60)	课程名称
exam_score	NUMBER(10)	考试分数

表 2.6 教师授课信息表

表名：t_tc		
字段	类型	说明
tea_id	NUMBER(10)	教师外键（ 联合主键 ）

续表

表名：t_tc		
字段	类型	说明
course_id	NUMBER(10)	课程外键（ 联合主键）
course_name	VARCHAR(60)	课程名称

实践 2.G.3

基于实践 2.G.2 中对数据表的分析及细化，在 Scott 用户下创建相应的数据表。

分析

1. 建立表时，用户需要具有 CREATE TABLE 系统权限和 UNLIMITED TABLESPACE 权限，由于信息量有限，使用默认的表空间即可。
2. 通过实践 2.G.2 中对表结构的分析，需要创建 6 个数据库表，如表 2.7 所示。

表 2.7 选课系统信息表

表名	说明
t_class	存储班级的基本信息
t_student	存储学生的基本信息
t_teacher	存储教师的基本信息
t_course	存储课程的基本信息
t_sc	存储学生的选课信息
t_tc	存储教师的授课信息

参考解决方案

1. 班级信息表（t_class）

```
CREATE TABLE t_class(
  ID   NUMBER(10) PRIMARY KEY,
  class_no VARCHAR2(5) NOT NULL,
  class_name VARCHAR2(40) NOT NULL,
  dept_name VARCHAR2(40) NOT NULL,
  grade VARCHAR2(8) NOT NULL
);
-- ADD COMMENTS TO THE TABLE
COMMENT ON TABLE t_class  IS '班级信息表!;
COMMENT ON COLUMN t_class.ID IS '主键 Id';
COMMENT ON COLUMN t_class.class_no  IS '班级编号';
COMMENT ON COLUMN t_class.class_name  IS '班级名称';
COMMENT ON COLUMN t_class.dept_name  IS '专业名称';
COMMENT ON COLUMN t_class.grade  IS '年级';
```

2. 学生信息表（t_student）

```
CREATE TABLE t_student(
  ID        NUMBER(10)   PRIMARY KEY,
  stu_no       VARCHAR2(5) not null,
  NAME      VARCHAR2(12) NOT NULL,
  grade      VARCHAR2 (4) ,
  age       NUMBER(2) NOT NULL,
  sex       VARCHAR2 (4) NOT NULL,
  birthday  DATE,
  address  VARCHAR2(100),
  class_id     NUMBER(10)
);
-- 添加表注释
COMMENT ON TABLE t_student  IS '学生信息表';
-- 添加列注释
COMMENT ON COLUMN t_student.id  IS '学生主键';
COMMENT ON COLUMN t_student.stu_no  IS '学生号';
COMMENT ON COLUMN t_student.NAME  IS '学生姓名';
COMMENT ON COLUMN t_student.grade  IS '年级';
COMMENT ON COLUMN t_student.age  IS '学生年龄';
COMMENT ON COLUMN t_student.sex  IS '性别，1：男，0：女';
COMMENT ON COLUMN t_student.birthday  IS '生日';
COMMENT ON COLUMN t_student.address  IS '家庭住址';
COMMENT ON COLUMN t_student.class_id  IS '班级 Id';
```

3. 课程信息表（t_course）

```
CREATE TABLE t_course(
  ID   NUMBER(10) PRIMARY KEY,
  course_no  VARCHAR2(5) not null,
  name  VARCHAR2(60) NOT NULL,
  score NUMBER(2) NOT NULL
);
-- 添加表注释
COMMENT ON TABLE t_course  IS '课程信息表';
-- 添加列注释
COMMENT ON COLUMN t_course.ID  IS '课程主键';
COMMENT ON COLUMN t_course.course_no  IS '课程编号';
COMMENT ON COLUMN t_course.name  IS '课程名称';
COMMENT ON COLUMN t_course.score  IS '学分';
```

4. 教师信息表（t_teacher）

```
CREATE TABLE t_teacher(
```

```
 ID   NUMBER(10) PRIMARY KEY,
 tea_no  VARCHAR2(5) not null,
 name VARCHAR2(12) NOT NULL,
 age  NUMBER(2)
);
-- 添加表注释
COMMENT ON TABLE t_teacher  IS '教师信息表';
-- 添加列注释
COMMENT ON COLUMN t_teacher.tea_no  IS '教师号';
COMMENT ON COLUMN t_teacher.name IS '教师姓名';
COMMENT ON COLUMN t_teacher.age  IS '年龄';
```

5. 学生选课信息表（t_sc）

```
CREATE TABLE  t_sc (
stu_id NUMBER(10,0) NOT NULL,
course_id NUMBER(10,0) NOT NULL,
tea_id NUMBER(10,0) NOT NULL,
course_name VARCHAR2(60),
exam_score NUMBER(2,0)
) ;
-- 添加表注释
COMMENT ON TABLE t_sc  IS '学生选课信息表';
-- 添加列注释
COMMENT ON COLUMN t_sc.stu_id IS '学生主键';
COMMENT ON COLUMN t_sc.course_id IS '课程主键';
COMMENT ON COLUMN t_sc.tea_id IS '教师主键';
COMMENT ON COLUMN t_sc.course_name IS '课程名称';
COMMENT ON COLUMN t_sc.exam_score IS '该课程考试成绩';
```

6. 教师授课信息表（t_tc）

```
CREATE TABLE  t_tc (
tea_id NUMBER(10,0) NOT NULL,
course_id NUMBER(10,0) NOT NULL,
course_name VARCHAR2(60)
  ) ;
-- 添加表注释
COMMENT ON TABLE t_tc  IS '教师授课信息表';
-- 添加列注释
COMMENT ON COLUMN t_tc.tea_id IS '教师主键';
COMMENT ON COLUMN t_tc.course_id IS '课程主键';
COMMENT ON COLUMN t_tc.course_name IS '课程名称';
```

实践 2.G.4

根据实际应用，分析学生选课信息系统的表结构，为保证数据完整性和有效性，在对应数据库表中创建相应的约束条件。

分析

1. 对各数据表的主键、外键引用，列取值限制、默认、UNIQUE 等方面进行数据有效性分析。
2. 对各数据库表应做约束限制，如表 2.8 所示。

表 2.8 表约束列表

表名	约束
t_class	· 班级号作为唯一性约束
t_student	· 学生号作为唯一性约束 · 年龄范围应该在 7～40 岁 · 性别可取值范围为‘男’或‘女’ · 班级 ID 应引用班级信息表的主键作为外键列
t_course	· 课程号作为唯一性约束 · 学分应限制在 1～9 分
t_teacher	· 教师号作为唯一性约束 · 年龄范围应该在 21～65 岁
t_sc	· 学生 ID、课程 ID 和教师 ID 的组合作为主键 · 学生 ID 列引用学生信息表的主键，作为外键列 · 课程 ID 列引用课程信息表的主键，作为外键列 · 教师 ID 列引用教师信息表的主键，作为外键列 · 成绩列默认为 0
t_tc	· 教师 ID 和课程 ID 的组合作为主键 · 教师 ID 列引用教师信息表的主键，作为外键列 · 课程 ID 应引用课程信息表的主键，作为外键列

参考解决方案

1. 班级信息表唯一性约束

```
ALTER TABLE T_CLASS
ADD CONSTRAINT UK_TC_CLASSNO UNIQUE
( CLASS_NO); -- 唯一性约束
```

2. 学生信息表约束

```
ALTER TABLE T_STUDENT
ADD CONSTRAINT UK_T_STUDENT_STU_NO UNIQUE
(STU_NO ); --唯一性约束
ALTER TABLE T_STUDENT
```

```
ADD CONSTRAINT FK_T_STUDENT_CLASS_ID FOREIGN KEY
( CLASS_ID )REFERENCES T_CLASS( ID ); -- 添加外键
ALTER TABLE T_STUDENT
ADD CONSTRAINT CK_T_STUDENT_AGE CHECK
(AGE BETWEEN 4 AND 40); -- 年龄约束
ALTER TABLE T_STUDENT
ADD CONSTRAINT CK_T_STUDENT_SEX CHECK
(SEX IN ('男', '女')); -- 性别约束
```

3. 课程信息表约束

```
ALTER TABLE T_COURSE
ADD CONSTRAINT UK_T_COURSE_COURSENO UNIQUE
( COURSE_NO ); -- 唯一性约束
ALTER TABLE T_COURSE
ADD CONSTRAINT CK_T_COURSE_SCORE CHECK
(SCORE BETWEEN 1 AND 9); --学分约束
```

4. 教师信息表约束

```
ALTER TABLE T_TEACHER
ADD CONSTRAINT UK_T_TEACHER_TEA_NO UNIQUE
( TEA_NO ); -- 唯一性约束
ALTER TABLE T_TEACHER
ADD CONSTRAINT CK_T_TEACHER_AGE CHECK
(AGE BETWEEN 21 AND 65); -- 年龄约束
```

5. 选课信息表约束

```
ALTER TABLE T_SC
MODIFY (EXAM_SCORE DEFAULT 0 );-- 成绩默认为 0
ALTER TABLE T_SC
ADD CONSTRAINT PK_T_SC PRIMARY KEY
( STU_ID , COURSE_ID ,TEA_ID); --组合主键
ALTER TABLE T_SC
ADD CONSTRAINT FK_T_SC_COURSE_ID FOREIGN KEY
( STU_ID )REFERENCES T_COURSE( ID );-- 引用外键
ALTER TABLE T_SC
ADD CONSTRAINT FK_T_SC_STU_ID FOREIGN KEY
( STU_ID )REFERENCES T_STUDENT( ID );--引用外键
ALTER TABLE T_SC
ADD CONSTRAINT FK_T_SC_TEA_ID FOREIGN KEY
( TEA_ID )REFERENCES T_TEACHER( ID );--引用外键
```

6. 授课信息表约束

```
ALTER TABLE T_TC
```

```
ADD CONSTRAINT PK_T_TC PRIMARY KEY
( TEA_ID , COURSE_ID ); -- 组合主键
ALTER TABLE T_TC
ADD CONSTRAINT FK_T_TC_COURSE_ID FOREIGN KEY
( TEA_ID )REFERENCES T_COURSE( ID ); --引用外键
ALTER TABLE T_TC
ADD CONSTRAINT FK_T_TC_TEA_ID FOREIGN KEY
( TEA_ID )REFERENCES T_TEACHER( ID ); -- 引用外键
```

实践 2.G.5

根据实际应用，分析学生选课信息系统相关表的表结构，为加快数据查询操作，在对应数据表中创建相应索引。

分析

1. 索引一般选择在 WHERE 子句频繁使用的字段，或选择连接语句中的连接字段（外键）。
2. 主键在创建的同时已创建索引，无须重复创建。
3. 对于组合索引，索引列的顺序影响索引的使用。
4. 通过对系统的分析，对各表应创建的索引如表 2.9 所示。

表 2.9　索引列表

表名	约束
t_student	· class_id 是外键列，需创建索引
t_sc	· stu_id 是外键列，需创建索引 · course_id 是外键列，需创建索引 · tea_id 是外键列，需创建索引
t_tc	· tea_id 是外键列，需创建索引 · course_id 是外键列，需创建索引

参考解决方案

1. 学生信息表索引

```
--在 CLASS_ID 列上创建索引
CREATE INDEX IDX_T_STUDNET_CLASS_ID ON T_STUDENT (CLASS_ID);
```

2. 选课信息表索引

```
--在 COURSE_ID 列上创建索引
CREATE INDEX IDX_T_SC_COURSE_ID ON T_SC (COURSE_ID);
--在 STU_ID 列上创建索引
CREATE INDEX IDX_T_SC_STU_ID ON T_SC (STU_ID);
--在 TEA_ID 列上创建索引
```

```
CREATE INDEX IDX_T_SC_TEA_ID ON T_SC (TEA_ID);
```

3. 授课信息表索引

```
--在 COURSE_ID 列上创建索引
CREATE INDEX IDX_T_TC_COURSE_ID ON T_TC (COURSE_ID);
--在 TEA_ID 列上创建索引
CREATE INDEX IDX_T_TC_TEA_ID ON T_TC (TEA_ID);
```

实践 2.G.6

为方便系统测试，需要在学生选课信息系统的相关表中添加测试数据。

分析

1. 向表格中添加数据使用 INSERT INTO 语句。
2. 由于教学模块的表格之间存在关联，在添加数据时要注意先后顺序，同时要充分考虑各数据表的约束限制及各表之间的引用关系。

参考解决方案

1. 向班级信息表中添加数据

```
INSERT INTO t_class(id,class_no,class_name,dept_name,grade)
VALUES (10001,'CC101','软件外包 1 班','计算机系','2009');
INSERT INTO t_class(id,class_no,class_name,dept_name,grade)
VALUES (10002,'CC102','软件外包 2 班','计算机系','2009');
```

在 SQL 工作表中输入下述代码。

```
SELECT * FROM t_class
```

结果如图 2.2 所示。

ID	CLASS_NO	CLASS_NAME	DEPT_NAME	GRADE
10001	CC101	软件外包1班	计算机系	2009
10002	CC102	软件外包2班	计算机系	2009

图 2.2

2. 向学生信息表中添加数据

```
INSERT INTO t_student(ID,stu_no,NAME,grade,age,sex,birthday,address,class_id)
VALUES (10001,'95001','赵云','2009',21,'男', TO_DATE('1988-02-11','YYYY-mm-dd')
,'青岛',10001);
INSERT INTO t_student(ID,stu_no,NAME,grade,age,sex,birthday,address,class_id)
VALUES (10002,'95002','关羽','2009',22,'男',TO_DATE('1989-03-01','YYYY-mm-dd')
,'天津',10001);
```

```
INSERT INTO t_student(ID,stu_no,NAME,grade,age,sex,birthday,address,class_id)
VALUES (10003,'95003','张飞','2009',23,'男',TO_DATE('1987-03-25','YYYY-mm-dd')
,'青岛',10002);
INSERT INTO t_student(ID,stu_no,NAME,grade,age,sex,birthday,address,class_id)
VALUES (10004,'95004','貂蝉','2009',20,'女',TO_DATE('1986-05-26','YYYY-mm-dd')
,'北京',10002);
INSERT INTO t_student(ID,stu_no,NAME,grade,age,sex,birthday,address,class_id)
VALUES (10005,'95005','小乔','2009',19,'女',TO_DATE('1988-09-11','YYYY-mm-dd')
,'上海',10002);
```

在 SQL 工作表中输入下述代码。

```
SELECT * FROM t_student
```

结果如图 2.3 所示。

ID	STU_NO	NAME	GRADE	AGE	SEX	BIRTHDAY	ADDRESS	CLASS_ID
10001	95001	赵云	2009	21	男	11-2月 -88	青岛	10001
10002	95002	关羽	2009	22	男	01-3月 -89	天津	10001
10003	95003	张飞	2009	23	男	25-3月 -87	青岛	10002
10004	95004	貂蝉	2009	20	女	26-5月 -86	北京	10002
10005	95005	小乔	2009	19	女	11-9月 -88	上海	10002

图 2.3

3. 向课程信息表中添加数据

```
INSERT INTO t_course(ID,course_no,NAME,score)
VALUES (10001,'CN001','数据库原理',4);
INSERT INTO t_course(ID,course_no,NAME,score)
VALUES (10002,'CN002','数据结构',2);
INSERT INTO t_course(ID,course_no,NAME,score)
VALUES (10003,'CN003','编译原理',2);
INSERT INTO t_course(ID,course_no,NAME,score)
VALUES (10004,'CN004','程序设计',2);
INSERT INTO t_course(ID,course_no,NAME,score)
 VALUES (10005,'CN005','高等数学',3);
```

在 SQL 工作表中输入下述代码。

```
SELECT * FROM t_course
```

结果如图 2.4 所示。

ID	COURSE_NO	NAME	SCORE
10001	CN001	数据库原理	4
10002	CN002	数据结构	2
10003	CN003	编译原理	2
10004	CN004	程序设计	2
10005	CN005	高等数学	3

图 2.4

4. 向教师信息表中添加数据

```
INSERT INTO t_teacher(ID,tea_no,NAME,age) VALUES (10001,'T8101','刘华',34);
INSERT INTO t_teacher(ID,tea_no,NAME,age) VALUES (10002,'T8102','李铭',32);
INSERT INTO t_teacher(ID,tea_no,NAME,age) VALUES (10003,'T8103','王刚',28);
INSERT INTO t_teacher(ID,tea_no,NAME,age) VALUES (10004,'T8104','张雪',33);
INSERT INTO t_teacher(ID,tea_no,NAME,age) VALUES (10005,'T8105','赵顺',32);
INSERT INTO t_teacher(ID,tea_no,NAME,age) VALUES (10006,'T8106','周刚',32);
```

在 SQL 工作表中输入下述代码。

```
SELECT * FROM t_teacher
```

结果如图 2.5 所示。

ID	TEA_NO	NAME	AGE
10001	T8101	刘华	34
10002	T8102	李铭	32
10003	T8103	王刚	28
10004	T8104	张雪	33
10005	T8105	赵顺	32
10006	T8106	周刚	32

图 2.5

5. 向学生选课信息表中添加数据

```
INSERT INTO t_sc (stu_id,course_id,tea_id,course_name,exam_score)
VALUES (10001,10001,10001,'数据库原理',60);
INSERT INTO t_sc(stu_id,course_id,tea_id,course_name,exam_score)
VALUES (10001,10002,10002,'数据结构',70);
INSERT INTO t_sc(stu_id,course_id,tea_id,course_name,exam_score)
VALUES (10001,10003,10003,'编译原理',50);
INSERT INTO t_sc(stu_id,course_id,tea_id,course_name,exam_score)
VALUES (10002,10001,10001,'数据库原理',90);
INSERT INTO t_sc(stu_id,course_id,tea_id,course_name,exam_score)
VALUES (10002,10003,10003,'编译原理',80);
INSERT INTO t_sc(stu_id,course_id,tea_id,course_name,exam_score)
VALUES (10002,10004,10004,'程序设计',80);
INSERT INTO t_sc(stu_id,course_id,tea_id,course_name,exam_score)
VALUES (10002,10005,10005,'高等数学',60);
INSERT INTO t_sc(stu_id,course_id,tea_id,course_name,exam_score)
VALUES (10003,10002,10002,'数据结构',80);
INSERT INTO t_sc(stu_id,course_id,tea_id,course_name,exam_score)
VALUES (10003,10004,10004,'程序设计',70);
INSERT INTO t_sc(stu_id,course_id,tea_id,course_name,exam_score)
VALUES (10003,10005,10006,'高等数学',100);
INSERT INTO t_sc(stu_id,course_id,tea_id,course_name,exam_score)
```

```
VALUES (10004,10002,10002,'数据结构',90);
INSERT INTO t_sc(stu_id,course_id,tea_id,course_name,exam_score)
VALUES (10004,10005,10006,'高等数学',90);
INSERT INTO t_sc(stu_id,course_id,tea_id,course_name,exam_score)
VALUES (10005,10004,10004,'程序设计',80);
INSERT INTO t_sc(stu_id,course_id,tea_id,course_name,exam_score)
VALUES (10005,10005,10005,'高等数学',50);
```

在 SQL 工作表中输入下述代码。

```
SELECT * FROM t_sc
```

结果如图 2.6 所示。

STU_ID	COURSE_ID	COURSE_NAME	EXAM_SCORE	TEA_ID
10001	10001	数据库原理	60	10001
10001	10002	数据结构	70	10002
10001	10003	编译原理	50	10003
10002	10001	数据库原理	90	10001
10002	10003	编译原理	80	10003
10002	10004	程序设计	80	10004
10002	10005	高等数学	60	10005
10003	10002	数据结构	80	10002
10003	10004	程序设计	70	10004
10003	10005	高等数学	100	10006
10004	10002	数据结构	90	10002
10004	10005	高等数学	90	10006
10005	10004	程序设计	80	10004
10005	10005	高等数学	50	10005

图 2.6

6. 向教师授课信息表中添加数据

```
INSERT INTO t_tc(tea_id,course_id,course_name) VALUES (10001,10001,'数据库原理');
INSERT INTO t_tc(tea_id,course_id,course_name) VALUES (10002,10002,'数据结构');
INSERT INTO t_tc(tea_id,course_id,course_name) VALUES (10003,10003,'编译原理');
INSERT INTO t_tc(tea_id,course_id,course_name) VALUES (10004,10004,'程序设计');
INSERT INTO t_tc(tea_id,course_id,course_name) VALUES (10005,10005,'高等数学');
INSERT INTO t_sc(tea_id,course_id,course_name) VALUES (10006,10005,'高等数学');
```

在 SQL 工作表中输入下述代码。

```
SELECT * FROM t_tc
```

结果如图 2.7 所示。

注意　为了便于插入数据和维护数据，可以把所有表的 ID 顺序都设置为从 10001 开始，各自依次排列。

TEA_ID	COURSE_ID	COURSE_NAME
10002	10002	数据结构
10003	10003	编译原理
10004	10004	程序设计
10005	10005	高等数学
10006	10005	高等数学
10001	10001	数据库原理

图 2.7

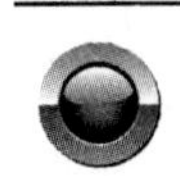

知识拓展

1. 表信息

创建完表格后，可以通过 DESC 命令查看表格的结构信息。

代码 2-1 显示部门表（dept）的结构信息。

【代码 2-1】使用 DESC 命令显示表结构信息

```
DESC department;
```

运行结果如图 2.8 所示。

```
名称      空值       类型
------ -------- ------------
DEPTNO NOT NULL NUMBER(2)
DNAME           VARCHAR2(14)
LOC             VARCHAR2(13)
```

图 2.8

Ⅰ.伪列 ROWID 和 ROWNUM

ROWID 伪列用于唯一地标识表行，它间接地给出了表行的物理位置，并且 ROWID 是定位表行最快的方式。如果某表包含了完全相同的行数据，那么为了删除重复行，可以考虑使用 ROWID 作为条件。当使用 INSERT 语句插入数据时，Oracle 会自动生成 ROWID，并将其值与表数据一起存放到表行，ROWID 与表列一样可以直接查询。

代码 2-2 查询并显示部门号为 30 的雇员名及其 ROWID。

【代码 2-2】查询 ROWID

```
SELECT ename, rowid
FROM emp
WHERE deptno=30;
```

运行结果如图 2.9 所示。

ROWNUM 伪列用于返回标识行数据顺序的数字值。当执行 SELECT 语句返回数据时，第 1 行的 ROWNUM 为 1，第 2 行的 ROWNUM 为 2，以此类推。

ENAME	ROWID
ALLEN	AAAR3sAAEAAAACXAAB
WARD	AAAR3sAAEAAAACXAAC
MARTIN	AAAR3sAAEAAAACXAAE
BLAKE	AAAR3sAAEAAAACXAAF
TURNER	AAAR3sAAEAAAACXAAJ
JAMES	AAAR3sAAEAAAACXAAL

图 2.9

代码 2-3 查询并显示部门号为 30 的雇员名、ROWNUM 及其 ROWID。

【代码 2-3】查询 ROWNUM、ROWID

```
SELECT rownum, ename, rowid
FROM emp
WHERE deptno=30;
```

运行结果如图 2.10 所示。

ROWNUM	ENAME	ROWID
1	ALLEN	AAAR3sAAEAAAACXAAB
2	WARD	AAAR3sAAEAAAACXAAC
3	MARTIN	AAAR3sAAEAAAACXAAE
4	BLAKE	AAAR3sAAEAAAACXAAF
5	TURNER	AAAR3sAAEAAAACXAAJ
6	JAMES	AAAR3sAAEAAAACXAAL

图 2.10

Ⅱ. Oracle 数据库中的表

用户表由用户创建，例如 EMPLOYEES。在 Oracle 数据库中有另一个表和视图的集合称为数据字典（Data Dictionary），该集合由 Oracle 服务器创建和维护，其中包含有关数据库的信息。

用户 sys 拥有全部数据字典表。数据字典表的基表很少被用户访问，因为其中的信息不容易理解，因此用户一般访问数据字典视图，因为视图中的信息是以容易理解的格式表示的。存储在数据字典中的信息包括 Oracle 服务器用户的名字、被授予用户的权限、数据库对象名、表结构和审计信息。

有 4 种数据字典视图，每一种有一个特定的前缀来反映其不同的目的，如表 2.10 所示。

表 2.10　4 种数据字典视图

前缀	说明
USER_	这些视图包含关于用户所拥有的对象的信息
ALL_	这些视图包含所有用户可访问的表（对象表和相关的表）的信息
DBA_	这些视图是受限制的视图，它们只能被分配由 DBA 角色的用户所访问
V$	这些视图是动态执行的视图，包含数据库服务器的性能、存储器和锁的信息

可以通过查询数据字典表来查看用户所拥有的各种数据库对象。针对表格信息常用的数据字典表有：

- USER_TABLES
- USER_OBJECTS
- USER_CATALOG
- USER_TAB_COMMENTS
- USER_COL_COMMENTS

（1）USER_TABLES

该数据字典用于显示当前用户的所有表信息。

代码 2-4 查询并显示 SCOTT 方案拥有表的信息。

【代码 2-4】查询方案 SCOTT 的表信息

```
SELECT table_name
FROM user_tables;
```

（2）USER_OBJECTS

该数据字典用于显示当前用户所拥有的数据库对象信息。

代码 2-5 使用 USER_OBJECTS 查询并显示 SCOTT 方案拥有表的信息。

【代码 2-5】查询方案 SCOTT 的表信息

```
SELECT object_name
FROM user_objects
WHERE object_type='TABLE';
```

（3）USER_CATALOG

该数据字典用于查看当前用户所拥有的表、视图、同义词和序列。

代码 2-6 查询并显示 SCOTT 方案拥有的表、视图、同义词和序列的信息。

【代码 2-6】查询 SCOTT 方案数据库对象信息

```
select *
from user_catalog;
```

（4）USER_TAB_COMMENTS

该数据字典用于显示当前用户的所有表的注释信息。

代码 2-7 查询并显示 SCOTT 方案拥有表的注释信息。

【代码 2-7】查询 SCOTT 方案的表注释信息

```
select *
from user_tab_comments;
```

（5）USER_COL_COMMENTS

该数据字典用于显示当前用户拥有表的所有列的注释信息。

代码 2-8 查询并显示 SCOTT 方案中部门表（department）的列的注释信息。

【代码 2-8】查询 SCOTT 方案中表的列注释信息

```
SELECT table_name,column_name,comments
FROM user_col_comments
WHERE table_name='DEPARTMENT';
```

2.　索引信息

Ⅰ. USER_INDEXES

建立索引时，Oracle 会将索引信息存放到 USER_INDEXES 数据字典。通过查询该数据字典，可以查询相关的索引信息。

代码 2-9 查询并显示部门表的索引信息。

【代码 2-9】查询表的索引信息

```
SELECT table_name,index_name,uniqueness
FROM USER_INDEXES
WHERE table_name = 'DEPARTMENT';
```

Ⅱ. USER_IND_COLUMNS

建立索引时，Oracle 会将索引列的信息存放到 USER_IND_COLUMNS 数据字典。通过查询该数据字典，可以查询相关的索引列的信息。

代码 2-10 查询并显示部门表索引列的相关信息。

【代码 2-10】查询表的索引列信息

```
SELECT table_name,column_name,index_name
FROM USER_IND_COLUMNS
WHERE table_name = 'DEPARTMENT';
```

3. 约束信息

Ⅰ. USER_CONSTRAINTS

建立约束时，Oracle 会将表的约束信息存放到 USER_CONSTRAINTS 数据字典。通过查询该数据字典，可以查询相关的约束信息。

代码 2-11 查询并显示部门表的约束信息。

【代码 2-11】查询表的约束信息

```
SELECT table_name,constraint_name,constraint_type
FROM USER_CONSTRAINTS
WHERE table_name = 'DEPARTMENT';
```

Ⅱ. USER_CONS_COLUMNS

建立约束时，Oracle 会将列的约束信息存放到 USER_CONS_COLUMNS 数据字典。通过查询该数据字典，可以查询相关的列约束信息。

代码 2-12 查询并显示部门表的列约束信息。

【代码 2-12】查询表的列约束信息

```
SELECT table_name,constraint_name,column_name
FROM USER_CONS_COLUMNS
WHERE table_name = 'DEPARTMENT';
```

4. 多表插入

在 Oracle 操作过程中经常会遇到同时向多个不同的表插入数据，此时就需要用到多表插入。常用的多表插入操作有：

- 无条件的多表 INSERT ALL
- 带条件的多表 INSERT ALL
- 带条件的多表 INSERT FIRST

多表插入的语法结构如下。

```
INSERT [ALL] [FIRST]
[WHEN condition THEN] [insert_into_clause values_clause]
[ELSE] [insert_into_clause values_clause]
(subquery)
```

其中：

- condition 指定插入数据时的过滤条件；
- insert_into_clause 指定被插入数据的目标表；
- values_clause 指定列列表；
- subquery 指定子查询。

为了说明多表插入的方法，首先在 SCOTT 方案中创建测试表格，如代码 2-13。

【代码 2-13】创建测试表格

```
CREATE TABLE emp1 AS SELECT empno,ename,hiredate,deptno FROM emp WHERE 0=1;
CREATE TABLE emp2 AS SELECT empno,ename,sal,comm FROM emp WHERE 0=1;
```

Ⅰ. 无条件的多表 INSERT ALL

无条件多表 INSERT ALL 将子查询结果全部插入到指定的多个表中。

代码 2-14 将子查询的结果全部插入 emp1 和 emp2 表格中。

【代码 2-14】无条件插入多表

```
insert all
into emp1 values(empno,ename,hiredate,deptno)
into emp2 values(empno,ename,sal,comm)
select empno,ename,sal,hiredate,deptno,comm
from emp;
```

Ⅱ. 带条件的多表 INSERT ALL

带条件多表 INSERT ALL 将子查询结果按照 WHEN…THEN 语句指定的条件进行匹配，并根据匹配结果将相应的行数据插入到指定的表中。

代码 2-15 将子查询的结果中工资在 2000 元以下的插入表 emp1 中，工资在 3000 元以下的插入表 emp2 中。

【代码 2-15】带条件插入多表

```
INSERT ALL
WHEN sal <2000 THEN
INTO emp1 VALUES(empno,ename,hiredate,deptno)
WHEN sal <3000 THEN
INTO emp2 VALUES(empno,ename,sal,comm)
SELECT empno,ename,sal,hiredate,deptno,comm
FROM emp;
```

Ⅲ. 带条件的多表 INSERT FIRST

带条件多表 INSERT FIRST 是将查询结果根据所满足的首个条件插入到指定的表中。

代码 2-16 将子查询的结果中工资在 2000 元以下的插入表 emp1 中，工资在 2000 元到 3000 元之间的插入表 emp2 中。

【代码 2-16】使用 INSERT FIRST 插入数据

```
INSERT FIRST
WHEN sal <2000 THEN
INTO emp1 VALUES(empno,ename,hiredate,deptno)
WHEN sal <3000 THEN
INTO emp2 VALUES(empno,ename,sal,comm)
SELECT empno,ename,sal,hiredate,deptno,comm
FROM emp;
```

注意 INSERT ALL 与 INSERT FIRST 的区别在于：如果使用 FIRST，当第一个 WHEN 条件满足时，执行第一个 INTO 语句，后面的条件不再判断，直接跳到下一行数据。

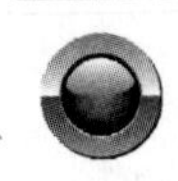

拓展练习

练习 2.E.1

通过 SQL Developer 创建实践 2.G.3 中分析的表格。

练习 2.E.2

参照实践 2.G.4、实践 2.G.5 和实践 2.G.6，通过 SQL Developer 分别为各个表格创建约束、索引和外键约束，并为各个表格添加适当的测试数据。

实践 3　视图与序列

实践指导

实践 3.G.1

在学生选课信息系统的开发过程中，需要实现以下数据查询页面。

1. 学生信息查询页面：提供系、年级、班级、学生号、学生姓名、年龄、性别和生日信息等的显示；
2. 授课信息查询页面：提供教师号、姓名、年龄及其所任课程编号和名称等的显示；
3. 选课信息查询页面：提供学生号、学生姓名、所选课程编号、课程名称、该门课的授课教师姓名等的显示。

结合上述页面要求，创建相应的视图，并且只允许通过视图进行查询操作。

分析

1. 学生信息查询页面的信息来源于学生信息表和班级信息表，通过表连接可以实现。
2. 授课信息查询页面的信息来源于教师信息表和课程信息表，通过表连接可以实现。
3. 选课信息查询页面的信息来源于学生信息表、教师信息表和课程信息表，通过表连接可以实现。
4. 通过 WITH READ ONLY 创建只读视图。

参考解决方案

1. 创建学生信息查询页面需要的视图

```
CREATE OR REPLACE VIEW vw_class_student
AS
SELECT c.dept_name 系别 ,c.grade 年级 ,c.class_name 班级 ,s.stu_no 学号,s.NAME 姓
名,s.age 年龄 ,s.sex 性别 ,s.birthday 生日
FROM t_class c JOIN t_student s ON c.ID = s.class_id
WITH READ ONLY;
```

在 SQL Developer 中的 SQL 工作表中执行下面代码。

```
SELECT * FROM vw_class_student;
```

执行结果如图 3.1 所示。

系别	年级	班级	学号	姓名	年龄	性别	生日
计算机系	2009	软件外包1班	95001	赵云	21	男	11-2月 -88
计算机系	2009	软件外包1班	95002	关羽	22	男	01-3月 -89
计算机系	2009	软件外包2班	95005	小乔	19	女	11-9月 -88
计算机系	2009	软件外包2班	95003	张飞	23	男	25-3月 -87
计算机系	2009	软件外包2班	95004	貂蝉	20	女	26-5月 -86

图 3.1

2. 创建教师授课信息查询页面需要的视图

```
CREATE OR REPLACE VIEW vw_tea_course
AS
  SELECT t.tea_no 教师号 ,    t.NAME 姓名 ,    t.age 年龄 ,    c.NAME 所在课程名称
  FROM t_teacher t
  JOIN t_tc tc
  ON tc.tea_id = t.ID
  JOIN t_course c
  ON tc.course_id = c.ID;
```

在 SQL 工作表中执行下面代码。

```
SELECT * FROM vw_tea_course;
```

执行结果如图 3.2 所示。

教师号	姓名	年龄	科目名
T8105	赵顺	32	高等数学
T8106	周刚	32	高等数学
T8101	刘华	34	数据库原理
T8102	李铭	32	数据结构
T8103	王刚	28	编译原理
T8104	张雪	33	程序设计

图 3.2

3. 创建选课信息查询页面需要的视图

```
CREATE OR REPLACE view vw_stu_course
AS
SELECT s.stu_no 学号, s.NAME 学生姓名 ,c.course_no 课程编号 ,c.NAME 课程名称 ,t.NAME
教师姓名
FROM t_student s JOIN t_sc sc ON s.ID = sc.stu_id JOIN t_course c ON sc.course_id
= c.ID
JOIN t_teacher t ON t.ID = sc.tea_id;
WITH READ ONLY;
```

在 SQL 工作表中执行下面代码。

```
select * from vw_stu_course v order by v."学生姓名";
```

执行结果如图 3.3 所示。

学号	学生姓名	课程编号	课程名称	教师姓名
95002	关羽	CN003	编译原理	王刚
95002	关羽	CN005	高等数学	赵顺
95002	关羽	CN004	程序设计	张雪
95002	关羽	CN001	数据库原理	刘华
95005	小乔	CN004	程序设计	张雪
95005	小乔	CN005	高等数学	赵顺
95003	张飞	CN004	程序设计	张雪
95003	张飞	CN005	高等数学	周刚
95003	张飞	CN002	数据结构	李铭
95001	赵云	CN002	数据结构	李铭
95001	赵云	CN001	数据库原理	刘华
95001	赵云	CN003	编译原理	王刚
95004	貂蝉	CN005	高等数学	周刚
95004	貂蝉	CN002	数据结构	李铭

图 3.3

实践 3.G.2

在学生选课信息系统的开发过程中，需要实现以下数据统计页面。

1. 班级人数统计页面：按照班级分组，统计每个班级学生的人数。
2. 授课成绩统计页面：按教师分组，统计每个教师所教授学生的人数、其所负责的课程名称及其所教授学生在其所负责课程所得成绩的平均值。
3. 学生成绩统计页面：按照班级、学生分组，统计每个学生的考试分数总和、各科平均分及选修的课程数。
4. 选课统计页面：按照课程分组，统计选修每门课程的学生的人数、当前课程的任课教师数、当前课程的标准学分及学生所得成绩的平均值。
5. 学生成绩列表页面：输出所有学生对现有课程（数据库原理、数据结构、编译原理、程序设计、高等数学）的各科目分数，若未选修则为 null，要求课程名作为输出表的列标题。

结合上述页面要求，创建相应的统计视图。

分析

1. 班级人数统计页面的信息来源于学生信息表和班级信息表，可以通过表连接和分组函数实现。
2. 授课成绩统计页面的信息来源于教师信息表和选课信息表，可以通过表连接和分组函数实现。
3. 学生成绩统计页面的信息来源于班级信息表、学生信息表和选课信息表，可以通过表连接和分组函数实现。
4. 选课统计页面的信息来源于课程信息表、选课信息表，可以通过表连接和分组函数实现。

5. 学生成绩列表页面的信息来源于学生信息表、选课信息表和课程信息表，通过连接即可实现，但题目要求"课程名作为输出表的列标题"，此时需用到"行列转置"。

参考解决方案

1. 创建班级人数统计页面需要的视图

```
CREATE OR REPLACE VIEW vw_class_count
AS
SELECT  c.dept_name 系别,c.grade 年级,c.class_name 班级,COUNT(*) 学生数
FROM t_class c JOIN t_student s ON c.ID = s.class_id
GROUP BY (c.dept_name,c.grade,c.class_name);
```

在 SQL 工作表中执行下面代码。

```
SELECT * FROM  vw_class_count;
```

执行结果如图 3.4 所示。

系别	年级	班级	学生数
计算机系	2009	软件外包1班	2
计算机系	2009	软件外包2班	3

图 3.4

2. 创建授课成绩统计页面需要的视图

```
CREATE OR REPLACE VIEW vw_tea_score
AS
SELECT  t.NAME 教师名,c.NAME 课程名,COUNT(*) 学生数,trunk(AVG(sc.exam_score),1) 平均分
FROM  t_teacher t JOIN t_sc sc ON t.ID = sc.tea_id
JOIN t_course c ON sc.course_id = c.id
GROUP BY (t.NAME,c.NAME);
```

在 SQL 工作表中执行下面代码。

```
SELECT * FROM vm_tea_score;
```

执行结果如图 3.5 所示。

教师名	课程名	学生数	平均分
张雪	程序设计	3	76.6
赵顺	高等数学	2	55
李铭	数据结构	3	80
刘华	数据库原理	2	75
王刚	编译原理	2	65
周刚	高等数学	2	95

图 3.5

3. 创建学生成绩统计页面需要的视图

```
CREATE OR REPLACE VIEW vw_stu_count
AS
SELECT  c.dept_name 系别,c.grade 年级,c.class_name 班级 ,s.NAME 学生名,COUNT(*) 课程数,SUM(sc.exam_score) 总分,trunc(avg(sc.exam_score),1) 平均分
FROM  t_class c JOIN t_student s ON c.ID = s.class_id
JOIN t_sc sc ON s.ID = sc.stu_id
GROUP BY (c.dept_name,c.grade,c.class_name,s.NAME);
```

在 SQL 工作表中执行下面代码。

```
SELECT * FROM vw_stu_count;
```

执行结果如图 3.6 所示。

系别	年级	班级	学生名	课程数	总分	平均分
计算机系	2009	软件外包1班	关羽	4	310	77.5
计算机系	2009	软件外包2班	貂蝉	2	180	90
计算机系	2009	软件外包1班	赵云	3	180	60
计算机系	2009	软件外包2班	小乔	2	130	65
计算机系	2009	软件外包2班	张飞	3	250	83.3

图 3.6

4. 创建选课统计页面需要的视图

```
CREATE OR REPLACE VIEW vw_course_count
AS
SELECT  c.NAME 课程名,c.score 学分,COUNT(*) 选修人数 ,COUNT(DISTINCT sc.tea_id) 教师数,trunc(AVG(sc.exam_score),1) 平均分 FROM  t_course c JOIN t_sc sc ON c.ID = sc.course_id
GROUP BY (c.NAME,c.score);
```

在 SQL 工作表中执行下面代码。

```
SELECT * FROM vw_course_count;
```

执行结果如图 3.7 所示。

课程名	学分	选修人数	教师数	平均分
数据库原理	4	2	1	75
程序设计	2	3	1	76.6
编译原理	2	2	1	65
高等数学	3	4	2	75
数据结构	2	3	1	80

图 3.7

5. 创建学生成绩列表页面需要的视图

```
CREATE OR REPLACE VIEW vw_stu_score
```

```
AS
SELECT  s.NAME 姓名,
        SUM(DECODE(c.name,'数据库原理',sc.exam_score,null)) 数据库原理,
        SUM(DECODE(c.NAME,'数据结构',sc.exam_score,NULL)) 数据结构,
        SUM(DECODE(c.name,'编译原理',sc.exam_score,null)) 编译原理,
        SUM(DECODE(c.name,'程序设计',sc.exam_score,null)) 程序设计,
        SUM(DECODE(c.NAME,'高等数学',sc.exam_score,NULL)) 高等数学
FROM  t_student s JOIN t_sc sc ON s.ID = sc.stu_id
     JOIN t_course c ON c.id = sc.course_id
WHERE c.name IN ('数据库原理','数据结构','编译原理','程序设计','高等数学')
GROUP BY s.name;
```

在 SQL 工作表中执行下面代码。

```
SELECT * FROM vw_stu_score;
```

执行结果如图 3.8 所示。

姓名	数据库原理	数据结构	编译原理	程序设计	高等数学
关羽	90	(null)	80	80	60
小乔	(null)	(null)	(null)	80	50
赵云	60	70	50	(null)	(null)
貂蝉	(null)	90	(null)	(null)	90
张飞	(null)	80	(null)	70	100

图 3.8

实践 3.G.3

在实践 2.G.6 中插入记录的 ID 值是手工指定的，在实际开发过程中，多个用户进行数据插入操作时，为了避免插入的 ID 值相同，该 ID 值需要 Oracle 系统自动生成，因此需要为相应的数据表创建对应的序列值。

分析

1. 对于学生表、教师表、班级表和课程表需要对每个表创建单独的序列，以便维护其主键值。
2. 由于选课信息表（t_sc）和教师授课表（t_tc）的主键都是联合主键，且联合主键都是其他表的外键，所以不需要额外创建序列值，各序列名称参考表 3.1。
3. 为了使得序列值更加美观，默认可以使得序列值从 10000 开始。由于之前表中已有数据，为了避免冲突，因此需要确定序列的起始值，参考表 3.1。

参考解决方案

表 3.1 序列名

表名	约束
t_student	序列名称：SEQ_T_STUDENT_ID，起始值：10006
t_teacher	序列名称：SEQ_T_TEACHER_ID，起始值：10007
t_class	序列名称：SEQ_T_CLASS_ID，起始值：10003
t_course	序列名称：SEQ_T_COURSE_ID，起始值：10006

1. 学生信息表序列

```
--创建教师信息表的序列
CREATE SEQUENCE SEQ_T_STUDENT_ID INCREMENT BY 1 START WITH 10006 MAXVALUE
9999999999 MINVALUE 1 CACHE 20;
```

2. 教师信息表序列

```
--创建教师信息表的序列
CREATE SEQUENCE SEQ_T_TEACHER_ID INCREMENT BY 1 START WITH 10007 MAXVALUE 999999999
MINVALUE 1 CACHE 20 ORDER;
```

3. 班级信息表序列

```
--创建班级信息表的序列
CREATE SEQUENCE SEQ_T_CLASS_ID INCREMENT BY 1 START WITH 10003 MAXVALUE 99999999
MINVALUE 1 CACHE 20 ORDER;
```

4. 课程信息表序列

```
--创建课程信息表序列
CREATE SEQUENCE SEQ_T_COURSE_ID INCREMENT BY 1 START WITH 10006 MAXVALUE 99999999
MINVALUE 1 CACHE 20 ORDER;
```

5. 各个序列的用法

```
--插入学生记录，使用序列
INSERT INTO t_student(ID,stu_no,NAME,grade,age,sex,birthday,address,class_id)
VALUES  (seq_t_student_id.nextval,'95006',' 大 乔 ','2009',19,' 女 ',TO_DATE
('1988-09-11','YYYY-mm-dd'),'上海',10002);
--插入教师记录，使用序列
INSERT INTO t_teacher(id,tea_no,name,age)
VALUES (seq_t_teacher_id.nextval,'T8107','李纲',32);
--插入班级记录，使用序列
INSERT INTO t_class(ID,class_no,class_name,dept_name,grade)
values(SEQ_T_CLASS_ID.nextval,'CC103','软件外包 3 班','计算机系',2009);
--插入课程记录，使用序列
```

```
INSERT INTO t_course(ID,course_no,NAME,score)
values(seq_t_course_id.nextval,'CN006','离散数学',4);
```

知识拓展

视图信息

Ⅰ. USER_VIEWS

视图建立过程中，Oracle 会在数据字典存放视图的相关信息。通过查询数据字典 USER_VIEWS，可以显示当前用户所拥有的所有视图的信息，如视图名称、视图创建文本等。其结构如下。

```
名称                是否为空        类型
--------------  --------     --------------
VIEW_NAME         NOT NULL    VARCHAR2(30)
TEXT_LENGTH                   NUMBER
TEXT                          LONG
TYPE_TEXT_LENGTH              NUMBER
TYPE_TEXT                     VARCHAR2(4000)
OID_TEXT_LENGTH               NUMBER
OID_TEXT                      VARCHAR2(4000)
VIEW_TYPE_OWNER               VARCHAR2(30)
VIEW_TYPE                     VARCHAR2(30)
SUPERVIEW_NAME                VARCHAR2(30)
```

下述代码将显示 SCOTT 用户拥有的视图名称及创建视图文本的长度。

```
select view_name,TEXT_LENGTH from user_views;
```

Ⅱ. USER_UPDATABLE_COLUMNS

在视图上可以执行 DML 操作，但不同的视图允许 DML 操作的范围是不一样的。可以通过 USER_UPDATABLE_COLUMNS 查询是否允许在特定视图列上执行 DML 操作。其结构如下。

```
名称              是否为空?    类型
 -------------- -------- -------------
 OWNER          NOT NULL   VARCHAR2(30)
 TABLE_NAME     NOT NULL   VARCHAR2(30)
 COLUMN_NAME    NOT NULL   VARCHAR2(30)
 UPDATABLE                 VARCHAR2(3)
 INSERTABLE                VARCHAR2(3)
 DELETABLE                 VARCHAR2(3)
```

下述代码将显示视图 vw_emp2 在各列上允许的 DML 信息。

```
SELECT column_name,insertable,updatable,deletable
FROM USER_UPDATABLE_COLUMNS
WHERE table_name = UPPER('vw_emp2');
```

执行结果如图 3.9 所示。

```
COLUMN_NAME                    INS UPD DEL
------------------------------ --- --- ---
ENO                            YES YES YES
NAME                           YES YES YES
SALARY                         YES YES YES
DEPTNO                         YES YES YES
```

图 3.9

拓展练习

练习 3.E.1

参照实践 3.G.1 的要求，通过 SQL Developer 图形化界面方式创建学生选课信息系统中需要的各查询视图。

练习 3.E.2

参照实践 3.G.2 的要求，通过 SQL Developer 图形化界面方式创建学生选课信息系统中需要的各统计视图。

练习 3.E.3

参照实践 3.G.3 的要求，通过 SQL Developer 图形化界面方式创建学生选课信息系统中需要的各种序列。

实践 4 PL/SQL 基础

实践指导

实践 4.G.1

通过使用%ROWTYPE 定义班级表 t_class 的记录类型，在 PL/SQL 中实现对班级表的数据添加、删除、修改操作。

分析

1. 在 PL/SQL 中能执行的 DML 语句有：INSERT、UPDATE、DELETE、SELECT INTO、COMMIT、ROLLBACK、SAVEPOINT。
2. 使用%ROWTYPE 可以使变量获得整个记录的数据类型。
3. 由于使用匿名块进行操作演示，故在 PL/SQL 块中通过数据前后衔接展示记录类型在插入、修改、删除操作中的应用。
4. 为显示操作过程，代码中引入 RETURNING 用于检索 INSERT、UPDATE、DELETE 操作中所影响的数据行数及数据信息。

参考解决方案

1. 使用班级表记录类型变量完成的 DML 操作如下。

```
DECLARE
   /*使用%ROWTYPE 声明 t_class 的记录类型变量*/
   class_record t_class%rowtype;
   row_id ROWID; -- 记录行 ID
   info VARCHAR2(120);--记录数据操作信息
BEGIN
   class_record.ID := seq_t_class_id.nextval; -- 主键,通过序列产生
   class_record.class_no := 'CC105'; --班级编号
   class_record.dept_name :='计算机系'; --系别
   class_record.grade :='2009';-- 年级
   class_record.class_name := '软件外包 5 班'; --班名称
   /*使用记录类型变量完成数据插入操作*/
   INSERT INTO t_class VALUES class_record
   RETURNING ROWID,class_no||','||dept_name||','||grade||','||class_name INTO
row_id,info;
   dbms_output.put_line('插入: '||row_id||':'||info);
   /*基于记录类型变量完成数据的整行修改*/
```

```
  class_record.class_no :='CC106';
  UPDATE t_class
  SET ROW = class_record
  WHERE class_no = 'CC105'
  RETURN   ROWID,class_no||','||dept_name||','||grade||','||class_name   INTO
row_id,info;
  dbms_output.put_line('修改: '||row_id||':'||info);
  /*基于记录类型变量进行数据的部分列修改*/
  class_record.class_name :='软件外包 6 班';
  UPDATE t_class
  SET class_name = class_record.class_name
  WHERE class_no = class_record.class_no
  RETURNING  ROWID,class_no||','||dept_name||','||grade||','||class_name  INTO
row_id,info;
  dbms_output.put_line('修改: '||row_id||':'||info);
  /*基于记录类型变量进行数据的删除*/
 DELETE FROM t_class
 WHERE class_no = class_record.class_no
 RETURNING  ROWID,class_no||','||dept_name||','||grade||','||class_name  INTO
row_id,info;
 dbms_output.put_line('删除: '||row_id||':'||info);
 exception
  WHEN others THEN
  dbms_output.put_line('出现异常');
END ;
```

上述代码中使用了 RETURNING 语句，其作用如下。

- 当 INSERT 语句使用 VALUES 子句插入数据时，RETURNING 子句用于检索 INSERT 语句中所影响的数据行数，还可将列表达式、ROWID 和 REF 值返回到输出变量中。
- 当 UPDATE 语句修改单行数据时，RETURNING 子句可以检索被修改行的 ROWID 和 REF 值，以及行中被修改列的列表达式，并可将它们存储到 PL/SQL 变量或复合变量中。
- 当 UPDATE 语句修改多行数据时，RETURNING 子句可以将被修改行的 ROWID 和 REF 值以及列表达式值返回到复合变量数组。

2. 执行结果如图 4.1 所示。

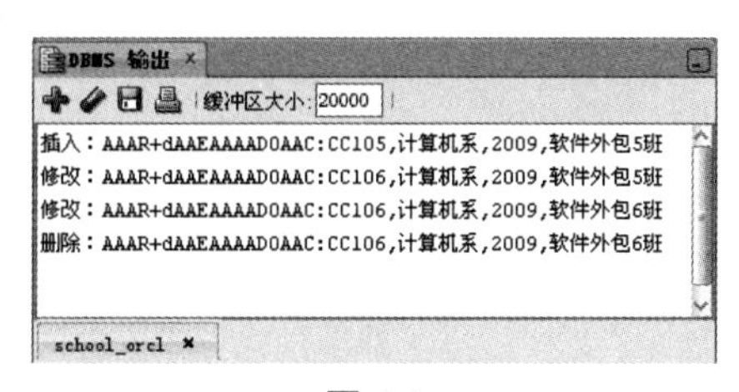

图 4.1

实践 4.G.2

在学生选课信息系统的开发过程中，需要在存储学生信息的同时存储该学生直系的家庭成员，如父亲、母亲、姐姐、哥哥等，同时要求不增加新的表格。

结合上述要求，调整学生信息表结构。

分析

1. 修改表格结构可以使用 ALTER TABLE 语句实现。
2. 不同学生的家庭成员的组成及人数是不一样的，如果为每一种亲属类型设置一列，由于亲属类型较多，实际取值可能只有几个，将会在列上出现冗余。
3. 如果采用冗余行，由于只有一列不同而其他各列大量数据重复，将会导致大量数据重复。
4. 考虑到不能追加新表格用于存储此种类型数据，可以考虑使用嵌套表实现。
5. 嵌套表既可以当作集合类型，也可以作为表列的数据类型来使用，此处需要使用嵌套表作为列数据类型使用。

参考解决方案

1. 创建嵌套表列时，需首先创建嵌套表类型。

```
CREATE OR REPLACE TYPE family_type IS TABLE OF VARCHAR2(8);
```

2. 重新调整学生表（t_student），下述代码中向学生表中增加一 family_type 类型的新列，并使用 NESTED TABLE 语句指明增加的新列为嵌套表类型。

```
ALTER TABLE t_student
ADD (family family_type )
NESTED TABLE family STORE AS family_table RETURN AS VALUE;
```

3. 当为嵌套表列添加数据时，需要使用嵌套表的构造方法，该构造方法会在建立嵌套表类型时由 Oracle 自动生成。下述代码将向学生表中增加一行数据。

```
INSERT INTO t_student(ID,stu_no,NAME,age,sex,birthday,address,class_id,family)
VALUES (SEQ_T_STUDENT_ID.nextval,'95007',
'昭君',19,'女',TO_DATE('1988-09-01','YYYY-mm-dd'),'上海','10002',family_type('
父亲','母亲','姐姐'));
```

4. 如果需要检索嵌套表列的数据，则需要定义嵌套表变量来接收数据。此过程需要在 PL/SQL 代码块中完成。

```
DECLARE
    /*声明 family_type 类型变量用于接收检索结果*/
    family_table family_type;
```

```
    v_name t_student.name%type;
BEGIN
    SELECT NAME,family INTO v_name,family_table
    FROM t_student WHERE stu_no = &stu_no;
    dbms_output.put('学生'||v_name||'的亲属有：');
    FOR i IN 1..family_table.count LOOP
        dbms_output.put(family_table(i)||' ');
    END LOOP;
    dbms_output.new_line();
    EXCEPTION
        WHEN NO_DATA_FOUND THEN
            dbms_output.put_line('指定学生号不存在');
END;
```

在 SQL 工作表中执行匿名块，弹出如图 4.2 所示的对话框。

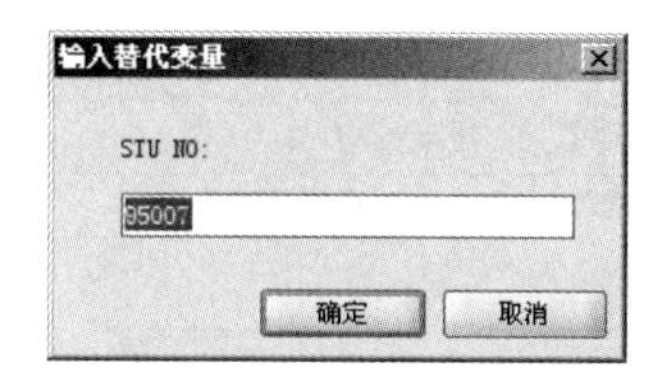

图 4.2

在窗口中输入“95007”，单击“确定”按钮，执行结果如图 4.3 所示。

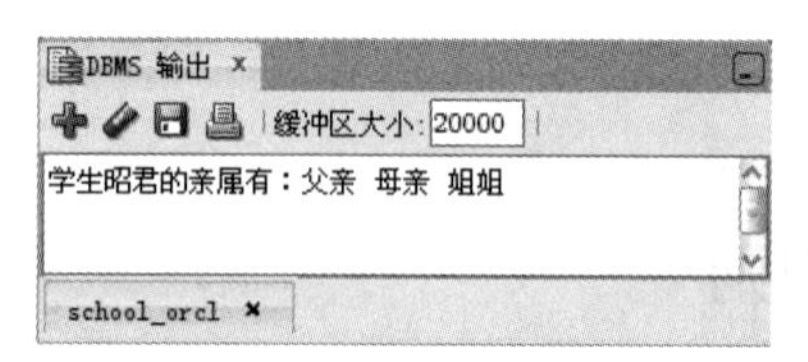

图 4.3

5. 当需要更新嵌套表列的数据时，也需要在 PL/SQL 中定义并初始化嵌套表变量，然后使用变量数据更新嵌套表列。

```
DECLARE
    /*声明嵌套表变量*/
    family_table1 family_type:=family_type('父亲','母亲','哥哥');
    family_table2 family_type;
    v_sno t_student.stu_no%TYPE:=&stu_no;
    v_name t_student.name%TYPE;
BEGIN
    /*使用嵌套表变量更新嵌套表列*/
    UPDATE t_student
    SET family = family_table1
    WHERE stu_no = v_sno;
```

```
    /*获取更新后的数据*/
    SELECT NAME,family INTO v_name,family_table2
    FROM t_student WHERE stu_no = v_sno;
    dbms_output.put('学生'||v_name||'的亲属有：');
    FOR i IN 1..family_table2.count LOOP
        dbms_output.put(family_table2(i)||' ');
    END LOOP;
    dbms_output.new_line();
    EXCEPTION
        WHEN NO_DATA_FOUND THEN
            dbms_output.put_line('指定学生号不存在');
END;
```

在 SQL 工作表中执行匿名块，并在弹出的输入窗口中输入“95007”，输出的结果如图 4.4 所示。

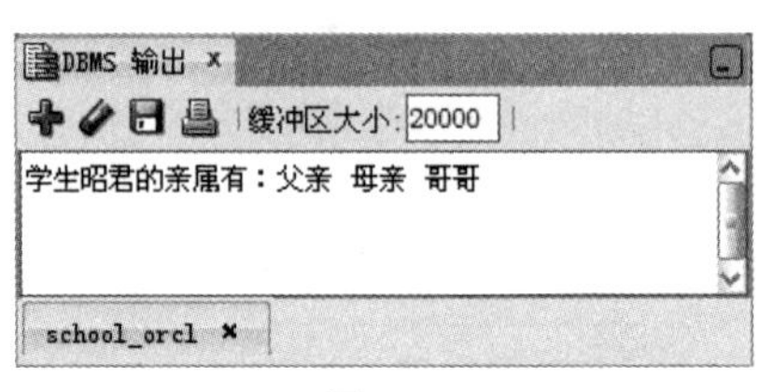

图 4.4

知识拓展

1. PL/SQL 代码编写规则

为了编写高效、易懂的 PL/SQL 块，在编写 PL/SQL 块时，建议遵从以下规则。

Ⅰ. 标识符命名规则

当使用标识符定义变量、常量时，标识符名称必须以字符开始，并且长度不能超过 30 个字符。另外，为了提高程序的可读性，建议按照以下规则定义标识符。

- 定义变量时，建议使用 v 作为前缀，如 v_empno、v_salary。
- 定义常量时，建议使用 c 作为前缀，如 c_count。
- 定义游标时，建议使用 cursor 作为后缀，如 emp_cursor。
- 定义异常时，建议使用 e 作为前缀，如 e_my_exception。
- 定义 PL/SQL 表类型时，建议使用_table_type 作为后缀；当定义 PL/SQL 表变量时，建议使用_table 作为后缀，如 emp_table_type 和 empno_table。
- 定义 PL/SQL 记录类型时，建议使用_record_type 作为后缀；当定义 PL/SQL 记录变量时，建议使用 record 作为后缀，如 emp_record_type 和 emp_record。

Ⅱ. 大小写规则

当编写 SQL 语句和 PL/SQL 语句时，既可以采用大写格式，也可以采用小写格式。但是，为了提高程序的可读性和性能，应该按照以下规则编写代码。

- SQL 关键字采用大写格式，如 SELECT、UPDATE、SET、WHERE 等。
- PL/SQL 关键字采用大写格式，如 DECLARE、BEGIN、END 等。
- 数据类型采用大写格式，如 INT、VARCHAR2、DATE 等。
- 标识符和参数采用小写格式，如 v_sal、c_rate。
- 数据库对象和列采用小写格式，如 emp、sal、ename。

Ⅲ. 缩进

类似于其他编程语言，当编写 PL/SQL 块时，为了提高程序可读性，体现代码层次关系，同级代码应该对齐，而下一级代码则应该采用缩进。如：

```
DECLARE
   v_grade NUMBER;
   v_appraisal VARCHAR2(20);
BEGIN
   v_grade :=&grade;
   CASE
       WHEN v_grade>90 THEN v_appraisal :='相当靠谱';
       WHEN v_grade>75 THEN v_appraisal :='靠谱';
       WHEN v_grade>60 THEN v_appraisal :='比较靠谱';
       ELSE v_appraisal :='不靠谱';
    END CASE;
    dbms_output.put_line('分数为:'||v_grade|| ', 评价为:' || v_appraisal);
END;
```

2. LOB 类型

Oracle 提供了 LOB（Large OBject）类型，是用于存储大数据对象的类型。Oracle 目前主要支持 BFILE、BLOB、CLOB 及 NCLOB 类型。

Ⅰ. BFILE

用于存放大的二进制数据对象，这些数据文件不放在数据库里，而是放在操作系统的某个目录里，数据库的表里只存放文件的目录。

Ⅱ. BLOB

用于存储大的二进制数据类型。每个变量存储大的二进制对象的位置。大二进制对象不大于 4GB。

Ⅲ. CLOB

用于存储大的字符数据类型。每个变量存储大字符对象的位置，该位置指到大字符数据块。大字符对象不大于 4GB。

Ⅳ. NCLOB

用于存储大的 NCHAR 字符数据类型。每个变量存储大字符对象的位置，该位置指到大字符数据块。大字符对象不大于 4GB。

3. 集合运算

针对 PL/SQL 集合，可以是使用赋值运算符“:=”将源集合变量的数据赋值给目标集合变量。同时，Oracle 还提供了一系列的集合操作符用于实现集合之间的运算。常用的集合运算符有：SET、MULTISET UNION、MULTISET INTERSECT、MULTISET EXCEPT。

集合运算要求源集合变量和目标集合变量的数据类型必须匹配。

Ⅰ. SET

使用 SET 操作符可以取消所传递的嵌套表变量中的重复值。

下述代码演示了 SET 操作符的使用。

```
DECLARE
   TYPE ch_table_type IS TABLE OF CHAR;
   ch_table1 ch_table_type:=ch_table_type('A','B','C','A','B');
   ch_table2 ch_table_type;
BEGIN
   /*将 ch_table1 的数据赋值给 ch_table2*/
   ch_table2 := ch_table1;
   ch_table2 := SET(ch_table1);
   dbms_output.put('ch_table2 共有'||ch_table2.count||'个元素: ');
   FOR i IN 1..ch_table2.count LOOP
      dbms_output.put(ch_table2(i)||' ');
   END LOOP;
   dbms_output.new_line();
END;
```

执行结果如下。

```
ch_table2 共有 3 个元素: A B C
```

Ⅱ. MULTISET UNION

MULTISET UNION 用于合并指定嵌套表变量的数据，合并过程并不消除重复值。如果需要消除重复值，可以使用 MULTISET UNION DISTINCT。

下述代码演示了 MULTISET UNION 操作符的使用。

```
DECLARE
   TYPE ch_table_type IS TABLE OF CHAR;
   ch_table1 ch_table_type:=ch_table_type('A','B','C');
   ch_table2 ch_table_type:=ch_table_type('A','B');
   ch_table3 ch_table_type;
   ch_table4 ch_table_type;
BEGIN
   /*将并集赋值给 ch_table3*/
   ch_table3 := ch_table1 MULTISET UNION ch_table2;
   dbms_output.put('ch_table3 共有'||ch_table3.count||'个元素：');
   FOR i IN 1..ch_table3.count LOOP
      dbms_output.put(ch_table3(i)||' ');
   END LOOP;
   dbms_output.new_line();
   ch_table4 := ch_table1 MULTISET UNION DISTINCT ch_table2;
   dbms_output.put('ch_table4 共有'||ch_table4.count||'个元素：');
   FOR i IN 1..ch_table4.count LOOP
      dbms_output.put(ch_table4(i)||' ');
   END LOOP;
   dbms_output.new_line();
END;
```

执行结果如下。

```
ch_table3 共有 5 个元素：A B C A B
ch_table4 共有 3 个元素：A B C
```

Ⅲ. MULTISET INTERSECT

MULTISET INTERSECT 用于取得指定嵌套表变量的交集。

下述代码演示了 MULTISET INTERSECT 操作符的使用。

```
DECLARE
   TYPE ch_table_type IS TABLE OF CHAR;
   ch_table1 ch_table_type:=ch_table_type('A','B','C');
   ch_table2 ch_table_type:=ch_table_type('A','B');
   ch_table3 ch_table_type;
BEGIN
   /*将交集赋值给 ch_table3*/
   ch_table3 := ch_table1 MULTISET INTERSECT ch_table2;
   dbms_output.put('ch_table3 共有'||ch_table3.count||'个元素：');
   FOR i IN 1..ch_table3.count LOOP
      dbms_output.put(ch_table3(i)||' ');
   END LOOP;
```

```
    dbms_output.new_line();
END;
```

执行结果如下。

```
ch_table3 共有两个元素：A B
```

Ⅳ. MULTISET EXCEPT

MULTISET EXCEPT 用于取得指定嵌套表变量的差集。

下述代码演示了 MULTISET EXCEPT 操作符的使用。

```
DECLARE
    TYPE ch_table_type IS TABLE OF CHAR;
    ch_table1 ch_table_type:=ch_table_type('A','B','C');
    ch_table2 ch_table_type:=ch_table_type('A','B');
    ch_table3 ch_table_type;
BEGIN
    /*将差集赋值给 ch_table3*/
    ch_table3 := ch_table1 MULTISET EXCEPT ch_table2;
    dbms_output.put('ch_table3 共有'||ch_table3.count||'个元素：');
    FOR i IN 1..ch_table3.count LOOP
        dbms_output.put(ch_table3(i)||' ');
    END LOOP;
    dbms_output.new_line();
END;
```

执行结果如下。

```
ch_table3 共有一个元素：C
```

4. 批量操作

批量允许在执行 SQL 操作时传递所有 PL/SQL 集合的数据。通过在 SELECT 或 DML 语句上执行批量操作，可以加快批量数据的处理速度。

在 PL/SQL 中的批量语句有 BULK COLLECT 和 FORALL。

Ⅰ. BULK COLLECT

BULK COLLECT 语句用于将批量数据存放到指定的 PL/SQL 集合，该子句常用于 SELECT INTO 语句和 FETCH INTO 语句（游标部分介绍）。

在 SELECT INTO 语句中使用 BULK COLLECT 子句，可以将多行检索结果存入集合变量。

下述代码基于学生选课信息系统的学生信息表，演示了 BULK COLLECT 在 SELECT INTO 语句中的使用。

```
DECLARE
   TYPE student_table_type IS TABLE OF student%ROWTYPE;
   student_table student_table_type;
BEGIN
   /*将查询结果批量复制到集合变量*/
   SELECT * BULK COLLECT INTO student_table
   FROM t_student;
   dbms_output.put_line('共有'||student_table.count||'个学生: ');
   FOR i IN 1..student_table.count LOOP
      dbms_output.put('学号:'||student_table(i).sno
      ||',姓名: '||student_table(i).name);
      /*判断 family 是否为空*/
      IF student_table(i).family IS NOT NULL THEN
        dbms_output.put(',亲属: ');
        /*输出亲属的信息*/
        FOR j IN 1..student_table(i).family.count LOOP
           dbms_output.put(student_table(i).family(j)||' ');
        END LOOP;
      END IF;
      dbms_output.new_line();
   END LOOP;
END;
```

执行结果如下。

```
共有 6 个学生:
学号:95006,姓名: 昭君,亲属: 父亲 母亲 哥哥
学号:95001,姓名: 赵云
学号:95002,姓名: 关羽
学号:95003,姓名: 张飞
学号:95004,姓名: 貂蝉
学号:95005,姓名: 小乔
```

Ⅱ. FORALL

FORALL 语句用于通过 PL/SQL 集合执行批量插入、更新或删除操作，该子句适用于 INSERT、UPDATE 和 DELETE 语句，可以加快 DML 的执行速度。其语法格式如下。

```
FORALL index IN lower_bound..upper_bound
sql_statement;
```

其中：

index 指明操作下标；

lower_bound 和 upper_bound 分别指明上、下限。

首先创建临时表格。

```
CREATE TABLE test_table(
col_id NUMBER ,
col_val NUMBER )
```

基于 test_table 表，下述代码演示了在 DML 操作中如何使用 FORALL 子句。

```
DECLARE
   TYPE id_table_type IS TABLE OF test_table.col_id%TYPE
   INDEX BY BINARY_INTEGER;
   TYPE val_table_type IS TABLE OF test_table.col_val%TYPE
   INDEX BY BINARY_INTEGER;
   id_table id_table_type;
   val_table val_table_type;
BEGIN
   /*插入批量数据*/
   FOR i IN 1..10000 LOOP
      id_table(i) := i;
      val_table(i) := i * i;
   END LOOP;
   FORALL j IN 1..id_table.count
      INSERT INTO test_table VALUES(id_table(j),val_table(j));
   /*更新批量数据*/
   FOR i IN 1..10000 LOOP
      id_table(i) := i;
      IF MOD(i,2) = 0 THEN
         val_table(i) := i+i;
      END IF;
   END LOOP;
   FORALL j IN 1..id_table.count
      UPDATE test_table SET col_val=val_table(j)
      WHERE col_id = id_table(j);
   /*删除批量数据*/
   FORALL j IN 1..id_table.count-10
      DELETE FROM test_table WHERE col_id=id_table(j);
END;
```

下述代码通过向 test_table 插入 100000 行数据，比较 FORALL 语句和普通 DML 语句的执行效率。

```
DECLARE
   TYPE id_table_type IS TABLE OF test_table.col_id%TYPE
   INDEX BY BINARY_INTEGER;
```

```
    TYPE val_table_type IS TABLE OF test_table.col_val%TYPE
    INDEX BY BINARY_INTEGER;
    id_table id_table_type;
    val_table val_table_type;
    v_start NUMBER;
    v_end NUMBER;
BEGIN
    FOR i IN 1..100000 LOOP
        id_table(i) := i;
        val_table(i) := i + i;
    END LOOP;
    /*普通数据插入*/
    /*获取执行前时间*/
    v_start :=dbms_utility.get_time;
    FOR j IN 1..id_table.count LOOP
        INSERT INTO test_table VALUES(id_table(j),val_table(j));
    END LOOP;
    /*获取执行后时间*/
    v_end :=dbms_utility.get_time;
    dbms_output.put_line('INSERT 执行时间为：'||(v_end-v_start)/100);
    /*使用 FORALL 插入批量数据*/
    v_start :=dbms_utility.get_time;
    FORALL j IN 1..id_table.count
        INSERT INTO test_table VALUES(id_table(j),val_table(j));
    v_end :=dbms_utility.get_time;
    dbms_output.put_line('FORALL 执行时间为：'||(v_end-v_start)/100);
END;
```

执行结果如下。

```
INSERT 执行时间为：4.62
FORALL 执行时间为：.16
```

通过两次操作的运行时间，可以看到在 DML 语句中使用了 FORALL 子句的效率要明显高于普通的 DML 操作。

5. 异常处理函数

异常处理函数用于取得 Oracle 错误码和错误消息，其中函数 SQLCODE 用于取得错误码，SQLERRM 用于取得错误消息。当编写 PL/SQL 块时，通过在异常处理部分引用函数 SQLCODE 和 SQLERRM，可以取得相关的错误信息。

下述代码演示了 SQLCODE 和 SQLERRM 函数的使用。

```
DECLARE
    emp_record emp%ROWTYPE;
BEGIN
    SELECT * INTO emp_record
    FROM emp
    WHERE sal = &p_sal;
    dbms_output.put_line('雇员名：'|| emp_record.ename
    ||',工资：'|| emp_record.sal);
EXCEPTION
    WHEN NO_DATA_FOUND THEN
        dbms_output.put_line('不存在该工资的雇员！');
        dbms_output.put_line(SQLCODE||'---'||SQLERRM);
    WHEN TOO_MANY_ROWS THEN
        dbms_output.put_line('该工资的雇员有多个！');
        dbms_output.put_line(SQLCODE||'---'||SQLERRM);
END;
```

上述代码中，运行期间在弹出的窗口中输入“10000”（当前值在原始示例表中不存在），会得到如下输出。

```
不存在该工资的雇员!
100---ORA-01403: no data found
```

如果输入“3000”（当前值在原始示例表中存在多条），输出如下。

```
该工资的雇员有多个!
-1422---ORA-01422: exact fetch returns more than requested number of rows
```

6. RAISE_APPLICATION_ERROR

RAISE_APPLICATION_ERROR 是将应用程序专有的错误从服务器端转达到客户端应用程序的过程。该过程只适用于数据库子程序（过程、函数、包、触发器）。其语法格式如下。

```
RAISE_APPLICATION_ERROR(error_number_in, error_msg_in);
```

其中，error_number_in 是用户自定义错误的编号（容许从-20000 到-20999 之间，这样不会与 Oracle 的任何错误代码发生冲突），error_msg_in 指定错误消息（长度不能超过 2KB）。

如下述代码将阻止部门号小于 1 的部门插入到部门表中。

```
CREATE OR REPLACE PROCEDURE add_dept2(dept_record dept%ROWTYPE)
IS
BEGIN
    IF dept_record.deptno<=0 THEN
      RAISE_APPLICATION_ERROR(-20001,'部门号必须在 1~99 之间');
```

```
    END IF;
    INSERT INTO dept
    VALUES(dept_record.deptno,dept_record.dname,dept_record.loc);
EXCEPTION
    WHEN DUP_VAL_ON_INDEX THEN
        dbms_output.put_line('主键冲突，重新指定主键值');
END;
```

在 SQL 工作表中执行上述代码，在弹出的窗口中分别输入“-12”、“FINANCE”和“BEIJING”后，输出结果如下。

```
ERROR at line 1:
ORA-20001: 部门号必须在 1~99 之间
ORA-06512: at "SCOTT.ADD_DEPT2", line 5
ORA-06512: at line 7
```

拓展练习

练习 4.E.1

创建一个表 t_stu，该表结构与 t_student 完全相同，将学生表 t_student 中的数据复制到 t_stu 中，然后通过 PL/SQL 块的调用循环打印出来。要求使用：BULK COLLECT，%ROWTYPE 等技术点。

实践 5　PL/SQL 进阶

实践指导

实践 5.G.1

根据业务要求，需定义一个报表结构，要求根据输入的班级号，打印输出当前班级信息及当前班级中的学生信息。

分析

1. 根据题目要求，由于需要动态输入班级 ID，可以使用带参数的游标。
2. 由于班级 ID 是班级信息表的主键，可以使用 SELECT INTO 语句直接获取班级的信息。
3. 由于每个班级的学生有多个，故需要对每个学生的信息进行单独处理，所以在 PL/SQL 块中使用游标进行处理。
4. 可能存在指定的班级不存在的情况，需要引入异常处理。

参考解决方案

用于输出当前班级信息及当前班级中的学生信息的 PL/SQL 如下。

```
DECLARE
   /*声明带参数的游标*/
   CURSOR student_cursor(p_classid t_class.ID%TYPE ) IS
   SELECT *  FROM t_student WHERE class_id = p_classid;
   /*学生记录类型*/
   student_record t_student%ROWTYPE;
   /*班级记录类型*/
   class_record t_class%ROWTYPE;
   /*班级编号*/
   v_classid t_class.id%TYPE;
   /*班级人数*/
   v_count INT;
BEGIN
   v_classid := &p_classid;
   /*取得班级信息*/
   SELECT * INTO class_record FROM t_class WHERE id = v_classid;
   /*取得班级人数*/
SELECT count(*) INTO v_count FROM t_student WHERE class_id =v_classid
```

```
    GROUP BY v_classid;
dbms_output.put_line(class_record.dept_name||'-'||class_record.grade
    ||'级-'||class_record.class_name||' 总共有：'||v_count||'人');
    dbms_output.put_line('-------------------------');
    /*取得当前班级的学生信息*/
    OPEN student_cursor(p_classid=>v_classid);
    LOOP
        FETCH student_cursor INTO student_record;
        EXIT WHEN student_cursor%NOTFOUND;
        dbms_output.put_line('学生号：'||student_record.stu_no||'，姓名：'
            ||student_record.NAME||'，年龄：'|| student_record.age||'，性别：'
            ||student_record.sex|| '，生日：'
            ||TO_CHAR(student_record.birthday,'yyyy-mm-dd'));
    END LOOP;
    CLOSE student_cursor;
EXCEPTION
    WHEN NO_DATA_FOUND THEN
        dbms_output.put_line('指定的班级号不存在');
END;
```

执行 PL/SQL 块，在弹出的窗口中输入“10002”，执行结果如图 5.1 所示。

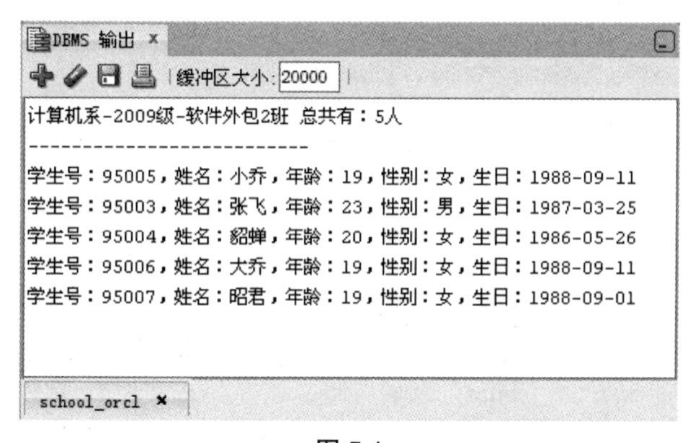

图 5.1

实践 5.G.2

根据业务要求，需定义一个报表，要求输出所有课程的信息（课程编号、课程名称、课程学分），并打印输出针对当前课程按照授课教师分组所教学生的人数及学生的平均得分（教师号、教师姓名、学生人数、学生平均得分）。

分析

1. 需要输出所有课程的信息，涉及多条数据处理，需要引入游标处理。
2. 在按照课程分组输出每个教师所教学生的人数及学生平均得分时，需首先确定课程，此时需要用到分析 1 中的数据，然后使用游标进行处理。

3. 针对“按照授课教师分组所教学生的人数及学生的平均得分（教师号、教师姓名、学生人数、学生平均得分）”的要求，可首先建立视图结构：按课程和教师分组，统计每个教师所教学生的人数、其所负责课程名称及其所教学生在其所负责课程所得成绩的平均值，然后在此视图上执行游标处理。

参考解决方案

1. 创建视图结构

按课程和教师分组，统计每个教师所教学生的人数、其所负责课程名称及其所教学生在其所负责课程所得成绩的平均值。

```
CREATE OR REPLACE VIEW vw_course_teacher
AS
SELECT  c.course_no ,t.tea_no,t.NAME tea_name,COUNT(*) stu_count,
TRUNC(AVG(sc.exam_score),1) score_avg
FROM  t_teacher t JOIN t_sc sc ON t.ID = sc.tea_id
     JOIN t_course c ON sc.course_id = c.ID
GROUP BY (c.course_no,t.tea_no,t.NAME);
```

在 SQL 工作表中输入以下代码。

```
SELECT * FROM vm_course_teacher;
```

执行结果如图 5.2 所示。

COURSE_NO	TEA_NO	TEA_NAME	STU_COUNT	SCORE_AVG
CN004	T8104	张雪	3	76.6
CN002	T8102	李铭	3	80
CN005	T8105	赵顺	2	55
CN003	T8103	王刚	2	65
CN005	T8106	周刚	2	95
CN001	T8101	刘华	2	75

图 5.2

2. 创建报表打印的 PL/SQL

```
DECLARE
   /*课程游标*/
   CURSOR course_cursor IS
   SELECT id,course_no, NAME,score
   FROM t_course;
   /*基于 vw_course_teacher 声明带参数的游标*/
   CURSOR vw_c_t_cursor(p_cno t_course.course_no%TYPE ) IS
   SELECT *  FROM vw_course_teacher WHERE course_no = p_cno;
   /*课程记录类型*/
```

```
    course_record t_course%ROWTYPE;
    /*vw_course_teacher 记录类型*/
    vw_c_t_record vw_course_teacher%ROWTYPE;
    /*统计选择当前课程的学生人数*/
    v_stu_count INT;
    /*统计选择当前课程的学生的平均分*/
    v_score_avg NUMBER(4,1);
BEGIN
    OPEN course_cursor;
    LOOP
        /*取得课程记录*/
        FETCH course_cursor INTO course_record;
        EXIT WHEN course_cursor%NOTFOUND;
        /*打印课程信息*/
        dbms_output.put_line('课程号: '||course_record.course_no);
        dbms_output.put_line('课程名: '||course_record.NAME);
        dbms_output.put_line('总学分: '||course_record.score);
        /*根据当前课程编号，打开基于 vw_course_teacher 的游标*/
        OPEN vw_c_t_cursor(p_cno=>course_record.course_no);
        v_stu_count :=0;
        v_score_avg :=0;
        /*打印报表表头*/
        dbms_output.put_line(LPAD('教师号',10,' ')||LPAD('教师姓名',12,' ')
        ||LPAD('学生人数',12,' ')||LPAD('平均分',10,' '));
        LOOP
            FETCH vw_c_t_cursor INTO vw_c_t_record;
            EXIT WHEN vw_c_t_cursor%NOTFOUND;
            v_stu_count := v_stu_count + vw_c_t_record.stu_count; -- 计算学生数
            v_score_avg := v_score_avg + vw_c_t_record.score_avg
            * vw_c_t_record.stu_count;
            dbms_output.put_line(LPAD(vw_c_t_record.tea_no,10,' ')
            ||LPAD(vw_c_t_record.tea_name,12,' ')
            ||LPAD(vw_c_t_record.stu_count,12,' ')
            ||LPAD(vw_c_t_record.score_avg,10,' '));
        END LOOP;
        dbms_output.put_line(LPAD(RPAD(' ',22,'-'),44,' ')); -- 打印分数统计
        dbms_output.put_line('总计'||LPAD(v_stu_count,30,' ')
        ||LPAD(v_score_avg/v_stu_count,10,' '));
        CLOSE vw_c_t_cursor; --关闭游标
        --打印最下面虚线
        dbms_output.put_line(LPAD('- ',44,'- '));
    END LOOP;
    CLOSE course_cursor;
END;
```

执行结果部分信息如下。

```
课程号：CN005
课程名：高等数学
总学分：3
     教师号      教师姓名      学生人数      平均分
     T8105           赵顺             2         55
     T8106           周刚             2         95
                              ---------------------
总计                                    4         75
- - - - - - - - - - - - - - - - - - - - - - - - - -
课程号：CN001
课程名：数据库原理
总学分：4
     教师号      教师姓名      学生人数      平均分
     T8101           刘华             2         75
                              ---------------------
总计                                    2         75
- - - - - - - - - - - - - - - - - - - - - - - - - -
课程号：CN002
课程名：数据结构
总学分：2
       教师号      教师姓名      学生人数      平均分
     T8102           李铭             3         80
                              ---------------------
总计                                    3         80
- - - - - - - - - - - - - - - - - - - - - - - - - -
课程号：CN003
课程名：编译原理
总学分：2
     教师号      教师姓名      学生人数      平均分
     T8103           王刚             2         65
                              ---------------------
总计                                    2         65
- - - - - - - - - - - - - - - - - - - - - - - - - -
课程号：CN004
课程名：程序设计
总学分：2
     教师号      教师姓名      学生人数      平均分
     T8104           张雪             3       76.6
                              ---------------------
总计                                    3       76.6
- - - - - - - - - - - - - - - - - - - - - - - - - -
```

实践 5.G.3

由于经常对学生信息表进行操作，为方便管理和提高执行代码执行速度，需要将对学生信息表的操作，如增加、修改、删除和查询等封装到包内使用子过程实现，以方便应用程序调用。

分析

1. 使用包可以使程序设计模块化，而且可以提高程序的执行效率。
2. 对于学生信息增加操作，可使用记录类型作为输入参数的过程实现。
3. 对于查询操作，需要根据学生号查询学生信息，并能返回所有学生信息，可引入重载特性。
4. 对于修改操作，需要能够根据指定的条件，动态构造修改语句，在 Oracle 中可以使用 EXECUTE IMMEDIATE 过程动态地执行本地 SQL。

参考解决方案

1. 定义 student_pack 包

```
CREATE OR REPLACE PACKAGE student_pack
IS
 /*统计学生人数*/
 v_count INT;
 /*增加学生信息*/
 PROCEDURE add_student(student_record t_student%rowtype);
 /*根据执行的条件修改学生信息*/
 PROCEDURE update_student(p_modify VARCHAR2,p_condition VARCHAR2);
 /*根据学号删除学生信息*/
 PROCEDURE del_student(p_sno t_student.stu_no%TYPE);
 /*根据学号查询学生*/
 FUNCTION get_student(p_sno t_student.stu_no%TYPE)
 RETURN t_student%rowtype;
 /*定义基于记录类型的嵌套表*/
 TYPE student_table_type IS TABLE OF t_student%rowtype;
 /*获取所有学生的信息*/
 FUNCTION get_students RETURN student_table_type;
 END student_pack;
```

2. 定义 student_pack 包的包体

```
CREATE OR REPLACE PACKAGE BODY student_pack
IS
/*check_student 是包体的私有子程序*/
```

```
FUNCTION check_student(p_sno t_student.stu_no%TYPE)
RETURN boolean
IS
v_count INT ;
BEGIN
  SELECT count(*) INTO v_count FROM t_student WHERE stu_no = p_sno;
  IF v_count > 0 THEN
    RETURN TRUE;
  ELSE
    RETURN FALSE;
  END IF;
END check_student;
/*实现 add_student 过程*/
PROCEDURE add_student(student_record t_student%rowtype)
IS
BEGIN
  IF check_student(student_record.stu_no) = FALSE THEN
    -- 插入学生记录
    INSERT INTO t_student VALUES student_record;
    COMMIT; -- 提交事务
    dbms_output.put_line('添加成功!');
  END IF;
  EXCEPTION
   WHEN others THEN
      dbms_output.put_line('添加出错!'||sqlcode||'----'||sqlerrm);
END add_student;
/*实现 update_student 过程*/
PROCEDURE update_student(p_modify VARCHAR2,p_condition VARCHAR2)
IS
BEGIN
  EXECUTE IMMEDIATE 'UPDATE t_student' || ' SET '||p_modify||' WHERE '||p_condition;
EXCEPTION
  WHEN others THEN
    dbms_output.put_line('修改出错: '||sqlcode||'----'||sqlerrm);
END update_student;
/*实现 del_student 过程*/
PROCEDURE del_student(p_sno t_student.stu_no%TYPE)
IS
BEGIN
  IF check_student(p_sno) = TRUE THEN
    DELETE FROM t_student WHERE stu_no = p_sno;
    COMMIT; -- 提交事务
    dbms_output.put_line('删除成功!');
```

```
  ELSE
    dbms_output.put_line('删除失败：指定的学生不存在！');
  END IF;
EXCEPTION
  WHEN others THEN
    dbms_output.put_line('删除出错：'||sqlcode||'----'||sqlerrm);
END del_student;
/*实现 get_student 函数*/
FUNCTION get_student(p_sno t_student.stu_no%TYPE)
RETURN t_student%rowtype
IS
 student_record t_student%rowtype;
 no_result exception; -- 自定义异常类型
BEGIN
  IF check_student(p_sno) = FALSE THEN
    SELECT * INTO student_record FROM t_student WHERE stu_no = p_sno;
    RETURN student_record;
  ELSE
   raise no_result;
  END IF;
  exception
   WHEN no_result THEN
     raise_application_error(-20099,'查询的学生不存在！');
   WHEN others THEN
     dbms_output.put_line(sqlcode||'----'||sqlerrm);
     raise_application_error(-20100,'查询出错！');
END get_student;
/*实现 get_students 函数*/
FUNCTION get_students
RETURN student_table_type
IS
 student_table student_table_type; -- 定义结果集类型
BEGIN
  SELECT * BULK COLLECT INTO student_table FROM t_student;
  RETURN student_table;
END get_students;
BEGIN
  -- 系统初始化,并获取学生总人数
  SELECT count(*) INTO v_count FROM t_student;
END student_pack;
```

注意 在上述包体实现的代码中，由于 update_student 过程的实现需要支持动态的 SQL 语句，故在该过程代码中使用了 EXECUTE IMMEDIATE 命令，使用 EXECUTE IMMEDIATE 命令可以执行动态的本地 SQL 语句，而且性能更好。

3. 调用包

接下来分别测试包 student_pack 中定义的函数与存储过程。

1）调用 add_student 过程添加学生。

```
DECLARE
  student_record t_student%rowtype;
BEGIN
  --添加基本信息
  student_record.ID := SEQ_T_STUDENT_ID.nextval;
  student_record.stu_no := '95008';
  student_record.NAME := '刘备';
  student_record.grade := 2009;
  student_record.age := 30;
  student_record.sex := '男';
  student_record.birthday := to_date('1982-04-01','YYYY-MM-DD');
  student_record.address := '四川';
  student_record.class_id := 10002;
  student_record.family := family_type('父亲','母亲','兄弟');
  student_pack.add_student(student_record);
END;
```

输出结果如下。

```
添加成功!
```

2）删除学生。删除一个学号为“95006”的学生信息。

```
DECLARE
  p_sno t_student.stu_no%TYPE; -- 学号变量
BEGIN
  --添加基本信息
  p_sno := '95006';
  --删除学生
  student_pack.del_student(p_sno);
END;
```

输出结果如下。

```
删除成功!
```

3）获取所有学生信息并打印。

```
DECLARE
  student_table student_pack.student_table_type;
  student_record t_student%rowtype;
```

```
BEGIN
  student_table:= student_pack.get_students;
  dbms_output.put_line(' 学号 '||' 姓名 ' || ' 年龄 '||' 生日 ');
  dbms_output.put_line('------------------------------- ');
  FOR i IN 1..student_table.count
  loop
    student_record:= student_table(i);
dbms_output.put_line(student_record.stu_no ||'  '||student_record.NAME
    ||'  '||student_record.age||'  '||student_record.birthday );
  END loop;
  dbms_output.put_line('------------------------------- ');
  dbms_output.put_line('总人数                    '||student_pack.v_count||'人');
END;
```

输出结果如下。

```
学号  姓名  年龄  生日
-------------------------------
95005  小乔  19  11-9月 -88
95001  赵云  21  11-2月 -88
95002  关羽  22  01-3月 -89
95003  张飞  23  25-3月 -87
95004  貂蝉  20  26-5月 -86
95007  昭君  19  01-9月 -88
95008  刘备  30  01-4月 -82
-------------------------------
总人数                    7人
```

注意 上述代码主要测试了 add_student、del_student 过程与 get_students 函数，其他过程或函数请读者自行测试。

实践 5.G.4

鉴于系统要求，经常需要打印报表信息，为方便维护，需要将【实践 5.G.2】中定义的报表打印过程统一封装，并放入包内统一维护。

分析

1. 包结构的功能一般是根据模块功能进行定义，可将对学生表的操作定义为一个包，对教师表的操作定义为另一个包。
2. 对于报表打印，一般涉及多行语句处理，故需要引入游标。对于独立于某个应用的游标可以在子程序内部声明，对于多个应用都需要的游标可以在包（或包体）内声明。
3. 由于报表打印，一般不需要返回值，故可以使用过程封装报表打印过程。

参考解决方案

1. 定义 report_pack 包

```
CREATE OR REPLACE
PACKAGE report_pack
IS
   /*根据输入的班级号,打印输出当前班级信息及当前班级中的学生信息*/
   PROCEDURE student_of_class(p_classid t_class.ID%TYPE);
   /*输出所有课程的信息,当前课程的选修情况和得分*/
   PROCEDURE course_of_teach;
END report_pack;
```

2. 定义 report_pack 包的包体

```
CREATE OR REPLACE
PACKAGE BODY report_pack
IS
/*实现过程 student_of_class*/
PROCEDURE student_of_class(p_classid t_class.ID%TYPE)
IS
   /*声明带参数的游标*/
    CURSOR student_cursor IS
    SELECT *  FROM t_student WHERE class_id = p_classid;
    /*学生记录类型*/
    student_record t_student%rowtype;
    /*班级记录类型*/
    class_record t_class%rowtype;
    /*班级 ID*/
    v_classid t_class.ID%TYPE;
    /*班级人数*/
    v_count INT;
BEGIN
    v_classid := p_classid;
    /*取得班级信息*/
    SELECT * INTO class_record FROM t_class WHERE ID = v_classid;
    /*取得班级人数*/
SELECT count(*) INTO v_count FROM t_student WHERE class_id=v_classid
    GROUP BY class_id;
    dbms_output.put_line(class_record.dept_name||'系别'||class_record.grade
    ||class_record.class_name||'总共有: '||v_count||'人');
    dbms_output.put_line('------------------');
    /*取得当前班级的学生信息*/
    OPEN student_cursor;
```

```
    loop
        fetch student_cursor INTO student_record;
        exit WHEN student_cursor%notfound;
        dbms_output.put_line('学生号：' || student_record.stu_no || '，姓名：'
          || student_record.NAME|| '，年龄：' || student_record.age|| '，性别：'
          || student_record.sex|| '，出生日期：'
          || to_char(student_record.birthday,'yyyy-mm-dd'));
    END loop;
    CLOSE student_cursor;
exception
    WHEN no_data_found THEN
        dbms_output.put_line('指定的班级号不存在');
END student_of_class;
/*实现过程 course_of_teach*/
PROCEDURE course_of_teach
IS
    /*课程游标*/
    CURSOR course_cursor IS
    SELECT * FROM t_course;
    /*基于 vw_course_teacher 声明带参数的游标*/
    CURSOR vw_c_t_cursor(p_cno t_course.course_no%TYPE ) IS
    SELECT *  FROM vw_course_teacher WHERE course_no = p_cno;
    /*课程记录类型*/
    course_record t_course%rowtype;
    /*vw_course_teacher 记录类型*/
    vw_c_t_record vw_course_teacher%rowtype;
    /*统计选择当前课程的学生人数*/
    v_stu_count INT;
    /*统计选择当前课程的学生的平均分*/
    v_score_avg NUMBER(4,1);
BEGIN
    OPEN course_cursor;
    loop
        /*取得课程记录*/
        fetch course_cursor INTO course_record;
        exit WHEN course_cursor%notfound;
        /*打印课程信息*/
        dbms_output.put_line('课程号：'||course_record.course_no);
        dbms_output.put_line('课程名：'||course_record.NAME);
        dbms_output.put_line('总学分：'||course_record.score);
        /*根据当前课程编号，打开基于 vw_course_teacher 的游标*/
        OPEN vw_c_t_cursor(p_cno=>course_record.course_no);
        v_stu_count :=0;
```

```
        v_score_avg :=0;
        /*打印报表表头*/
        dbms_output.put_line(lpad('教师号',10,' ')||lpad('教师姓名',12,' ')
           ||lpad('学生人数',12,' ')||lpad('平均分',10,' '));
        loop
            fetch vw_c_t_cursor INTO vw_c_t_record;
            exit WHEN vw_c_t_cursor%notfound;
            v_stu_count := v_stu_count + vw_c_t_record.stu_count;
            v_score_avg := v_score_avg + vw_c_t_record.score_avg
               * vw_c_t_record.stu_count;
            dbms_output.put_line(lpad(vw_c_t_record.tea_no,10,' ')
                 ||lpad(vw_c_t_record.tea_name,12,' ')
                 ||lpad(vw_c_t_record.stu_count,12,' ')
                 ||lpad(vw_c_t_record.score_avg,10,' '));
        END loop;
        dbms_output.put_line(lpad(rpad(' ',22,'-'),44,' '));
        dbms_output.put_line('总计'||lpad(v_stu_count,30,' ')
             ||lpad(v_score_avg/v_stu_count,10,' '));
        CLOSE vw_c_t_cursor;
        dbms_output.put_line(lpad('- ',44,'- '));
    END loop;
    CLOSE course_cursor;
END course_of_teach;
END report_pack;
```

3. 调用包

接下来分别调用 student_pack 中定义的函数与存储过程。

1）调用 student_of_class 过程打印班级 ID 为“10001”的报表信息。

```
BEGIN
  report_pack.student_of_class(10001);
END;
```

输出结果如下。

```
计算机系系别 2009 软件外包 1 班总共有：2 人
------------------
学生号：95001，姓名：赵云，年龄：21，性别：男，出生日期：1988-02-11
学生号：95002，姓名：关羽，年龄：22，性别：男，出生日期：1989-03-01
```

2）调用 course_of_teach 过程打印报表信息。

```
BEGIN
 --打印报表信息
```

```
 report_pack.course_of_teach;
END;
```

输出结果如下。

```
课程号: CN005
课程名: 高等数学
总学分: 3
    教师号      教师姓名      学生人数      平均分
    T8105          赵顺            2          55
    T8106          周刚            2          95
                        ---------------------
总计                               4          75
- - - - - - - - - - - - - - - - - - - - - - - - -
......以下内容省略
```

实践 5.G.5

由于业务需求，设定 exam_score 列的取值应为正数，并且不大于 100 分（设定该科目的满分为 100 分），如果向选课信息表中添加成绩时，不满足上述条件，系统应该提示错误信息。

分析

1. 对于 exam_score 列的取值为正数的要求，在创建表格时已通过约束进行限制，但若要求该列的取值不大于 100 分，则需要根据添加（修改）的数据动态地检查数据的合理性，此时就需要使用触发器。
2. 对于当前业务需求，exam_score 列取值有效性的检查出现在数据添加和对 exam_score 列的数据修改操作中，故需在选课信息表（t_sc）上创建 INSERT 触发器和基于 exam_score 列的 UPDATE 触发器，并使用条件谓词对不同的操作做不同的检查。

参考解决方案

1. 创建触发器

基于选课信息表创建触发器 trg_sc_check_grade，代码如下所示。

```
CREATE OR REPLACE TRIGGER trg_sc_check_grade
BEFORE INSERT OR UPDATE OF grade ON sc
FOR EACH ROW
DECLARE
  v_score course.score%TYPE;
BEGIN
  /*取得所添加的选课信息对应的课程的学分*/
```

```
 SELECT score INTO v_score
 FROM course c JOIN teacher t ON c.cno = t.cno
 WHERE t.tno = :NEW.tno;
 CASE
   WHEN INSERTING THEN
        IF :NEW.grade>v_score THEN
           raise_application_error(-20010,'添加失败，该门课程的得分只能在 0~'
           ||v_score);
        END IF;
   WHEN UPDATING THEN
        IF :NEW.grade>v_score THEN
           raise_application_error(-20010,'修改失败，该门课程的得分只能在 0~'
           ||v_score);
        END IF;
 END CASE;
END;
```

2. 测试触发器

在 SQL 工作表中，执行如下 INSERET 语句。

```
INSERT INTO t_sc(stu_id,course_id,tea_id,course_name,exam_score)
values(10001,10004,'程序设计',110,10004);
```

提示的错误信息如下。

```
在行 1 上开始执行命令时出错:
INSERT INTO t_sc(stu_id,course_id,course_name,exam_score,tea_id)
values(10001,10004,'程序设计',110,10004)
错误报告:
SQL 错误: ORA-20010: 添加失败，该门课程的得分只能在 0~100
ORA-06512: 在 "SCOTT.TRIG_SC_EXAMSCORE", line 8
ORA-04088: 触发器 'SCOTT.TRIG_SC_EXAMSCORE' 执行过程中出错
```

在 t_sc 表上执行修改语句，修改学生 ID 为“10001”，课程 ID 为“10003”的成绩，使其变为 110 分，修改失败。提示的错误信息如下。

```
在行 1 上开始执行命令时出错:
update t_sc sc set sc.exam_score = 110 where sc.stu_id = 10001 and sc.course_id
= 10003
错误报告:
SQL 错误: ORA-20010: 修改失败，该门课程的得分只能在 0~100
ORA-06512: 在 "SCOTT.TRIG_SC_EXAMSCORE", line 13
ORA-04088: 触发器 'SCOTT.TRIG_SC_EXAMSCORE' 执行过程中出错
```

对于在课程标准分数（0～100）内的取值，修改操作将顺利执行。

实践 5.G.6

由于业务需求，每个老师的最多授课人数为 90 人，当向选课信息表中添加选课信息时，需检查当前教师的授课人数是否已满。

分析

1. 每个教师的授课人数可由选课信息表（t_sc）统计获得。
2. 对于此应用，应在选课信息表上创建 INSERT 触发器。

参考解决方案

1. 创建触发器

基于选课信息表，创建触发器 trg_sc_check_tea_id。

```
CREATE OR REPLACE TRIGGER trg_sc_check_tea_id
BEFORE INSERT ON t_sc
FOR EACH ROW
DECLARE
   v_count NUMBER(2);--选课的人数
   c_count NUMBER(2):=4;--最多只允许 4 人
   v_tea_name  t_teacher.NAME%TYPE;--教师名字
   v_course_name t_course.NAME%TYPE;--课程名字
BEGIN
  /*取得教师每门课程所教授学生的人数*/
  SELECT count(*) INTO v_count
  FROM t_sc sc WHERE sc.tea_id = :NEW.tea_id AND sc.course_id = :NEW.course_id;
  --取得教师姓名
  SELECT NAME INTO v_tea_name FROM t_teacher t WHERE t.ID = :NEW.tea_id;
  --取得课程名称
  SELECT NAME INTO v_course_name FROM t_course c WHERE c.ID = :NEW.course_id;
  IF v_count > c_count THEN
     raise_application_error(-20011,'添加失败，选修'||v_tea_name
        ||'教师所教授'||v_course_name||'的学生已满!');
  END IF;
END;
```

2. 测试触发器

为方便测试，可将触发器内控制允许选修学生人数的常量值临时更改为 4，重新执行触发器 trg_sc_check_tea_id 的创建语句。

通过如下语句，确认教师 ID 为“10002”已有 3 个学生（原始数据，如果没有，可以自行添加）。

```
SQL> select * from t_sc sc where sc.tea_id = 10002;

   STU_ID      COURSE_ID COURSE_NAME   EXAM_SCORE   TEA_ID
----------------------------------------------------------------
    10001      10002       数据结构        70           10002
    10003      10002       数据结构        80           10002
    10004      10002       数据结构        90           10002
```

现在向选课信息表中添加一条选择课程 ID 为“10002”的选课信息。

```
INSERT INTO t_sc(stu_id,course_id,course_name,exam_score,tea_id)
VALUES(10002,10002,'数据结构',70,10002);
INSERT INTO t_sc(stu_id,course_id,course_name,exam_score,tea_id)
values(10005,10002,'数据结构',80,10002);
```

第 1 条添加语句顺利通过，当执行第 2 条添加语句时，由于人数已满，将提示如下错误信息。

```
一行已插入。

在行 3 上开始执行命令时出错:
INSERT INTO t_sc(stu_id,course_id,course_name,exam_score,tea_id)
values(10005,10002,'数据结构',80,10002)
错误报告:
SQL 错误: ORA-20011: 添加失败，选修李铭教师所教授数据结构的学生已满!
ORA-06512: 在 "SCOTT.TRG_SC_CHECK_TEA_ID", line 15
ORA-04088: 触发器 'SCOTT.TRG_SC_CHECK_TEA_ID' 执行过程中出错
```

知识拓展

1. 批量提取

在 Oracle 11g 中，通过使用 FETCH…BULK COLLECT INTO 语句，可以从游标结果集中一次性提取指定条数的数据或所有数据。

Ⅰ. 提取所有数据

使用 FETCH…BULK COLLECT INTO 语句一次性提取所有数据，需要定义 PL/SQL 集合变量接收游标结果集。

下述代码演示了 FETCH…BULK COLLECT INTO 语句的使用。

```
DECLARE
   CURSOR dept_cursor IS
   SELECT deptno, dname, loc FROM dept;
```

```
    TYPE dept_table_type IS TABLE OF dept_cursor%ROWTYPE
    INDEX BY BINARY_INTEGER;
    /*声明集合变量*/
    dept_table dept_table_type;
    idx NUMBER;
BEGIN
    OPEN dept_cursor;
    FETCH dept_cursor BULK COLLECT INTO dept_table;
    FOR idx In 1..dept_table.COUNT LOOP
        dbms_output.put_line('部门号: ' || dept_table(idx).deptno || ', 部门名: '
        || dept_table(idx).dname|| ', 所在地: ' || dept_table(idx).loc);
    END LOOP;
    CLOSE dept_cursor;
END;
```

执行结果如下。

```
部门号: 10, 部门名: ACCOUNTING, 所在地: NEW YORK
部门号: 20, 部门名: RESEARCH, 所在地: DALLAS
部门号: 30, 部门名: SALES, 所在地: CHICAGO
部门号: 40, 部门名: OPERATIONS, 所在地: BOSTON
```

Ⅱ. LIMIT 子句

在使用 FETCH...BULK COLLECT INTO 语句提取数据时，可以使用 LIMIT 子句限制每次提取的数据行数。

下述代码演示了 LIMIT 子句在 FETCH...BULK COLLECT INTO 语句的使用。

```
DECLARE
    CURSOR dept_cursor IS
    SELECT deptno, dname, loc FROM dept;
    TYPE dept_array_type IS VARRAY(5) OF dept_cursor%ROWTYPE;
    /*声明集合变量*/
    dept_array dept_array_type;
    v_count INT:=0;
BEGIN
    OPEN dept_cursor;
    LOOP
        FETCH dept_cursor BULK COLLECT INTO dept_array LIMIT &p_limit;
        v_count := v_count+1;
        dbms_output.put_line('第'||v_count||'次提取: ');
        FOR idx In 1..dept_array.COUNT LOOP
            dbms_output.put_line('部门号: ' || dept_array(idx).deptno || ', 部门名:
'|| dept_array(idx).dname|| ', 所在地: ' || dept_array(idx).loc);
        END LOOP;
```

```
        EXIT WHEN dept_cursor%NOTFOUND;
    END LOOP;
    CLOSE dept_cursor;
END;
```

在弹出的窗口中输入“3”，执行结果如下。

```
第 1 次提取:
部门号: 10, 部门名: ACCOUNTING, 所在地: NEW YORK
部门号: 20, 部门名: RESEARCH, 所在地: DALLAS
部门号: 30, 部门名: SALES, 所在地: CHICAGO
第 2 次提取:
部门号: 40, 部门名: OPERATIONS, 所在地: BOSTON
```

2. 包的纯度级别

在定义 PL/SQL 包时，可以通过纯度级别限制公共函数对数据库的 SELECT 和 DML 操作，及对包中公共变量的读取和赋值操作。包中公共函数的纯度级别通过伪过程定义，其语法格式如下。

```
PRAGMA RESTRICT_REFERENCES(function_name, purity_level);
```

其中，function_name 指示需要限制的函数名，purity_level 指示需要限制的级别，有如下取值。

- WNDS：禁止函数执行 DML 操作；
- WNPS：禁止函数给包公共变量赋值；
- RNDS：禁止函数执行 SELECT 语句；
- RNPS：禁止函数将包公共变量值赋给其他变量。

下述代码演示了纯度级别在包定义中的使用及其在包体定义中对公共函数操作的限制。

包定义如下。

```
CREATE OR REPLACE PACKAGE purity_pack
IS
    v_num INT;
    FUNCTION func1 RETURN INT;
    FUNCTION func2 RETURN INT;
    /*为 func1 定义纯度级别，禁止给包变量赋值*/
    PRAGMA RESTRICT_REFERENCES(func1,WNPS);
    /*为 func2 定义纯度级别，禁止执行 DML 操作*/
    PRAGMA RESTRICT_REFERENCES(func2,WNDS);
END purity_pack;
```

包体实现如下。

```
CREATE OR REPLACE PACKAGE BODY purity_pack
IS
  FUNCTION func1
  RETURN INT
  IS
  BEGIN
    v_num :=5;
  END;
  FUNCTION func2
  RETURN INT
  IS
  BEGIN
    UPDATE dept SET loc=UPPER('shanghai')
    WHERE deptno=50;
  END;
END purity_pack;
```

在包定义过程中，对函数 func1 和 func2 都进行了纯度级别限制，在包体的实现过程中，函数 func1 和 func2 的操作违反纯度级别的限制，创建包体时，系统会提示创建过程出错，执行 show errors 命令查看错误如下，提示子程序违反了与它相关的编译指示。

```
PLS-00452: Subprogram 'FUNC1' violates its associated pragma
PLS-00452: Subprogram 'FUNC2' violates its associated pragma
```

3. 系统工具包

Ⅰ. DBMS_OUTPUT

DBMS_OUTPUT 包用于从执行环境中输入或输出信息，其常用过程（函数）如表 5.1 所示。

表 5.1 DBMS_OUTPUT 包部分过程和功能

过程	功能
DISABLE	该过程用于禁用 DBMS_OUTPUT 包的输入/输出功能
ENABLE	该过程用于启用 DBMS_OUTPUT 包的输入/输出功能
GET_LINE	该过程用于取得缓冲区的单行信息
GET_LINES	该过程用于取得缓冲区的多行信息
NEW_LINE	该过程用于在尾部追加行结束符
PUT	该过程用于在输出缓冲区中追加行信息，当使用过程 PUT 输出时，需要使用过程 NEW_LINE 追加行结束符
PUT_LINE	该过程用于将完整的行信息写入输出缓冲区，该过程会自动在行尾部追加行结束符

DBMS_OUTPUT 包中定义了类型 CHARARR，用于接收长度在 255 以内的字符串的 PL/SQL 表。

下述代码在 SQL *Plus 环境中，演示了 DBMS_OUTPUT 包如何设置缓冲区，并从缓冲区读取数据。

```
SET SERVEROUTPUT ON
DECLARE
  v_Data       DBMS_OUTPUT.CHARARR;
  v_NumLines   NUMBER;
BEGIN
  --首先设置缓冲区大小为 1000000。
  DBMS_OUTPUT.ENABLE(1000000);
  --向缓冲区中放置信息
  DBMS_OUTPUT.PUT_LINE('Line One');
  DBMS_OUTPUT.PUT_LINE('Line Two');
  DBMS_OUTPUT.PUT_LINE('Line Three');
  v_NumLines := 3;
  DBMS_OUTPUT.GET_LINES(v_Data, v_NumLines);
  FOR v_Counter IN 1..v_NumLines LOOP
    DBMS_OUTPUT.put_line(v_Counter||':'||v_Data(v_Counter));
  END LOOP;
END;
```

执行结果如下。

```
1:Line One
2:Line Two
3:Line Three
```

Ⅱ. DBMS_RANDOM

DBMS_RANDOM 包提供了内置的随机数生成器，用于生成随机数。常用方法如表 5.2 所示。

表 5.2　DBMS_RANDOM 包部分过程和功能

过程	功能
INITIALIZE	该过程用于初始化随机数生成器
RANDOM	该过程用于生成随机数
SEED	该过程用于指定随机数的种子
STRING	该过程用于获得随机字符串
VALUE	该过程用于返回大于等于 0、小于 1 的随机数，或者大于等于指定下限值并且小于指定上限值的随机数

下述代码演示了 DBMS_RANDOM 包的使用。

```
BEGIN
  FOR i IN 1..5 LOOP
      DBMS_OUTPUT.PUT_LINE(i||':'||DBMS_RANDOM.random);
  END LOOP;
  DBMS_OUTPUT.PUT_LINE('- - - - - - - - ');
  FOR i IN 1..5 LOOP
      --随机输出长度为 10 的混合大小写的字符串
      DBMS_OUTPUT.PUT_LINE(i||':'||DBMS_RANDOM.string('a',12));
  END LOOP;
  DBMS_OUTPUT.PUT_LINE('- - - - - - - - ');
  FOR i IN 1..5 LOOP
      --随机输出大于等于 1、小于 34 的随机数
      DBMS_OUTPUT.PUT_LINE(i||':'||DBMS_RANDOM.value(1,34));
  END LOOP;
  DBMS_OUTPUT.PUT_LINE('- - - - - - - - ');
END;
```

注意 对于 Oracle 提供的工具包，其包内元素（变量、过程、方法等）的语法结构可通过查看创建文本确定。

4. INSTEAD OF 触发器

在简单视图上可以执行 INSERT、UPDATE 和 DELETE 操作，但如果视图子查询包含集合操作符、分组函数、DISTINCT 关键字或连接查询，那么禁止在视图上执行 DML 操作是受限制的。为了能在这些视图上执行 DML 操作，可以通过在视图上建立 INSTEAD OF 触发器。创建 INSTEAD OF 触发器的语法格式如下。

```
CREATE [OR REPLACE] TRIGGER trigger_name
INSTEAD OF
{INSERT | DELETE | UPDATE [OF column [, column …]]}
ON view_name
[REFERENCING {OLD [AS] old | NEW [AS] new| PARENT as parent}]
FOR EACH ROW
[WHEN condition]
trigger_body;
```

其中：

- INSTEAD OF 关键字只适用于视图；
- INSTEAD OF 触发器不能指定 BEFORE 或 AFTER 选项；
- 由于 INSTEAD OF 触发器是行级触发器，所以在创建 INSTEAD OF 触发器时，FOR EACH ROW 必须指定。

下述代码演示了 INSTEAD OF 触发器的用法。

首先创建视图 emp_view，统计输出各部门的人数及平均工资。

```
CREATE OR REPLACE VIEW emp_view AS
SELECT deptno, count(*) total_emp , avg(sal) avg_salary
FROM emp GROUP BY deptno;
```

在此视图中直接删除是非法的，如执行下述语句。

```
DELETE FROM emp_view WHERE deptno=10;
```

将提示如下错误信息。

```
DELETE FROM emp_view WHERE deptno=10
第 1 行出现错误:
ORA-01732: data manipulation operation not legal on this view
```

此时，可以通过创建 INSTEAD OF 触发器来为 DELETE 操作执行所需的处理，即删除 emp 表中的基准数据。针对上述操作，INSTEAD OF 触发器的创建语句如下。

```
CREATE OR REPLACE TRIGGER trg_emp_view_delete
INSTEAD OF DELETE ON emp_view
FOR EACH ROW
BEGIN
DELETE FROM emp WHERE deptno= :old.deptno;
END trg_emp_view_delete;
```

再次执行如下删除语句，将提示删除成功。

```
DELETE FROM emp_view WHERE deptno=20;
已删除一行。
```

注意 能在具有 WITH CHECK OPTION 选项的视图上建立 INSTEAD OF 触发器。

5. 系统事件触发器

系统事件触发器是由特定系统事件所触发的触发器。Oracle 提供的系统事件触发器可以在 DDL、DCL 或数据库系统上被触发。DDL 指的是数据定义语言，如 CREATE 、ALTER 及 DROP 等。而数据库系统事件包括数据库服务器的启动或关闭，用户的登录与退出、数据库服务错误等。创建系统事件触发器的语法格式如下。

```
CREATE OR REPLACE TRIGGER [sachema.] trigger_name
{BEFORE|AFTER}
{ddl_event_list | database_event_list}
ON { DATABASE | [schema.] SCHEMA }
```

```
[WHEN_clause]
trigger_body;
```

其中：

- ddl_event_list：一个或多个 DDL 事件，多个事件间用 OR 连接；
- database_event_list：一个或多个数据库事件，多个事件间用 OR 连接。

系统事件触发器既可以建立在一个模式上，又可以建立在整个数据库上。当建立在模式（Schema）之上时，只有模式所指定用户的 DDL 操作和它们所导致的错误才能激活触发器，默认时为当前用户模式。当建立在数据库（Database）之上时，该数据库所有用户的 DDL 操作和它们所导致的错误，以及数据库的启动和关闭均可激活触发器。

注意　要在数据库之上建立触发器时，要求用户具有 ADMINISTER DATABASE TRIGGER 权限。

常用的系统触发器事件如表 5.3 所示。

表 5.3　常用的系统触发器事件

事件	事件说明
STARTUP	实例启动时激活
SHUTDOWN	实例正常关闭时激活
SERVERERROR	当产生服务器错误时激活
LOGON	用户成功登录后激活
LOGOFF	开始注销时激活
CREATE	当执行 CREATE 语句时激活
DROP	当执行 DROP 语句时激活
ALTER	当执行 ALTER 语句时激活

在编写系统事件触发器时，应用开发人员经常需要使用事件属性函数。常用的事件属性函数如表 5.4 所示。

表 5.4　常用的事件属性函数

函数名	功能描述
ora_client_ip_address	返回客户端的 IP 地址
ora_database_name	返回当前数据库名
ora_des_encrypted_password	返回 DES 加密后的用户口令
ora_dict_obj_name	返回 DDL 操作所对应的数据库对象名
ora_dict_obj_name_list(name_list out ora_name_list_t)	返回在事件中被修改的对象名列表
ora_dict_obj_owner	返回 DDL 操作所对应的对象的所有者名

续表

函数名	功能描述
ora_dict_obj_owner_list(owner_list out ora_name_list_t)	返回在事件中被修改的对象的所有者列表
ora_dict_obj_type	返回 DDL 操作所对应的数据库对象的类型
ora_grantee(user_list out ora_name_list_t)	返回授权事件的授权者
ora_instance_num	返回例程编号
ora_is_alter_column(column_name in varchar2)	检测特定列是否被修改
ora_is_drop_column(column_name in varchar2)	检测特定列是否被删除
ora_is_servererror(error_number)	检测是否返回了特定 Oracle 错误
ora_login_user	返回登录用户名
ora_sysevent	返回触发器的系统事件名

Ⅰ. 建立系统事件触发器

下述代码演示了系统事件触发器的使用。

首先创建事件日志表。

```
CREATE TABLE trg_event_table(
eventname VARCHAR2(30),time DATE);
```

创建基于 STARTUP 和 SHUTDOWN 的事件触发器代码如下。

```
CREATE OR REPLACE TRIGGER trg_startup
AFTER STARTUP ON DATABASE
BEGIN
INSERT INTO trg_event_table VALUES(ora_sysevent,sysdate);
END;
CREATE OR REPLACE TRIGGER trg_shutdown
BEFORE SHUTDOWN ON DATABASE
BEGIN
INSERT INTO trg_event_table VALUES(ora_sysevent,sysdate);
END;
```

在建立如上所示的两个触发器后，使用 SHUTDOWN 和 STARTUP 关闭和开启数据库时会向日志表 trg_event_table 中插入一条记录。

Ⅱ. 建立登录事件触发器

下述代码创建登录和退出触发器用来记载登录用户名称、时间和 IP 地址。

首先创建登录日志表。

```
CREATE TABLE trg_log_table(
username VARCHAR2(20),
log_time DATE,
```

```
onoff VARCHAR2(6),
address VARCHAR2(20));
```

创建基于 LOGON 和 LOGOFF 的事件触发器代码如下。

```
CREATE OR REPLACE TRIGGER trg_logon
AFTER LOGON ON DATABASE
BEGIN
INSERT INTO trg_log_table
VALUES(ora_login_user,sysdate,'logon',ora_client_ip_address);
END;
CREATE OR REPLACE TRIGGER trg_logoff
BEFORE logoff ON DATABASE
BEGIN
INSERT INTO trg_log_table
VALUES(ora_login_user,sysdate,'logoff',ora_client_ip_address);
END;
```

在建立如上所示的两个触发器后，当用户登录和退出数据库时会向日志表 trg_log_table 中插入一条记录。

Ⅲ. 建立 DDL 事件触发器

为了记录系统所发生的 DDL 事件，可以建立 DDL 触发器。

首先创建 DDL 日志表。

```
CREATE TABLE trg_ddl_table(
event VARCHAR2(20),
username VARCHAR2(10),
owner VARCHAR2(10),
objname VARCHAR2(20),
objtype VARCHAR2(10),
time DATE);
```

创建基于 DDL 的事件触发器代码如下。

```
CREATE OR REPLACE TRIGGER trg_ddl
AFTER DDL ON DATABASE
begin
INSERT INTO trg_ddl_table
VALUES(ora_sysevent,ora_login_user,ora_dict_obj_owner,
ora_dict_obj_name,ora_dict_obj_type,sysdate)
end;
```

在建立如上所示的触发器后，当执行 DDL 语句时，将会向 trg_ddl_table 插入一条记录。

拓展练习

练习 5.E.1

根据业务要求，需定义一报表打印，要求输出班级的信息（班级编号、系、年级、班），并打印输出当前班级的学生的信息（学号、学生姓名、年龄、学生性别、生日）。

练习 5.E.2

根据业务要求，需定义一报表打印，要求输出所有教师的信息（教师编号、教师姓名、所教课程名、课程学分），并打印输出针对当前教师其所教学生的信息及课程得分（学生号、学生姓名、学生性别、学生得分）。

练习 5.E.3

参照实践 5.G.3 的要求，通过 SQL Developer 工作表或 SQL *Plus 创建包定义并实现包体。

练习 5.E.4

参照实践 5.G.4 的要求，通过 SQL Developer 工作表或 SQL *Plus 创建并实现用于报表打印的包体。

练习 5.E.5

参照实践 5.G.5 的要求，通过 SQL Developer 工作表或 SQL *Plus 创建并测试题目要求的触发器。

练习 5.E.6

参照实践 5.G.6 的要求，通过 SQL Developer 工作表或 SQL *Plus 创建并测试题目要求的触发器。

实践 6　Oracle 数据库备份与恢复

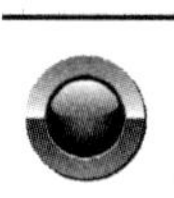

实践指导

实践 6.G.1

根据学生选课信息系统的业务要求，需单独创建一用户 School，用于后期该软件系统的访问，并把前期在 Scott 用户下创建的所有表、视图、存储过程、包等对象以及在各表中插入的数据统一导出，然后导入到 School 中。

分析

1. 创建 School 用户，并设置密码、分配权限等基础信息。
2. 通过 exp 命令将 Scott 用户下的数据库对象及数据导出。
3. 通过 imp 命令将导出的数据库对象及数据再导入到 School 用户下。

参考解决方案

1. 通过 sys 用户登录到 SQL Developer，然后在 SQL 工作表中输入相关命令进行 School 用户的创建，并且授予 School 用户权限，代码如下。

```
-- 创建用户 SQL
CREATE USER School IDENTIFIED BY Orcl123456
DEFAULT TABLESPACE "USERS"
TEMPORARY TABLESPACE "TEMP";
-- 授予角色权限
GRANT "RESOURCE" TO School ;
GRANT "CONNECT" TO School ;
-- 为了方便，授予 School 用户 DBA 角色，该角色可以创建、修改表、视图、序列等权限
GRANT "DBA" TO School ;
-- 授予系统配额权限
GRANT UNLIMITED TABLESPACE TO School ;
```

2. 打开“开始→运行”菜单项，输入“cmd”后回车，将弹出系统 CMD 命令行窗口。在 CMD 命令行下输入 exp 命令并执行，把数据库对象及数据从 Scott 用户下导出，命令如下所示。

```
exp scott/Orcl123456 buffer=64000 file=c:/scott.dmp;
```

命令执行过程如图 6.1 所示。

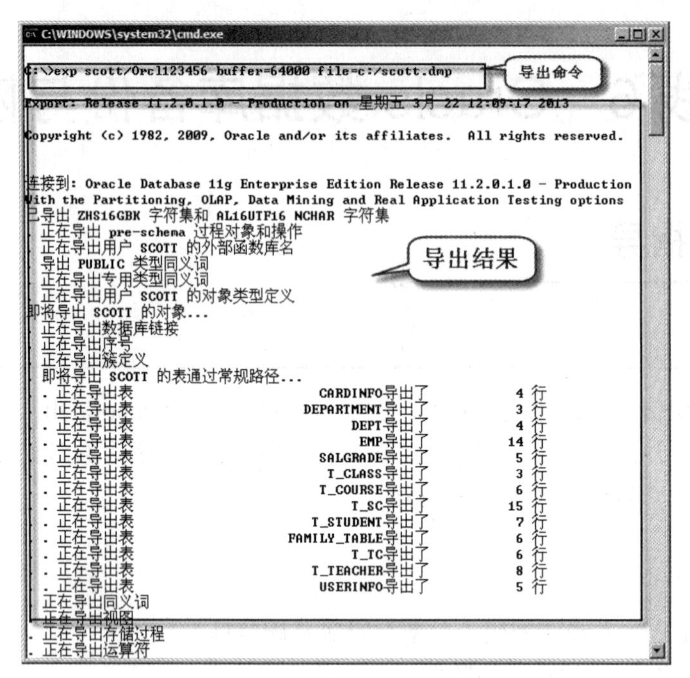

图 6.1

3. 创建到用户 School 的数据库连接，其中连接的名称为“school_orcl”，界面如图 6.2 所示。

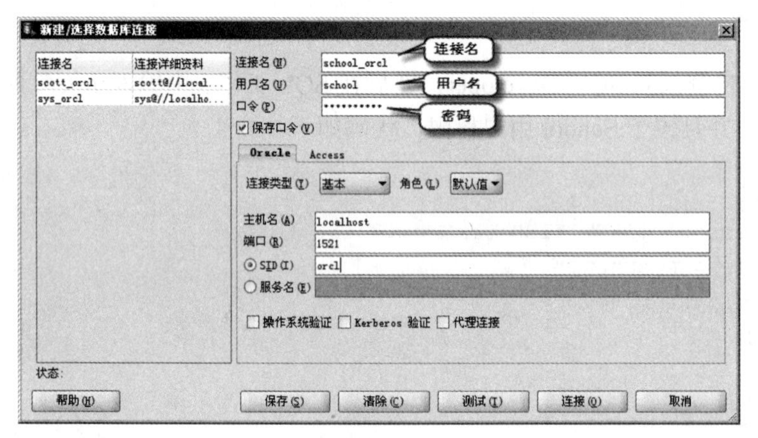

图 6.2

4. 创建完数据库连接后，在 SQL 工作表中创建 FAMILY_TYPE 类型，代码如下所示。

```
CREATE OR REPLACE
TYPE "FAMILY_TYPE" IS TABLE OF VARCHAR2(18);
```

也许读者会产生疑问，在 Scott 用户导出时，已经将 FAMILY_TYPE 导出，为什么在导入时不能将创建好的 FAMILY_TYPE 类型直接导入，却还需要在新的用户 School 下重新创建该类型？这是因为笔者在导入时发现，如果使用 exp/imp 工具进行导入/导出时，在相同的 Oracle 实例下（即同一机器的同一 Oracle 实例）进行不同用户之间的数据复制时，如果用户中有 type 类型，就会出现问题错误。如果在不同的数据库实例（不同机器上的不同 Oracle

实例）下进行导入/导出时，则不会出现该问题。由于笔者进行导入/导出的环境是基于相同的 Oracle 实例的，所以在导入之前需要提前创建好类型，以便导入时不会出现错误。

注意　此处如果不提前创建好类型，会抛出“ORA-02304”错误，读者可以进行试验并验证之。

5. 由于在 Scott 用户的 t_student 表中使用到了 FAMILY_TYPE 类型，所以该表及表中的数据需要单独导出，并单独导入到 School 用户中。导出表 t_student 的步骤如下所示。

   1）选中“T_STUDENT”表，右键单击，在弹出的菜单中选择“导出”命令，弹出如图 6.3 所示的对话框。

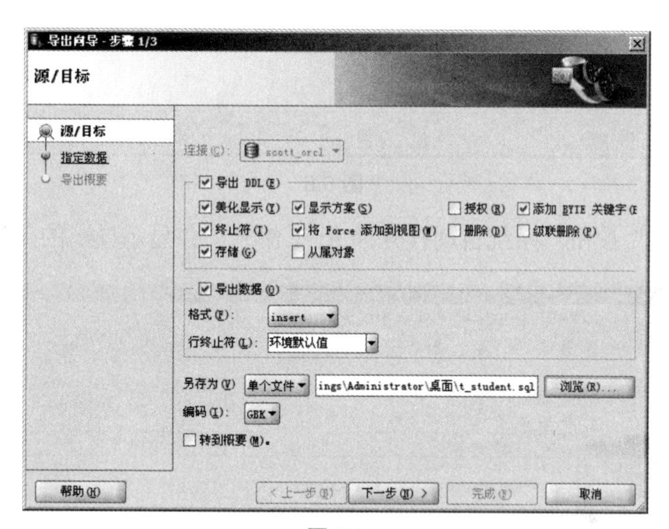

图 6.3

2）单击“下一步”按钮，弹出如图 6.4 所示的界面。

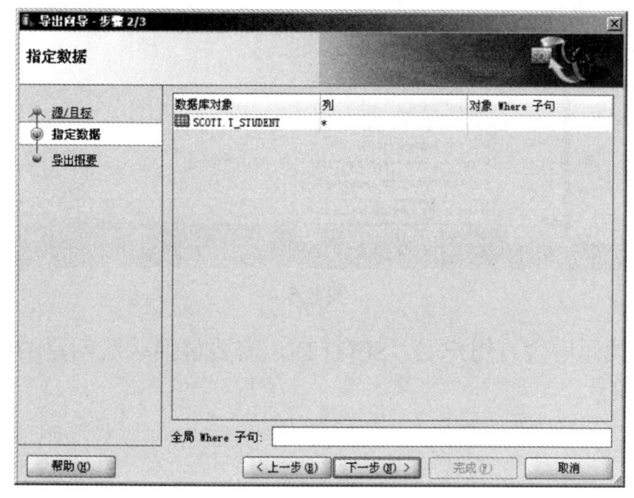

图 6.4

3）继续单击“下一步”按钮，弹出如图 6.5 所示的界面。

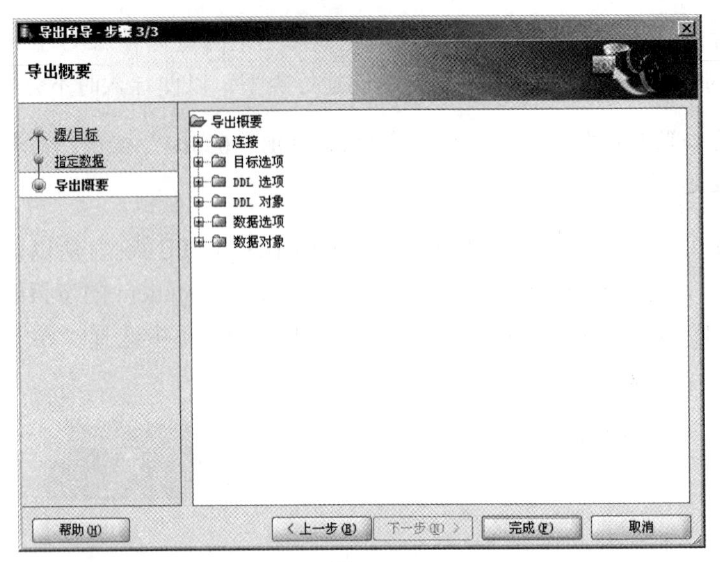

图 6.5

4）单击“完成”按钮，系统自动打开 SQL 工作表，并显示导出的代码，如图 6.6 所示。

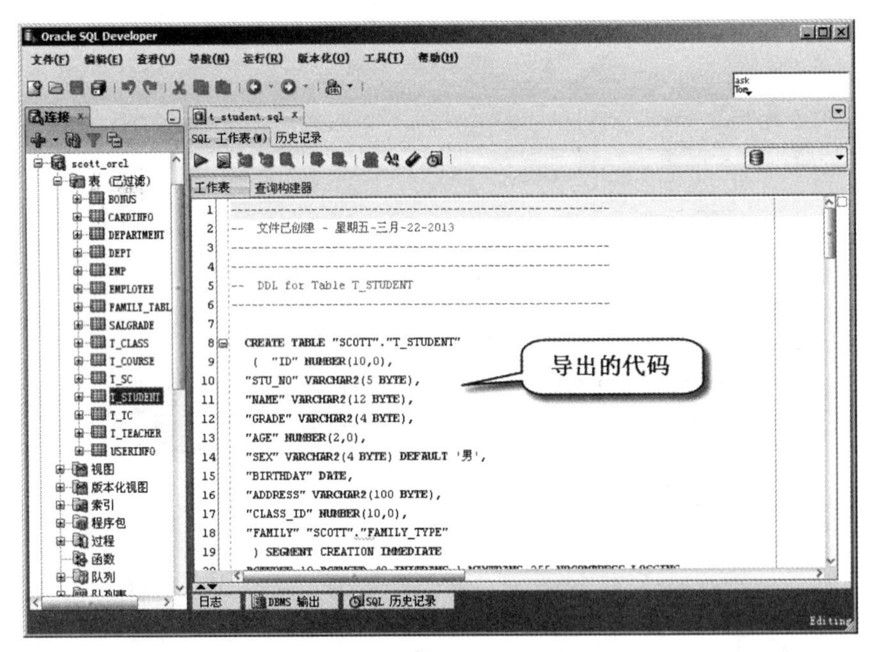

图 6.6

5）由于导出的代码中含有用户名“SCOTT”，需要替换成新创建的用户名“SCHOOL”，如图 6.7 所示。

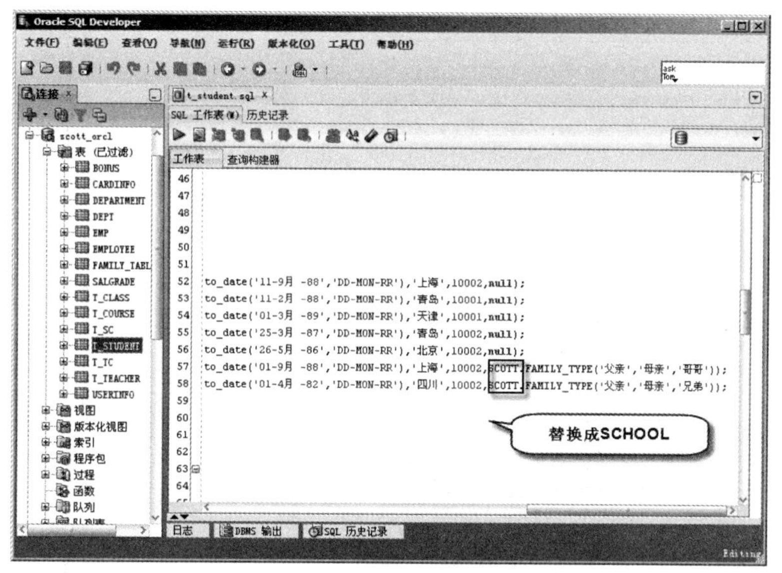

图 6.7

6. 然后在 school_orcl 连接中，打开 SQL 工作表，并将导出生成的代码复制进去并执行，就可以在创建新的 t_student 表的同时插入新的数据。由于之前创建了 t_student 相关的外键，在执行过程中会发生类似以下文字描述的错误。

```
在行 130 上开始执行命令时出错:
ALTER TABLE "SCHOOL"."T_STUDENT" ADD CONSTRAINT "FK_T_STUDENT_CLASS_ID" FOREIGN
KEY ("CLASS_ID")
     REFERENCES "SCHOOL"."T_CLASS" ("ID") ENABLE
错误报告:
SQL 错误: ORA-00942: 表或视图不存在
00942. 00000 -  "table or view does not exist"
*Cause:
*Action:
```

所以在所有步骤全部执行完毕后，读者需要再重新创建 t_student 与 t_class 表的外键关联关系。

7. 然后，在 CMD 命令行下输入 imp 命令并执行，把已导出 scott.dmp 文件中的数据库对象及数据导入到 School 用户中，命令如下。

```
imp school/Orcl123456 file=c:/scott.dmp full=y ignore=y;
```

导入结果界面如图 6.8 所示。

8. 导入完毕后，展开"school_orcl"连接，就可以看到相应的表、视图等对象，如图 6.9 所示。

注意　如果导出、导入操作发生在不同的数据库实例下，这时只需要执行第 1 步、第 2 步和第 7 步即可。

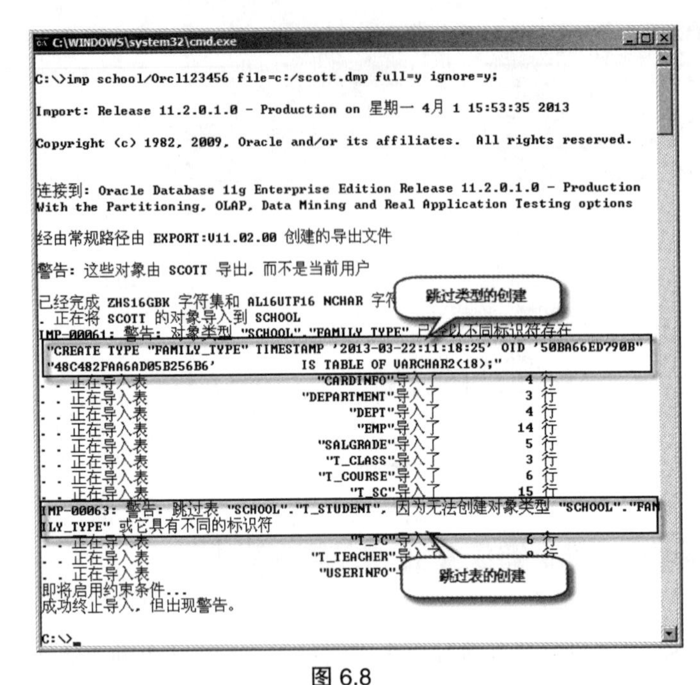

图 6.8

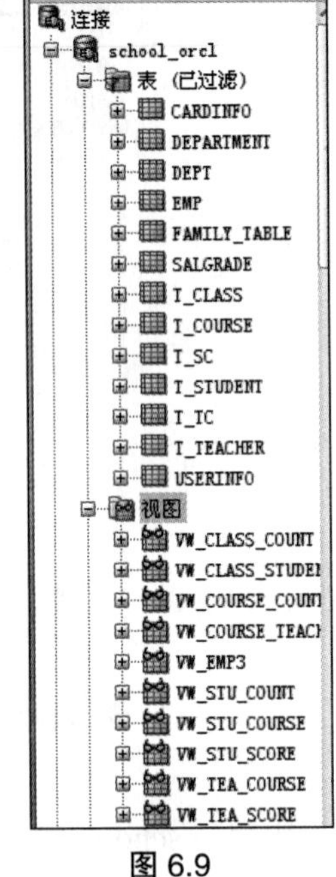

图 6.9

实践 6.G.2

根据学生选课信息系统的业务要求，需要对 School 用户进行备份操作，在【理论篇】第 11 章讲解备份/恢复时，采用的方式是通过 imp/exp 命令进行导入/导出的，下面通过 exp 命令进行用户导出方式的演示。

分析

1. 如果只靠手工进行数据的备份是十分麻烦的，通过操作系统的定时任务可以实现系统的自动定时备份。
2. 如果使用定时的数据导出，需要创建批处理文件，通过 Windows 自带的任务计划定时调用该批处理文件。
3. 需要对 School 用户下的所有对象及数据进行备份。

参考解决方案

1. 创建批处理文件，名为“school_back.bat”，该文件放在 D 盘的 db_backup 文件夹下，目录结构如图 6.10 所示。
2. 通过记事本方式打开“school_back.bat”文件，在其中输入以下命令并保存：

```
exp school/Orcl123456 buffer=64000 file=D:/db_backup/%date%.dmp;
```

其中，%date%表示当天的日期，它是 CMD 变量。

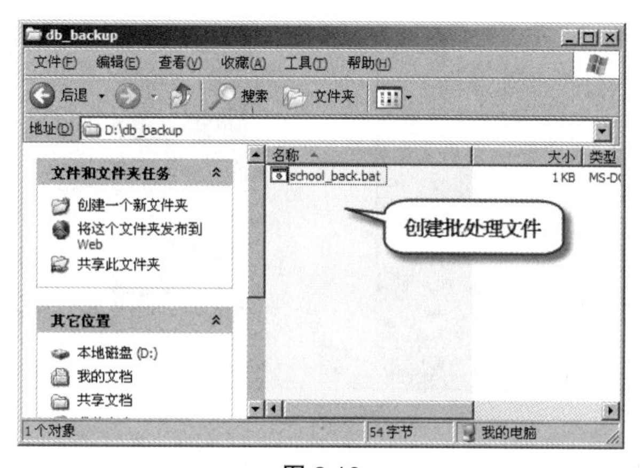

图 6.10

注意　关于批处理文件（bat）的创建以及 CMD 变量的使用，请读者查找相关资料，本书中不再详述。

3. 接下来创建任务计划，用于定期执行“school_back.bat”文件，从而对 School 用户进行定期备份，步骤如下所示。

1）在 Windows XP 操作系统中打开控制面板，然后单击“性能和维护”，再单击“任务计划”，进入创建任务计划界面，如图 6.11 所示。

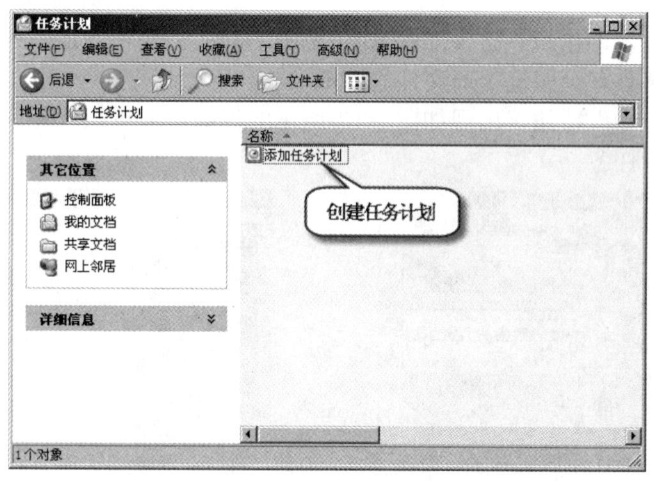

图 6.11

2）单击“添加任务计划”，弹出“任务计划向导”对话框，如图 6.12 所示。

3）单击“下一步”按钮，出现如图 6.13 所示的界面。

4）单击“浏览”按钮，选择已创建好的批处理文件“school_back.bat”，出现如图 6.14 所示的界面，并在该界面中选择执行该命令的频率为“每天”，即对数据库的备份每天执行一次。

5）单击“下一步”按钮，出现如图 6.15 所示的界面，并在该界面中设置命令执行的开始时间，此处在起始时间处设置起始时间为“16:30”。

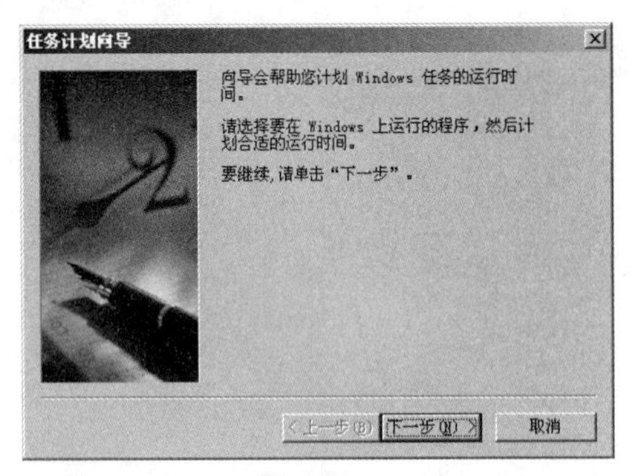

图 6.12

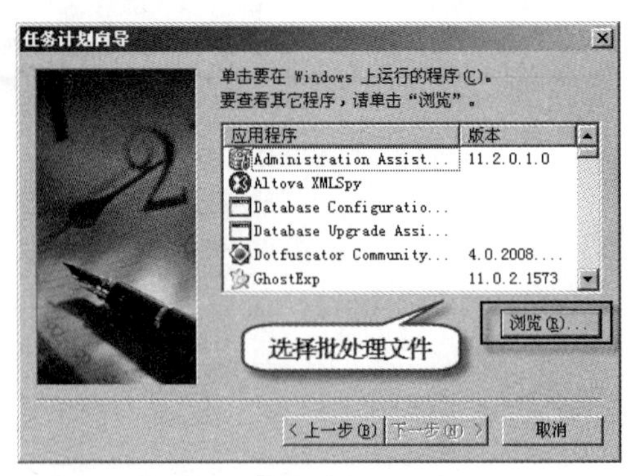

图 6.13

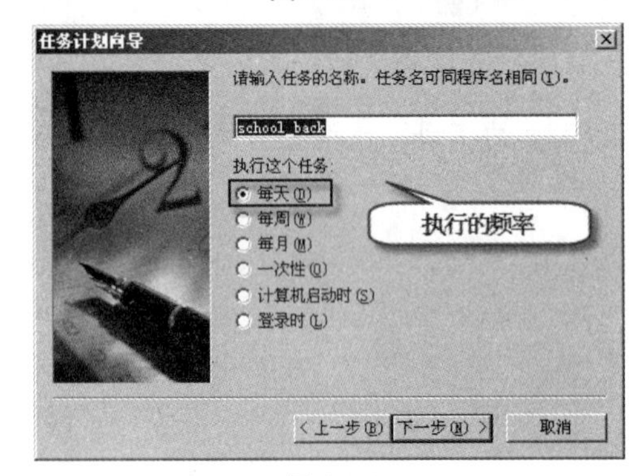

图 6.14

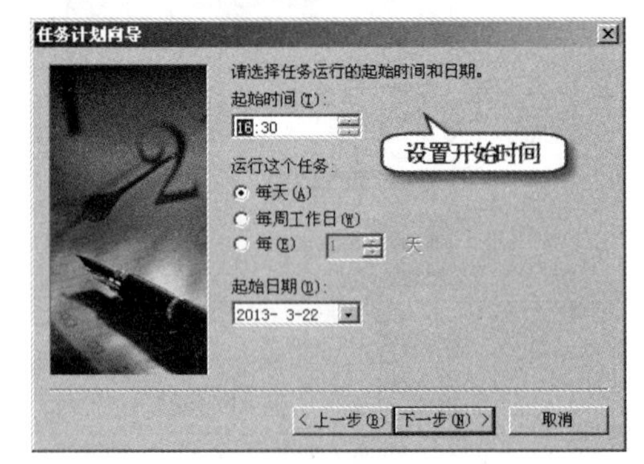

图 6.15

6）单击“下一步”按钮，出现如图 6.16 所示的界面，输入当前系统用户的密码，这样系统才能够具有调用批处理文件的权限。

7）单击“下一步”按钮，出现如图 6.17 所示的界面，并单击“完成”按钮，从而创建了计划执行任务。

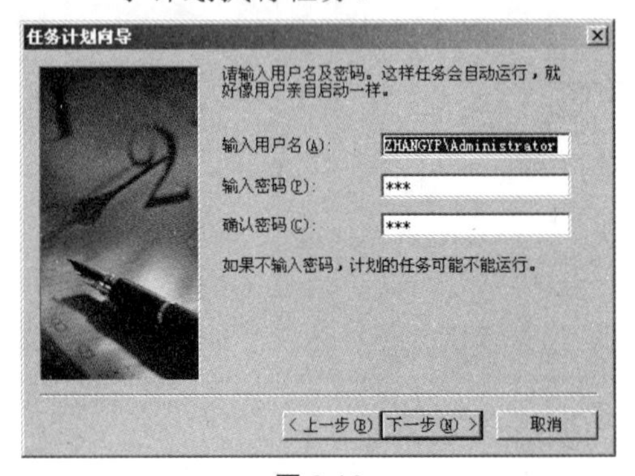

图 6.16

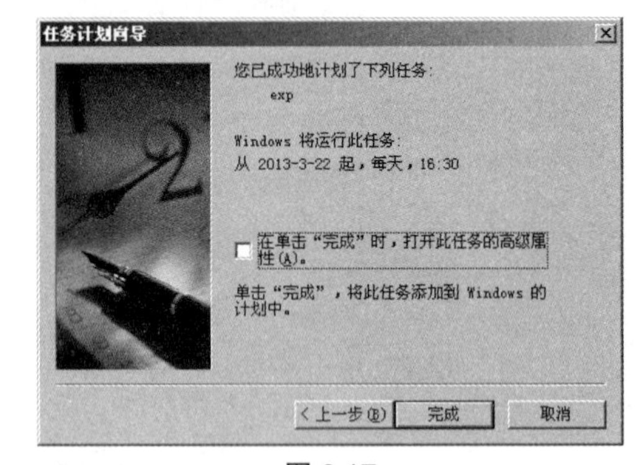

图 6.17

注意 如果任务计划无法启动，会出现提示代码“0x80041315”，这有两种可能情况：一种是“Task Scheduler”没有启动，读者可以在操作系统的“开始→运行”中输入“services.msc”，查看“Task Scheduler”服务是否设置了“已禁用”，若是，只要双击它将启动类型改为“自动”，并按照上述步骤重新设定一次任务计划；另一种是，如果当前操作系统用户设置了自动登录，而登录密码为空，也可能会导致任务计划不能按时执行，这时读者设置相应的系统密码即可。

知识拓展

系统权限分类

在 Oracle 11g 数据库中，有 200 多种系统权限，每种系统权限都为用户提供了执行某一种或某一类数据操作的能力。由于系统权限有较大的数据库操作能力，因此应该只将系统权限授予值得信赖的用户。系统权限可以分为两大类。

- 一类是对数据库某一类对象的操纵能力，与具体的数据库对象无关，通常带有 ANY 关键字。例如，CREATE ANY VIEW 系统权限允许用户在任何模式下创建视图，SELECT ANY VIEW 系统权限允许用户查询数据库中任何用户中的视图。
- 另一类系统权限是数据库级别的某种操作能力。例如，CREATE SESSION 系统权限允许用户登录数据库，ALTER SYSTEM 系统权限允许用户修改数据库参数。

下面通过一系列权限表格来了解系统权限的种类。

表 6.1　群集权限

权限	功能描述
CREATE CLUSTER	在自己的方案中创建、更改和删除群集
CREATE ANY CLUSTER	在任何方案中创建群集
ALTER ANY CLUSTER	在任何方案中更改群集
DROP ANY CLUSTER	在任何方案中删除群集

表 6.2　数据库权限

权限	功能描述
ALTER DATABASE	运行 ALTER DATABASE 语句，更改数据库的配置
ALTER SYSTEM	运行 ALTER SYSTEM 语句，更改系统的初始化参数
AUDIT SYSTEM	运行 AUDIT SYSTEM 和 NOAUDIT SYSTEM 语句，审计 SQL
AUDIT ANY	运行 AUDIT 和 NOAUDIT 语句，对任何方案的对象进行审计

表 6.3　索引权限

权限	功能描述
CREATE ANY INDEX	在任何方案中创建索引 注意：没有 CREATE INDEX 权限，CREATE TABLE 权限包含了 CREATE INDEX 权限
ALTER ANY INDEX	在任何方案中更改索引
DROP ANY INDEX	在任何方案中删除索引
CREATE ANY INDEX	在任何方案中创建索引 注意：没有 CREATE INDEX 权限，CREATE TABLE 权限包含了 CREATE INDEX 权限

表 6.4　过程权限

权限	功能描述
CREATE PROCEDURE	在自己的方案中创建、更改或删除过程、函数和包
CREATE ANY PROCEDURE	在任何方案中创建过程、函数和包
ALTER ANY PROCEDURE	在任何方案中更改过程、函数和包
DROP ANY PROCEDURE	在任何方案中删除过程、函数或包

表 6.5　概要文件权限

权限	功能描述
CREATE PROFILE	创建概要文件
ALTER PROFILE	更改概要文件
DROP PROFILE	删除概要文件

表 6.6　角色权限

权限	功能描述
CREATE ROLE	创建角色
ALTER ANY ROLE	更改任何角色
DROP ANY ROLE	删除任何角色
GRANT ANY ROLE	向其他角色或用户授予任何角色 注意：没有对应的 REVOKE ANY ROLE 权限

表 6.7　回滚段权限

权限	功能描述
CREATE ROLLBACK SEGMENT	创建回滚段 注意：没有对撤销段的权限
ALTER ROLLBACK SEGMENT	更改回滚段
DROP ROLLBACK SEGMENT	删除回滚段

表 6.8　序列权限

权限	功能描述
CREATE SEQLENCE	在自己的方案中创建、更改、删除和选择序列
CREATE ANY SEQUENCE	在任何方案中创建序列
ALTER ANY SEQUENCE	在任何方案中更改序列
DROP ANY SEQUENCE	在任何方案中删除序列

表 6.9　会话权限

权限	功能描述
CREATE SESSION	创建会话，登录进入（连接到）数据库
ALTER SESSION	运行 ALTER SESSION 语句，更改会话的属性
ALTER RESOURCE COST	更改概要文件中的计算资源消耗的方式
RESTRICTED SESSION	在数据库处于受限会话模式下时连接到数据

表 6.10 同义词权限

权限	功能描述
CREATE SYNONYM	在自己的方案中创建、删除同义词
CREATE ANY SYNONYM	在任何方案中创建专用同义词
CREATE PUBLIC SYNONYM	创建公共同义词
DROP ANY SYNONYM	在任何方案中删除同义词

表 6.11 表权限

权限	功能描述
CREATE TABLE	在自己的方案中创建、更改和删除表
CREATE ANY TABLE	在任何方案中创建表
ALTER ANY-TABLE	在任何方案中更改表
DROP ANY TABLE	在任何方案中删除表
COMMENT ANY TABLE	在任何方案中为任何表、视图或者列添加注释
SELECT ANY TABLE	在任何方案中选择任何表中的记录
INSERT ANY TABLE	在任何方案中向任何表插入新记录
UPDATE ANY TABLE	在任何方案中更改任何表中的记录
DELETE ANY TABLE	在任何方案中删除任何表中的记录
LOCK ANY TABLE	在任何方案中锁定任何表
FLASHBACK ANY TABLE	允许使用 AS OF 子句对任何方案中的表、视图执行一个 SQL 语句的闪回查询

表 6.12 表空间权限

权限	功能描述
CREATE TABLESPACE	创建表空间
ALTER TABLESPACE	更改表空间
DROP TABLESPACE	删除表空间，包括表、索引和表空间的群集
MANAGE TABLESPACE	管理表空间，使表空间处于 ONLINE（联机）、OFFLINE（脱机）、BEGIN BACKUP（开始备份）、END BACKUP（结束备份）状态
UNLIMITED TABLESPACE	不受配额限制地使用表空间 注意：只能将 UNLIMITED TABLESPACE 授予账户而不能授予角色

表 6.13 用户权限

权限	功能描述
CREATE USER	创建用户
ALTER USER	更改用户
BECOME USER	当执行完全装入时，成为另一个用户
DROP USER	删除用户

表 6.14 视图权限

权限	功能描述
CREATE VIEW	在自己的方案中创建、更改和删除视图
CREATE ANY VIEW	在任何方案中创建视图
DROP ANY VIEW	在任何方案中删除视图
COMMENT ANY TABLE	在任何方案中为任何表、视图或者列添加注释
FLASHBACK ANY TABLE	允许使用 AS OF 子句对任何方案中的表、视图执行一个 SQL 语句的闪回查询

表 6.15 触发器权限

权限	功能描述
CREATE TRIGGER	在自己的方案中创建、更改和删除触发器
CREATE ANY TRIGGER	在任何方案中创建触发器
ALTER ANY TRIGGER	在任何方案中更改触发器
DROP ANY TRIGGER	在任何方案中删除触发器
ADMINISTER DATABASE TRIGGER	允许创建 ON DATABASE 触发器。在能够创建 ON DATABASE 触发器之前，还必须先拥有 CREATE TRIGGER 或 CREATE ANY TRIGGER 权限

表 6.16 专用权限

用户名称	权限
SYSDBA	STARTUP SHUTDOWN ALTER DATABASE [MOUNT]|[OPEN]|[BACKUP] ALTER DATABASE CHARACTER SET CREATE DATABASE DROP DATABASE CREATE SPFILE ALTER DATABASE ARCHIVELOG ALTER DATABASE RECOVER 具有 RESTRICTED SESSION 权限
SYSOPER	STARTUP SHUTDOWN ALTER DATABASE [MOUNT]|[OPEN]|[BACKUP] ALTER DATABASE CHARACTER SET CREATE SPFILE ALTER DATABASE ARCHIVELOG ALTER DATABASE RECOVER 具有 RESTRICTED SESSION 权限

表 6.17 其他权限

权限	功能描述
ANALYZE ANY	对任何方案中的任何表、群集或者索引执行 ANALYZE 语句

续表

权限	功能描述
GRANT ANY OBJECT PRIVILEGE	授予任何方案上的任何对象上的对象权限 注意：没有对应的 REVOKE ANY OBJECT PRIVILEGE 权限
GRANT ANY PRIVILEGE	授予任何系统权限 注意：没有对应的 REVOKE ANY PRIVILEGE 权限
SELECT ANY DICTIONARY	允许从 sys 用户所拥有的数据字典表中进行选择

注意　给用户授予系统权限时，应该根据用户的身份进行。例如，数据库管理员用户应该具有创建表空间、修改数据库结构、修改用户权限、可以对数据库任何模式中的对象进行管理（创建、删除、修改等）的权限；而数据库开发人员应该具有在自己的模式中创建表、视图、索引、同义词、数据库链接等数据对象的权限。此外，给用户授权时如果使用了 WITH ADMIN OPTION 子句，那么被授权的用户还可以将获得的系统权限再授予其他用户。

拓展练习

练习 6.E.1

使用 sys 用户登录后，通过 SQL Developer 创建用户 USER1，并授予系统权限 CREATE TABLE 和 CREATE SEQUENCE，然后测试在 USER1 用户下是否能够创建表或序列。

练习 6.E.2

使用 sys 用户登录后，通过 SQL Developer 回收 USER1 的 CREATE TABLE 和 CREATE SEQUENCE 系统权限，然后测试在 USER1 用户下是否能够创建表或序列。

附录 A　常用 SQL *Plus 命令

SQL *Plus 是 Oracle 的客户端工具。在 SQL *Plus 中，可以运行 SQL *Plus 命令与 SQL *Plus 语句。我们通常所说的 DML、DDL、DCL 语句都是 SQL *Plus 语句，它们执行完后，都可以保存在一个被称为 SQL Buffer 的内存区域中。除了 SQL *Plus 语句，在 SQL *Plus 中执行的其他语句我们称之为 SQL *Plus 命令。它们执行完后，不保存在 SQL Buffer 的内存区域中，它们一般用来对输出的结果进行格式化显示，以便于制作报表。常用的 SQL *Plus 命令如下。

1. 执行一个 SQL 脚本文件

```
SQL>start file_name
SQL>@ file_name
```

可以将多条 SQL 语句保存在一个文本文件中，这样当要执行这个文件中所有的 SQL 语句时，用上面的任意命令即可，这类似于 DOS 中的批处理。

2. 对当前的输入进行编辑

```
SQL>edit
```

3. 重新运行上一次运行的 SQL 语句

```
SQL>/
```

4. 将显示的内容输出到指定文件

```
SQL> SPOOL file_name
```

在屏幕上的所有内容都包含在该文件中，包括输入的 SQL 语句。

5. 关闭 SPOOL 输出

```
SQL> SPOOL OFF
```

只有关闭 SPOOL 输出，才会在输出文件中看到输出的内容。

6. 显示一个表的结构

```
SQL> desc table_name
```

7. COL 命令

主要格式化列的显示形式。

该命令有许多选项，具体如下。

```
COL[UMN] [{ column|expr} [ option ...]]
```

option 选项可以是如下的子句。

```
ALI[AS] alias
CLE[AR]
FOLD_A[FTER]
FOLD_B[EFORE]
FOR[MAT] format
HEA[DING] text
JUS[TIFY] {L[EFT]|C[ENTER]|C[ENTRE]|R[IGHT]}
LIKE { expr|alias}
NEWL[INE]
NEW_V[ALUE] variable
NOPRI[NT]|PRI[NT]
NUL[L] text
OLD_V[ALUE] variable
ON|OFF
WRA[PPED]|WOR[D_WRAPPED]|TRU[NCATED]
```

1）改变默认的列标题

语法如下。

```
COLUMN column_name HEADING column_heading
```

如：

```
Sql>select * from dept;
   DEPTNO DNAME                          LOC
---------- ---------------------------- ---------
       10 ACCOUNTING                     NEW YORK
sql>col  LOC heading location
sql>select * from dept;
   DEPTNO DNAME                          location
--------- ---------------------------- -----------
       10 ACCOUNTING                     NEW YORK
```

2）改变列的显示长度

语法如下。

```
FOR[MAT] format
```

如：

```
Sql>select empno,ename,job from emp;
     EMPNO ENAME      JOB
---------- ----------    ---------
      7369 SMITH      CLERK
```

```
     7499 ALLEN      SALESMAN
7521 WARD       SALESMAN
Sql> col ename format a40
    EMPNO ENAME                                     JOB
----------  ----------------------------------------        ---------
     7369 SMITH                                    CLERK
     7499 ALLEN                                    SALESMAN
     7521 WARD                                     SALESMAN
```

3）设置列标题的对齐方式

语法如下。

```
JUS[TIFY] {L[EFT]|C[ENTER]|R[IGHT]}
```

如：

```
SQL> col ename jus right;
SQL> select empno,ename from emp;
    EMPNO      ENAME
---------- ----------
     7369 SMITH
     7499 ALLEN
     7521 WARD
     7566 JONES
```

对于 NUMBER 型的列，列标题默认在右边，其他类型的列标题默认在左边。

4）禁止某列显示在屏幕上

语法如下。

```
NOPRI[NT]|PRI[NT]
```

如：

```
SQL> col job noprint
SQL> select empno,ename from emp;
    EMPNO
----------
     7369
     7499
     7521
```

5）格式化 NUMBER 类型列的显示

如：

```
SQL> COLUMN SAL FORMAT $99,990
SQL> /
```

```
Employee
Department Name        Salary    Commission
---------- ---------- --------- ----------
30         ALLEN      $1,600    300
```

6）显示列值时，如果列值为 NULL 值，用 text 值代替 NULL 值

如：

```
SQL> col comm null zero;
SQL> select empno,comm from emp;

    EMPNO      COMM
---------- ----------
     7369 zero
     7499        300
     7521        500
     7566 zero
```

7）显示列当前的显示属性值

如下语法。

```
SQL> COLUMN column_name
```

如：

```
SQL> column comm;
COLUMN   comm ON
NULL     'zero'
```

8）将所有列的显示属性设为默认值

如下语法。

```
SQL> CLEAR COLUMNS
```

8. SET 命令

该命令包含许多子命令。

```
SET system_variable value
```

system_variable value 可以是如下的子句之一。

```
APPI[NFO]{ON|OFF|text}
ARRAY[SIZE] {15|n}
AUTO[COMMIT]{ON|OFF|IMM[EDIATE]|n}
AUTOP[RINT] {ON|OFF}
AUTORECOVERY [ON|OFF]
AUTOT[RACE] {ON|OFF|TRACE[ONLY]} [EXP[LAIN]] [STAT[ISTICS]]
```

```
BLO[CKTERMINATOR] {.|c}
CMDS[EP] {;|c|ON|OFF}
COLSEP {_|text}
COM[PATIBILITY]{V7|V8|NATIVE}
CON[CAT] {.|c|ON|OFF}
COPYC[OMMIT] {0|n}
COPYTYPECHECK {ON|OFF}
DEF[INE] {&|c|ON|OFF}
DESCRIBE [DEPTH {1|n|ALL}][LINENUM {ON|OFF}][INDENT {ON|OFF}]
ECHO {ON|OFF}
EDITF[ILE] file_name[.ext]
EMB[EDDED] {ON|OFF}
ESC[APE] {\|c|ON|OFF}
FEED[BACK] {6|n|ON|OFF}
FLAGGER {OFF|ENTRY |INTERMED[IATE]|FULL}
FLU[SH] {ON|OFF}
HEA[DING] {ON|OFF}
HEADS[EP] {||c|ON|OFF}
INSTANCE [instance_path|LOCAL]
LIN[ESIZE] {80|n}
LOBOF[FSET] {n|1}
LOGSOURCE [pathname]
LONG {80|n}
LONGC[HUNKSIZE] {80|n}
MARK[UP] HTML [ON|OFF] [HEAD text] [BODY text] [ENTMAP {ON|OFF}] [SPOOL
{ON|OFF}] [PRE[FORMAT] {ON|OFF}]
NEWP[AGE] {1|n|NONE}
NULL text
NUMF[ORMAT] format
NUM[WIDTH] {10|n}
PAGES[IZE] {24|n}
PAU[SE] {ON|OFF|text}
RECSEP {WR[APPED]|EA[CH]|OFF}
RECSEPCHAR {_|c}
SERVEROUT[PUT] {ON|OFF} [SIZE n] [FOR[MAT] {WRA[PPED]|WOR[D_
WRAPPED]|TRU[NCATED]}]
SHIFT[INOUT] {VIS[IBLE]|INV[ISIBLE]}
SHOW[MODE] {ON|OFF}
SQLBL[ANKLINES] {ON|OFF}
SQLC[ASE] {MIX[ED]|LO[WER]|UP[PER]}
SQLCO[NTINUE] {> |text}
SQLN[UMBER] {ON|OFF}
SQLPRE[FIX] {#|c}
```

```
SQLP[ROMPT] {SQL>|text}
SQLT[ERMINATOR] {;|c|ON|OFF}
SUF[FIX] {SQL|text}
TAB {ON|OFF}
TERM[OUT] {ON|OFF}
TI[ME] {ON|OFF}
TIMI[NG] {ON|OFF}
TRIM[OUT] {ON|OFF}
TRIMS[POOL] {ON|OFF}
UND[ERLINE] {-|c|ON|OFF}
VER[IFY] {ON|OFF}
WRA[P] {ON|OFF}
```

1）设置当前 Session 是否对修改的数据进行自动提交

```
SQL>SET AUTO[COMMIT] {ON|OFF|IMM[EDIATE]| n}
```

2）在用 START 命令执行一个 SQL 脚本时，是否显示脚本中正在执行的 SQL 语句

```
SQL> SET ECHO {ON|OFF}
```

3）是否显示当前 SQL 语句查询或修改的行数

```
SQL> SET FEED[BACK] {6|n|ON|OFF}
```

默认只有结果大于 6 行时才显示结果的行数。如果 SET FEEDBACK 1 ，则不管查询到多少行都返回，当为 OFF 时，一律不显示查询的行数。

4）设置一行可以容纳的字符数

```
SQL> SET LIN[ESIZE] {80|n}
```

如果一行的输出内容大于设置的一行可容纳的字符数，则折行显示。

5）设置页与页之间的分隔

```
SQL> SET NEWP[AGE] {1|n|NONE}
```

当 SET NEWPAGE 0 时，会在每页的开头有一个小的黑方框。

当 SET NEWPAGE n 时，会在页和页之间隔着 *n* 个空行。

当 SET NEWPAGE NONE 时，会在页和页之间没有任何间隔。

6）显示时，用 text 值代替 NULL 值

```
SQL> SET NULL text
```

7）设置一页有多少行数

```
SQL> SET PAGES[IZE] {24|n}
```

如果设为 0，则所有的输出内容为一页并且不显示列标题。

8）是否显示用 DBMS_OUTPUT.PUT_LINE 包进行输出的信息。

```
SQL> SET SERVEROUT[PUT] {ON|OFF}
```

在编写存储过程时，我们有时会用 dbms_output.put_line 将必要的信息输出，以便对存储过程进行调试，只有将 SERVEROUTPUT 变量设为 ON 后，信息才能显示在屏幕上。

9）当 SQL 语句的长度大于 LINESIZE 时，是否在显示时截取 SQL 语句。

```
SQL> SET WRA[P] {ON|OFF}
```

当输出的行的长度大于设置的行的长度时（用 SET LINESIZE n 命令设置），当 SET WRAP ON 时，输出行的多余字符会另起一行显示，否则，会将输出行的多余字符切除，不予显示。

10）是否在屏幕上显示输出的内容，主要与 SPOOL 结合使用。

```
SQL> SET TERM[OUT] {ON|OFF}
```

在用 SPOOL 命令将一个大表中的内容输出到一个文件中时，将内容输出在屏幕上会耗费大量的时间，设置 SET TERM SPOOL OFF 后，则输出的内容只会保存在输出文件中，不会显示在屏幕上，极大地提高了 SPOOL 的速度。

11）将 SPOOL 输出中每行后面多余的空格去掉

```
SQL> SET TRIMS[OUT] {ON|OFF}
```

12）显示每个 SQL 语句花费的执行时间

```
set TIMING  {ON|OFF}
```

13）修改 SQL BUFFER 的当前行中，第一个出现的字符串

```
C[HANGE] /old_value/new_value
SQL> l
  1* select * from dept
SQL> c/dept/emp
  1* select * from emp
```

9. 编辑 SQL BUFFER 中的 SQL 语句

```
EDI[T]
```

10. 显示 SQL BUFFER 中的 SQL 语句

LIST n 显示 SQL BUFFER 中的第 *n* 行，并使第 *n* 行成为当前行。

```
L[IST] [n]
```

11. 在 SQL BUFFER 的当前行下面加一行或多行

```
I[NPUT]
```

12. 将 SQL BUFFER 中的 SQL 语句保存到一个文件中

```
SAVE file_name
```

13. 将一个文件中的 SQL 语句导入到 SQL BUFFER 中

```
GET file_name
```

14. 执行一个存储过程

```
EXECUTE procedure_name
```

15. 在 SQL *Plus 中连接到指定的数据库

```
CONNECT user_name/password@db_alias
```

其中，user_name 指定用户名，password 指定密码，db_alias 指定数据库。

16. 设置每个报表的顶部标题

```
TTITLE <head text>
```

17. 设置每个报表的尾部标题

```
BTITLE <rear text>
```

18. 将指定的信息或一个空行输出到屏幕上

```
PROMPT [text]
```

19. 将执行的过程暂停，等待用户响应后继续执行

```
PAUSE [text]
Sql>PAUSE Adjust paper and press RETURN to continue.
```

20. 将一个数据库中的一些数据复制到另外一个数据库

COPY 命令用于将一个数据库中的数据复制到另一个数据库中，语法如下。

```
COPY {FROM database | TO database | FROM database TO database}
{APPEND|CREATE|INSERT|REPLACE} destination_table
[(column, column, column, ...)] USING query
```

如：

```
sql>COPY FROM SCOTT/TIGER@HQ TO JOHN/CHROME@WEST
create emp_temp
USING SELECT * FROM EMP
```

21. 显示 SQL *Plus 命令的帮助

```
HELP
```

22. 显示 SQL *Plus 系统变量的值或 SQL *Plus 环境变量的值

语法如下。

```
SHO[W] option
```

option 可以是如下的子句之一。

```
system_variable
ALL
BTI[TLE]
ERR[ORS] [{FUNCTION|PROCEDURE|PACKAGE|PACKAGE BODY|
TRIGGER|VIEW|TYPE|TYPE BODY} [schema.]name]
LNO
PARAMETERS [parameter_name]
PNO
REL[EASE]
REPF[OOTER]
REPH[EADER]
SGA
SPOO[L]
SQLCODE
TTI[TLE]
USER
```

1）显示当前环境变量的值

```
Show all
```

2）显示当前在创建函数、存储过程、触发器、包等对象的错误信息

```
Show error
```

当创建一个函数、存储过程等出错时，可以用该命令查看在哪个地方出错及相应的出错信息，进行修改后再次进行编译。

3）显示初始化参数的值

```
show PARAMETERS [parameter_name]
```

4）显示数据库的版本

```
show REL[EASE]
```

5）显示当前的用户名

```
show user
```

23. 查询当前用户下的对象

```
SQL>select * from tab;
SQL>select * from user_objects;
```

24. 查询当前用户下的所有的表

```
SQL>select * from user_tables;
```

附录 B　Oracle 数据隐式转换规则

如果不同的数据类型之间关联，如果不显式转换数据，则它会根据以下规则对数据进行隐式转换。

1）对于 INSERT 和 UPDATE，Oracle 会把插入值或者更新值隐式转换为字段的数据类型。

假如 id 列的数据类型为 number：

```
update t set id='1'; --> 相当于 update t set id=to_number('1');
insert into t(id) values('1');--> 相当于 insert into t values(to_number('1'));
```

2）对于 SELECT 语句，Oracle 会把字段的数据类型隐式转换为变量的数据类型。

假设 id 列的数据类型为 VARCHAR2：

```
select * from t where id=1; --> 相当于 select * from t where to_number(id)=1;
```

但如果 id 列的数据类型为 NUMBER，则：

```
select * from t where id='1'; --> 相当于 select * from t where id=to_number('1');
```

3）当比较一个字符型和数值型的值时，Oracle 会把字符型的值隐式转换为数值型。

假设 id 列的数据类型为 NUMBER：

```
select * from t where id='1'; --> 相当于 select * from t where id=to_number('1');
```

4）当比较字符型和日期型的数据时，Oracle 会把字符型转换为日期型。

假设 create_date 为字符型：

```
select * from t where create_date>sysdate;
select * from t where to_date(create_date)>sysdate;
```

（注意，此时 session 的 nls_date_format 需要与字符串格式相符）

假设 create_date 为日期型：

```
select * from t where create_date>'2006-11-11 11:11:11';
select * from t where create_date>to_date('2006-11-11 11:11:11');
```

（注意，此时 session 的 nls_date_format 需要与字符串格式相符）

5）调用函数或过程等时，如果输入参数的数据类型与函数或者过程定义的参数数据类型不一致，则 Oracle 会把输入参数的数据类型转换为函数或者过程定义的数据类型。

假设过程如下定义。

```
p(p_1 number)
```

```
exec p('1');--> 相当于 exec p(to_number('1'));
```

6）赋值时，Oracle 会把等号右边的数据类型转换为左边的数据类型。

如：

```
var a number
a:='1'; --> 相当于 a:=to_number('1');
```

7）用连接操作符（||）时，Oracle 会把非字符类型的数据转换为字符类型。

如：

```
select 1||'2' from dual; --> 相当于 select to_char(1)||'2' from dual;
```

8）如果字符类型的数据和非字符类型的数据（如 NUMBER、DATE、ROWID 等）做算术运算，则 Oracle 会将字符类型的数据转换为合适的数据类型，这些数据类型可能是 NUMBER、DATE、ROWID 等。如果 CHAR/VARCHAR2 和 NCHAR/NVARCHAR2 之间做算术运算，则 Oracle 会将它们都转换为 NUMBER 类型的数据后再做比较。

9）比较 CHAR/VARCHAR2 和 NCHAR/NVARCHAR2 时，如果两者字符集不一样，则默认的转换方式是将数据编码从数据库字符集转换为国家字符集。

电子工业出版社精品丛书推荐

脑动力系列

从零开始学系列

由浅入深学系列

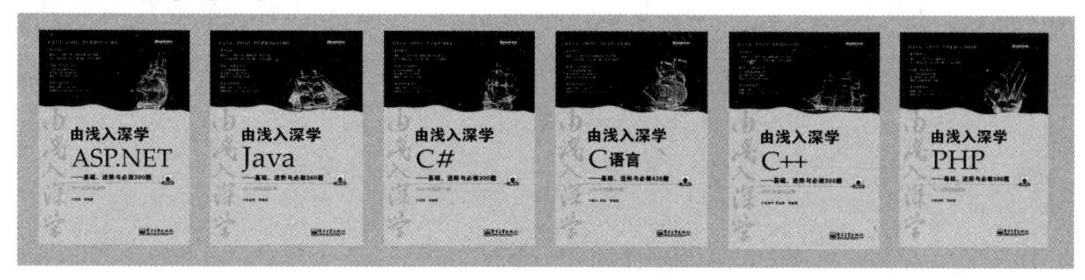

21天学编程系列

宝典丛书系列

华清远见系列

反侵权盗版声明

电子工业出版社依法对本作品享有专有出版权。任何未经权利人书面许可，复制、销售或通过信息网络传播本作品的行为；歪曲、篡改、剽窃本作品的行为，均违反《中华人民共和国著作权法》，其行为人应承担相应的民事责任和行政责任，构成犯罪的，将被依法追究刑事责任。

为了维护市场秩序，保护权利人的合法权益，我社将依法查处和打击侵权盗版的单位和个人。欢迎社会各界人士积极举报侵权盗版行为，本社将奖励举报有功人员，并保证举报人的信息不被泄露。

举报电话：（010）88254396；（010）88258888

传　　真：（010）88254397

E-mail：dbqq@phei.com.cn

通信地址：北京市万寿路173信箱　电子工业出版社总编办公室

邮　　编：100036